Schlender / Klingenberg · Ventilatoren

Ventilatoren im Einsatz

Anwendung in Geräten und Anlagen

Dipl.-Ing. Fritz Schlender VDI und
Dipl.-Ing. Günter Klingenberg VDI

unter Mitarbeit von

Dipl.-Ing. Dieter Franke
Dipl.-Ing. Dieter Friedemann
Elektromeister Werner Jähnige
Dipl.-Ing. Bernd Rahn VDI
Dipl.-Ing. Lothar Schmidt
Dipl.-Ing. Dieter Schramm

Zu den Autoren

Die Mitarbeiter des vorliegenden Werkes waren nahezu 30 Jahre lang in der zentralen "Leitentwicklungsstelle für Ventilatoren" in Coswig bei Dresden tätig und sowohl für die Ventilatorenhersteller als auch für den Einsatz der Ventilatoren in den verschiedenen Wirtschafts- und Industriezweigen verantwortlich. Durch die enge Anbindung an den Fertigungsbetrieb Turbowerke Meißen mit seinen ausgedehnten Prüfständen für Leistungsmessungen, Akustik, Laufruhe, Schwingungsprüfungen, Festigkeits-, Schlag- und Zerreißversuche, die Durchführung von Messungen zur Lösung von Problemen vor Ort sowie durch die enge Zusammenarbeit mit Hochschulen und Betrieben und deren Entwicklungsstellen konnten die Autoren einen fundierten Wissens- und umfangreichen praktischen Erfahrungsschatz beim Einsatz von Ventilatoren für ihr jeweiliges Fachgebiet erwerben.

Die Deutsche Bibliothek - CIP-Einheitsaufnahme

Schlender, Fritz:
Ventilatoren im Einsatz: Anwendung in Geräten und Anlagen / Fritz Schlender und Günter Klingenberg. Unter Mitarb. von Dieter Franke...- Düsseldorf: VDI-Verl., 1996
ISBN 3-18401293-X
NE: Klingenberg, Günter

Printed in the Netherlands

Druck und Verarbeitung: Koninklijke Wöhrmann

ISBN 3-18-401293-X

Zum Geleit

Normalerweise wird in der Technik das weite Gebiet von der Grundlagenforschung über Entwurf und Konstruktion einer Maschine bis zu deren betrieblichen Einsatz von Spezialisten für jedes einzelne Gebiet bearbeitet. Und auch in der technischen Literatur, also in Zeitschriftenaufsätzen und in Büchern, melden sich Spezialisten zu Wort und berichten über ihr jeweils eng begrenztes Fachgebiet.

Im vorliegenden Ventilatoren-Buch präsentieren die Autoren abweichend vom üblichen Trend eine Synthese, die über alle genannten Spezialisierungen reicht. Damit überwinden sie souverän einen ansonsten latent schwebenden Antagonismus zwischen Theorie und Praxis.

Die Autoren haben durch ihre viele Jahrzehnte währende Arbeit als Industrieingenieure der Ventilatoren im ganzen weiten Gebiet von der Forschung über die Grundlagen der Strömungsmechanik, der Festigkeit, der Akustik, über Maschinenentwurf, über Konstruktion und betrieblichen Einsatz alle Erfahrungen gewonnen, um sie in gut aufbereiteter Form an Interessenten weiterzugeben. Der an Ventilatoren interessierte Leser findet im Buch weitreichend abgestimmte Informationen. So kann zum Beispiel der Projektant einer Anlage, in der Ventilatoren eingesetzt werden, aus der angebotenen Typenvielfalt eine günstige Maschine erst dann aussuchen, wenn er auch den notwendigen Drucksprung zum Durchblasen der Anlage ermitteln kann. Erst mit solcher Kenntnis kann der Projektant einen Ventilator so auswählen, daß der Wirkungsgrad der Energieumsetzung hoch und die Betriebskosten der Anlage niedrig bleiben.

Jeder Leser findet nicht nur Auskunft über spezielle Fragen des Ventilator-Komplexes, darüber hinaus gewinnt er den Überblick über das Gesamtgebiet.

Werner Albring

Vorwort

Der Umgang mit den im Aufbau relativ einfachen, aber in der Anwendung oft recht schwierigen Ventilatoren stellt an ihren Hersteller und Anwender viele fachliche Forderungen, sei es auf den Gebieten der Aerodynamik, Akustik, Elektrotechnik, Betriebsüberwachung, Festigkeits- und Schwingungslehre. Bei den großen Turbomaschinen, z. B. für die Turbinen in den Kraftwerken, gibt es für nahezu jede Fachrichtung Spezialisten. Anders ist es bei den Ventilatoren. Deshalb haben sich die Verfasser das Ziel gesetzt, die Technik im Ventilator und um ihn herum soweit zu erläutern, daß ein Anwender, z. B. ein Projektierungs- oder Betriebsingenieur, zumindest fachlich fundiert mit dem Hersteller verhandeln oder evtl. Probleme während des Betriebes erkennen kann.

Fast jeder Wirtschaftszweig benötigt Ventilatoren. Unter Kosten- und Termindruck die richtige Lösung aus mehreren möglichen Varianten für einen Einsatzfall aus einer Vielzahl von Angeboten auszuwählen, führt zu manchem Kompromiß, z. B. zwischen Anschaffungs- und Betriebskosten. Kommen nun noch Mißverständnisse hinsichtlich der Einbauverhältnisse zwischen den Anfragern und Anbietern hinzu, so merkt der Kunde zu spät an seinen Betriebskosten, wie uneffektiv und unüberhörbar seine Ventilatoranlage arbeitet, obwohl ein Hochleistungsventilator hohen Wirkungsgrades eingebaut sein kann. Es ist klar, daß diese Anlage auch nicht umweltfreundlich und volkswirtschaftlich sinnvoll arbeitet.

Den Händlern und Anwendern von Ventilatoren, also Kaufleuten, Vertriebsmitarbeitern, Planern, Projektanten und Betreibern,soll diese interessante Maschine nahegebracht und vielleicht auch manchem Fachkollegen des Ventilatoren- und Gerätebaues und in der Lehre eine Anregung gegeben werden. Die Verfasser stützen sich dabei auf die Zusammenarbeit mit den Anwendern aus den verschiedenen Branchen, wobei die Lösung aus einer Branche auch für die andere interessant sein kann.

Das Buch will dem Leser zunächst ein Grundwissen über den Ventilator und die physikalischen Vorgänge an und in der Maschine vermitteln. Nach einem Stufenprogramm werden zuerst die Ventilatorbauarten an Hand von Bildern beschrieben und erste Bemerkungen zu ihrem Einsatz gemacht. In einer zweiten Stufe werden ohne höhere Mathematik die Grundgleichungen an Hand der wichtigsten Bestell- und Kenngrößen behandelt. Sie sollen den Leser in die Lage versetzen, die physikalischen Vorgänge in und an der Maschine verstehen und Ventilatoren auf andere Baugrößen, Drehzahlen und Dichten umrechnen zu können. Auf dieser Grundlage werden in den folgenden Abschnitten das Wissen über die Maschine an Hand der aerodynamischen Typen und deren Kennlinien weiter ausgebaut und die Anpassung, Regelung und die Auswahl von Varianten behandelt.

Probleme aus der Praxis und deren Lösungen schließen sich an. Hier werden die Einbauverhältnisse vor allem am Ventilatoraustritt behandelt, weil dort erfahrungsgemäß gegenüber dem Gerät und der Anlage hohe Geschwindigkeiten auftreten und Verzögerungen bekanntlich mit großen Verlusten verbunden sind.

Schließlich werden Fachgebiete behandelt, die der Anwender für den Einsatz und den Betrieb der Maschinen kennen sollte, z. B. Akustik, Zuverlässigkeit, elektrische Antriebe, Festigkeit und Schwingungen, aber auch den besonderen Einsatz für den Brandgas- oder den hydraulischen Feststofftransport. Die Anwendung der Meßtechnik und Fehlersuchprogramme sollen insbesondere Einbaufehlern oder betriebsbedingten Veränderungen auf die Spur kommen.

Die Abschnitte des Buches wurden vorzugsweise so gestaltet, wie die Probleme bei der Lehrtätigkeit und Kundenbetreuung erkannt wurden und schwerpunktmäßig im Vordergrund standen. Die Verfasser hoffen, damit dem Leser eine Hilfe zu geben, die ihm auch unterwegs nützlich sein kann und sind für jeden Hinweis zur Verbesserung dankbar.

Dresden und Meißen, Frühjahr 1996

Fritz Schlender *Günter Klingenberg*

Inhalt

Formelzeichen

A	m^2	Fläche
a	m/s	Schallgeschwindigkeit
B	m	Gehäusebreite
b	m	Breite
c	m/s	Geschwindigkeit der Absolutströmung
D	m	Schaufelgitter-Außendurchmesser des Laufrades
d	m	Durchmesser
d_N	m	Nabendurchmesser, am Schaufelfuß eines Axialventilators
e	m	Achsenversatz bei Unwucht
F	N	Kraft
F_{dyn}	N	dynamische Kraft
f	s^{-1}	Frequenz
H	m	Gesamthöhe
h	m	Höhe
I	A	Stärke des elektrischen Stromes
I	N·s	Impuls
I	$kg \cdot m^2$	Trägheitsmoment
L	-	Lagerlebensdauer in Umdrehungen
LG	-	links (left, gauche) drehend
L_h	h	Lagerlebensdauer in Stunden
L_p	dB	Schalldruckpegel
L_W	dB	Schalleistungspegel
L_{WA}	dB(A)	Schalleistungspegel, A-bewertet
M	N·m	Moment
Ma	-	Mach-Zahl
$\dot{m}$	kg/s	Massestrom
n	s^{-1}; min^{-1}	Drehzahl
n	-	Polytropen-Exponent
P	W = N·m/s	Leistung
P_{fa}	W	Förderleistung des frei ausblasenden Ventilators

P_L	W	Antriebsleistung des Ventilators, Laufrad
P_M; P_1	W	elektrische Antriebsleistung Eingang Motor
P_2	W	Leistung am Motorwellenstumpf
P_t	W	totale Förderleistung des Ventilators
P_W	W	Antriebsleistung Eingang Riemenscheibe oder Welle
p	$Pa = N/m^2$	absoluter Druck, in den thermodynamischen Beziehungen statischer Druck
p_d	Pa	dynamischer Druck
p_s	Pa	Sättigungsdampfdruck
p_{st}	Pa	absoluter statischer Druck
Δp_d	Pa	Differenz der dynamischen Drücke
Δp_{fa}	Pa	Druckerhöhung des frei ausblasenden Ventilators
$\Delta p_{st,i}$	Pa	statische Druckdifferenz zum Umgebungsdruck an der Stelle i
$\Delta p_{st,L}$	Pa	statische Druckerhöhung zwischen Austritt und Eintritt des Ventilators
p_t	Pa	absoluter Totaldruck bzw. Gesamtdruck
$\Delta p_{t,i}$	Pa	Totaldruckdifferenz an der Stelle i zum Umgebungsdruck
$\Delta p_{t,L}$	Pa	Totaldruckdifferenz des Ventilators
R	$J/(kg \cdot K)$ $= N \cdot m/(kg \cdot K)$	Gaskonstante, für Luft $R = 287{,}1\ J/(kg \cdot K)$
Re	-	Reynolds-Zahl
RD	-	rechts (right, droite) drehend
T	K	absolute Temperatur
t	°C	Temperatur
U	g·mm	Unwucht
U	V	elektrische Spannung
u	m/s	Umfangsgeschwindigkeit
u_2	m/s	Umfangsgeschwindigkeit am Außenumfang des Laufradgitters
$\dot{V}$	m^3/s, m^3/h	Volumenstrom
v	mm/s, m/s	Schwingschnelle, Schwinggeschwindigkeit
W	N	Widerstand

w	m/s	Relativgeschwindigkeit
Y	$J/kg = m^2/s^2$	spezifische Förderarbeit
Z	h	Betriebsstundenzahl
α	°	Winkel der Absolutströmung; Drallreglerwinkel
β	°	Winkel der Relativströmung
δ	-	Durchmesserzahl
ε	°	Umschlingungswinkel
ζ	-	Verlustbeiwert
η	-	Wirkungsgrad
η	kg/(m·s)	dynamische Zähigkeit
κ	-	Adiabatenexponent
λ_L	-	Leistungszahl des Ventilators
λ	-	Rohrreibungsbeiwert
ν	m^2/s	kinematische Zähigkeit, $\nu = 15{,}1 \cdot 10^{-6}\ m^2/s$ für Luft bei 20 °C und 1013,25 hPa
ν	d_N/D	Durchmesserverhältnis bzw. Nabenverhältnis beim Axialventilator
ρ	kg/m^3	Dichte des Fluids, $\rho = 1{,}2\ kg/m^3$ für Luft mit $\varphi = 60\ \%$ bei 20 °C und 1013,25 hPa
σ	-	Laufzahl, Schnellaufzahl
φ	-	Volumenzahl, Lieferzahl
φ	%	relative Luftfeuchtigkeit
ψ	-	Druckzahl
ω	1/s	Winkelgeschwindigkeit, Schwingfrequenz

Indizes

1	Stelle 1, meist Ventilatoreintritt; Eintritt rotierendes Schaufelgitter
2	Stelle 2, meist Ventilatoraustritt; Austritt rotierendes Schaufelgitter
A	Ventilatoraggregat
a	axial; Austritt
äqu	äquivalent
B	Plattendurchbruch; Bezug

D	Außendurchmesser des Laufradgitters (meist des Rades); Dampf
Dr	Drossel
d	dynamisch (dyn)
E	Einbau
e	Eintritt
eig	eigen
err	Erreger
fa	frei ausblasend
F	Feststoff; Meßflüssigkeit
f	feucht
gl	gleichwertig
i	an der Stelle i; innen
iso	isolierend
L	Laufrad; Luft
M	Motor; Modell
m	mittel (arithmetischer Mittelwert); in meridianer Strömungsrichtung
N	Nabe; Netz; Nenn
Ph	Phase
q	Querstrom
R	Rotor; Riemen
r	radial
S	Strahl; Sättigung
st	statisch
t	total, gesamt; trocken
U	Unwucht
Ü	Übertragung
W	Wand; Leistung bei Schall; Welle

1 Einführung

Den Gedanken, eine rotierende Strömung, einen Wirbel, zum Fördern einer Flüssigkeit zu nutzen, hatte schon *Leonardo da Vinci* (1452 bis 1519) [1-1]. Er wollte mit dieser Pumpe Sümpfe entwässern. Im Meer befindet sich in gleicher Höhe ein Gefäß (Bild 1-1, links unten), in dem das Wasser durch rotierende Schaufeln in Drehung versetzt wird. Das Wasser wird am Außenumfang des Gefäßes hochgetrieben und strömt über den Gefäßrand. In das abgesenkte Zentrum des Wirbels leitet ein Saugheber das Sumpfwasser (Teilbild links oben). Das Problem bei dieser Lösung ist der Antrieb, der mit einer Kurbel vorgesehen war und der zu den damaligen Zeiten nicht die erforderlich hohen Drehzahlen ermöglichte.

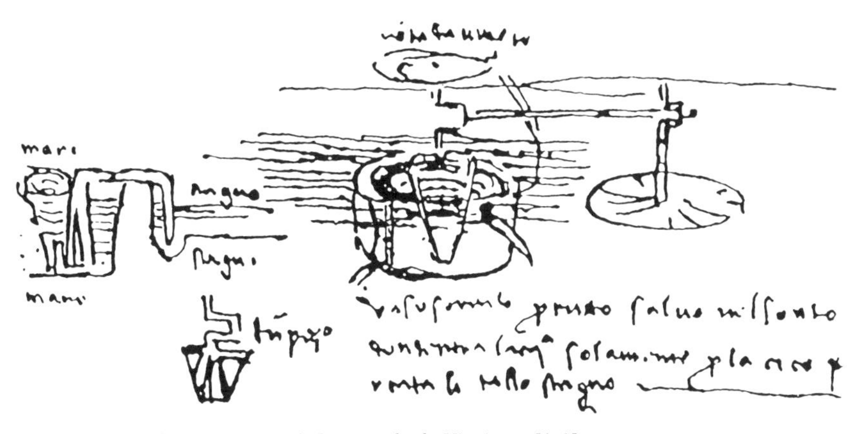

Bild 1-1. Zentrifugalpumpe nach *Leornardo da Vinci*, aus [1-1].

Ventilatoren und das Arbeitsprinzip der Radialventilatoren wurden erstmals vom ideenreichen französischen Erfinder *Denys Papin* (22.8.1647 bis 1712) beschrieben. Bekannt durch seinen Papinschen Topf [1-2], dem Vorläufer des Dampfkessels, hat er sich in seinen Marburger Jahren als Professor für mathematische Wissenschaften an der dortigen Universität auch mit der Hydraulik und der Grubenbewetterung beschäftigt. Anstelle der umständlichen und aufwendigen Kapselkünste, die nach dem Verdrängungsprinzip arbeiten, schlug er Zentrifugalpumpen und -ventilatoren vor, bei denen das Strömungsmedium parallel zur Drehachse eintritt und am Umfang des Rades radial in Richtung der Tangente austritt. Seine erste Kreiselpumpe für Versuche wurde 1689 gebaut

(Bild 1-2). Sie besaß zwei Flügel und ein zylinderförmiges Gehäuse. Mit den von ihm vorgeschlagenen Verbesserungen, u. a. Erhöhung der Flügelanzahl auf 16 radiale Schaufeln und Einsatz eines Spiralgehäuses, wurde die Pumpe 1705 zuerst im Bergbau als Ventilator zur Lüftung eingesetzt (Bild 1-3). Zur industriellen Nutzung konnte es damals jedoch noch nicht kommen, weil es an schnelläufigen und gleichförmigen Antrieben fehlte, die diese Strömungsmaschinen verlangen. So war es erst seinem Landsmann *Rateau* vorbehalten, im 19. Jahrhundert die ersten brauchbaren Ventilatoren auch für relativ große Druckerhöhungen in Betrieb zu nehmen [1-3].

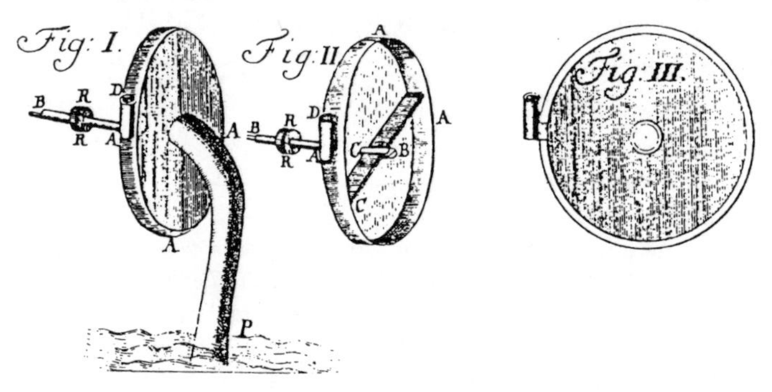

Bild 1-2. Erste Kreiselpumpe von *Papin* um 1689, aus [1-2].

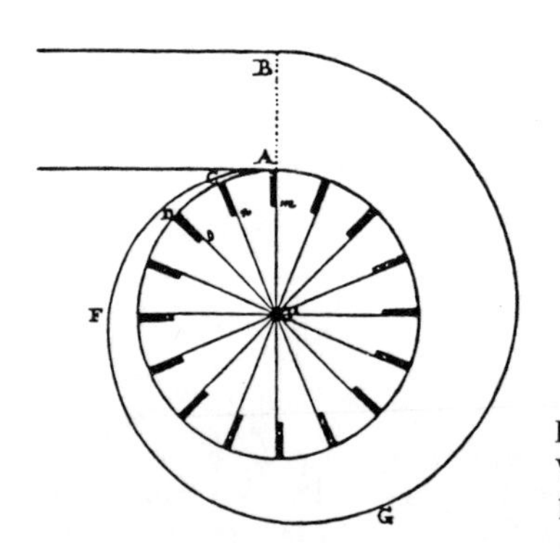

Bild 1-3.
Verbesserte Zentrifugalpumpe von *Papin*, 1705 als Ventilator eingesetzt, aus [1-1].

Heute werden in fast allen Branchen Ventilatoren eingesetzt und vorwiegend mit Elektroenergie betrieben. So wurden z. B. im Jahre 1975 in Ostdeutschland Ventilatoren mit insgesamt 334 MW Antriebsleistung in Betrieb genommen, und für die Jahre 1971 bis 1980 wurde mit mehr als 3500 MW gerechnet [1-4].

Zum Antrieb von Ventilatoren wurden also etwa 15 % der gesamten im Jahr 1989 installierten Kraftwerksleistung von 24 000 MW benötigt, die im wesentlichen mit erheblichen Umweltbelastungen zur Verfügung gestellt werden mußte. Deshalb und auch wegen der mitunter starken Lärmbelästigung ist der rationelle Einsatz von Ventilatoren aktueller denn je.

Der Ventilator erscheint vom technischen Aufbau her als recht einfach. Bei der Auswahl der richtigen Ausführung für den vorgesehenen Zweck aus einer Vielzahl von möglichen Varianten werden jedoch in der Praxis oft noch Fehler gemacht. So wurden Ventilatoren, deren Spitzenwirkungsgrade auf einem Normprüfstand nach DIN 24 163 mit mehr als 85 % gemessen wurden, in einem Gerät nicht richtig eingesetzt, so daß sie kaum noch 50 % der Antriebsleistung in Förderleistung umsetzten.

Im folgenden wird deshalb der Versuch unternommen, dem Hersteller von Ventilatoren und dem Anwender, der nicht Strömungsmaschinen studiert hat, das Verhalten dieser im Aufbau recht einfachen, aber im Einsatz und Betrieb mitunter recht komplizierten Maschine nahezubringen. Bei der mathematischen Beschreibung der Vorgänge werden einfache Grundgleichungen der Strömungstechnik verwendet, die jedem im Ventilatoren- und Anlagenbau tätigen Ingenieur geläufig sein sollten. Hinsichtlich tiefergehender mathematischer Behandlungen, z. B. bei den Gittertheorien und speziellen Auslegungsfragen, wird auf die entsprechenden Fachbücher [1-3] [1-5] bis [1-18] bzw. auf die weitere Literatur [1-19] bis [1-25] verwiesen.

2 Begriff des Ventilators

Der Ventilator ist eine Strömungsmaschine zur kontinuierlichen Förderung von Gasen durch Geräte und Anlagen. Diese Funktion wird durch Übertragung mechanischer Energie mittels eines Laufrades an das Gas verwirklicht. Der Antriebsmotor wird im allgemeinen als Bestandteil des Ventilators betrachtet. Bei der Förderung eines technologisch bedingten Volumenstromes durch eine Anlage sind Druckverluste zu überwinden, die in den einzelnen Geräte- und Anlagenteilen entstehen. Bild 2-1 zeigt die Stellung des Ventilators, der oft auch noch als Lüfter bezeichnet wird, unter den Kraft- und Arbeitsmaschinen. Er bringt unter den Verdichtern das kleinste Druckverhältnis. Wegen seiner relativ großen Volumenströme im Vergleich zu den geringen Druckerhöhungen ist er hinsichtlich seines Wirkungsgrades und seiner Lärmabstrahlung die gegenüber ungünstigen Einbauverhältnissen empfindlichste Strömungsmaschine.

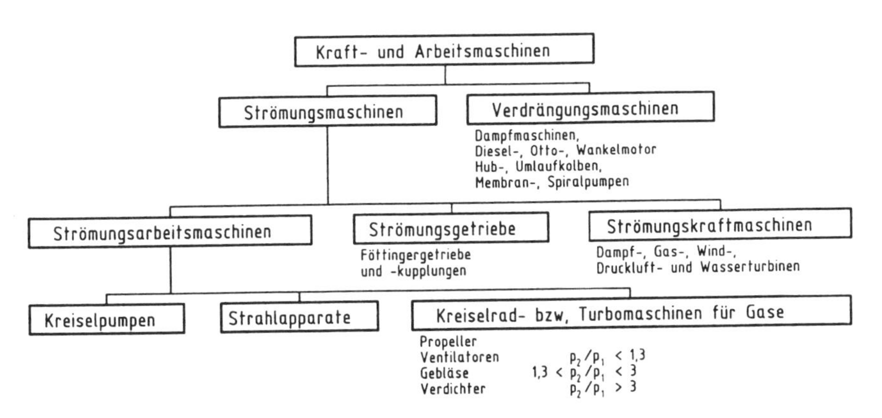

Bild 2-1. Stellung der Ventilatoren unter den Kraft- und Arbeitsmaschinen.

Das Verhältnis der Absolutdrücke nach und vor dem Ventilator ist [2-1] [2-2]

$$p_2/p_1 \leq 1,3.$$

Damit beträgt unter atmosphärischen Bedingungen die maximale Druckerhöhung bei Gasen 30 000 Pa [2-3]. Nach [2-1] soll die je Masseneinheit übertragene Arbeit normalerweise 25 000 J/kg (≈ 6,9 Wh/kg) nicht übersteigen.

Maschinen mit höheren Druckverhältnissen bezeichnet man als Gebläse oder Turbokompressoren [2-4]. Diese Druckgrenze ist hinsichtlich der Bezeichnung nicht selten fließend. Oft wird auch nach dem technologischen Aufbau unterschieden. Leichte Maschinen mit vorwiegend geschweißten Bauteilen werden als Ventilatoren bezeichnet, schwere Maschinen trotz geringerer Druckerhöhungen als Gebläse.

Die dem Gas im Laufrad zugeführte mechanische Energie wird in Druck- und Geschwindigkeitsenergie des Strömungsmediums, auch Fluid genannt, umgesetzt. Man zählt deshalb den Ventilator zu den Arbeitsmaschinen im Gegensatz zu den Kraftmaschinen, die dem Fluid Energie entnehmen und diese z. B. für den Antrieb von Arbeitsmaschinen oder von Elektrogeneratoren an deren Wellen bereitstellen. Die Energieübertragung erfolgt im Laufrad durch die im Gitterverband angeordneten rotierenden Laufschaufeln. Damit wird bei drallfreier Zuströmung im Fluid ein Drall in Drehrichtung erzeugt bzw. wird bei Vordrall dieser entsprechend verändert. Solche Maschinen werden im Gegensatz zu Kolbenmaschinen, die nach dem Verdrängungsprinzip arbeiten, als Strömungsmaschinen oder auch als Turbomaschinen bezeichnet. Das lateinische Wort turbo bedeutet Wirbel und trifft damit recht gut das Prinzip der Energieumsetzung.

Die Berechnung von Turbomaschinen, insbesondere der Strömung in rotierenden Schaufelgittern und in den anschließenden Verzögerungseinrichtungen, erfordert umfangreiche Kenntnisse auf dem Gebiet der Strömungsmechanik und der Mathematik und bleibt, wenn hohe Wirkungsgrade erreicht werden sollen, den speziellen Fachleuten und Entwicklungseinrichtungen vorbehalten. Besondere Schwierigkeiten bereiten dabei die Arbeitsmaschinen mit ihren Druckerhöhungen und den damit verbundenen Verzögerungen in den Schaufelgittern.

Trotz umfangreicher Forschungsergebnisse kann zur genauen Bestimmung der Kennwerte des Ventilators auf dessen Messung auf einem Prüfstand nicht verzichtet werden. Die dort experimentell ermittelten Werte eines Modelles können dann unter Verwendung von Ähnlichkeitsbeziehungen auf maßstäblich veränderte Maschinen mit unterschiedlichen Drehzahlen genügend genau umgerechnet werden.

Kennlinien bzw. dimensionslose Kennzahlen ermöglichen die Darstellung des Verhaltens des Ventilators bzw. des Ventilatortyps in der Anlage. Damit kann der Projektant und Betreiber arbeiten, ohne die Verhältnisse im Inneren der Maschine zu kennen (Black-box-Prinzip). Das trifft aber nur für den prüfstandsgemäßen Einbau zu. Die Erfahrung zeigt, daß nicht selten durch ungeeignete Wahl von Bauteilen vor und nach dem Ventilator dessen Arbeitsweise im Gerät oder in der Anlage stark beeinträchtigt wird.

Im zunehmenden Maße werden die Verfahren zur Luftbehandlung, wie Filtern, Erwärmen, Kühlen, Be- und Entfeuchten usw., aus Platz- und Kostengründen in Geräten vereinigt. Der Trend geht deshalb zum Einsatz von kompakten Einbauaggregaten, oft nur mit einzelnen, freilaufenden Ventilatorrädern bestückt. Damit werden z. B. bei Radialventilatoren die aufwendigen Spiralgehäuse eingespart, und es sind sogar strömungstechnisch günstigere Einbauverhältnisse hinsichtlich der Beaufschlagung anschließender Bauteile wie u. a. Filter oder Wärmeübertrager möglich.

3 Ventilatorbauarten

Die Ventilatoren werden nach aerodynamisch-konstruktiven Merkmalen klassifiziert [3-1] und können benannt werden nach

- der Richtung des Gasstromes im Laufrad und der Art der (mittleren) Meridianströmung, z. B. beschleunigt,
- der Anordnung der Leitapparate, bezogen auf eine Stufe, die durch ein rotierendes Gitter mit gegebenenfalls zugeordneten Leitgittern gekennzeichnet ist,
- der Anzahl der Saugöffnungen oder der Anzahl der Stufen,
- der Art des Antriebes und der Drehrichtungen,
- der Gehäusegestaltung und Abströmrichtung,
- der Größe des Druckbereiches,
- dem Verwendungszweck und den Betriebsbedingungen.

Dem Anwender von Ventilatoren werden die dreisprachigen Eurovent-Dokumente empfohlen, für diesen Abschnitt besonders das Dokument Eurovent 1/1: Terminologie der Ventilatoren [3-1]. Es enthält eine umfangreiche Darstellung aller Bauarten, Baugruppen und mancher Bauteile und deren Bezeichnungen.

Entscheidend für das Betriebsverhalten eines Ventilators ist die Richtung der Strömung durch das rotierende Schaufelgitter des Laufrades, in dem die Energie an das Fluid übertragen wird (Bild 3-1).

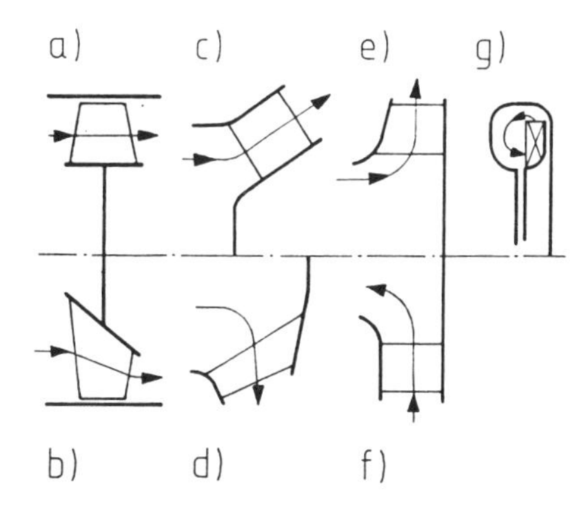

Bild 3-1. Meridianschnitte und mittlere Strömungsrichtungen durch rotierende Schaufelgitter der Laufräder von Ventilatoren.
a) axial;
b) meridianbeschleunigt;
c) diagonal (halbaxial);
d) diagonal (halbradial);
e) radial (zentrifugal);
f) radial (zentripetal);
g) Seitenkanal-(Peripheral-)Maschine.

Man unterscheidet im wesentlichen die beiden Grundbauarten Axialventilatoren und Radialventilatoren. Bei den Axialventilatoren strömt das Fluid durch die im Gitterverband angeordneten Laufschaufeln parallel, also koaxial, zur Drehachse und gibt so der Bauart ihren Namen. Die Schaufelgitter der Radialventilatoren werden senkrecht zur Drehachse, also radial und meist zentrifugal von der Drehachse weg, nach außen durchströmt. Mit der Anordnung im Bild 3-1 steigt zunehmend von links nach rechts der Fliehkraftanteil in der Laufradströmung an und damit auch die Druckzahl (Näheres hierzu im Abschnitt 5).

Die Bilder 3-2 und 3-3 geben einen Überblick über einige mögliche Bauarten von Axial- und Radialventilatoren und ihren Zwischenstufen, z. B. Diagonalventilatoren. Die Drehrichtung bzw. der Drehsinn des Laufrades wird im allgemeinen unabhängig von der Lage des Antriebes bestimmt. Nach [3-1] erfolgt die Bezeichung als rechtsdrehend (im Uhrzeigersinn, Symbol RD) und als linksdrehend (im Gegenuhrzeigersinn, Symbol LG), indem der Ventilator entlang seiner Achse aus der der Eintrittsöffnung gegenüberliegenden Seite betrachtet wird.

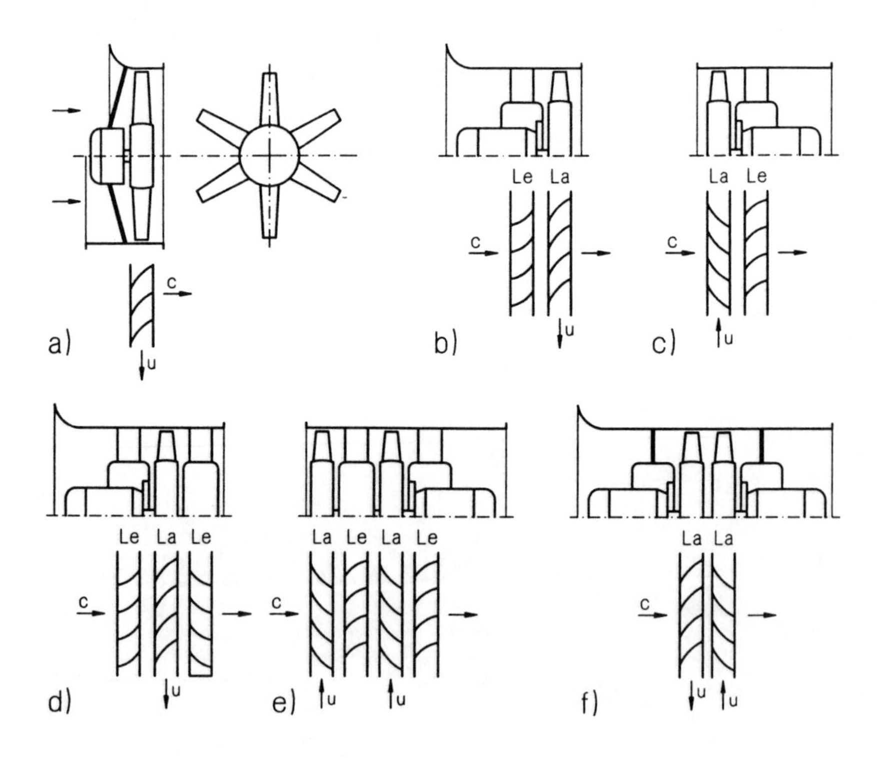

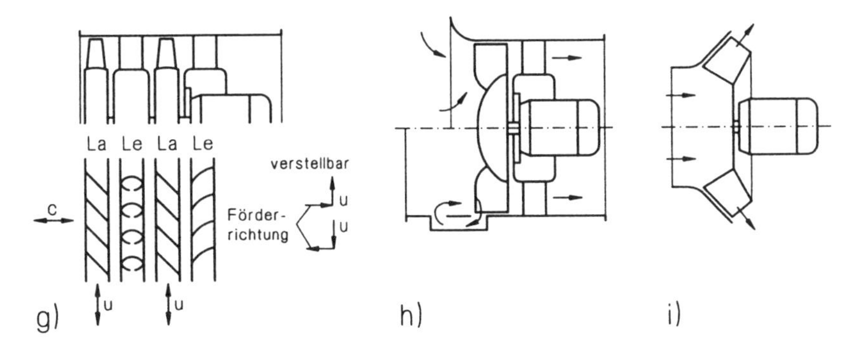

Bild 3-2. Bauartenübersicht Axialventilatoren.
a) Wandringventilator ohne Leitapparat links drehend;
b) Axialventilator mit Vorleitapparat;
c) Axialventilator mit Nachleitapparat, rechts drehend;
d) Axialventilator mit Vor- und Nachleitapparat;
e) zweistufiger Axialventilator gleicher Drehrichtung;
f) zweistufiger Axialventilator gegenläufiger Drehrichtung (Gegenläufer);
g) reversierbarer Axialventilator (Strömungsrichtung ist umkehrbar);
h) Axialventilator mit Meridianbeschleunigung (unten mit Iwanow-Stabilisator);
i) Diagonalrad (Halbaxialläufer).

Le Leitrad; La Laufrad

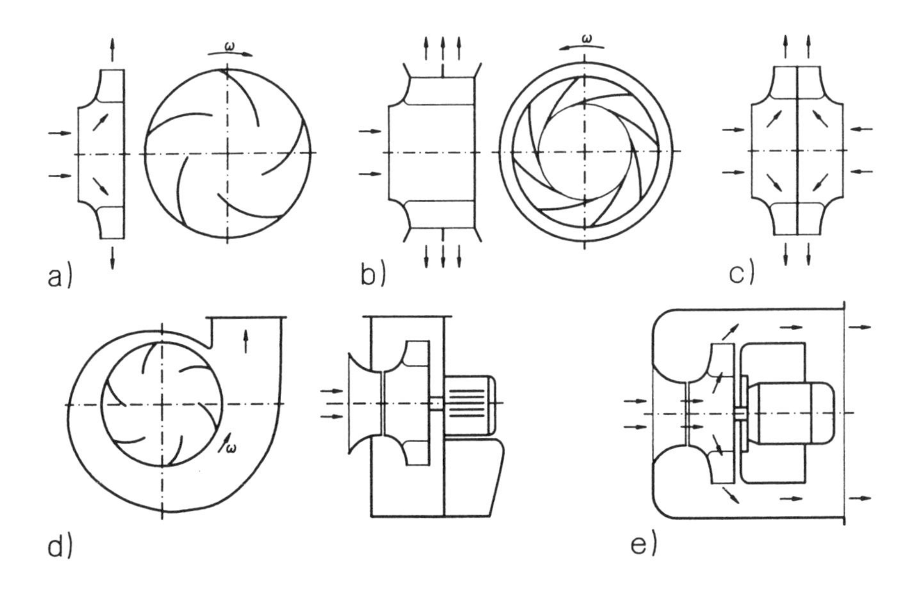

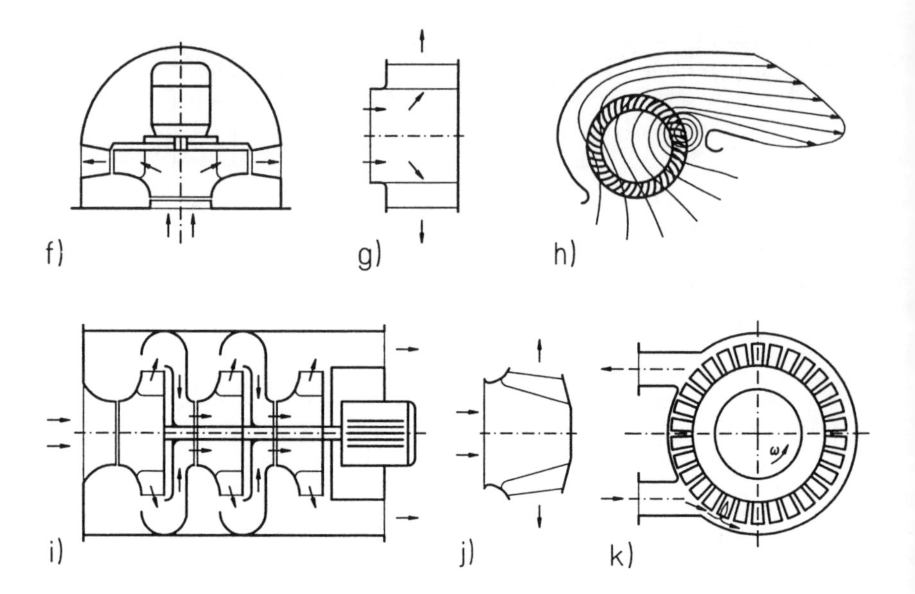

Bild 3-3. Bauartenübersicht Radialventilatoren.
a) einflutiges Radialrad, links drehend;
b) Radialrad mit umlaufendem Multi-Radialdiffusor;
c) zweiflutiges Radialrad;
d) Radialventilator mit Spiralgehäuse (radial abströmend);
e) Radialventilator mit Axialgehäuse (axial abströmend);
f) Dachradialventilator mit ruhendem Radialdiffusor (radiale Abströmung);
g) Trommelläufer;
h) Querstromventilator (zentripetal und zentrifugal durchströmt);
i) dreistufiger Radialventilator;
j) Diagonalrad (Halbradialläufer);
k) Tangentialventilator (Peripheralgebläse).

Lediglich bei zweiseitig saugenden Radialventilatoren und bei Querstromventilatoren wird der Drehsinn durch die Blickrichtung vom Antrieb aus bestimmt.

3.1 Axialventilatoren

Axialventilatoren ohne Leitrad und ohne Gehäuse arbeiten analog Flugzeugpropellern (Bild 3-4 a). Sie besitzen ein kleines Nabenverhältnis $\nu = d_N/D$ und bringen von allen Bauarten bei vergleichbaren Abmessungen, Drehzahlen und bei vergleichbarem Volumenstrom die kleinste Druckerhöhung. Ihre Beschaufelungen sind herstellerspezifisch unterschiedlich ausgeführt. Frei laufend sind sie bekannt als Tisch- oder Deckenlüfter. Als sogenannte Kühlflügel werden sie in großen Stückzahlen zur Belüftung von Wasser- bzw. Ölkühlern z. B. in Kraftfahrzeugen angewendet. Durch die Sichelung der Schaufeln und durch mitrotierende Außenringe (Bild 3-4 b) konnte das aerodynamische und akustische Verhalten verbessert werden [3-2], siehe auch Abschnitt 10.

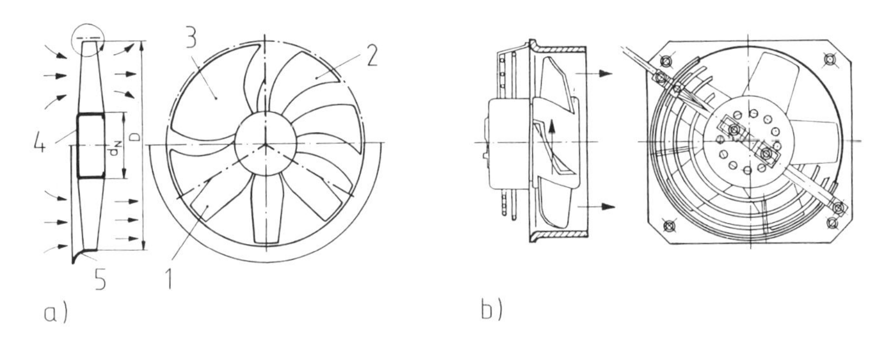

Bild 3-4. Axialventilator ohne Leitrad.
a) frei laufend;
b) mit Motor im Gehäuse.

1 Laufschaufel (Flügel) in üblicher Ausführung; 2 Flügel in Sichelform;
3 Flügel als Breitschaufel; 4 Laufradnabe; 5 mitlaufender Außenring

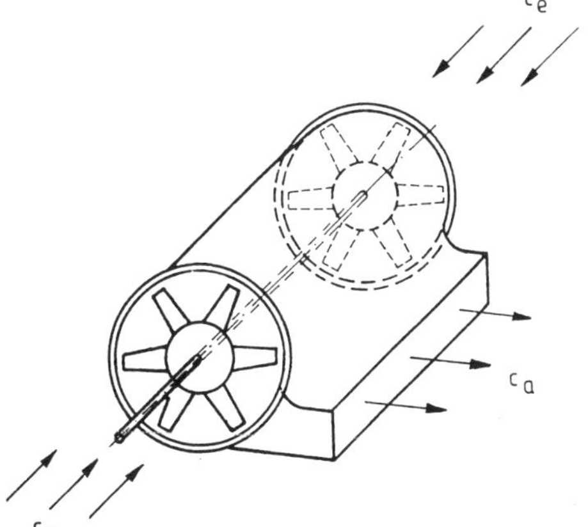

Bild 3-5. Breitstromventilator, nach [3-3].

Axialventilatoren ohne Leitrad mit Gehäuse werden unter der Bezeichnung Wand- oder Wandringventilatoren zur direkten Be- und Entlüftung von Räumen und zur Kühlung von Bauteilen in Geräten benutzt. Als Großausführung dienen sie in Kühltürmen zur Erhöhung des Auftriebes. Bild 3-5 zeigt einen interessanten Anwendungsfall für Axialräder mit kleinem Nabenverhältnis als Breitstromventilator für die Windsichtung in einem Mähdrescher [3-3].

Axialventilatoren mit Nachleitrad (Bild 3-6) werden meist als Rohrventilator eingesetzt [3-4]. Die Luft strömt axial, d. h. parallel zur Rotationsachse, dem Laufrad zu. Die Schaufeln, meist profiliert, bestehen aus Stahl, Aluminiumguß oder Kunststoff und sind fest oder verstellbar auf dem Nabenkörper, auch Laufradtrommel genannt, befestigt. Das Nachleitrad beseitigt bzw. verringert mit seinen Leitschaufeln den durch das Laufrad in Drehrichtung erzeugten Mitdrall aus der Strömung (siehe Abschnitte 4 und 5), die dann im wesentlichen axial abströmt. Damit wird ein Teil der Geschwindigkeitsenergie in Druckenergie umgewandelt, was mit einer verlustbehafteten Verzögerung der Strömung verbunden ist und zu einem ungleichmäßigen Geschwindigkeitsprofil im Nachlauf führt. Konstruktiv halten die Nachleitradschaufeln den Nabentopf, der den Flanschmotor zum Antrieb des Laufrades trägt.

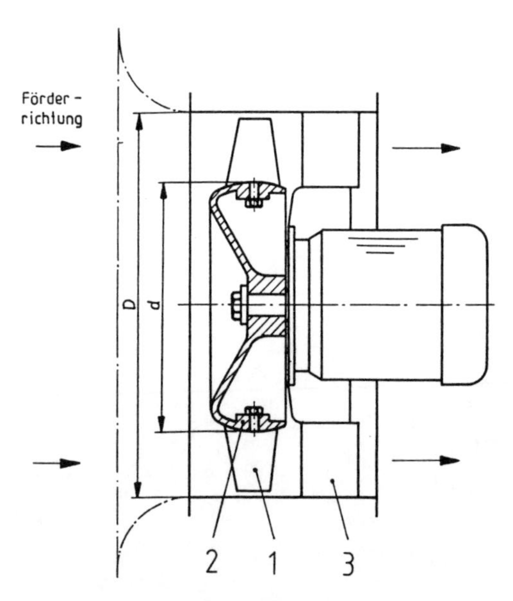

Bild 3-6. Axialventilator mit Nachleitrad.

1 Laufrad mit verstellbaren Laufschaufeln; 2 Nabenkörper; 3 Nachleitrad

Die Luft verläßt den Ringraum, der im vorliegenden Beispiel 60 % des Eintrittsquerschnittes beträgt, mit einer 1,7fach höheren Geschwindigkeit als im Eintritt. Das sind z. B. bei 10 m/s Anströmgeschwindigkeit 17 m/s und entspricht einer Erhöhung des dynamischen Druckes um 113 Pa auf 180 Pa. Will man einen Teil dieser Austrittsenergie nutzen und eine weitere Erhöhung des statischen Druckes erreichen, muß anschließend auf den vollen Rohrquerschnitt verzögert werden. Damit sind weitere Verluste verbunden.

Die Kennwerte der Axialventilatoren, auch die Angaben in den Katalogen, beziehen sich im allgemeinen auf den vollen Rohrquerschnitt, wenn die Strömung wieder über diesen Querschnitt ausgeglichen ist. Die Messungen auf dem Prüfstand werden deshalb nach [3-5] mit einem anschließenden geraden, zylindrischen Rohr mit einer Länge von > 3 d_N/D, dem sogenannten Carnotschen Stoßdiffusor (siehe auch Abschnitt 4), durchgeführt. Erst danach wird der Gesamtdruck gemessen. Wenn ein solcher Axialventilator ohne das anschließende Rohrstück aus dem Ringraum frei oder in einen größeren Querschnitt ausblasend eingesetzt wird, kann es zu erheblichen Fehlanpassungen kommen.

Bei einem *Axialventilator mit Vorleitrad* (Bild 3-7) erzeugt das Leitrad gegen die Drehrichtung des Laufrades einen Drall, der vom Laufrad im Bereich des Auslegungspunktes im wesentlichen wieder herausgenommen wird. Diese Bauart, obwohl im Wirkungsgrad und in der Lärmabstrahlung schlechter als ein Nachleitradventilator, hat Vorzüge hinsichtlich der axialen Baulänge (Leitapparat in der Düse) und der Zugänglichkeit der Motoren beim Einsatz an und in Geräten.

Innerhalb der Axialbauarten gibt es verschiedene Typen, die sich neben unterschiedlichen Laufschaufelwinkeln im wesentlichen durch das Nabenverhältnis d_N/D unterscheiden [3-4]. Ventilatoren mit gleichem Nabenverhältnis, aber unterschiedlichen Schaufelstellungen werden auch als Typenfamilien bezeichnet. Ganz allgemein gilt: Mit dem Nabenverhältnis steigt das Verhältnis von Gesamtdruckerhöhung zum Volumenstrom. Zum Beispiel schafft der einfache Wandringventilator des Bildes 3-4 mit seinem kleinen Nabenverhältnis von 0,33 zum Entlüften von Räumen bei vergleichbarem Volumenstrom, gleicher Drehzahl und gleichem Raddurchmesser weniger als die Hälfte der Druckerhöhung des im Bild 3-6 gezeigten Typs.

Wie noch näher im Abschnitt 9 erläutert wird, haben hochbelastete Axialventilatoren mit einem großen Nabenverhältnis ein ausgeprägtes „Pumpgebiet". Dieses tritt im Bereich starker Drosselungen, also bei kleinen Volumenströmen, auf, wenn z. B. der Anlagenwiderstand viel größer als der vorausberechnete ist. Es äußert sich durch teilweises Rückströmen, verbunden mit starken Schwingungen des Ventilators und der Luftsäule in der Rohrleitung. Dadurch kann es

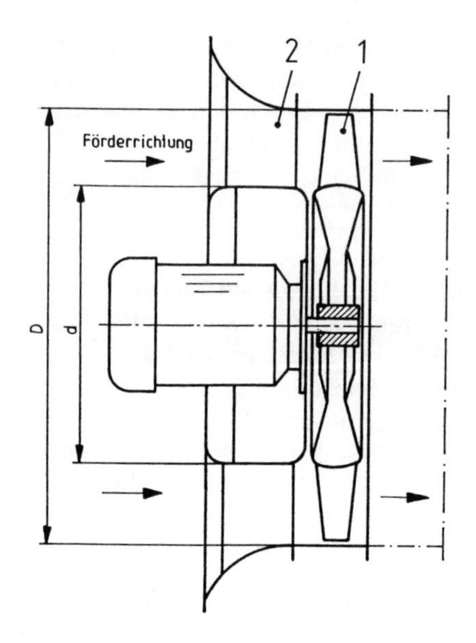

Bild 3-7. Axialventilator mit Vorleitrad.
1 Laufschaufel; 2 Vorleitrad

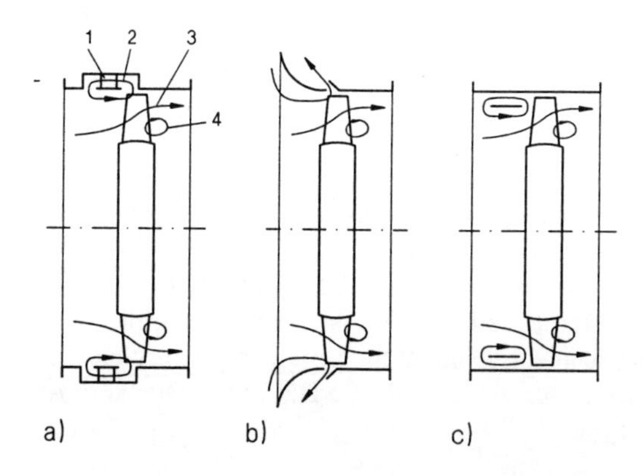

Bild 3-8. Grundtypen von Stabilisatoren bei Axialventilatoren.
a) Minibypass nach *Iwanow*;
b) Düsentyp;
c) Ringtyp.

Bei starker Drosselung des Ventilators:
1 Leitschaufeln; 2 Saugseitenwirbel; 3 Meridianströmung; 4 Druckseitenwirbel

sogar zu Zerstörungen am Ventilator und in der Anlage führen, z. B. Schaufelabriß oder Implosion der Luftleitung. Das war bisher einer der Gründe, weshalb Radialventilatoren, die nicht so empfindlich sind, den Axialventilatoren vorgezogen wurden.

Um das Pumpgebiet zu vermeiden, kann man über einen Bypass, das ist eine Parallelleitung zum Ventilator, einen Teil der Luft druckseitig abzweigen und auf der Saugseite wieder zuführen. So wird es z. B. ganz einfach bei offenen Windkanälen mit einer Klappe gemacht, die gegen eine Feder arbeitet und je nach den Druckverhältnissen mehr oder weniger öffnet. Inzwischen gibt es weniger aufwendige konstruktive Lösungen direkt am Ventilator, sogenannte *Stabilisatoren* (siehe Bild 3-8). Sie wirken wie ein Minibypass und sorgen dafür, daß das bei starker Drosselung rückwärts strömende Fluid drallfrei und störungsfrei der Hauptströmung am Ansaug wieder zugeführt wird. Damit wird für die Hauptströmung eine radiale Komponente möglich, die zu einer diagonalen Durchströmung der Axialschaufel und damit zu einem stabileren Verlauf der Kennlinie führt [3-6] bis [3-10] (siehe auch Abschnitt 9).

Um einen höheren Druck bei gleichen Abströmverhältnissen aus dem Ventilator zu erhalten, werden die einstufigen Axialventilatoren *mehrstufig* angeordnet (Bild 3-2). Bei einer zweistufigen Ausführung eines Ventilators mit Nachleitapparat und gleicher Drehrichtung kann man in erster Näherung mit einer 1,8fachen Druckerhöhung rechnen. Der Vorteil einer solchen Anordnung ist der geringere Austrittsverlust gegenüber einer schnelläufigeren, kleineren einstufigen Maschine [3-10].

Der Einsatz von *Axialventilatoren in Geräten* hat Vorteile bezüglich der Durchströmrichtung, der Beaufschlagung von Baueinheiten, der besseren Lärmbekämpfung (der Frequenzgang des Axialventilatorlärmes entspricht etwa dem des Absorptionsschalldämpfers). Um die Druckverluste des Gerätes auszugleichen, die Druckreserve für die Anlage zu gewährleisten und die Austrittsverluste zu minimieren, muß jedoch oft zweistufig gebaut werden, was die Vorteile durch die höheren Kosten z. T. wieder aufwiegt. In den USA wird deshalb das *Multi-fan-Prinzip* propagiert. Bei diesem Prinzip ist der axiale Geräteventilator nur für die inneren Verluste des Gerätes und eine kleine Druckreserve ausgelegt und damit weniger belastet. Dezentral angeordnete Axialventilatoren fördern dann die im Gerät aufbereitete Luft je nach Bedarf zu den verschiedenen Verbrauchern. Die geringe Druckreserve des Gerätes sorgt für eine Minimallüftung in vorübergehend nicht genutzten Räumen. Dieses Prinzip hat Vorteile hinsichtlich des energetisch und akustisch günstigen Einsatzes der Ventilatoren und nicht zuletzt der Anschaffungskosten.

Schaltet man einen Axialventilator der Auslegung mit Vorleitrad vor einen Axialventilator der Auslegung mit Nachleitrad, aber mit entgegengesetzter Drehrichtung, so erhält man einen *Gegenläufer* [3-11], bei dem dadurch Vor- und Nachleitrad eingespart werden können. Seine Vorteile sind neben dem geringen Austrittsverlust die zwei Antriebsmotoren, weil man damit eine hohe Antriebsleistung besser in den Naben unterbringt. Es genügt, wenn nur der Motor der ersten Stufe geregelt wird. Diese Regelmöglichkeit ist besonders günstig unter den heutigen Bedingungen der elektronischen Drehzahlregelung.

Die *Axialventilatoren mit meridian beschleunigter Strömung im Laufrad* (Bild 3-9) werden auch mit zu den Axialventilatoren gerechnet, obwohl ihre Laufschaufeln nur im Außenschnitt parallel zur Rotationsachse durchströmt werden. Durch die Beschleunigung der Meridianströmung zwischen dem Gittereintritt und dem Gitteraustritt wird die Druckerhöhung im rotierenden Verzögerungsgitter im wesentlichen aufgehoben und eine verlustarme Laufraddurchströmung erreicht. Damit ist aber die zugeführte Energie nahezu nur als Geschwindigkeitsenergie am Laufradaustritt vorhanden und muß im Nachleitrad und im anschließenden platzaufwendigen Diffusor verlustbehaftet verzögert und in Druck umgesetzt werden. Man findet deshalb auch die Bezeichnung *Axialgleichdruckventilatoren* oder nach dem Namen des Erfinders Bauart Schicht im Gegensatz zu den bereits beschriebenen *Axialüberdruckventilatoren*. Trotzdem werden Wirkungsgrade bis 85 % erreicht.

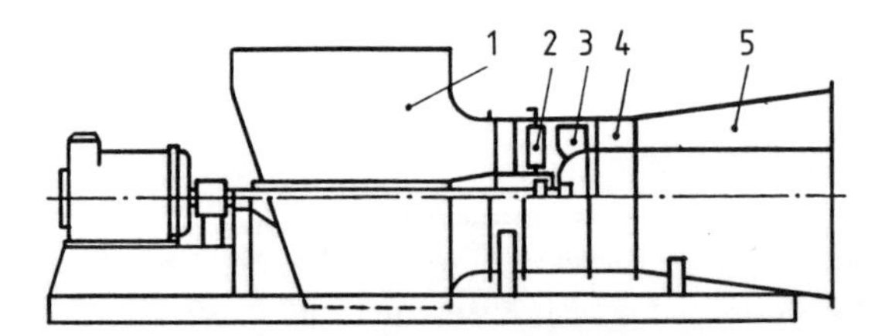

Bild 3-9. Axialventilator mit meridianbeschleunigter Strömung, Bauart Schicht, hoher Antriebsleistung als Saugzug in einem Kraftwerk.

1 Einlaufkrümmer; 2 Vorleitapparat, zum Regeln verstellbar; 3 Laufrad; 4 Nachleitapparat; 5 Diffusor

Schließlich kann ein *Axialventilator mit Sprüheinrichtung*, eingebaut in Direktbefeuchtungssektionen, die geförderte Luft polytrop, d. h. mit gleichzeitiger Kühlung, befeuchten. Hierzu befindet sich in der Laufradtrommel eine Ringkammer, der über eine geeignete Einrichtung ständig Wasser zugeführt wird. Die Fliehkraftwirkung des rotierenden Laufrades drückt das Wasser durch Bohrungen von Sprühröhrchen, die radial kurz hinter den Laufschaufeln angeordnet sind, in den Luftstrom [3-12] [3-13].

Die *Änderung der Drehrichtung* führt bei Axialventilatoren im Gegensatz zu den Radialventilatoren meist zur weniger effektiven Umkehr der Durchströmungsrichtung. Speziell für die Umkehr der Drehrichtung konstruierte Ventilatoren, die vorzugsweise in beiden Richtungen gleich wirken, werden als *reversierbare Ventilatoren* bezeichnet. Sie finden z. B. Anwendung bei der wirkungsvollen Be- und Entlüftung von Schiffsladeräumen und von Tunneln.

3.2 Radialventilatoren

Bei den Radialventilatoren (Bild 3-10) strömt die Luft dem Laufrad im allgemeinen drallfrei zu und zunächst ebenfalls axial durch den Ansaugstutzen ein. Anschließend wird sie in die radiale Richtung umgelenkt. Bei der zentrifugalen Durchströmung des Radialrades entsteht durch die unterschiedlichen Umfangsgeschwindigkeiten zwischen dem Eintrittsdurchmesser d_1 und dem Austrittsdurchmesser D des Schaufelgitters ein Fliehkrafteffekt, der zu einem zusätzlichen Druckanstieg führt. Dieser ist meist so groß, daß der Volumenstrom in gleicher Richtung wie im Auslegungsfall auch bei umgekehrter Drehrichtung des Laufrades, also radial nach außen, strömt! Auf die richtige Drehrichtung muß deshalb bei Radialventilatoren besonders geachtet werden. Sonst fehlt es bei einer falschen Polung des Antriebsmotors meist an Volumenstrom und Druckerhöhung, der Wirkungsgrad sinkt stark ab, die Leistungsaufnahme steigt an, und es besteht die Gefahr der Motorüberlastung.

Der schaufelfreie Raum bis zum Gittereintritt einschließlich Spaltausführung ist sorgfältig gestaltet, so daß eine ungestörte Zuströmung zum Gitter erfolgt und eine Ablösung der Wandgrenzschicht von der Raddecke und vom Radboden vermieden wird. Das setzt auch bei den Radialventilatoren eine ungestörte Zuströmung zum Ventilator voraus, wie sie zwar auf Prüfständen, in der Praxis aber nicht oft vorkommt. Der Anlagenbauer muß deshalb Störungen, wie Verzögerungen, Umlenkungen und Drosseleinrichtungen, vor einem Ventilator vermeiden. Ist dies nicht möglich, sollte auf das Zubehör zurückgegriffen werden, welches die Industrie anbietet und womit die schädlichen Einflüsse minimiert werden können. Meist werden hierzu die Auswirkungen zahlenmäßig angegeben, die der Projektant in seiner Berechnung berücksichtigen kann.

Einbaufehler ausgeschlossen, muß das Radialrad in die gleiche Richtung drehen, wie das Spiralgehäuse ausbläst. Als Sammelgehäuse umschlingt es das

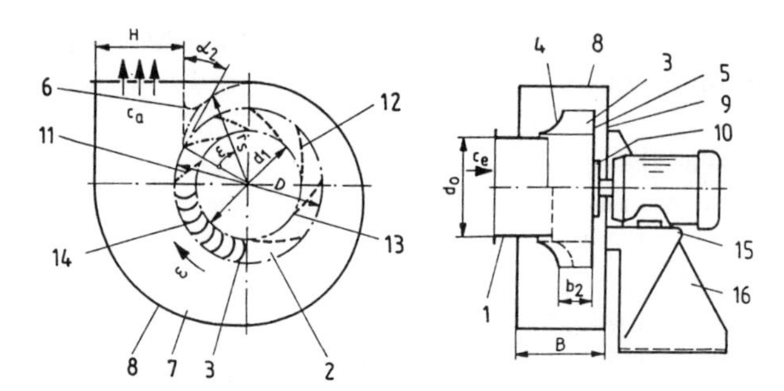

Bild 3-10. Radialventilatoren mit einem Radienverhältnis von 0,7, nach [3-16].

1 Ansaugstutzen; 2 Radiallaufrad; 3 Laufschaufel; 4 Raddecke; 5 Radboden; 6 Gehäusezunge; 7 Spiralgehäuse (Sammelgehäuse); 8 Spiralgehäuseaußenwand (im wesentlichen logarithmische Spirale); 9 Spiralgehäuseseitenwand; 10 Laufradnabe; 11 Radtyp 1 mit rückwärts gekrümmten Schaufeln; 12 Radtyp 2 mit anderer Schaufelform, jedoch gleiche Radaustrittsbreite b_2 wie 11; 13 Radtyp 3 mit gleicher Schaufelform wie 12, aber kleinere Austrittsbreite b_2 als 11; 14 Radtyp 4 mit vorwärts gekrümmten Schaufeln; 15 Motorbock; 16 Tragstütze

B Spiralgehäusebreite; H Spiralgehäuseaustrittshöhe; α_2 Austrittswinkel der Absolutströmung aus dem Laufrad; $r_S = f(\varepsilon)$ Spiralgehäusekontur

Laufrad und erweitert sich mit zunehmendem Umschlingungswinkel ε, beginnend bei der Gehäusezunge. Aus technologischen Gründen werden vorwiegend eckige Gehäusequerschnitte mit parallelen Seitenwänden verwendet. Je nach Betriebspunkt des Ventilators hat das Gehäuse nicht nur eine Sammelfunktion. Es wirkt bei kleinen Volumenströmen auch als Diffusor, indem es die Strömung hinter dem Laufrad verzögert. Bei großen Volumenströmen hingegen beschleunigt es mitunter und arbeitet dann unter den Bedingungen des freien Ausblasens als Drosseleinrichtung.

Ähnlich wie bei den Axialventilatoren unterscheidet man bei den Radialventilatoren die einzelnen *Typen* bzw. *Typenfamilien* durch das Durchmesserverhältnis d_1/D, dem ein bestimmter Bereich des Radbreitenverhältnisses b_2/D und des Gehäusebreitenverhältnisses B/D zugeordnet ist. Durch unterschiedliche Form der Schaufeln und in Grenzen Radbreitenverhältnisse werden die Typen innerhalb einer Typenfamilie noch variiert und damit Einfluß auf den Verlauf und die Lage der Kennlinie genommen. Man spricht von vorwärts gekrümmten Schaufeln, wenn der Schaufelaustrittswinkel $\beta_2 > 90°$ ist. Die Schaufel ist dann stark gekrümmt, und die Schaufelaustrittskante zeigt in Drehrichtung, z. B. Radtyp 4 im Bild 3-10. Radial endende Schaufeln haben einen Austrittswinkel von $\beta_2 = 90°$. Schaufeln mit kleineren Austrittswinkeln $\beta_2 < 90°$ nennt man rückwärts gekrümmt. Mit ihnen sind im allgemeinen höhere Wirkungsgrade möglich. An dieser Stelle soll bereits dem Abschnitt 5 vorweg genommen werden, daß mit zunehmendem Schaufelaustrittswinkel β_2 grundsätzlich das Verhältnis von statischer Druckerhöhung im Laufrad zur Gesamtdruckerhöhung, auch Reaktionsgrad genannt, abnimmt und der Anteil der Geschwindigkeitsenergie zunimmt. Die Umsetzung dieser Energie in Druck ist wieder nur durch eine verlustbehaftete Verzögerung möglich. Das ist auch der Grund, weshalb Trommelläufer mit stark vorwärts gekrümmten Schaufeln nie frei laufen dürfen und diese auch im Spiralgehäuse nur auf mäßig hohe Wirkungsgrade kommen.

Bild 3-11 zeigt verschiedene Typenfamilien eines Baukastens [3-16], gekennzeichnet durch die Durchmesserverhältnisse d_l/D = 0,3; 0,5; 0,7 und 0,85. Aus technologischen Gründen wurde in diesem Beispiel die gleiche Spiralenkontur für alle Typen verwendet. Die Anpassung an die unterschiedlichen Austrittswinkel α_2 der Absolutströmung aus den Laufrädern erfolgt durch entsprechende Breiten und Austrittshöhen des Spiralgehäuses und durch unterschiedliche Zungenformen.

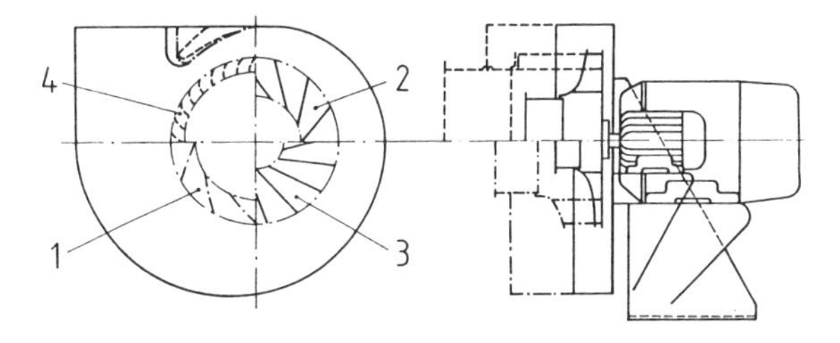

Bild 3-11. Baukasten Radialventilatoren mit Durchmesserverhältnissen d_l/D zwischen 0,3 und 0,85 nach [3-16].

1 Typenfamilie mit d_l/D = 0,7;
2 Typenfamilie mit d_l/D = 0,5;
3 Typenfamilie mit d_l/D = 0,3;
4 Typ Trommelläufer mit d_l/D = 0,85

Der Einbau von *frei laufenden Radialrädern* hohen Reaktions- und damit hohen Einbauwirkungsgrades in Geräten, wie ihn *Hönmann* [3-14] bereits 1974 vorgeschlagen hat, nimmt zu und verdrängt immer mehr die bisher meist verwendeten doppelflutigen Trommelventilatoren, die einen niedrigen Gesamtwirkungsgrad haben und auch auf niedrige Einbauwirkungsgrade führen. Durch die Anwendung breiter Radialräder mit umlaufenden Multiradialdiffusoren am Außenumfang (Bild 3-3) konnte der Wirkungsgrad frei laufender Radialräder um 11 % verbessert werden. Trotz Anstieg des Volumenstromes um 7 % und des Druckes um 18 % sank der Schalldruckpegel um 5 bis 7 dB im Bereich von 200 Hz bis 10 kHz [3-15].

Bei freilaufenden Rädern in Geräten oder bei Einbaukontrollen von Rädern in Gehäusen erkennt man die *Drehrichtung* des Laufrades an der Richtung der Eintrittskante der Schaufeln, die immer in Drehrichtung zeigt. Eine Ausnahme bilden radiale Trommel- und Sonderventilatoren mit 90°-Eintritt. Diese werden im Abschnitt 13.3.2 noch näher erörtert.

Von außen nach innen *zentripetal* durchströmte Radialventilatoren [3-17] sind bisher wenig bekannt geworden (Bild 3-12). Im allgemeinen überwiegt bei Radialrädern der Fliehkrafteffekt. Deshalb konnten bei einer Versuchsausführung [3-18], bei der die zentripetale Durchströmung durch entsprechende Leitapparate erzwungen wurde, nur relativ niedrige Kennwerte gemessen werden. Bei einer Druckzahl von 0,24, bezogen auf den Laufradaußendurchmesser, lag der Spitzenwirkungsgrad nur bei 60 %. Diese Stufe war als Nachleiteinrichtung für ein Zentrifugalrad [3-19] vorgesehen und demzufolge mit Gegendrall beaufschlagt worden. Die Abströmung war im wesentlichen drallfrei. Eine starke Schallemission wurde beobachtet.

Eine Kombination von zentrifugal und zentripetal durchströmtem Radialgitter ist der *Querstromventilator* (Bild 3-13). Bei diesem Typ überwiegt die zentri-

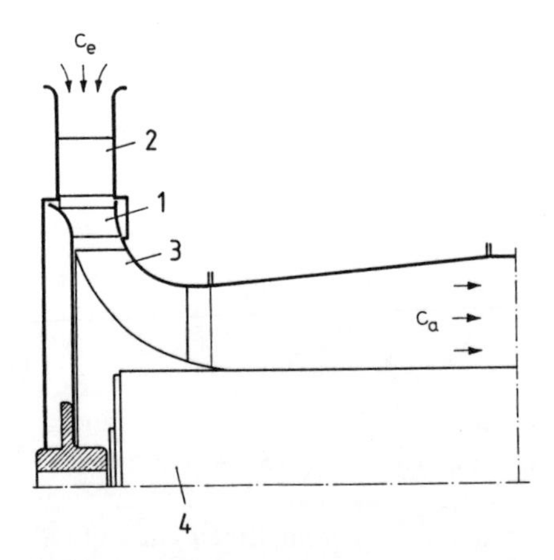

Bild 3-12. Zentripetal durchströmter Ventilator mit Vor- und Nachleitradbeschaufelung, nach [3-18].

1 Laufschaufel; 2 Vorleitschaufel; 3 gerade radiale Nachleitschaufel; 4 Antriebsmotor

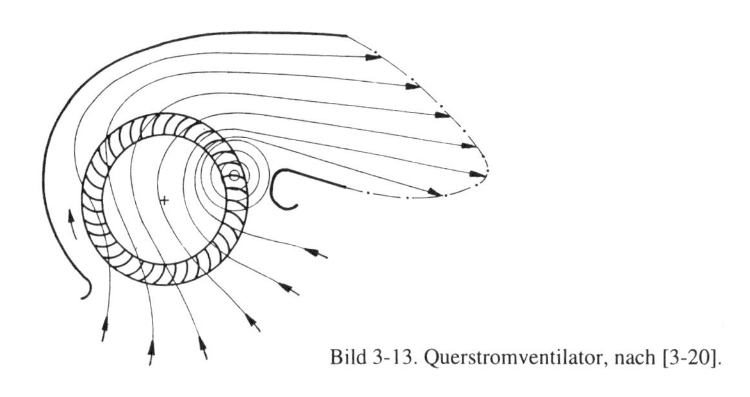

Bild 3-13. Querstromventilator, nach [3-20].

petal durchströmte vorwärts gekrümmte Beschaufelung, so daß die an der Welle zugeführte Energie fast nur in Geschwindigkeitsenergie umgesetzt wird [3-20]. Für einen Druckaufbau sind aufwendige Verzögerungseinrichtungen notwendig. Wegen seiner Bauart, seiner kleinen Wirkungsgrade und Druckerhöhungen wird er vorzugsweise in Heizgeräten oder als Tischventilator verwendet.

3.3 Diagonalventilatoren

Diagonalventilatoren (engl. mixed flow fans) haben Räder, die bei der Durchströmung sowohl eine axiale als auch eine radiale Komponente haben. *Halbaxialräder* (Bild 3-14), meist ohne Deckscheibe, werden mit Spiralgehäuse, als Rohrventilatoren mit axialer Abströmung oder in Geräten eingesetzt. Hier konnten die bisher vorhandenen Barrieren hinsichtlich der strömungstechnischen Auslegung und der technischen Realisierung durch die Anwendung von Computern beseitigt werden [3-21] bis [3-27]. Der Diagonalventilator schließt damit eine Lücke zwischen den Axial- und den Radialventilatoren. Für den frei laufenden Einbaufall wurde zum Einbau in lufttechnische Geräte ein breites, vorwiegend radial durchströmtes, halbradiales Rad mit umlaufendem Multidiffusor (Bild 3-15) entwickelt [3-28]. Dieses Rad läuft in einer Holztrocknungsanlage mit Wärmepumpe. Man erkennt die platzsparenden Abmessungen, wobei sowohl die Beaufschlagung eines Filters als auch eines Wärmeübertragers in der Anlage zufriedenstellend ist. Bei der Entwicklung dieses Laufrades [3-29] wurde u. a. ein einfaches Näherungsverfahren [3-30] angewendet, welches für die erste Hauptaufgabe (Vorgabe der aerodynamischen Kennwerte und direkte Berechnung des Gitters) umgearbeitet worden war und sich bereits bei der Auslegung von Radialrädern mit höheren Druckzahlen als Hochleistungsräder unter Verwendung eines Näherungsverfahrens für die Zirkulationsverteilung bewährt hatte [3-31] bis [3-33].

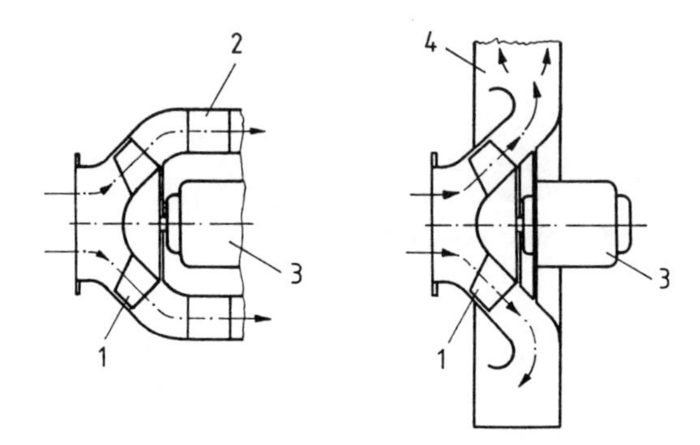

Bild 3-14. Ventilator mit vorwiegend diagonal (halbaxial) durchströmtem Laufrad, aus [1-7].

1 Laufrad; 2 Leitrad; 3 Motor; 4 Spiralgehäuse

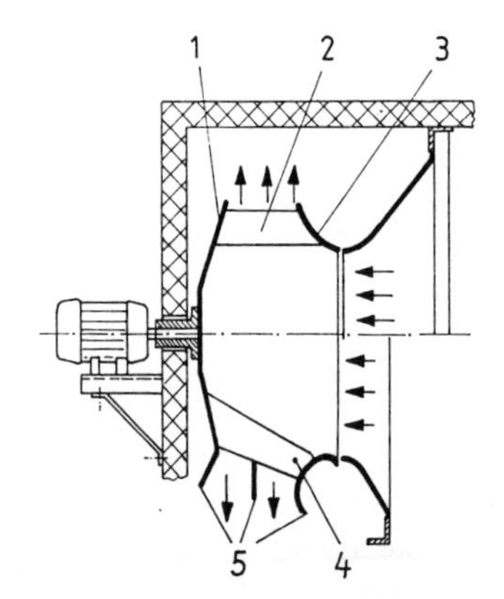

Bild 3-15. Ventilatorrad mit vorwiegend radial durchströmtem Laufrad (Halbradialrad).

1 Tragscheibe; 2 Radialschaufel; 3 Deckscheibe; 4 Diagonalschaufel; 5 umlaufender Multidiffusor

3.4 Seitenkanalventilatoren

In der Totaldruckerhöhung trotz der hohen Druckzahlen zum Bereich der Ventilatoren gehörend, werden die *Seitenkanalventilatoren* (Bild 3-16) wegen ihrer sehr hohen Druckerhöhung im Vergleich zu den geringen Volumenströmen vorwiegend *Seitenkanalgebläse* genannt. Durch die vielen am Umfang oder seitlich des Laufrades angeordneten Radialkammern wird das Fluid mehrfach radial beschleunigt, indem es nach dem Verlassen einer Schaufel über den Ringraum der folgenden Schaufel wieder zugeführt wird. Die Energie wird einer Zirkulationsströmung übertragen, die vom Ansaug bis zum Ausblas einmal den Umfang der Maschine durchläuft. Dabei werden hohe Druckzahlen bis $\psi = 19$ erreicht. Deshalb und wegen ihres Wirkungsprinzips werden sie auch *Peripheralgebläse* genannt. Die Wirkungsgrade liegen deutlich unter 50 % [3-34] [3-35]. Diese Gebläse werden z. B. zur Erzeugung von Luftkissen für die Bewegung von schweren Papierstapeln und anderen groß- und geradflächigen Gegenständen, zum pneumatischen Transport von Schüttgut, für die Hausrohrpost, zum Entwässern von Papierbrei u. a. m. verwendet.

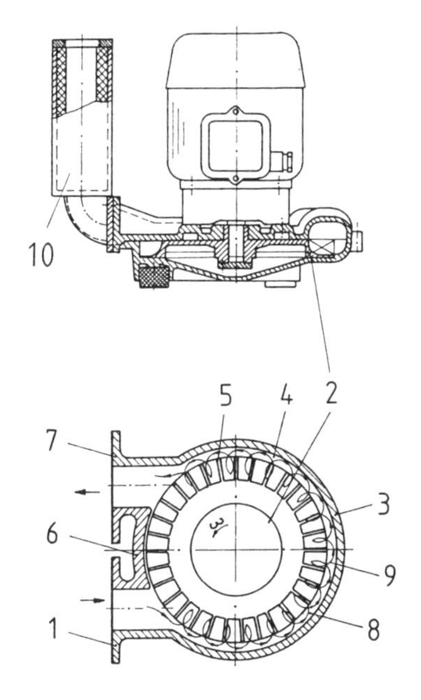

Bild 3-16. Seitenkanalmaschine, aus [3-34].

1 Saugstutzen; 2 Laufrad; 3 Gehäuse; 4 Seitenkanal; 5 Schaufeln; 6 Verdränger; 7 Druckstutzen; 8 Zirkulationsströmung; 9 schraubenförmige Bewegung; 10 Schalldämpfer

Es ist üblich, spezielle Bezeichnungen für die verschiedenen, oft branchentypisch vorkommenden Einsatzfälle zu verwenden, womit meist auch die Bauart, der Typ und die konstruktiven Besonderheiten gekennzeichnet sind. So wird z. B. für einen kleinen Radialventilator mit kleinem Volumenstrom und relativ großer Druckerhöhung (Durchmesserverhältnis rd. 0,3) statt der Bezeichnung

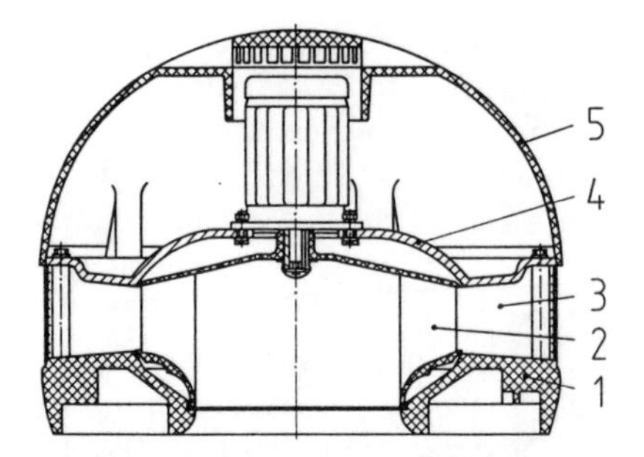

Bild 3-17. Dachventilator, aus [3-36].

1 Grundplatte aus PUR-Schaum, zugleich Ansaugdüse und untere Begrenzung des ruhenden Austrittsdiffusors; 2 Laufrad aus glasfaserverstärktem Polyamid; 3 unbeschaufelter Austrittsdiffusor; 4 Motortragscheibe aus PVC, zugleich obere Begrenzung des Diffusors; 5 Haube aus PUR-Schaum

Schmiedefeuerventilator auch der Begriff Schmiedefeuergebläse gewählt. Bei der Bezeichnung Dachventilator weiß man, daß dieser, anlagentechnisch gesehen, auf einem Dach arbeitet und ein frei laufendes Rad in einem schützenden Gehäuse hat. Am Ende einer Anlage angebracht, übernimmt das Gehäuse meist auch eine Leitfunktion, um die Austrittsverluste herabzusetzen. Bild 3-17 zeigt eine Lösung, bei der tragende Teile zugleich eine Luftleitfunktion als ruhender Austrittsdiffusor ausüben.

In Kraftwerken spricht man von Frischlüftern oder Unterwindgebläsen, die den Dampfkessel mit Verbrennungsluft versorgen. Rezirkulationsgebläse und Saugzüge transportieren die Abgase.

Der Tunnelbau nutzt Tunnelventilatoren. Hat der Ventilator aber die Aufgabe, die Tunnelströmung im Tunnel nach dem Strahlapparatprinzip anzutreiben, so sagt man auch Strahlventilator oder benutzt den englischen Begriff *jet fan*. Auf solche Besonderheiten wird bei den entsprechenden Anwendungs- und Einsatzfällen der folgenden Abschnitte eingegangen.

4 Bestell- und Kenngrößen

Ein Ventilator, auch wenn er regelbar ist, arbeitet in den seltensten Fällen in seinem laut Projekt vorgesehenen Betriebspunkt. Das liegt an der Eigenart einer Strömungsmaschine, bei der grundsätzlich alle Punkte einer Kennlinie Betriebspunkte sein können. Der Schnittpunkt der Anlagenkennlinie mit der Ventilatorkennlinie ist dann der Betriebspunkt. Die Ventilatorkennlinie ist recht genau auf dem Prüfstand meßbar, aber die Einbaubedingungen und die trotz der Fortschritte der Berechnungsmöglichkeiten der Anlage mit moderner Rechentechnik nicht immer stimmenden Rohrleitungskennlinien führen noch oft zu Fehlanpassungen. Meist ist technologisch der Volumenstrom vorgegeben. Es gibt Regelungsmöglichkeiten zum Anpassen der Ventilatoren, aber der Ventilator arbeitet dann auch nicht immer im Optimalbereich mit dem Ergebnis eines niedrigen Wirkungsgrades und einer schlechten Akustik.

Bei Fehlanpassungen sucht dann der Kunde oft die Ursache beim Ventilatorhersteller, doch liegt diese meist in den technischen Mißverständnissen bei der Vertragsvorbereitung durch beide Seiten.

Für die richtige technische Vorbereitung von Verträgen sind die Technischen Lieferbedingungen für Ventilatoren, die in der zwölfseitigen DIN 24 166 [4-1] niedergelegt sind, eine wertvolle Hilfe. Ausgehend von den Angaben des Bestellers und den Angaben des Lieferers wird in Abhängigkeit vom Einsatzgebiet (Anwendung) und von den Fertigungsverfahren für aerodynamisch wichtige Teile in vier Genauigkeitsklassen von 0 bis 3 (Tabelle 5-1) eingeteilt, die für den vom Lieferer angegebenen Optimalbereich gelten. Es werden Grenzabweichungen der vereinbarten Betriebswerte angegeben (siehe hierzu Abschnitt 5.6). Die Tabelle berücksichtigt die Bautoleranz als Summe der unvermeidbaren Auslegungs-, Berechnungs- und Fertigungstoleranzen des Ventilators und betrifft im allgemeinen einen ordentlichen Einbau des Ventilators in die Anlage bzw. in das Gerät. Sie bezieht sich auf die vom Lieferer angegebene Drehzahl des Ventilatorlaufrades. Wird der Antrieb in die Vereinbarung mit einbezogen, so ist die zu erwartende Drehzahltoleranz zu berücksichtigen. Bei durch die Art des Antriebes stark schwankenden Drehzahlen ist keine Zuordnung möglich. Für diesen Fall sind besondere Vereinbarungen zu treffen.

Bei gestörter Ansaugströmung sollte die nächste, weniger anspruchsvolle Genauigkeitsklasse genommen werden. Eine weitere Tabelle enthält als Orientierungshilfe Kriterien für die Zuordnung der Genauigkeitsklasse.

Für abweichende Betriebszustände und für regelbare Ventilatoren enthält DIN 24 166 spezielle Empfehlungen. Weiter werden für die Abnahmeprüfungen, und die Leistungsmessungen Vereinbarungen und Regelungen vorgeschlagen, und es wird an Hand umfangreicher Beispiele die Einhaltung der vereinbarten Betriebswerte diskutiert. Die Messungen sind nach DIN 24 163 [4-2] und nach VDI 2044 [4-3] durchzuführen, siehe hierzu auch den Abschnitt 17.

Die Anlage zu diesem Buch enthält den Vorschlag eines ausführlichen technischen Fragebogens in Anlehnung an DIN 24 166 für den Anwender von Ventilatoren. Wichtig für die Auswahl eines Ventilators sind zunächst die Angaben zum Fördermedium, zum Volumenstrom, zur Druckerhöhung, zu den Abmessungen, zu seinem akustischen und Leistungsverhalten im Gerät bzw. in der Anlage. In den folgenden Abschnitten werden zum besseren physikalischen Verständnis dieser Kenngrößen die Grundgleichungen mit abgehandelt bzw. aufgefrischt.

4.1 Fördermedium

Den technischen Daten der Ventilatoren und den entsprechenden Kennlinien in den Herstellerkatalogen liegt im allgemeinen das Fördermedium reine Luft mit einer Bezugsdichte von 1,2 kg/m^3 zugrunde, bezogen auf den Zustand im Ansaug des Ventilators [4-1]. Andernfalls müssen im einzelnen vereinbart werden:

- Art des Fördermediums, z. B. Luft, Rauchgas, chemische Zusammensetzung,
- Dichte des Fördermediums in kg/m^3, bezogen auf den Ansaugzustand,
- Temperatur in °C im Ventilatoreintritt zum Zeitpunkt des Einschaltens (Leistungsaufnahme!) und während des Betriebes,
- relative Luftfeuchtigkeit in %,
- Staubgehalt, Staubkonzentration in g/m^3, Art des Staubes,
- Angaben über die Neigung des Staubes zum Anhaften oder bezüglich des Verschleißes der Ventilatorbauteile, hygroskopisches Verhalten,
- Dichte des Staubes, Korngrößenverteilung oder mittlere Korngröße,
- andere Verunreinigungen, z. B. Öl, Teer, und Angaben über deren Verhalten,
- weitere Angaben, z. B. Aggressivität, Explosionsgefahr, Taupunktunterschreitung.

Aus den Besonderheiten des Fördermediums ergeben sich konstruktive Forderungen, wie Dichtheit, Funkenschutz usw.

4.2 Volumenstrom

Bei der Auslegung bzw. Auswahl eines Ventilators geht man vom Volumenstrom $\dot{V}_1$ in m^3/s (m^3/h) mit seinem im Eintrittsquerschnitt vorhandenen Gaszustand aus. Die Größe des Volumenstromes ergibt sich aus dem technologischen Prozeß in der Anlage des Anwenders. In der Klimatechnik müssen die klimatechnischen Parameter erreicht werden, z. B. die Luftwechselzahl, die geforderte Kühlung oder Heizung. Beim Kraftwerk folgt aus der Verbrennungsrechnung die Frischluftmenge für den Unterwindlüfter bzw. die Rauchgasmenge für den Saugzug. Bei modernen Verfahren der Rauchgasreinigung fördern Rezirkulationsgebläse einen Volumenstrom innerhalb des Gesamtprozesses. Schließlich ist die Größe des Volumenstromes von Bedeutung für die Abführung von gas- und staubförmigen Verunreinigungen bis hin zur pneumatischen Förderung.

Mit dem Volumenstrom $\dot{V}$ lautet die *Kontinuitätsgleichung* für den Massestrom $\dot{m}$, der in einer dichten Rohrleitung weder zu- noch abnehmen kann:

$$\dot{m} = \rho \cdot \dot{V} = \rho \cdot c \cdot A = \text{konst. in kg/s,} \tag{4.1}$$

mit der Dichte

$$\rho = \frac{\dot{m}}{\dot{V}} \text{ in kg/m}^3. \tag{4.2}$$

Die Dichte des Gases und damit der Volumenstrom $\dot{V}$ sind von der Temperatur und dem absoluten statischen Druck p abhängig gemäß der Zustandsgleichung

$$p = \rho \cdot R \cdot T \text{ in N/m}^2 \tag{4.3}$$

mit der absoluten Temperatur T in Kelvin (K) und der Gaskonstanten R in N·m/(kg ·K) = J/(kg·K). Für trockene Luft ist $R_{L,tr} = 287$ J/(kg·K). Weitere Stoffparameter findet man z. B. in [4-5]. Die Gaskonstante $R_{L,f}$ für feuchte Luft kann mit einem Zusatzterm in der Form

$$R_{L,f} = \frac{R_{L,t}}{1 - k \cdot \varphi \cdot \frac{p_S}{p}} \tag{4.4}$$

berechnet werden. Darin ist $k = 0{,}00378$. Die relative Luftfeuchtigkeit $\varphi = p_D/p_S$ wird in % eingesetzt und ist das Verhältnis des Teildruckes p_D des Wasserdampfes in der Luft zum Sättigungsdruck p_S des Wasserdampfes in der

Luft. Der Sättigungsdampfdruck ist von der Temperatur abhängig und kann mit der Antoine-Gleichung [4-4]

$$\lg p_S = A - B/(C + t) \tag{4.5}$$

ermittelt werden. Mit den Konstanten A = 10,19, B = 1731, C = 233,77 und t in °C erhält man den Sättigungsdruck p_S in Pa. Mit dieser Gleichung werden die Tabellenwerte, z. B. aus [4-5], im Bereich von 0 bis 100 °C recht gut angenähert. Die Dichte von feuchter Luft ist dann

$$\rho_{L,f} = \frac{p}{R_{L,tr} \cdot T} \left(1 - k \cdot \varphi \cdot \frac{p_s}{p}\right). \tag{4.6}$$

Feuchte Luft ist also immer leichter als trockene Luft.

Die meisten Ventilatorenhersteller beziehen ihre Kennfelder auf eine Dichte von 1,2 kg/m³, die einer normalen Luft bei einem Druck von 1013,25 hPa, einer Temperatur von 20 °C und einer relativen Luftfeuchtigkeit von 60 % entspricht.

Manche Besteller geben die Dichte ihres Volumenstromes aber auch im Normzustand nach DIN 1343 bei einer Temperatur von 0 °C und einem Druck von 1013,25 hPa an. Für trockene Luft beträgt die genormte Dichte 1,293 kg/m³. Eine Umrechnung auf den tatsächlichen Volumenstrom kann mit der Gasgleichung (4.3) bzw. (4.6) geschehen.

Konstante Gasdichte vorausgesetzt, ergibt sich aus Gl. (4.1) die *Kontinuitätsgleichung für inkompressible Strömung* und damit der Volumenstrom zu

$$\dot{V}_1 = c_1 \cdot A_1 = c_2 \cdot A_2 = c_i \cdot A_i = \text{konst.} \tag{4.7}$$

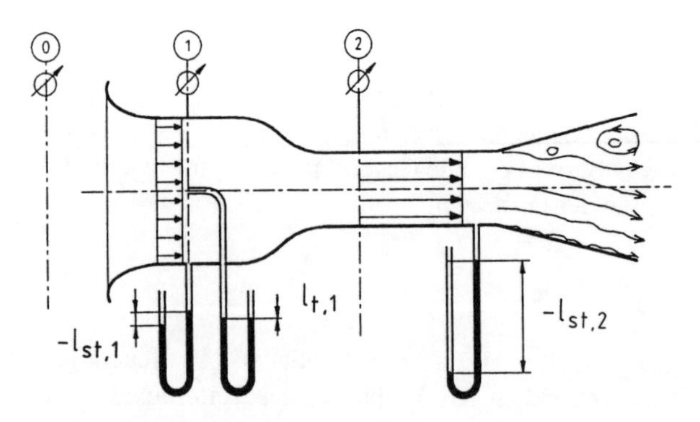

Bild 4-1. Zur Berechnung der Geschwindigkeit in Kanälen.

mit einer mittleren Strömungsgeschwindigkeit c_i senkrecht zur Fläche A_i (Bild 4-1). Damit kann man die mittleren Geschwindigkeiten $c_1 = \dot{V}_1/A_1$ bzw. $c_2 = \dot{V}_2/A_2$ in den verschiedenen Querschnitten berechnen. In den Querschnitten 1 bzw. 2 des Bildes 4-1 stimmen sie mit der Wirklichkeit gut überein, weil wegen der *beschleunigten Strömung* die Querschnitte gleichmäßig ausgefüllt sind. Dagegen ergibt sich bereits bei relativ schwacher *Verzögerung* eine sehr ungleichmäßige Geschwindigkeitsverteilung, bei der sogar Rückströmung möglich ist und die mit hohen Verlusten verbunden ist. Bei einer geordneten Zuströmung zum verzögernden Bauteil im Bild 4-1, Diffusor genannt, liegt die Grenze dessen maximalen Erweiterungswinkels bereits bei 8°.

4.3 Druckerhöhung

Die *Totaldruckerhöhung* eines Ventilators ist die Differenz zwischen dem Totaldruck $p_{t,2}$ im Ventilatoraustritt und dem Totaldruck $p_{t,1}$ im Ventilatoreintritt [4-2] [4-3]:

$$\Delta p_{t,L} = p_{t,2} - p_{t,1} \text{ in Pa} = \text{N/m}^2. \tag{4.8}$$

Anstelle des international üblichen und inzwischen auch standardisierten Indizes t (total) und der Bezeichnung Totaldruckerhöhung findet man im Deutschen auch noch den Index ges oder g und die Bezeichnung Gesamtdruckerhöhung.

Nach *Bernoulli* gilt bei konstanter Dichte und wenn Energie weder zu- noch abgeführt wird [4-6]:

$$p_t = p_{st} + \frac{\rho}{2}c^2 = p_{st} + p_d = \text{konst.} \tag{4.9}$$

Darin ist p_{st} der *statische Druck*, der in alle Richtungen, also auch senkrecht auf die Rohrwandung wirkt und somit an dieser auch mit einfachen Druckanbohrungen gemessen werden kann.

Der *dynamische Druck* p_d ist eine Größe, die entstehen würde, wenn eine Strömung mit der Geschwindigkeit c auf den Wert 0 aufgestaut wird:

$$p_d = \frac{\rho}{2}c^2 \text{ in } \frac{\text{kg}}{\text{m}^3} \cdot \frac{\text{m}^2}{\text{s}^2} = \text{Pa}. \tag{4.10}$$

Die Einheit des Druckes Pascal ergibt sich, wenn man vom Newtonschen Trägheitsprinzip „Kraft ist gleich Masse mal Beschleunigung" ($\text{N} = \text{kg}\cdot\text{m/s}^2$) ausgeht und $\text{N}\cdot\text{s}^2/\text{m}$ statt kg in die Dimensionsbetrachtung der Gl. (4.10) einsetzt. In der Lufttechnik werden die Drücke in Pa, seltener in kPa oder mbar (= 100 Pa) angegeben.

Für eine Gasdichte von 1,25 kg/m³ kann man den dynamischen Druck einfach mit

$$p_d = 10 \left(\frac{c}{4}\right)^2 \text{ in Pa} \qquad (4.11)$$

berechnen. Als Näherungsformel für ρ = 1,2 kg/m³ liegen die Abweichungen bei + 4,2 %.

Infolge des Geschwindigkeitsquadrates steigen die dynamischen Drücke mit zunehmender Geschwindigkeit und damit verbunden auch die Verluste in der Strömung stark an. Bereiche mit hohen Geschwindigkeiten in der Anlage und im bzw. am Ventilator sollten deshalb bei Problemen während der Inbetriebnahme und des Betriebes von Anlagen kritisch geprüft werden. Dieses grundsätzliche Verhalten, daß der Widerstand $W = \zeta \cdot A \cdot c^2 \cdot \rho/2$ mit dem Quadrat der der Geschwindigkeit und damit die Verlustleistung $P = W \cdot c$ mit der dritten Potenz der Geschwindigkeit ansteigen, ist z. B. auch mit der Grund dafür, weshalb Fahrzeuge mit zunehmender Geschwindigkeit bald die Leistungsgrenze der Motoren erreichen.

Es muß hervorgehoben werden, daß Druckverluste immer Totaldruckverluste sind. Nur bei konstantem Querschnitt, bei dem sich der dynamische Druck nicht ändert, ist der Totaldruckverlust gleich dem statischen Druckabfall.

Zum besseren Verständnis zeigt Bild 4-2 einen analogen Vergleich mit einer rollenden Kugel. In der Ebene 0 hat die ruhende Kugel zum definierten Bezugsniveau N ein Arbeitsvermögen von $m \cdot g \cdot H$, auch potentielle Energie genannt, die in der Strömungstechnik dem Produkt Totaldruck mal Volumenstrom entspricht. Reibungsfreiheit angenommen, hat die Kugel in der Meßebene 1 den Zustand

$$m \cdot g \cdot H = m \cdot g \cdot h_1 + \frac{m}{2} \cdot c_1^2$$

mit einem dynamischen $c_1^2 \cdot m/2$ und einem potentiellen Anteil $m \cdot g \cdot h_1$, der noch in Geschwindigkeit umgesetzt werden kann. In der Ebene 2 ist das gesamte Arbeitsvermögen gleich der dynamischen Energie

$$m \cdot g \cdot H = \frac{m}{2} \cdot c_2^2.$$

Schließlich ist die Kugel bei 3 wieder auf der Höhe H angelangt und zur Ruhe gekommen, es sei denn, daß sie durch Reibung abgebremst und ihr damit Energie entzogen wurde ($h_3 < H$) oder daß eine Maschine sie weiter angehoben hat, also Energie zugeführt wurde ($h_3 > H$). Bei diesem Gedankenexperiment wurde die Rotationsenergie der Kugel vernachlässigt.

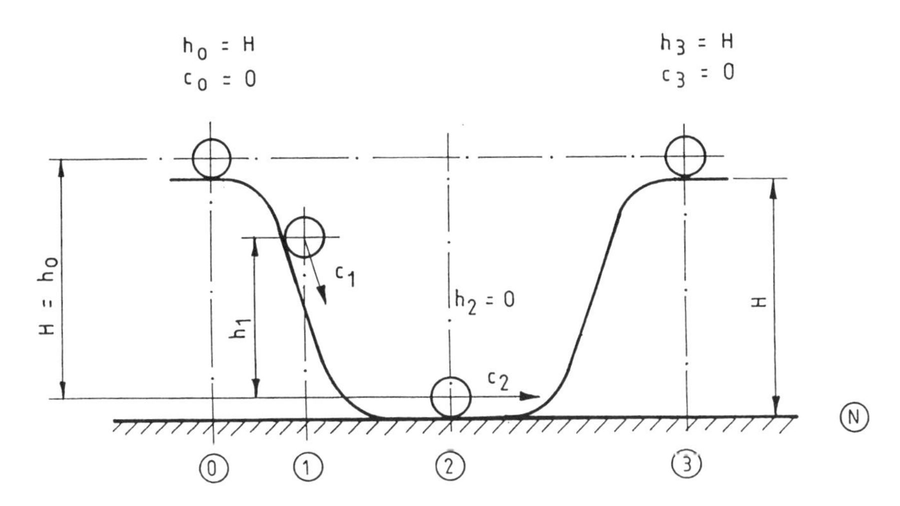

Bild 4-2. Kugelversuch.

Multipliziert man die Gleichung von *Bernoulli* (4.9) mit dem Volumenstrom $\dot{V}$, so erhält man die Luftleistung

$$\dot{V} \cdot p_t = \dot{V} \cdot p_{st} + \dot{V} \cdot p_d = \text{konst. in N} \cdot \text{m/s} \qquad (4.12)$$

im Einklang mit dem *ersten Hauptsatz der Thermodynamik*, wonach Energie nicht verlorengehen kann. (Mitunter wird der Begriff Luftleistung für die Größe des Volumenstromes verwendet; das ist falsch.)

In der Thermodynamik sind die Drücke grundsätzlich Absolutdrücke, so daß es keine Unterdrücke gibt. Die Druckerhöhungen durch Ventilatoren liegen aber oft im niedrigen und mittleren Bereich bis 2500 Pa bzw. 8000 Pa und sind im Vergleich zum barometrischen Druck von rd. 10^5 Pa klein. Die obere Grenze von 30 000 Pa für Ventilatoren wird selten erreicht. Es ist deshalb üblich, im allgemeinen lufttechnischen Anlagenbau die Drücke als *Differenz zum atmosphärischen Druck* anzugeben. Meist werden sie auch so mit U-Rohren oder ähnlich funktionierenden Geräten gegenüber dem Umgebungsdruck gemessen. Im oberen Bereich des Bildes 4-1 wird z. B. mit Dosenbarometern der Absolutdruck im Meßquerschnitt 0 als barometrischer Luftdruck p_b bzw. der Druck in einem umgebenden Versuchsraum p_a und die statischen Drücke $p_{st,1}$ bzw. $p_{st,2}$ gemessen. Saugt z. B. am Ende des Diffusors ein Ventilator, so ist nach Gl. (4.9) unter der Annahme der Reibungsfreiheit wegen der kurzen Weglängen und der beschleunigten Strömung:

$$p_{t,0} = p_{t,1} = p_{t,2} = p_{st,1} + \frac{\rho}{2} c_1^2 = p_{st,2} + \frac{\rho}{2} c_2^2. \tag{4.13}$$

Damit kann man die Geschwindigkeit in den Querschnitten 1 und 2 berechnen:

$$c_1 = \sqrt{\frac{2\,(p_{t,0} - p_{st,1})}{\rho}} \text{ bzw. } c_2 = \sqrt{\frac{2\,(p_{t,0} - p_{st,2})}{\rho}}. \tag{4.14}$$

Im unteren Teil des Bildes 4-1 wird mit U-Rohrmanometern die Druckdifferenz zur Umgebung gemessen. Für die Totaldrücke wird ein einfaches Rohr, ein sogenanntes Pitotrohr, benutzt, dessen scharfkantig aufgebohrte Rohröffnung entgegen der Strömungsrichtung zeigt.

Die Flüssigkeitssäulen $l_{st,1}$, $l_{t,1}$ bzw. $l_{st,2}$ sind proportional den Differenzdrücken $\Delta p_{st} = p_{st} - p_a$, bzw. $\Delta p_t = p_t - p_a$ gemäß der Beziehung

$$\Delta p = l \cdot \rho \cdot g \text{ in kg/(m·s}^2\text{) = N/m}^2. \tag{4.15}$$

Mit diesen Differenzwerten lautet die Gl. (4.13)

$$0 = \Delta p_{st} + \frac{\rho}{2} c^2 \text{ und daraus } c = \sqrt{\frac{2\,(-\Delta p_{st})}{\rho}}. \tag{4.16}$$

Im Bild 4-1 sind die Ausschläge $l_{st,1}$ und $l_{st,2}$ negativ und damit auch die entsprechende Druckdifferenz nach Gl. (4.14), so daß der Ausdruck unter der Wurzel positiv wird. Die in der noch üblichen Praxis mit Unterdruck bezeichneten und mit einem Minuszeichen versehenen Drücke sind also immer Differenzdrücke zu einem bestimmten Druckniveau, meist zum barometrischen Druck. Der dynamische Druck wird bereits als Differenzdruck zwischen dem totalen und dem statischen Druck gemessen bzw. mit diesen Drücken berechnet, wobei der barometrische bzw. Meßraumdruck herausfällt.

Das Vorstellen des Symbols Δ zur korrekten Bezeichnung der Differenzdrücke hat sich bisher in der Praxis kaum durchgesetzt. Wird das Symbol verwendet, sollte, um Verwechslungen mit der Totaldruckerhöhung des Ventilators zu vermeiden, letzterer immer mit einem Index versehen werden, z. B. $\Delta p_{t,V}$ oder besser $\Delta p_{t,L}$ (L für Lüfter), da der Index V meist für Druckverluste benutzt wird.

Bei einem Beispiel wie im Bild 4-1 ergibt sich mitunter die Frage, wie hier überhaupt eine Strömung entstehen kann, wenn die Totaldruckdifferenz bzw. der Totaldruck Δp_t gegen den Versuchsraumdruck vor dem Einlauf gleich 0 ist. Grundsätzlich muß natürlich eine Druckdifferenz vorhanden sein, wenn ein Medium strömen soll. Im vorliegenden Fall erzeugt ein Ventilator, der hinter dem Diffusor angeschlossen ist, gegenüber der Atmosphäre einen Unterdruck, so daß der Atmosphärendruck vor der Ansaugdüse die Luft nachdrücken kann. Man könnte sich auch eine aus der Atmosphäre herausgeschnittene Ringleitung vorstellen, die vom Ausblas zum Ansaug die Luft wieder zurückführt.

Schaltet man den mit einer Pitotsonde gemessenen Gesamtdruck auf den einen Schenkel eines U-Rohres und den statischen Druck auf den anderen (Bild 4-3), so kann man den dynamischen Druck als Differenz der beiden Ausschläge ablesen. Dabei sollte wie bei einer Rohrströmung ein konstanter Verlauf des statischen Druckes bzw. ein gleichmäßiges Geschwindigkeitsprofil über dem Querschnitt vorhanden sein.

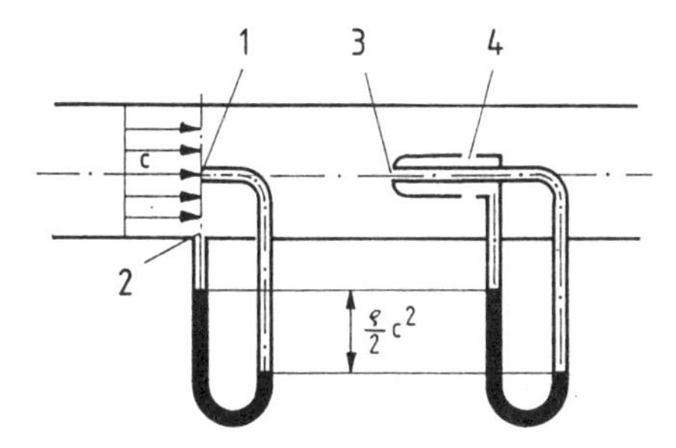

Bild 4-3. Messung des statischen und des Totaldruckes.

1 Totaldrucköffnung des Pitot-Rohres; 2 statische Druckanbohrung; 3 Totaldrucköffnung des Prandtl-Rohres; 4 Schlitze für den statischen Druck

Die geschickte Kombination von Totaldruckmessung und statischer Druckmessung zur Bestimmung des dynamischen Druckes mit einer Sonde an einem Meßort in der Strömung ist das Staurohr nach *Prandtl* (Bild 4-3). Prandtlsche Staurohre sind in verschiedenen Abmessungen (Sondenkopfdurchmesser, Schaftlängen) im Handel erhältlich.

Bild 4-4 zeigt die Anwendung der Gleichung von *Bernoulli* auf eine einfache lufttechnische Anlage. Aus der Umgebung mit atmosphärischen Bedingungen (alle Werte der Druckdifferenzen Δp_t, Δp_{st}, $p_d = 0$) strömt die Luft wie im Bild 4-1 über eine Einlaufdüse 1 in das Rohr mit dem Durchmesser d_0. Durch die Düse 4 wird weiter auf den Ansaugdurchmesser d_1 eines Axialventilators 5 beschleunigt, der dem Fluid Energie zuführt. In der Praxis sind die Ansaug- und Ausblasgeschwindigkeiten des Ventilators meist wesentlich größer als die Geschwindigkeiten in der Anlage. Das kann, wie später noch näher gezeigt wird, besonders auf der Druckseite zu erheblichen Problemen führen [4-7].

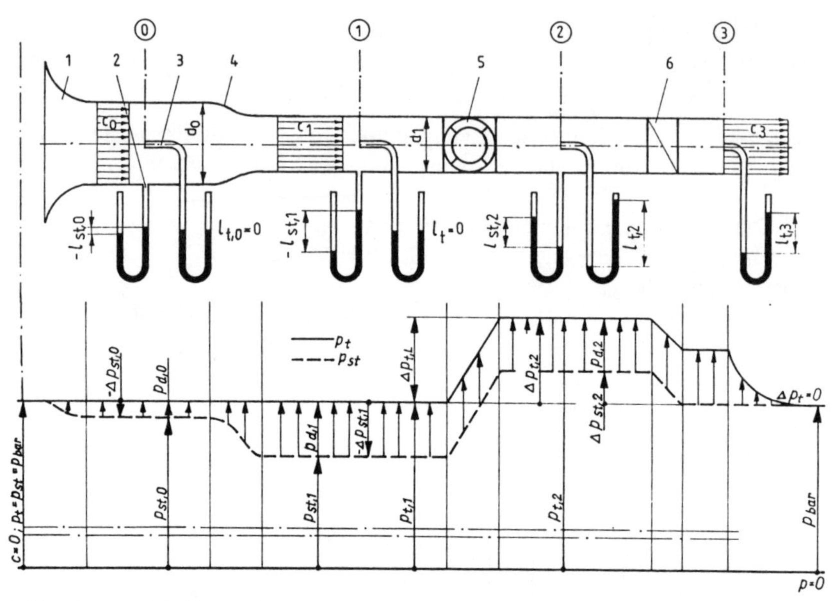

Bild 4-4. Beispiel einer einfachen Anlage.

1 Einlaufdüse; 2 statische Druckmeßstelle; 3 Totaldruckmessung; 4 Übergangsdüse; 5 Ventilator; 6 Wärmeübertrager; 0 bis 3 Bezugs- bzw. Meßquerschnitte

Eine nachgeschaltete Einrichtung 6 zur Luftbehandlung (z. B. ein Wärmeübertrager) bringt durch ihren Widerstand eine Druckabsenkung. Am Ende der Rohrleitung strömt die Luft wieder ins Freie, und sie verwirbelt, wodurch ein Austrittsverlust in der Größe des dynamischen Druckes am Austrittsquerschnitt auftritt. Da keine Verzögerungen, sondern nur Beschleunigungen in den Düsen vorkommen, und die Rohrleitungen kurz sind, kann bis auf den Totaldruckverlust im Wärmeübertrager die übrige Anlage als reibungsfrei betrachtet werden. Bis zum Meßquerschnitt 0 hat noch keine Energiezufuhr stattgefunden. Damit ist der gegen die Atmosphäre gemessene Totaldruck gleich null. Diesen Wert zeigt auch das Pitotrohr an, das mit seiner Rohröffnung gegen die Strömung gerichtet ist:

$$\Delta p_{t,0} = 0 = \Delta p_{st,0} + \frac{\rho}{2} c_0^2$$

mit dem statischen Druck

$$\Delta p_{st,0} = -\frac{\rho}{2} c_0^2.$$

Ist der Volumenstrom bekannt, kann man den statischen Druck unter Anwendung der Kontinuitätsgleichung (4.7) berechnen:

$$c_0 = \frac{\dot{V}}{A_0} = \frac{4\,\dot{V}}{d_0^2 \cdot \pi} \quad \text{und damit} \quad \Delta p_{st,0} = -\frac{\rho}{2}\left(\frac{4\,\dot{V}}{d_0^2 \cdot \pi}\right)^2.$$

Diesen statischen Druck zeigt das U-Rohrmanometer als negativen Ausschlag am Meßquerschnitt 0 an (Bild 4-4). Den Sachverhalt kann man umgekehrt nutzen, indem man den statischen Druckabfall zur Bestimmung des Volumenstromes bei Abnahmeversuchen oder als Ausgangsgröße für die betriebsabhängige Regelung des Volumenstromes verwendet. Hier empfiehlt es sich, den statischen Druck an mehreren Stellen über dem Umfang zu messen, wobei die Meßstellen durch eine Ringleitung verbunden werden. Dabei sollten vier Bohrungen verwendet werden, die im Abstand von (0,5 bis 1) d hinter der Düse über dem Umfang gleichmäßig verteilt angebracht und mit einer Ringleitung verbunden sind. Auf dem gleichen Prinzip beruhen die standardisierten Einlaufdüsenmessungen (siehe Abschnitt 17).

Unter Benutzung der Kontinuitätsgleichung kann man nun auch leicht den statischen Druck im Meßquerschnitt 1 bestimmen, weil hier ebenfalls noch $\Delta p_t = 0$ ist:

$$\Delta p_{st,1} = -\frac{\rho}{2} c_1^2 = \Delta p_{st,0} \left(\frac{d_0}{d_1}\right)^4.$$

Im Beispiel bringt der Ventilator die Totaldruckerhöhung $\Delta p_{t,L} = p_{t,2} - p_{t,1} = p_{t,2}$, weil wegen der stromauf nicht vorhandenen Widerstände der Totaldruck $p_{t,1}$ an der Stelle 1 gleich null ist. Der Wert der Totaldruckdifferenz $\Delta p_{t,L}$ ist gleich der Summe der Verluste der Anlage, die im Wärmeübertrager 6 infolge seines Strömungswiderstandes entstehen, zuzüglich dem Austrittsverlust, der gleich dem dynamischen Druck am Austritt mit dem Querschnitt A_3 ist.

Ein Zahlenbeispiel ist in Tabelle 4-1 für $\rho = 1{,}2$ kg/m^3 ohne Berücksichtigung der Temperaturveränderung im Wärmeübertrager eingetragen. Dem Verlust von 200 Pa im Wärmeübertrager steht ein hoher Austrittsverlust von 346 Pa gegenüber. Hierfür muß der Ventilator mehr Leistung aufbringen, als für die verfahrensmäßig notwendigen Verluste im Wärmeübertrager notwendig ist.

Derartige Beispiele mit hohen Austrittsverlusten findet man leider in der Praxis noch oft, besonders auch dort, wo Ventilatoren in Geräte eingebaut sind. Hinzu kommt, daß die Baueinheiten zur technologischen Behandlung der Luft ungün-

Tabelle 4-1. Zahlenwerte für das Beispiel im Bild 4-4.

Querschnitt	0	1	2	3
c in m/s	10	24	24	24
$c^2 \cdot \rho/2$ in Pa	60	346	346	346
Δp_t in Pa	0	0	546	346
Δp_{st} in Pa	0	-346	200	0

stig beaufschlagt werden. Dabei sollte besonders auf die in manchen Fällen praktisch und preiswert einsetzbaren Axialventilatoren geachtet werden, die wegen des aus dem Ringraum mit hoher Geschwindigkeit ausströmenden Fluids zu hohen Verlusten führen können, wenn anschließend keine geeigneten Verzögerungseinrichtungen vorgesehen sind. Der Wirkungsgrad frei ausblasend η_{fa} bzw. der Einbauwirkungsgrad η_E, der die durch strömungstechnisch ungünstige Einbauzustände verursachten Verluste brücksichtigt, gewinnen hier zur Beurteilung eines zweckmäßigen Einbaues statt des auf idealen Normprüfständen ermittelten Spitzenwirkungsgrades η_t immer mehr an Bedeutung [4-8].

Hinsichtlich der Förderung der Gase ist es gleichgültig, an welcher Stelle der Ventilator in der Anlage arbeitet bzw. ob sich die Baueinheiten, wie Filter, Siebe, Wärmeübertrager u. a., auf der Druck- oder auf der Saugseite befinden. Natürlich kann man spezielle Belange berücksichtigen. Wenn z. B. in der Luft vorhandene Schadstoffe aus evtl. undichten Stellen der Anlage nicht austreten dürfen, sollte die Anlage auf der Saugseite des Ventilators liegen. Bei höheren Temperaturen empfiehlt sich ein Betrieb der Anlage auf der Druckseite des Ventilators.

4.3.1 Reibungsbehaftete Vorgänge

Bisher wurden im wesentlichen reibungsfreie Vorgänge betrachtet. Die Vorgänge in der Natur laufen aber nicht ohne Verluste ab, so auch in der Strömungstechnik. Diese Verluste sind immer Verluste an Strömungsenergie und nach der Bernoulli-Gleichung immer Totaldruckverluste, die sich in Wärme umwandeln.

In den industriellen Anlagen herrschen vorzugsweise turbulente Strömungen. Damit sind die Totaldruckverluste proportional den Geschwindigkeitsquadraten. Für strömungstechnisch geometrisch ähnliche Bauteile kann man eine dimensionslose Kennzahl für den Totaldruckverlust, den *Verlustbeiwert*

$$\zeta = \frac{\Delta p_t}{\frac{\rho}{2} c_B^2} \tag{4.17}$$

definieren. Δp_t ist der Verlust über ein Formteil, und B steht für Bezugsgeschwindigkeit meist an der Stelle der höchsten Geschwindigkeit, z. B. im Eintritt eines verzögernden Formteiles. Verlustbeiwerte sind sehr schwer zu berechnen und werden daher vorwiegend experimentell ermittelt. Sie sind bei geordneter Zuströmung zum Formteil im wesentlichen konstant und bei Turbulenz nur geringfügig von der Reynolds-Zahl

$$Re_D = \frac{c \cdot d_{gl}}{\nu} \tag{4.18}$$

abhängig. Hierin ist c die mittlere Geschwindigkeit senkrecht zum Durchströmquerschnitt A, d der Durchmesser bzw. $d_{gl} = 4\ A/U$ der gleichwertige Durchmesser bei Kanälen (U Kanalumfang) und ν die kinematische Zähigkeit. Für Luft von 20 °C ist $\nu = 15{,}1 \cdot 10^{-6}\ m^2/s$. Bild 4-5 zeigt die Verlustbeiwerte einiger Formstücke. Die ζ-Werte der Düsen (Formstücke a und b) sind durch die beschleunigte Strömung sehr niedrig. Beim engen und gleichförmigen Bogen (c) sind die Verluste schon 10fach größer und steigen dann mit der Verzögerung der Strömung (Beispiel: d Reduzierknie, $A_2/A_1 = 1{,}2$) weiter stark an. Ist in der Anlage bzw. im Gerät eine Verzögerung und gleichzeitig eine Umlenkung notwendig, sollten die für diese Zwecke günstigen radialen Einbauventilatoren (siehe Abschnitt 12) angewendet werden. Auch Wärmeübertrager oder Filter können bei entsprechendem Einbau z. B. in die Kniediagonale den Umlenkverlust stark reduzieren. Weitere ζ-Werte können den einschlägigen Fach- und Taschenbüchern entnommen werden.

Mit der Gl. (4.17) lautet die Bernoullische Gleichung für reibungsbehaftete Strömung

$$p_t = \frac{\rho}{2} c^2 + p_{st} + \zeta \frac{\rho}{2} c^2 = \text{konst.} \tag{4.19}$$

Der letzte Summand ist der Verlustanteil, der zu Lasten des Totaldruckes geht. Im Beispiel des Bildes 4-4 würde es dann heißen

$$p_{t,2} = p_{st,2} + \frac{\rho}{2} c_2^2 = p_{t,1} + \Delta p_{t,L} = \frac{\rho}{2} c_3^2 + p_{st,3} + \zeta_{Wü} \frac{\rho}{2} c_2^2. \tag{4.20}$$

In diesem Beispiel ist wegen des Freiausblasens in die Atmosphäre $p_{st,3} = 0$ und $c_2 = c_3$. Daher ist der Totaldruckverlust des Wärmeübertragers gleich der statischen Druckdifferenz

$$\Delta p_{t,V,WÜ} = p_{st,2} - p_{st,3} = \zeta_{Wü} \frac{\rho}{2} c_2^2.$$

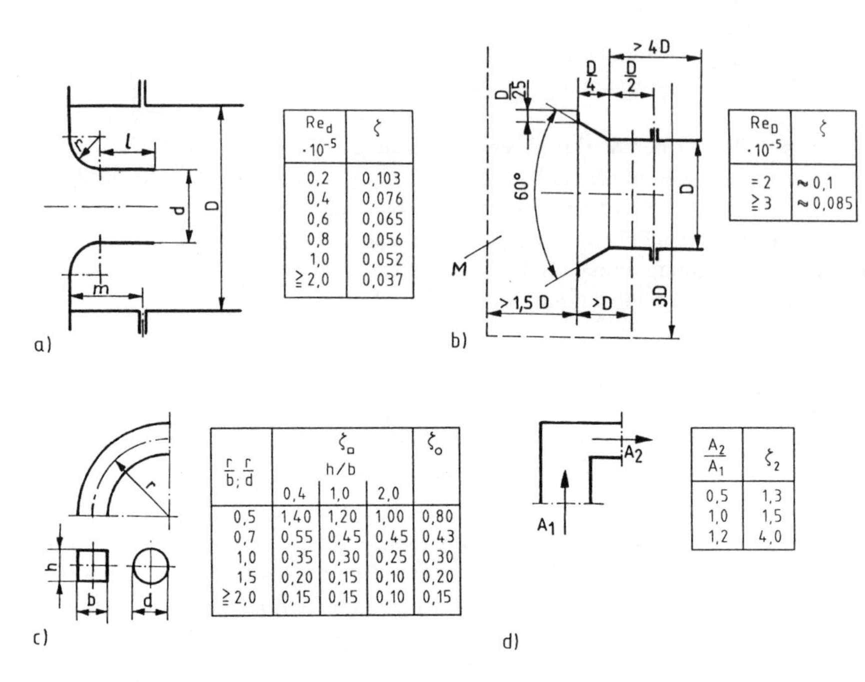

Bild 4-5. Verlustbeiwerte einiger Formstücke.
a) Viertelkreisdüse nach [4-9] mit r/d = 0,675, l/d = 0,75, m/d = 0,85;
b) Ansaugkonus nach [4-9]: $\zeta \approx 0{,}1$ für $Re_D = 2 \cdot 10^5$, $\zeta \approx 0{,}085$ für $Re_D > 3 \cdot 10^5$;
c) Bogen nach [4-10];
d) Reduzierknie nach [4-10];

M Mindestraum für ungestörte Zuströmung.

Bei genügend großem ζ-Wert kann ein Bauteil, z. B. ein scharfer Krümmer, für die Bestimmung des Volumenstromes genutzt werden. Besser geeignet sind Beschleunigungen in der Anlage, wie sie in Düsen oder Ansaugeinrichtungen zwischen der Rohrleitung und dem Ventilator vorkommen. Man spart damit den Aufwand einer besonderen Meßdüse oder Meßblende und den damit verbundenen ständigen Verlust an zusätzlicher Antriebsenergie für den Ventilator.

Verluste entstehen im wesentlichen durch die Reibung in der wandnahen Schicht des Fluids und durch den Impulsaustausch in der Strömung bei unterschiedlichen Strömungsgeschwindigkeiten. Nach *Prandtl* wird die wandnahe Schicht der abgebremsten Strömung als Grenzschicht bezeichnet [4-6]. Wichtig ist zu wissen, daß Grenzschichten bei *beschleunigter* Strömung dünn sind. Deshalb ist der Geschwindigkeitsanstieg dc/dy (im Rohr dc/dr) auf die Außenströmung groß (Bild 4-8). Damit werden die Schubspannung $\tau = \eta \cdot dc/dy$ und die Wandreibung groß. Bei *verzögerter* Strömung wird, weil die Grenzschichten dick sind (Bild 4-8), der Geschwindigkeitsanstieg dc/dy klein, also auch der Reibungsverlust. Wenn die Verzögerung so groß ist, daß der Geschwindigkeitsanstieg dc/dy = 0 wird, dann löst die Strömung ab, und es entstehen sehr große Verluste (siehe Diffusor im Bild 4-1). Durch die dünnen Grenzschichten bei Beschleunigung kommt deshalb das reibungsfrei berechnete Beispiel im Bild 4-1 bzw. 4-4 der Wirklichkeit sehr nahe.

Für eine ausgebildete Rohrströmung gilt der Verlustbeiwert

$$\zeta = \lambda \frac{l}{d_{gl}} \tag{4.21}$$

mit der Rohrlänge l. Für technisch rauhe Wände und bei einer Reynolds-Zahl von $Re \approx 10^5$ kann in erster Näherung der Reibungsbeiwert λ mit 0,02 angenommen werden.

Besonders kritisch für Grenzschichten sind verzögerte Strömungen. Schon bei relativ kleinen Druckanstiegen kommt es zu Grenzschichtverdickungen, Grenzschichtablösung und Verwirbelungen. Bild 4-6 zeigt hierzu einen interessanten Versuch von *Föttinger*. Ein Freistrahl 1 trifft senkrecht auf eine feste Platte 2 (auf der linken Seite des Bildes). Die Strömung auf der Staustromlinie wird von der Geschwindigkeit c auf kurzem Wege stark auf den Wert null im Staupunkt 4 verzögert. Von hier ab nimmt die Geschwindigkeit auf der Stauplatte in radialer Richtung wieder zu.

Auf der rechten Seite des Bildes 4-6 befindet sich im Bereich der Staustromlinie eine feste Scheibe 5. Auf ihr bildet sich eine Grenzschicht 6 aus, die an der Scheibe haftet und in der die Geschwindigkeit senkrecht zur Scheibe bis zur Grundströmung 7 ansteigt (des besseren Verständnisses wegen wurde die Grenzschicht übertrieben dick gezeichnet). Der Druckanstieg auf der Staustromlinie nimmt in Richtung der Stauplatte durch die Verzögerung so stark zu, daß die Grenzschicht bereits im Bereich 8 ablöst. Von da ab bildet sich ein verlustbehaftetes Wirbelgebiet 9 aus, welches die Grundströmung abdrängt. Deshalb sollte man auf Einbauten im Saugraum eines Radialrades zur „Verbesserung" der Zuströmung zum Radialgitter verzichten.

Grenzschichten haben einen wesentlichen Einfluß auf das Verhalten von Strömungen in Maschinen, Geräten und Anlagen. Interessant sind die Ergebnisse, die *Eiffel* und *Prandtl* durch Versuche mit einer umströmten Kugel erhielten. *Eiffel* hatte Windkanalversuche bei einer Anströmgeschwindigkeit von c = 30 m/s durchgeführt. Der Widerstandsbeiwert betrug 0,088. Einen wesent-

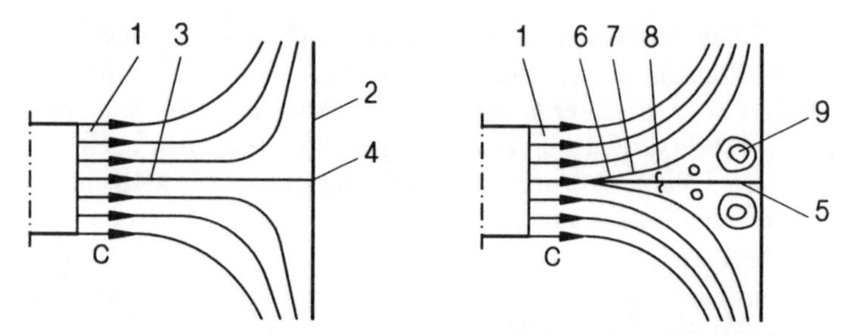

Bild 4-6. Freistrahl auf eine ebene Platte mit und ohne Wand im Bereich der Staupunktstromlinie.

1 Freistrahl; 2 Stauplatte; 3 Staustromlinie; 4 Staupunkt; 5 Scheibe im Bereich der Staustromlinie; 6 Grenzschicht an der Scheibe 5; 7 Übergang Grenzschicht zur Grundströmung; 8 Grenzschicht löst ab; 9 verwirbelter Bereich

lich höheren Wert von 0,22 erhielt *Prandtl* in Göttingen bei 4 bis 8 m/s Anströmgeschwindigkeit. Der Grund für die Unterschiede sind die Grenzschichten. *Prandtl* lag mit seinen Versuchen im Gebiet *laminarer* Grenzschicht. Diese, empfindlich gegenüber Druckanstieg, löste schon kurz hinter dem Kugeläquator ab und rief mit großem Wirbelgebiet große Verlustbeiwerte hervor (Bild 4-7).

Laminar bedeutet „geschichtet", wobei weniger Energie von der Grundströmung in die Grenzschicht gelangt als bei Turbulenz, bei der die Wirbel verstärkt zum Energieaustausch zwischen Grundströmung und Grenzschicht beitragen.

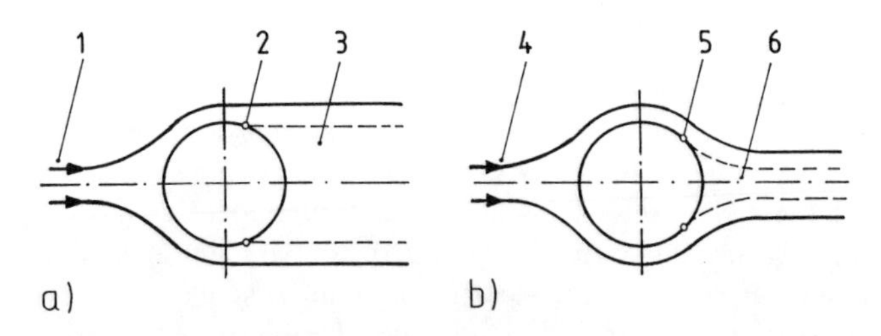

Bild 4-7. Kugelversuche von *Eiffel* und *Prandtl*.
a) Prandtl-Versuch: großer Widerstand;
b) Eiffel-Versuch: kleiner Widerstand.

1 laminare Zuströmung; 2 Ablösung der laminaren Grenzschicht; 3 großes Wirbelgebiet; 4 turbulente Zuströmung; 5 Ablösung der turbulenten Grenzschicht; 6 kleines Wirbelgebiet

Oberhalb einer *kritischen* Reynolds-Zahl (im Rohr $Re_{krit} \approx 2400$) liegt das überkritische Gebiet der *turbulenten* Grenzschichten. Bei den Versuchen von *Eiffel* lag die Reynolds-Zahl hoch, die Grenzschicht war schon vor dem Kugeläquator turbulent geworden. Diese verträgt ein stärkeres Verzögern. Die Ablösung erfolgte später als bei der laminaren Grenzschicht, das Ablösegebiet im Nachlauf wurde klein und damit der Widerstandsbeiwert gering.

Bild 4-8 zeigt die Geschwindigkeitsverteilungen im Rohr bei laminarer und turbulenter Strömung. Letztere kommt vorwiegend in den freien Querschnitten des Geräte- und Anlagenbaues vor. Man erkennt einen starken Geschwindigkeitsgradienten an der Wand und in Rohrmitte eine fast gleichbleibende Verteilung über dem Querschnitt. Für Re-Zahlen ab $5 \cdot 10^5$ gilt nach *Nikuradse* für glatte Rohre:

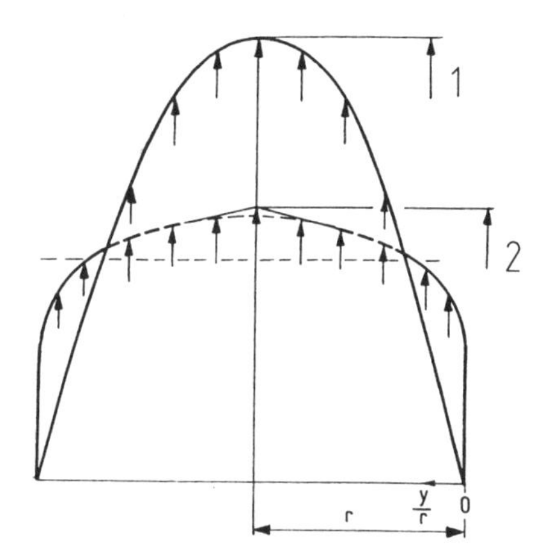

Bild 4-8. Geschwindigkeitsverteilungen im Rohr.

1 c_{max} laminar; 2 c_{max} turbulent; y Wandabstand

$$\lambda = 0,0032 + \frac{0,221}{Re^{0,237}}. \tag{4.22}$$

Im Gegensatz zu beschleunigten Strömungen mit geringen ζ-Werten sind *Diffusoren*, in denen die Strömung verzögert wird, in ihrer Funktion sehr problematisch. Bei Kreiskegeldiffusoren soll der halbe Erweiterungswinkel bei geordneter Zuströmung (!) nicht größer als 4° sein [4-6], damit die Strömung noch anliegt. Das führt, wenn man eine spürbare Verzögerung erreichen will, auf sehr lange, schlanke Kegel, die viel Platz in axialer Richtung brauchen und nur mit hohem Aufwand herstellbar sind. Will man für das Beispiel im Bild 4-4 den Austrittsdurchmesser verdoppeln, um den Austrittsverlust $l_{t,3} \cdot \rho_F$ auf 1/16 zu senken, so ergibt sich der Kreiskegeldiffusor gemäß Bild 4-9. Der ζ-Wert beträgt, bezogen auf den dynamischen Druck im Rohrquerschnitt bei d_1, etwa 0,2 [4-11] [4-12].

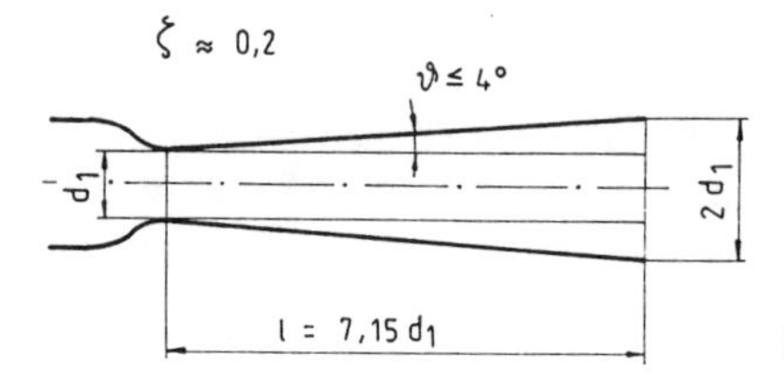

Bild 4-9. Kreiskegeldiffusor.

Hinter dem Ventilator muß in den meisten Anlagen, besonders aber in Geräten, verzögert werden. So werden z. B. in lufttechnischen Anlagen im Bereich der Kanalteile Geschwindigkeiten zwischen 8 und 15 m/s gewählt. Derzeit übliche Ventilatoren arbeiten jedoch mit höheren Geschwindigkeiten bis 25 m/s im Ansaugquerschnitt und bei oft gleicher Austrittsfläche auch im Ausblasquerschnitt. Während im allgemeinen die Beschleunigungen zum Ventilatoreinlauf unproblematisch sind, gibt es in jedem Fall im Ausblasbereich Probleme und Verluste.

4.3.2 Impulssatz

Meist wird aus Platzgründen ein sprunghafter Übergang hinter dem Ventilator vorgesehen (Bild 4-10). Dieser bringt zwar Verluste, durch einen Impulsaustausch aber noch einen Druckrückgewinn, der vom Flächenverhältnis abhängig ist. Man findet in der Literatur für dieses Bauteil auch den Begriff *Carnot*scher

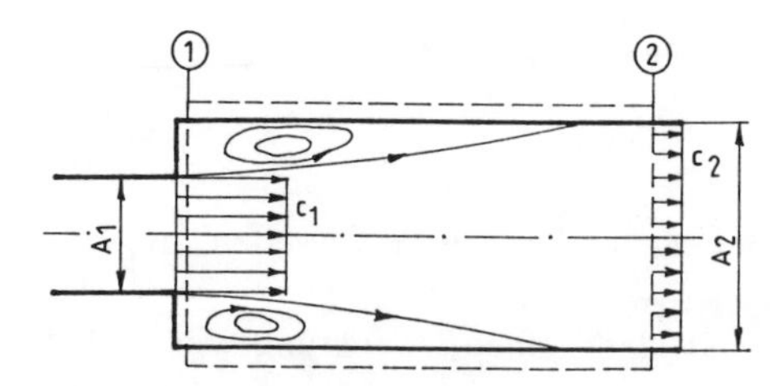

Bild 4-10. Carnotscher Stoßdiffusor.

- - - - Kontrollfläche für die Berechnung.

Stoßdiffusor. Den Druckrückgewinn kann man mit Hilfe des *Impulssatzes* berechnen.

Unter Impuls versteht man den Ausdruck Masse mal Geschwindigkeit $m \cdot c$ in $N \cdot s$. Frei von allen Einschränkungen gilt der Impulssatz zur Ermittlung der aus dem Impuls entstehenden Kraft:

Die zeitliche Änderung des Impulses dI/dt ist gleich der Gesamtsumme der an der Masse angreifenden Kräfte F:

$$F = \frac{dI}{dt} = \frac{d(m \cdot c)}{dt}.$$

Ist die Masse konstant, so kann man m aus dem Differential herausnehmen und erhält das Newtonsche Axiom „Kraft ist Masse mal Beschleunigung" $F = m \cdot dc/dt$.

Für die Betrachtung an Strömungsmaschinen wird bei konstanter Drehzahl davon ausgegangen, daß alle Geschwindigkeiten konstant sind. Damit kann man c aus dem obigen Differential herausnehmen. Der Differentialquotient dm/dt ist ebenfalls konstant und ist gleich $\dot{m}$. Damit wird die Impulskraft F_I

$$F_I = c \cdot \dot{m}. \tag{4.23}$$

Zunächst ein Beispiel. Im Bild 4-11 trifft ein Freistrahl auf eine schräg angestellte Platte. Die Impulskraft des waagerecht ankommenden Strahles ist $F_I = \dot{m} \cdot c = \rho \cdot \dot{V} \cdot c$. Als senkrechte Komponente zur Platte ergibt sich $F = F_I \cdot \sin\alpha$. Für den Sonderfall $\alpha = 90°$ wird $F = F_I$. Die Impulskraft, die z. B. die Eintrittsströmung auf ein Radialrad mit einem Ansaugdurchmesser von 0,315 m bei einem Volumenstrom von 6000 m^3/h ausübt, ist dann

$$F_I = \dot{m} \cdot c_e = \rho \cdot \dot{V}\,\frac{\dot{V}}{A_e} = \frac{\rho \cdot \dot{V}^2}{d_e^2 \cdot \pi/4} = \frac{1,2\left(\frac{6000}{3600}\right)^2 \cdot 4}{0,315^2\,\pi} = 42,8\ \text{N}.$$

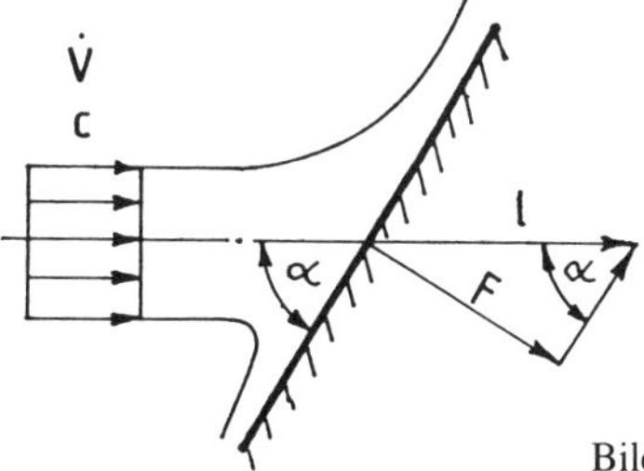

Bild 4-11. Impulskraft auf eine schräg angestellte Platte.

Bei der Berechnung der gesamten Axialkraft müssen noch die Druckverhältnisse auf der Trag- und der Deckscheibe berücksichtigt werden, die je nach Saug- oder Druckbetrieb auch die Richtung der resultierenden Kraft beeinflussen können.

Beim Stoßdiffusor (Bild 4-10) wird der gestrichelt eingezeichnete Kontrollraum betrachtet. In der Kontrollfläche 1 tritt die Strömung aus dem Kanalquerschnitt A_1 mit der Geschwindigkeit c_1 aus. Der am Rande des Kanales mit dem Querschnitt A_1 vorhandene statische Druck $p_{st,1}$ teilt sich dem gesamten Querschnitt A_2 des erweiterten Kanales mit. Es bildet sich eine Art Freistrahl, der schließlich nach einer genügend langen Laufstrecke ($l/d_{gl,2} > 2$) im Bereich der Kontrollfläche 2 anlangt, wobei die Geschwindigkeit auf den Wert c_2 gesunken ist. Die Kräfte senkrecht zur Kanalachse heben sich auf, so daß nur die Kräfte in Achsrichtung betrachtet zu werden brauchen. Nach dem Impulssatz, (Gl. 4.23), ist die Differenz der äußeren Kräfte gleich der Differenz der Impulskraft:

$$p_{st,2} \cdot A_2 - p_{st,1} \cdot A_2 = \rho \cdot \dot{V} \, (c_1 - c_2).$$

Mit $\dot{V} = c_2 \cdot A_2$ ist der Druckrückgewinn des Stoßdiffusors

$$\Delta p_{st,c} = p_{st,2} - p_{st,1} = \rho \cdot c_2 \, (c_1 - c_2). \qquad (4.24a)$$

Der Druckverlust $\Delta p_V = \Delta p_B - \Delta p_C$ ergibt sich als Differenz zum verlustlosen Druckaufbau nach *Bernoulli*

$$\Delta p_{st,B} = p_{st,2} - p_{st,1} = \frac{\rho}{2}\left(c_1^2 - c_2^2\right) \qquad (4.24b)$$

und wird für die Berechnung des Verlustbeiwertes ζ durch den dynamischen Druck $p_{d,1}$ im Diffusoreintritt dividiert:

$$\zeta = \frac{\Delta p_V}{\frac{\rho}{2} c_1^2} = \frac{\Delta p_B - \Delta p_C}{\frac{\rho}{2} c_1^2} = \left[1 - \left(\frac{c_2}{c_1}\right)\right]^2. \qquad (4.25a)$$

Mit der Kontinuitätsgleichung $\dot{V} = A_1 \cdot c_1 = A_2 \cdot c_2$ erhält man auf die Flächen bezogen

$$\zeta = \left[1 - \left(\frac{A_1}{A_2}\right)\right]^2. \qquad (4.25b)$$

Die Wandreibung wurde vernachlässigt, weil sie nur bei 1 bis 3 % liegt. Für den Grenzfall des Freistrahles mit A_2 gegen unendlich ist $\zeta = 1$, entspricht also dem Ausblasverlust. Für $A_2 = A_1$ wird $\zeta = 0$. Bild 4-12 zeigt, daß sich ab dem Flächenverhältnis von $\approx 0{,}5$ kaum noch der Einsatz eines schlanken und technologisch aufwendigen Kegeldiffusors lohnt.

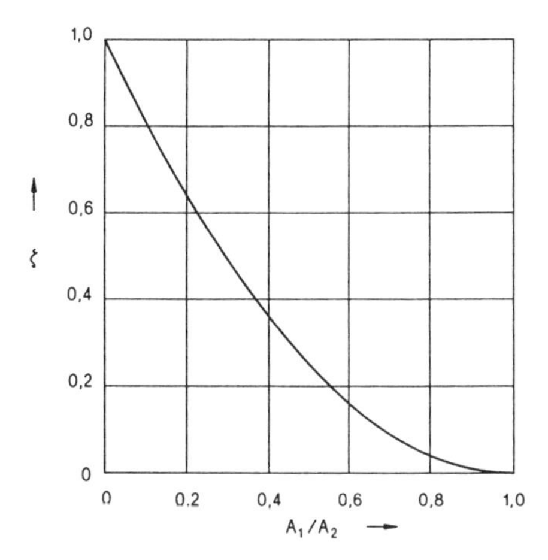

Bild 4-12. Verlustbeiwerte ζ Carnotscher Stoßdiffusoren in Abhängigkeit vom Flächenverhältnis A_1/A_2.

Für die meisten Einbauventilatoren ist wegen des Austrittsverlustes nur die Druckerhöhung des frei ausblasenden Ventilators nutzbar:

$$\Delta p_{fa} = p_{t,2} - p_{t,1} - \frac{\rho}{2} c_2^2 = p_{st,2} - p_{t,1} . \qquad (4.26)$$

Die Ventilatorenindustrie sollte diesen Sachverhalt mehr berücksichtigen, indem sie die Möglichkeiten, die z. B. die Gestaltung eines Spiralgehäuses bietet, bereits für die Verzögerung der Austrittsgeschwindigkeiten als Enddiffusor nutzt.

4.4 Leistung und Wirkungsgrad

An der Welle des Ventilatorlaufrades wird die Leistung

$$P_L = M_L \cdot \omega \text{ in N·m/s} \qquad (4.27)$$

zugeführt. Mit der totalen Förderleistung $P_t = \dot{V} \cdot \Delta p_{t,L}$ bzw. der Förderleistung P_{fa} des frei ausblasenden Ventilators lauten die entsprechenden, in den Katalogen angegebenen Ventilatorwirkungsgrade, auch innere Wirkungsgrade genannt:

$$\eta_{t,L} = \frac{\dot{V} \cdot \Delta p_{t,L}}{M_L \cdot \omega} \quad \text{bzw.} \quad \eta_{fa,L} = \frac{\dot{V} \cdot \Delta p_{fa,L}}{M_L \cdot \omega} . \qquad (4.28)$$

Den Anwender interessiert jedoch der Wirkungsgrad der gesamten Ventilatorenanlage. Dieser ist mit den Wirkungsgraden $\eta_M = P_2/P_1$ des Motors (siehe Abschnitt 6), η_R des Riementriebes, η_K der Kupplung und η_W der Lagerung der entsprechenden Baugruppen:

$$\eta_A = \eta_{t,L} \cdot \eta_M \cdot \eta_R \cdot \eta_K \cdot \eta_W. \tag{4.29}$$

4.4.1 Energieumsetzung im Laufrad

Am Laufrad ergeben sich bei reibungsfreier Betrachtung folgende Drehmomente (Bild 4-13):

- in Drehrichtung das Antriebsmoment M_L des Motors,
- das am Gittereintritt in Drehrichtung durch Impuls verursachte Moment $\dot{m} \cdot c_{u,1} \cdot r_1$ der Absolutströmung, wenn diese mit Mitdrall dem Gitter zuströmt,
- das am Gitteraustritt entgegen der Drehrichtung vorhandene Moment $\dot{m} \cdot c_{u,2} \cdot r_2$ aus dem Rückstoßimpuls.

Aus dem Momentengleichgewicht folgt die Hauptgleichung für die Turbomaschinen bei unendlicher Schaufelzahl

$$M_L = \dot{m}\,(c_{u,2} \cdot r_2 - c_{u,1} \cdot r_1). \tag{4.30}$$

Multipliziert man beide Seiten mit $\omega/\dot{m}$, so erhält man die auf den Mathematiker *Leonard Euler* (1707-1783) zurückgehende Euler-Gleichung

$$\frac{\Delta p_{t,th}}{\rho} = Y_{th} = \frac{\omega \cdot M_L}{\dot{m}} = c_{u,2} \cdot u_2 - c_{u,1} \cdot u_1 \quad \text{in N·m/kg}. \tag{4.31}$$

Die Summanden $c_{u,1} \cdot u_1$ sowie $c_{u,2} \cdot u_2$ der Gl. (4.31) mit der Dimension des Geschwindigkeitsquadrates bedeuten die Energie je Masseneinheit im Eintritts- und Austrittsquerschnitt der Strömungsmaschine. Deren Differenz zeigt die Arbeit je Masseneinheit, die dem Ventilator von außen zugeführt werden muß. Der links stehende Ausdruck wird als theoretische, spezifische Laufradarbeit bezeichnet. Unter Berücksichtigung der Verluste erhält man die spezifische, nutzbare Förderarbeit des Ventilators [4-2] [4-3]

$$Y = \frac{\Delta p_t}{\rho} = Y_{th} \cdot \eta_t = Y_{st} + Y_d\,. \tag{4.32}$$

Für den einfachen und üblichen Fall der drallfreien Zuströmung ist $\alpha_1 = 90°$ und damit die Umfangskomponente $c_{u,1}$ der Absolutströmung am Gittereintritt gleich null. Physikalisch sagt die Euler-Gleichung aus, daß die aufgenommene Wellenleistung eines Ventilatorrades proportional dem Massestrom, der Um-

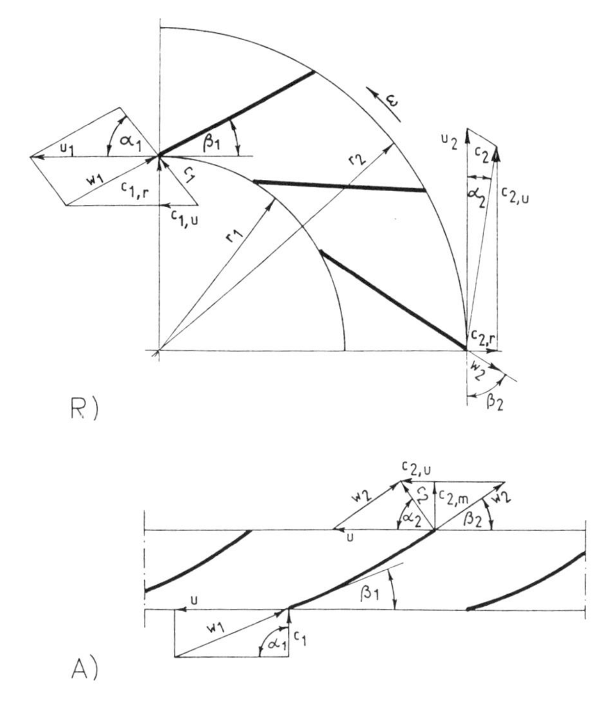

Bild 4-13. Geschwindigkeitsdreiecke an rotierenden Schaufelgittern.

R Radialgitter, Radbreite konstant; A Axialgitter; u Umfangsgeschwindigkeit; w Relativgeschwindigkeit im rotierenden System; c Absolutgeschwindigkeit, vom ruhenden Beobachter gesehen; α Winkel der Absolutströmung zur Gitterfront; β Winkel der Relativströmung zur Gitterfront;
Indizes: 1 Gittereintritt; 2 Gitteraustritt; m meridional; r radial; s Schaufel

fangskomponente $c_{u,2}$ der Absolutgeschwindigkeit c_2 am Gitteraustritt und der Umfangsgeschwindigkeit u_2 ist.

Unter Anwendung des Cosinussatzes kommt man mit einfachen trigonometrischen Umformungen auf die 2. Form der Euler-Gleichung:

$$\Delta p_{t,th} = \frac{\rho}{2}\left[\left(c_2^2 - c_1^2\right) + \left(u_2^2 - u_1^2\right) + \left(w_2^2 - w_1^2\right)\right]. \tag{4.33}$$

Bei den Radialmaschinen bringt der 2. Term mit seinen Umfangsgeschwindigkeiten einen hohen Anteil und sorgt dafür, wenn nicht besondere Maßnahmen wie bei der Zentripetalmaschine vorgesehen werden, daß die Strömung immer zentrifugal unabhängig von der Drehrichtung verläuft und fördert.

Für Axialmaschinen vereinfacht sich die Gleichung wegen $u_2 = u_1$ und die umgesetzte Leistung ist nur von der Differenz $c_{u,2} - c_{u,1}$ abhängig. Die Druckerhöhungen sind entsprechend kleiner, und die Strömungsrichtung ist mit der Drehrichtung umkehrbar. Beiden Maschinen ist gemeinsam, und das ist das Problem für den Ventilatorkonstrukteur, daß die Relativgeschwindigkeit w_2 kleiner als w_1 ist, im rotierenden Schaufelgitter der Strömungsarbeitsmaschinen im Gegensatz zu den Turbinen also verzögert wird. Weiter zeigt die Eulersche Gleichung mit Bild 4-13, daß in einer Turbomaschine nur durch die Umlenkung der Absolutgeschwindigkeit Energie auf das Fluid übertragen werden kann.

Das Verhalten eines Radialventilators wird sehr vom Schaufelaustrittswinkel β_2 beeinflußt, der in weiten Grenzen zwischen 15° und 175° variiert werden kann. Dies wird ausführlich im Abschnitt 5.2.4 (insbesondere Bild 5-14) behandelt.

4.4.2 Einfluß der Kompressibilität bei der Bestimmung der nutzbaren Förderleistung

Bei den bisherigen Überlegungen wurde von einer konstanten Dichte eines inkompressiblen Fluids innerhalb des Ventilators ausgegangen. Das trifft im wesentlichen bis zu einem Druckverhältnis

$$p_{t,2}/p_{t,1} \leq 1{,}03$$

bzw. bis zu einer Totaldruckerhöhung $\Delta p_t \leq 3000$ Pa von Luft zu. Hier gilt nach [4-3] als nutzbare, spezifische Förderarbeit $Y_t = Y_{st} + Y_d = \Delta p_t/\rho_1$.

Im höheren Druckbereich $1{,}03 \leq p_{t,2}/p_{t,154} \leq 1{,}3$ gilt für das kompressible Gas die Beziehung

$$Y_{st} = \int_1^2 \frac{dp_{st}}{\rho}. \tag{4.34}$$

Wenn Wärme weder zu- noch abgeführt wird, kann man für p_{st} die isentrope Zustandsänderung $p_{st} = \text{konst.} \cdot \rho^{\kappa}$ einsetzen und integrieren (weiterer Text ohne Index st, da $c_1 \approx c_2$):

$$Y_{is} = \frac{p_1}{\rho_1} \cdot \frac{\kappa}{\kappa - 1} \left[\left(\frac{p_2}{p_1} \right)^{\frac{\kappa - 1}{\kappa}} - 1 \right] = c_p \cdot T_1 \left[\left(\frac{p_2}{p_1} \right)^{\frac{\kappa - 1}{\kappa}} - 1 \right] \tag{4.35}$$

Für eine Druckerhöhung von $p_2/p_1 = 1{,}3$ folgt mit $\kappa = 1{,}4$, $p_1 = 101 \cdot 10^3$ Pa, $T_1 = 293{,}16$ K, $c_p = 1005$ J/(kg·K), $\rho_1 = 1{,}2$ kg/m³ bei 20 °C für $Y_{is} = 22\,932$ N·m/kg. Das sind 9 % weniger als inkompressibel mit $Y_{inkom} = 30\,000/1{,}2 = 25\,000$ J/kg gerechnet.

Im Bereich $1{,}03 \leq p_{t,2}/p_{t,1} \leq 1{,}1$ gilt nach [4-3] die Näherung

$$Y_{st} = f \cdot \Delta p_{st}/\rho_1 \text{ mit } f \approx 1 - 0{,}36\, \Delta p_{st}/p_{st,1} \tag{4.36}$$

bzw. für $p_{t,2}/p_{t,1} \leq 1{,}3$ mit dem *Meßwert* ρ_2

$$Y_t = \frac{\Delta p_t}{\rho_m} \text{ mit } \rho_m = \frac{\rho_1 + \rho_2}{2} = \frac{\rho_1}{2}\left[1 + \left(\frac{p_2}{p_1}\right)^{\frac{1}{n}}\right] \tag{4.37}$$

und dem Polytropenexponent für die verlustbehaftete Strömung

$$n = \frac{\ln\left(\frac{p_{st,2}}{p_{st,1}}\right)}{\ln\left(\frac{\rho_2}{\rho_1}\right)} \approx \frac{1}{1 - \frac{\kappa - 1}{\kappa} \cdot \eta_{t,L}}. \tag{4.38}$$

Setzt man in Gl. (4.35) anstelle von κ den Exponenten n ein, so erhält man Y_{pol} für die verlustbehaftete Strömung, und der innere Wirkungsgrad $\eta_{i,L}$ lautet

$$\eta_{i,L} = \frac{Y_{is}}{Y_{pol}} = \frac{c_p\,(T_{2,is} - T_1)}{c_p\,(T_{2,pol} - T_1)} = \frac{T_{2,is} - T_1}{T_{2,pol} - T_1}. \tag{4.39}$$

Die polytrope Temperatur an der Stelle 2 ist dann

$$T_{2,pol} = T_1 \left(\frac{p_2}{p_1}\right)^{\frac{n-1}{n}} = T_1 + \frac{Y_{pol}}{c_p} \tag{4.40}$$

und kann umgekehrt, wenn sie vor Ort gemessen wird, zur schnellen Bestimmung des Ventilatorwirkungsgrades benutzt werden.

4.5 Geräuschkenngrößen

4.5.1 Schalleistung

Beim Betrieb von Ventilatoren entstehen durch Strömungsvorgänge im Ventilator, durch elektrodynamische Kräfte im Antriebsmotor, durch Stoßfolgen in den Wälzlagern und Antriebskupplungen immer Geräusche. Diese Geräusche pflanzen sich in den Konstruktionsteilen des Gehäuses und der Motorbefestigung fort und werden nach außen in die Umgebung abgestrahlt bzw. emittiert. Die Strömungsgeräusche des Ventilators breiten sich hauptsächlich in die angeschlossenen Kanäle oder aus der Ansaug- bzw. Ausblasöffnung ins Freie aus. Zur Kennzeichnung von Emissionsgrößen verwendet man in der Physik und Technik die Kenngröße „Leistung" mit ihrer Einheit Watt. Es liegt nun nahe, die vom Ventilator emittierte Schalleistung P_{ak} zu der Antriebsleistung an der

Tabelle 4-2. Umsetzungsgrad und Schalleistungspegel bekannter Geräusche.

Schallquelle	Umsetzungsgrad η_{ak}	Schalleistungspegel L_W in dB
Saturnrakete	10^{-3}	190
vierstrahliges Verkehrsflugzeug	10^{-3}	170
großes Orchester	10^{-3} bis 10^{-2}	130
Kleingasturbine	10^{-5} bis 10^{-4}	130
mittlerer Ventilator	10^{-8} bis 10^{-6}	100
starkes Rufen	10^{-3} bis 10^{-2}	90
Umgangssprache	10^{-3} bis 10^{-2}	70
Flüstern	10^{-9}	30

Ventilatorwelle P_W oder der vom Antriebsmotor aufgenommenen elektrischen Leistung P_l ins Verhältnis zu setzen (Tabelle 4-2).

Obgleich dieser so entstandene akustische Umsetzungsgrad

$$\eta_{ak} = \frac{P_{ak}}{P_W} \tag{4.41}$$

beim Ventilator mit einer Größenordnung von $10 \cdot 10^{-8}$ bis 10^{-6} als sehr klein erscheint, entstehen für die Geräuschempfindung des Menschen schon bei kleinen Ventilatoren sehr störende Geräuschstärken.

4.5.2 Schallwahrnehmung

Das Ohr als Sinnesorgan des Menschen zur Wahrnehmung akustischer Signale und Geräusche besitzt im allgemeinen eine hohe Empfindlichkeit, die aber mit zunehmendem Lebensalter, aber auch durch ständige Einwirkung starker Geräusche vermindert wird. Wegen seiner ursprünglichen Funktion als Warnorgan vor möglichen Gefahren wurde das Ohr im Zusammenwirken mit dem Großhirn ein äußerst selektiver Frequenzanalysator, der aus einem Gewirr unterschiedlichster Signale die benötigte Information (Töne) herausfiltert, solange sie nicht in starken Störgeräuschen zu weit untergehen. Für Schallereignisse bei niedrigeren und höheren Frequenzen ist das Ohr unempfindlicher als bei solchen im Bereich von 1000 bis 4000 Hz (Bild 4-14).

Eine immer größer werdende Rolle bei der Entscheidung über den Einsatz von Ventilatoren spielt deren akustische Qualität, beschreibbar durch eine niedrige Schalleistung und ein Geräuschspektrum ohne herausragende Einzeltöne. Wäh-

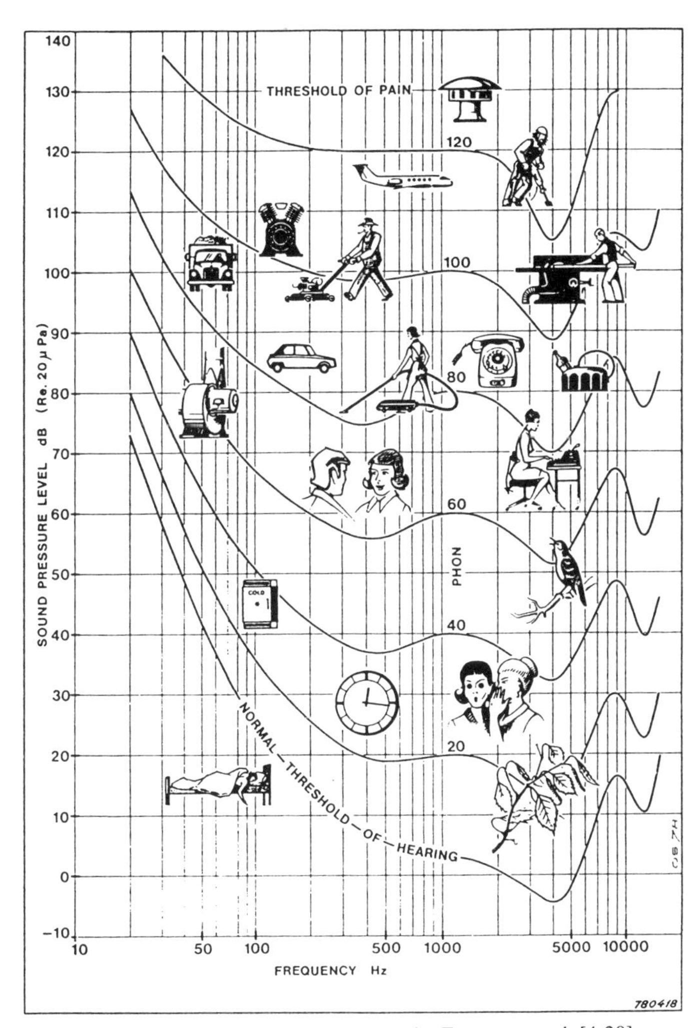

Bild 4-14. Kurven gleicher Lautstärke über der Frequenz, nach [4-20].

rend die Angabe des Schalleistungspegels übliche Praxis ist, wird die Qualität des Frequenzspektrums erst durch den Höreindruck subjektiviert, obgleich es durch eine Frequenzanalyse meßtechnisch ohne weiteres möglich ist, ein Schalldruckpegel-Frequenz-Diagramm herzustellen. Ein Mikrophon empfängt ebenso wie das Ohr eine *Immissionsgröße*, den Schallwechseldruck, der von der Schallquelle im Ausbreitungsmedium angeregt wurde.

4.5.3 Schallausbreitungsmedien

Man spricht nicht nur bei der Ausbreitung von Schallwellen in der freien Atmosphäre von Luftschall, sondern auch dann, wenn sich die Schallwellen in anderen Gasen, wie Rauchgas, fortpflanzen. Breiten sich die Schallwellen in Flüssigkeiten aus, dann spricht man von Hydroschall und in festen Körpern von Körperschall. Die Ausbreitung der Schallwellen in den verschiedenen Medien folgt unterschiedlichen Gesetzmäßigkeiten, die aus der möglichen Wellenform und der dazu gehörenden Lösung der Wellengleichung mit den anzusetzenden Randbedingungen folgen. Die Schallgeschwindigkeit a in m/s ist in Gasen von der Gastemperatur T in Kelvin abhängig nach

$$a = \sqrt{\frac{\kappa \cdot p}{\rho}} = \sqrt{\kappa \cdot R \cdot T} \tag{4.42}$$

und beträgt in Luft $a = 20{,}02\sqrt{T}$.

4.5.4 Schalldruck

Im Gas können sich nur Longitudinalwellen als örtliche Dichteschwankungen ausbreiten. Wegen des direkten Zusammenhanges von Dichte und Druck durch die allgemeine Gasgleichung ergeben die Dichteschwankungen „Schall"-Druckschwankungen, die dem barometrischen Druck überlagert sind. Verfolgt man diese Schalldruckschwankungen über der Zeit, dann ist ein rein sinusförmiger periodischer Zeitverlauf als Ton zu hören. Mehrere Töne überlagern sich zu einem Klang, dessen Verlauf der Schalldruckschwankungen über der Zeit aus mehreren Sinusfunktionen besteht. Beobachtet man den Verlauf der Schalldruckschwankungen des Ventilatorgeräusches, dann zeigt sich ein Bild unregelmäßiger Amplituden und Nulldurchgänge. Als Maßzahl zur Kennzeichnung der Größe des Schalldruckes benutzt man den quadratischen Mittelwert der Zeitfunktion, den Effektivwert nach

$$\tilde{p} = \sqrt{\frac{1}{T}\int \tilde{p}^2(t)\,dt}\,. \tag{4.43}$$

Der Effektivwert sagt etwas über die Geräuschstärke, aber nichts über die Frequenzzusammensetzung des Geräusches aus.

4.5.5 Pegelmaße

Um die große Spannweite der Geräuschstärke über mehrere Zehnerpotenzen übersichtlich darstellen zu können, wurde die logarithmische Skalierung und die Verwendung von Pegelmaßen eingeführt (Bild 4-14). Das Pegelmaß L (Kennbuchstabe „L" von Level) ist das Zehnfache des dekadischen Logarithmus der Geräuschkenngröße zu ihrer Bezugskenngröße. Für den Schalleistungspegel gilt

$$L_W = 10 \lg\left(\frac{P}{P_0}\right) \quad \text{in dB} \tag{4.44}$$

mit der Bezugsschalleistung $P_0 = 10^{-12}$ W, d. h., die Schalleistung 1 W entspricht einem Schalleistungspegel von 120 dB. Die Einheit Dezibel (dB) ist der zehnte Teil eines Bel, benannt nach dem amerikanischen Erfinder des Telefons *Graham Bell.* Der Schalldruckpegel L_p (häufig nur L) ist das Zehnfache des Logarithmus vom Quadrat des Effektivwertes des Schalldruckes

$$L_p = 10 \lg\left(\frac{\tilde{p}^2}{p_0^2}\right) = 20 \lg\left(\frac{\tilde{p}}{p_0}\right) \quad \text{in dB} \tag{4.45}$$

mit dem Bezugsschalldruck $p_0 = 2 \cdot 10^{-5}$ N/m². Dieser Bezugsschalldruck wurde bei der Frequenz 1000 Hz als der Schalldruckpegel L_p = 0 dB festgelegt, was etwa der Hörschwelle des Menschen entspricht.

4.5.6 Bewertete Schalldruckpegel

Die Darstellung der Kurven gleicher Lautstärke über der Frequenz im Bild 4-14 zeigt, daß die Empfindlichkeit des Ohres nach tiefen Frequenzen hin und oberhalb der Frequenz 4000 Hz abnimmt. Um bei Messungen des Schalldruckpegels ein Geräusch analog der Ohrempfindlichkeit zu bewerten, wird diese im Schallpegelmesser durch die Frequenzbewertungskurve A (Bild 4-15) nachgebildet und das Meßergebnis mit dB(A) gekennzeichnet. Wird die Frequenzbewertungskurve A während der Messung ausgeschaltet, beeinflußt das Meßgerät das Geräuschsignal nicht, und es wird der unbewertete Schalldruckpegel in dB angezeigt.

Eine Pegeldifferenz von 1 dB wird vom Menschen noch wahrgenommen, 10 dB mehr werden als doppelt so laut empfunden.

4.5.7 Frequenzanalyse

Das Frequenzspektrum kennzeichnet die Zusammensetzung des Geräusches, sein Klangbild. Um eine qualitative und quantitative Aussage über den Frequenzumfang eines Geräusches machen zu können, wird das Geräuschsignal durch elektronische Filter geleitet, die als Bandpaß geschaltet nur einen Frequenzausschnitt des Signals passieren lassen. Bei der Lärmbekämpfung werden am häufigsten Filter mit Oktavband- und Terzbandbreite benutzt. Bei einer Oktavbandbreite beträgt die obere Grenzfrequenz das Doppelte der unteren, es gilt $f_0/f_u = 2$, bei Terzbandfiltern beträgt dieses Verhältnis $2^{1/3}$. Deshalb werden

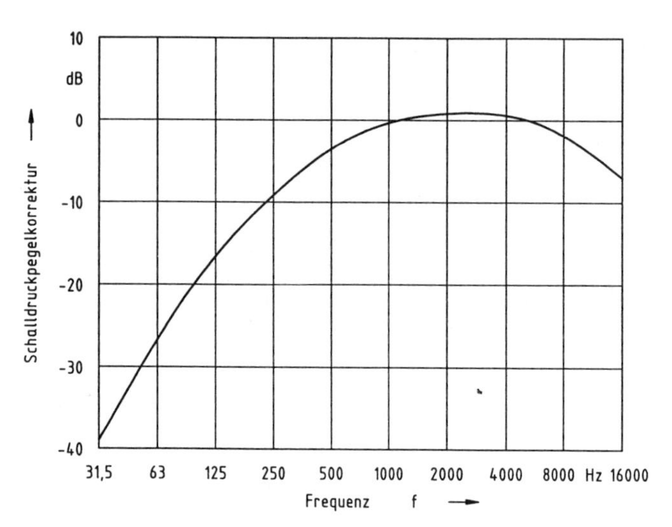

Bild 4-15. Frequenzbewertungskurve A.

die Terzfilter häufig auch als Dritteloktavfilter bezeichnet. Die Durchlaßbreite dieser Filter ist prozentual konstant. Bei Oktavfiltern beträgt sie 70,7 % und bei Terzfiltern 23,31 % der Mittenfrequenz. Die Mittenfrequenzen folgen der Normzahlenreihe R5 bzw. R10. Für Schalldruckpegelmessungen verwendet man als niedrigste Oktavmittenfrequenz 31,5 Hz, bei Terzfiltern 25 Hz.

Zur Aufzeichnung von Frequenzspektren sollte vorzugsweise die Bandbreite einer Oktave mit 15 mm, die einer Terz mit 5 mm und der Pegel je 10 dB mit 20 mm gezeichnet werden. Moderne digitale Meßgeräte gestatten das Messen von Linienspektren des Geräusches durch Benutzen des Algorithmus der schnellen Fourier-Transformation (FFT) bei der Umsetzung des Geräuschsignals aus dem Zeitbereich in den Frequenzbereich. Durch digitale Verarbeitung des Geräuschsignals ergibt sich ein aus äquidistanten Punkten oder Linien dargestelltes Frequenzspektrum (Bild 4-16). Deren Abstand wird durch die am FFT-Analysator eingestellten Parameter obere Grenzfrequenz und Abtastrate bestimmt. Linienspektren sind bei der Suche nach Geräuschursachen sehr nützlich, zur Angabe von Geräuschkenngrößen beim Ventilator aber ungeeignet.

4.5.8 Schallabstrahlung vom Ventilator

Ventilatoren unterscheiden sich von den meisten anderen Geräuschquellen dadurch, daß die Schallwellen nicht nur vom kompakten Gehäuse ausgehen, sondern auch in das angeschlossene Kanalsystem ausgesendet werden. Ist an die

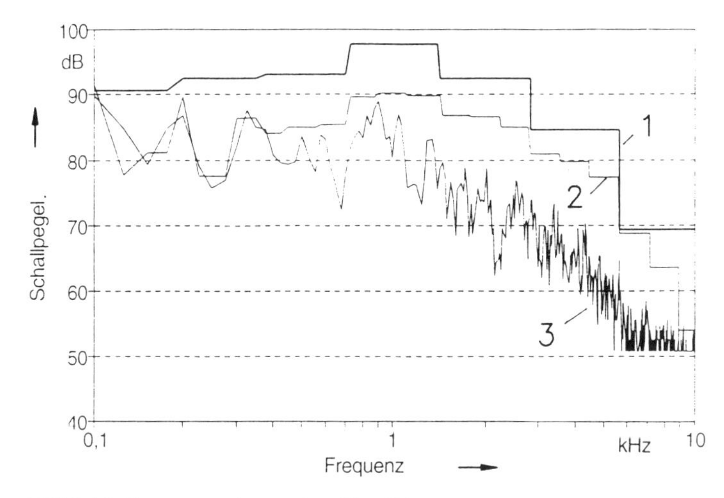

Bild 4-16. Frequenzspektrum eines Ventilators.

1 Oktavpegel; 2 Terzpegel; 3 FFT-Pegel

Ansaug- oder Ausblasöffnung oder, wie im Fall des Wandringventilators, an beide Öffnungen kein Kanal angeschlossen, dann wird von diesen Öffnungen das Geräusch in die Umgebung abgestrahlt. Die von hier ausgehenden Schallwellen müssen die Luftmasse der Umgebung zum Mitschwingen bringen. Dieser Bewegung widersetzen sich die Luftteilchen infolge ihrer Trägheit, und es wird deshalb an dem plötzlichen Übergang von der Ventilatoröffnung ein Teil der Schallenergie zum Innern des Ventilators, zur Schallquelle, zurückgeworfen. Diese Mündungsreflexion, die von der Frequenz und der Größe der Öffnungsfläche abhängig ist, verringert den Schalleistungspegel für die Ansaug- bzw. Ausblasseite gegenüber der Emission in den unendlich langen bzw. reflexionsfreien Kanal. Am Anfang und Ende eines Kanalnetzes tritt der gleiche Effekt der Mündungsreflexion auf. Durch die Reflexion der Schallwellen an der Kanalmündung werden im Kanal bis zur Schallquelle stehende Wellen aufgebaut, deren lokale Schalldruckmaxima und -minima durch Abtasten der Schalldruckpegelverteilung längs des Kanals bestimmt werden können. Daraus läßt sich der Reflexionsfaktor bestimmen (siehe Abschnitt 10.3).

4.5.9 Genormte Geräuschmeßverfahren

Um den durch die Vielfalt der Einbaumöglichkeiten von Ventilatoren gegebenen Schwierigkeiten bei der Ermittlung des Schalleistungspegels zu begegnen, ist die Prüfanordnung nach [4-13] zur Bestimmung der Geräuschkenngrößen von Ventilatoren vorgeschrieben. Es werden acht Geräuschkenngrößen unterschieden (Tabelle 4-3). Die Geräuschkenngrößen werden nach den Bestimmungen der Normen [4-13] bis [4-16] ermittelt. Für Ventilatoren mit Anschlußöffnungen, deren Durchmesser mehr als 1000 mm beträgt, ist der Aufbau eines Ventilatorprüfstandes sehr aufwendig. Um alle Geräuschkenngrößen am Ventilator ermitteln zu können, ist ein Prüfstand vorteilhaft, bei dem außer den Prüfkanälen ein Hallraum zur Aufstellung des Ventilators vorhanden ist (Bild 4-17).

Tabelle 4-3. Geräuschkenngrößen bei Ventilatoren, nach [4-13].

Formelzeichen	Bezeichnung	Verfahren nach DIN 45 635
L_{W1}	Ventilator-Schalleistungspegel	Teil 1, Teil 2
L_{W2}	Gehäuse-Schalleistungspegel	Teil 1, Teil 2
L_{W3}	Ansaug-Kanal-Schalleistungspegel	Teil 9 (E)
L_{W4}	Ausblas-Kanal-Schalleistungspegel	Teil 9 (E)
L_{W5}	Freiansaug-Schalleistungspegel	Teil 1, Teil 2
L_{W6}	Freiausblas-Schalleistungspegel	Teil 1, Teil 2
L_{W7}	Gehäuse- und Freiansaug-Schalleistungspegel	Teil 1, Teil 2
L_{W8}	Gehäuse- und Freiausblas-Schalleistungspegel	Teil 1, Teil 2

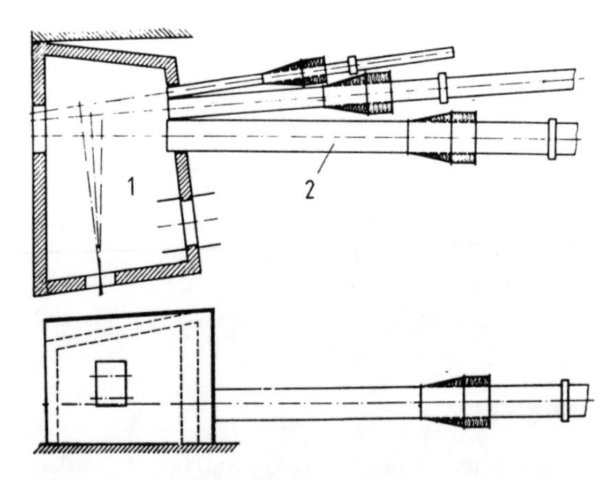

Bild 4-17. Ventilatorprüfstand mit Hallraum.

1 Hallraum; 2 Prüfleitungen für Kanalverfahren

Bei großen Ventilatoren (D_N > 1000 mm) hat sich in der Praxis bewährt, den Schalldruckpegel auf einem, den Ventilator in Wellenhöhe umfassenden Meßpfad zu bestimmen, der die Bedingungen erfüllt, wie sie für die Meßfläche nach [4-14] vorgeschrieben sind. Aus den Meßwerten wird der Mittelwert des Schalldruckpegels nach [4-17] berechnet und als Geräuschemissionsgröße verwendet. Nach der 3. Verordnung zum Gerätesicherheitsgesetz [4-18] sind die Geräuschemissionsgrößen nach Tabelle 4-4 erforderlich. Erfolgen zum Ventilator keine Emissionsangaben nach [4-18], dann liegt im Sinne des Gerätesicherheitsgesetzes eine Ordnungswidrigkeit vor [4-19].

Tabelle 4-4. Geräuschkenngrößen, die nach der 3. GSGV erforderlich sind [4-18].

Geräuschemissionskenngröße	Formelzeichen	Rahmennorm für Ermittlung	Rahmennorm für Angabe und Nachprüfung
Schalleistungspegel (die vom Ventilator insgesamt abgestrahlte Luftschalleistung) dB re 1 pW	L_{WA}	DIN 45 635 Teil 38	DIN 45 649, DIN ISO 4871, DIN EN 27 574 Teil 2
höchster Schalldruckpegel in 1 m Abstand von der Ventilatoroberfläche dB re $2 \cdot 10^{-5}$ N/m^2	$L_{pA,1\,m,max}$	DIN 45 635 Teil 1 Anhang D	DIN 45 649, DIN ISO 4871, DIN EN 27 574 Teil 2
1-m-Meßflächenschalldruckpegel dB re $2 \cdot 10^{-5}$ N/m^2	$L_{pA,1\,m}$	DIN 45 635 Teil 1	DIN 45 649, DIN ISO 4871,

4.5.10 Überlagerung von Schallquellen

Tragen mehrere Schallquellen zum Schallpegel am Immissionsort bei, dann addieren sich deren Einzelanteile L_i

$$\bar{L} = 10 \lg\left(\sum 10^{0,1 L_i}\right) \text{ in dB.} \tag{4.46}$$

Nach Gl. (4.46) ergeben am Immissionsort zwei gleich intensive Schallquellen einen 3 dB höheren Schalldruckpegel als eine Schallquelle allein. Gleiche Ventilatoren mit gleichen Drehzahlen können allerdings zu unangenehmen Schwebungen mit weiteren Erhöhungen führen. Mit zehn gleichen Quellen erhöht sich der Wert um 10 dB. Eine zusätzliche mit 6 dB höhere Quelle erhöht den Gesamtpegel um knapp 1 dB und wird vom Menschen kaum noch wahrgenommen. Schall mit 10 dB Abstand erhöht den Gesamtpegel um rd. 0,4 dB und gilt aus meßtechnischer Sicht nicht mehr als Störschall. Deshalb sollten nur ganzzahlige Pegel angegeben werden.

Beträgt die Spanne zwischen dem niedrigsten und dem höchsten Wert der Schalldruckpegel L_i weniger als 5 dB, dann kann der Mittelwert des Schalldruckpegels durch arithmetische Mittelung berechnet werden:

$$\bar{L} = \frac{1}{N} \sum L_i. \tag{4.47}$$

Um durch eine Schalldruckpegelmessung bei vorhandenen Fremdgeräuschen den Wert des vom Ventilator verursachten Geräusches zu trennen, ist vom Gesamtschalldruckpegel, der sich durch die Überlagerung des Ventilatorgeräusches mit dem Fremdgeräusch ergibt, der Wert des Schalldruckpegels logarithmisch abzuziehen, der sich bei abgeschaltetem Ventilator ergibt. Es gilt

$$L_L = L_{ges} + 10 \lg\left(1 - 10^{0,1\,(L_{ges} - L_{Fremd})}\right) \text{ in } \quad \text{dB}. \tag{4.48}$$

4.5.11 Schallfelder

In praxi sind die Ventilatoren meist in geschlossenen Räumen aufgestellt, aus denen die an den Ventilator angeschlossenen Kanäle hinausgeführt werden. Der Ventilator und der Antriebsmotor strahlen in den Raum den *Gehäuseschalleistungspegel* L_{W2} und den Schalleistungspegel des Antriebsmotors (siehe Abschnitt 6) ab. Von den schallharten Oberflächen der Räume werden die Schallwellen ständig zurückgeworfen, durchmischen sich im Raum und bauen ein diffuses Schallfeld auf. Im diffusen Schallfeld ist die Schallenergiedichte gleichmäßig im Raum verteilt. Nur an den Raumoberflächen und in der Nähe der Schallquelle (Ventilator) steigt der Schalldruckpegel gegenüber dem Wert im Raum an.

In Räumen mit parallel zueinander liegenden Flächen treten ebenso wie in Kanälen stehende Wellen auf, deren Schalldruckpegelmaxima und -minima beim Durchschreiten des Raumes deutlich zu hören sind. Der mittlere Schalldruckpegel im Raum, den eine Schallquelle mit dem Schalleistungspegel L_W erzeugt, kann mit dem Raumvolumen V, der Raumoberfläche S_R und deren mittleren Absorptionsgrad $\bar{\alpha}$ abgeschätzt werden. Näherungsweise gilt

$$\bar{L} = L_W - 10 \lg(\bar{\alpha} \cdot S_R) + 6 \quad \text{in dB}. \tag{4.49}$$

Für $\bar{\alpha}$ kann bei üblichen Industrieräumen ein Wert von 0,1 bis 0,17 angenommen werden. Ist der Ventilator im Freien aufgestellt, dann nimmt der Schalldruckpegel mit zunehmender Entfernung vom Ventilator ab. Bei kugelförmig ungehinderter Schallausbreitung verringert sich der Schalldruckpegel um 6 dB bei Verdopplung des Abstandes (6-dB-Gesetz). Die Abnahme des Schalldruckpegels nach dieser Regel gilt nicht mehr, wenn der Abstand zum Ventilator gleich oder kleiner als die größte Abmessung des Ventilators ist (Nahfeld), und wenn von den an den Ventilator angeschlossenen Kanälen erhebliche Geräuschanteile abgestrahlt werden. Schallabstrahlende Kanäle sind Linienquellen, bei denen sich der Schalldruckpegel bei Verdopplung des Abstandes nur um 3 dB verringert. Befinden sich in der Umgebung des Immissionsortes reflektierende Flächen von Gebäuden, dann überlagern sich die Schallwellen, die direkt von der Quelle kommen, mit den reflektierten Wellen, und das 6-dB-Gesetz gilt nicht mehr.

Soll der Schalldruckpegel, der von einer großen Ansaug- oder Ausblasöffnung abgestrahlt wird, berechnet werden, dann gilt der Ansatz

$$L = L_W - 10 \lg\left(\frac{2\,\pi \cdot x^2}{S_0}\right) \quad \text{in dB,} \qquad (4\text{-}50)$$

wenn sich diese Öffnung in einer Wand befindet und in den Halbraum abstrahlt. Dabei ist x der Abstand von der Öffnung in Meter und $S_0 = 1\ m^2$.

4.6 Laufruhe

Die Laufruhe einer rotierenden Maschine ist durch ihr gesamtes nach außen hin sichtbares, fühl- und meßbares Schwingverhalten gekennzeichnet [4-21] bis [4-25]. Mechanische Schwingungen von Maschinen bzw. Maschinenbauteilen entstehen an Ventilatoren durch

- Unwuchten,
- Resonanznähe,
- aeromechanische Anregung,
- Lagerschäden,
- elektromagnetische Anregungen (Umrichteroberwellen) und
- äußere Schwingungs- oder Stoßanregungen (Bild 4-18) (z. B. auf Lokomotiven und Schiffen [4-26]).

In diesem Abschnitt wird nur auf die Unwucht als Hauptverursacher für Schwingungen eingegangen. Weitere Verursacher werden im Abschnitt 11 behandelt.

Bei der Unwucht als Erreger verlaufen die mechanischen Schwingungen im allgemeinen nach einer harmonischen Zeitfunktion. Mechanische Schwingungen sind die zeitlichen Veränderungen der Lage von Maschinenstrukturen um eine Mittellage und können beschrieben werden durch den Schwingweg

$$s(t) = \hat{s} \cdot \cos(\omega \cdot t + \varphi_0),$$

die Schwinggeschwindigkeit

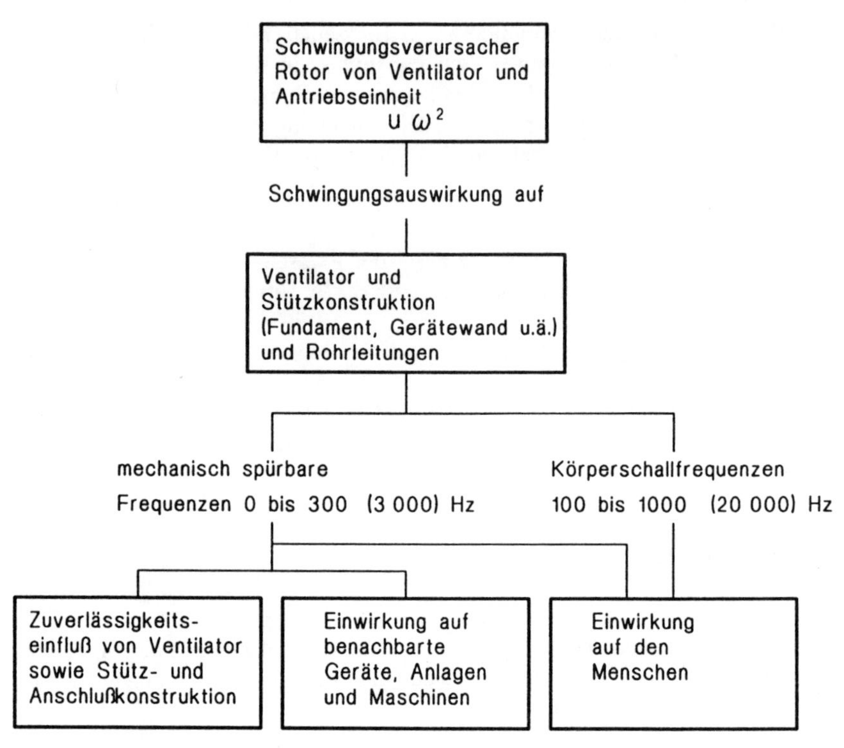

Bild 4-18. Schwingungsauswirkungen von Ventilatoren [4-26].

$$v(t) = -\hat{v} \cdot \sin(\omega \cdot t + \varphi_0)$$

die Schwingbeschleunigung

$$a(t) = -\hat{a} \cdot \cos(\omega \cdot t + \varphi_0)$$

und im Zusammenhang mit Messungen im logarithmischen Pegelmaß als Geschwindigkeitspegel

$$L_v = 20 \log\left(\frac{v_e}{v_0}\right) \text{ mit } v_0 = 5 \cdot 10^{-8}\,\text{m/s},$$

Beschleunigungspegel

$$L_a = 20 \log\left(\frac{a_e}{a_0}\right) \text{ mit } a_0 = 10^{-6}\,\text{m/s}^2.$$

Im folgenden soll nur der Maximalwert betrachtet werden, d. h., die Zeitglieder $\sin(\omega \cdot t + \varphi_0)$ bzw. $\cos(\omega \cdot t + \varphi_0)$ werden gleich 1 gesetzt.

Der Frequenzbereich der mechanischen Schwingungen liegt zwischen 0 und 20 kHz. Davon interessieren bei Ventilatoren für die Laufruhe die mechanisch spürbaren Frequenzen von 0 bis 300 Hz und die Körperschallfrequenzen von 100 bis 1000 Hz.

Unwuchten entstehen am starren Rotor durch Fertigungsungenauigkeiten und durch betriebsbedingte Einflüsse infolge Abweichung der Hauptträgheitsachse von seiner Drehachse (Tabelle 4-5).

Tabelle 4-5. Unwuchtursachen.

Fertigungstoleranzen	betriebsbedingte Einwirkungen	Rotorüberlastung	zeitlich bedingte Alterung
unsymmetrischer Materialaufbau Blech-und Gußdicken-differenzen ungleichmäßig verteilter Korrosionsschutz Fertigungsungenauigkeiten beim Rotoraufbau Schweißverzug Gestaltänderung nach dem Glühen zu große Passungsdifferenzen zwischen Laufrad und Nabe oder/und Antriebswelle zu große Passungsdifferenzen zwischen Wuchtwelle und Antriebswelle zur Nabe	Verziehen des Laufrades infolge Temperatureinwirkung Staubansatz Materialverschleiß bzw. Erosion instabile Laufradausführung (Knackfroschprinzip)	Laufradverformung infolge zu hoher Drehzahl gleichzeitige Belastung durch mehrere Einflüsse wie Staub, Temperatur, Erosion usw.	gilt vorwiegend für Laufräder mit Hohlkonstruktion: Abbrand als loses Material im Innenraum nach Spannungsfreiglühen, Wassereinschluß

Durch parallelen Versatz der Hauptträgheitsachse zur Drehachse des Rotors (Radialschlag) entsteht die *statische Unwucht* $U = \Delta m_U \cdot r_U = e \cdot m_R$ (Bild 4-19).

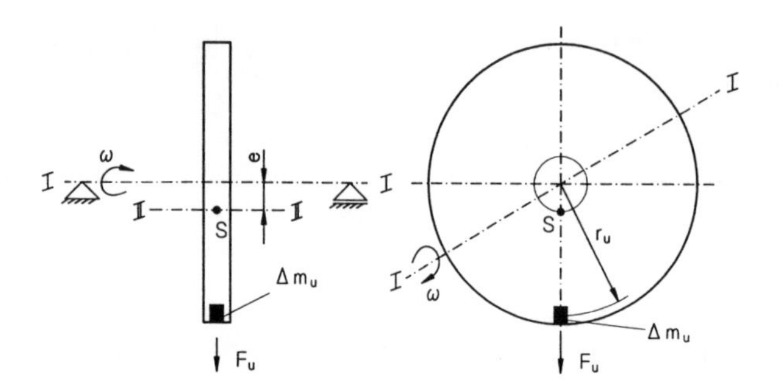

Bild 4-19. Statische Unwucht eines Rotationskörpers.

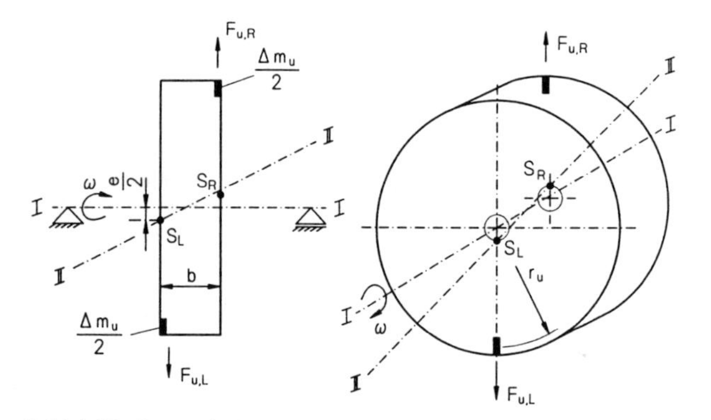

Bild 4-20. Dynamische Unwucht eines Rotationskörpers.

Die rein *dynamische Unwucht* $U = r_U \cdot \Delta m_U / 2 = m_R \cdot e / 2$ entsteht durch einen Winkelversatz α zwischen der Hauptträgheitsachse zur Drehachse (Axialschlag) (Bild 4-20). In der Praxis kommen beide Unwuchtarten kombiniert vor.

4.6.1 Auswirkungen der Unwuchten

Unwuchten sind unter Betriebsbedingungen nicht meßbar, deshalb werden deren Auswirkungen als Bewertungskriterium gewählt. Unter der Voraussetzung linearer Übertragung von der Kraft zur Auslenkung ist die Unwuchtkraft

$$F_U = U \cdot \omega^2 \text{ in N}$$

mit der Unwucht

$$U = \Delta m_U \cdot r_U = e \cdot m_R \text{ in m} \cdot \text{kg bzw. g} \cdot \text{mm},$$

mit der Drehfrequenz ω, der Rotormasse m_R und dem Versatz e zwischen Rotor- und Hauptträgheitsachse. Die Unwuchtkraft belastet dynamisch vorwiegend die Lager und Fundamente. Deshalb muß die Unwucht auf ein vertretbares Mindestmaß je nach geforderter Auswuchtgüte entsprechend der VDI-Richtlinie 2060 [4-27] reduziert werden (Bild 4-21). Das Wuchten geschieht meist durch Materialabnahme oder -zugabe am Läufer. Ein modernes Verfahren ist das Wuchtzentrieren, bei dem die Hauptträgheitsachse durch entsprechendes Feinbohren der Nabe auf die Drehachse gelegt wird. Bei schmalen Rädern ist nur dieses Verfahren möglich. Bei leichten Rädern sollte das Wuchten unter Vakuum erfolgen, um störende Luftkräfte auszuschalten. Für Industrieventilatoren wird die Auswuchtgüte Q 6,3 und für eine höhere Laufruhequalität Q 2,5 empfohlen (Tabelle 4-6).

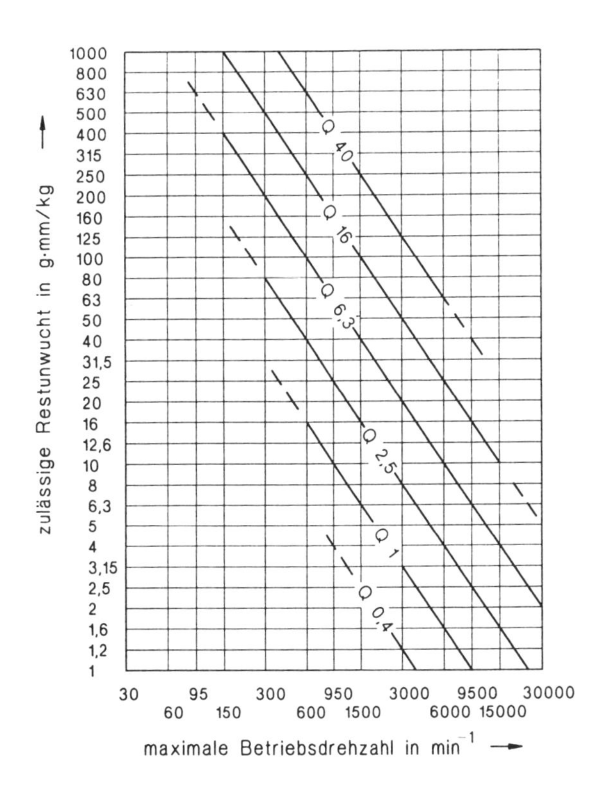

Bild 4-21. Auswuchtgütestufen für starre Rotoren, nach VDI 2060 [4-27].

Tabelle 4-6. Auswuchtgütestufen und Gruppen starrer Wuchtkörper (Auszug aus VDI 2060 [4-27]).

Gütestufen	e · ω mm/s	Wuchtkörper oder Maschinen, Beispiele
Q 40	40	
		Autoräder, Felgen, Radsätze, Gelenkwellen Kurbeltriebe elastisch aufgestellter, schnellaufender Viertaktmotoren mit sechs und mehr ZylindernKurbeltriebe von Pkw-, Lkw-, Lok- Motoren
Q 16	16	
		Gelenkwellen mit besonderen Anforderungen Teile von Zerkleinerungs- und Landwirtschaftsmaschinen Kurbeltriebeinzelteile von Pkw-, Lkw-, Lok-Motoren Kurbeltriebe von Motoren mit sechs und mehr Zylindern und besonderen Anforderungen
Q 6,3	6,3	
		Teile der Verfahrenstechnik; Zentrifugentrommeln Ventilatoren, Schwungräder, Kreiselpumpen Maschinenbau- und Werkzeugmaschinenteile normale Elektromotorenanker Kurbeltriebeinzelteile mit besonderen Anforderungen
Q 2,5	2,5	
		Läufer von Strahltriebwerken, Gas- und Dampfmaschinen, Turbomaschinen und -generatoren, Werkzeugmaschinenantriebe mittlere und größere Eletromotorenantriebe mit besonderen Anforderungen Kleinmotorenanker; Pumpen mit Turbinenantrieb
Q 1	1	

Als Maßstab für die Bewertung der Schwingstärke wurde bei langsam (bis 600 min^{-1}) drehenden Rotoren der Schwingweg s in μm eingeführt, bei Drehfrequenzen über 10 Hz die Schwinggeschwindigkeit v in mm/s, auch Schwingschnelle bezeichnet:

$$v = \omega \cdot s = \frac{U}{c_L} \omega^3 \text{ in m/s}$$

mit der Lagersteifigkeit $c_L = F_U/s$.

Die Schwingbeschleunigung entfällt als Bewertungsmaßstab für die Erfassung der Unwuchtschwingung. Sie hätte eine Überbewertung des Summensignals durch die hochfrequenten Schwingungsanteile der Körperschallsignale, hervorgerufen durch Einzelereignisse wie Überrollen von Staubkörnern, Pittings, Spänen usw., zur Folge. Dagegen erfaßt der Schwingweg bei schnellaufenden

Rotoren die störenden höheren Anteile der niederen Erregerordnungen nicht ausreichend, so daß dieser als Bewertungsmaßstab ebenfalls entfällt.

Die Auswirkungen der Schwingungen (Bild 4-18) sowie ihr Gefährdungs- und Störungspotential sollten in die Bereiche Industrieventilatoren und Ventilatoren für Klimaanlagen und Geräteeinsatz unterschieden werden, die unterschiedliche Bewertungskriterien zum Laufruheverhalten nach sich ziehen. Industrieventilatoren, die im allgemeinen durch hohe Umfangsgeschwindigkeiten, hohe Temperaturen und Stäube belastet werden, unterliegen in erster Linie den Zuverlässigkeitskriterien in bezug auf die begrenzte Lagerlebensdauer.

4.6.2 Bewertung der Schwingungen

Zur Beurteilung der *Schwingstärken* wurde in der VDI 2056 eine Klassifizierung in die Bereiche gut bis unzulässig (Tabelle 4-7) vorgenommen [4-28] und entsprechende Beurteilungsgrenzen des Schwingverhaltens festgelegt (Bild 4-22). Die Grundlagenuntersuchungen hierzu führte in den 40er Jahren die nordamerikanische Marine durch.

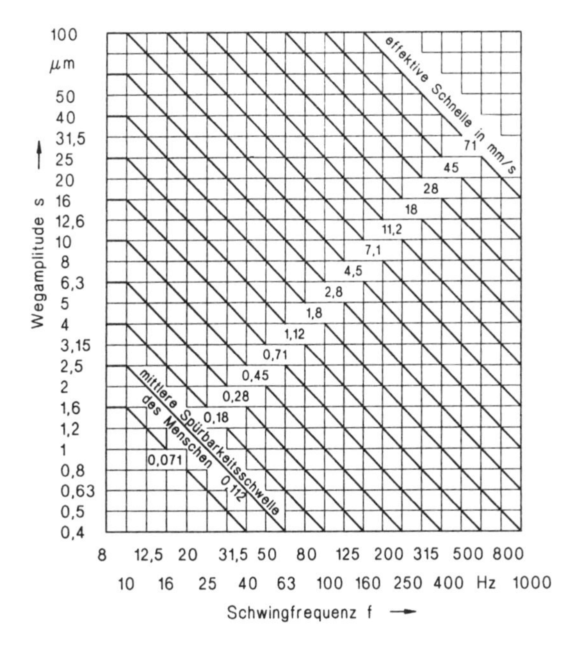

Bild 4-22. Grenzen der Schwingstärkestufen, nach VDI 2056 [4-28].

Es wirkt störend, wenn z. B. die Gehäuseseitenwände, Rohranschlußflansche oder der Schwingrahmen derart stark schwingen, daß sich nach dem Maßstab für Lagerschwingungen (Tabelle 4-7) der Bereich „unzulässig" ergibt. Aber Schwingungen an solchen Bauteilen führen im allgemeinen kaum zur Einschränkung der Betriebszuverlässigkeit, wenn Folgen, z. B. Materialermüdungen oder Anschleifen des Laufrades am Gehäuse, ausgeschlossen werden.

4.6.3 Auswirkungen der Schwingungen auf den Menschen

In Anlagen und Geräten der Klimatechnik wirken Schwingungen ständig auf das Umfeld der Menschen. Sie können direkt einwirken oder über Körperschallbrücken (Bild 4-23) in Form von Körper- und Luftschall empfindlich stören. Dagegen entfällt hier die Belastung durch Lagerschwingungen sowohl wegen des Leichtbaues als auch wegen der geringen Umfangsgeschwindigkeiten und der fehlenden Zusatzbelastungen wie Staub, hohe Temperaturen usw.

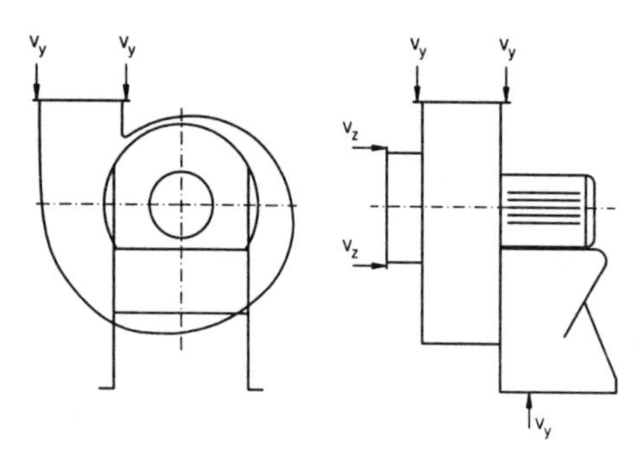

Bild 4-23. Körperschallbrücken bei Ventilatoren.

Die Beurteilung der Schwingungseinwirkung auf den Menschen untergliedert sich nach der VDI 2057 [4-30] und der TGL 22 312 [4-31] in Ganzkörperschwingungen und Schwingungen des Hand-Arm-Systems. Dabei wird der Effektivwert der Schwingbeschleunigung a_e als Bewertungsgröße gewählt.

Bei harmonischer Schwingung gilt zwischen Schwinggeschwindigkeit v_e und Schwingbeschleunigung a_e der Zusammenhang $a_e = v_e \cdot 2\pi \cdot f$. Bild 4-24 zeigt die Grenzkurven der zulässigen Schwingbeschleunigung $a_{e,zul}$ für Ganzkörperschwingungen bei achtstündiger Einwirkdauer am Arbeitsplatz in der Vertikalrichtung (Wirbelsäulenlängsachse) des Menschen [4-30]. Dieser Bewertungsmaßstab ist noch in einem Zustand, der subjektiv bedingte Ausnahmen in jeder Richtung zuläßt.

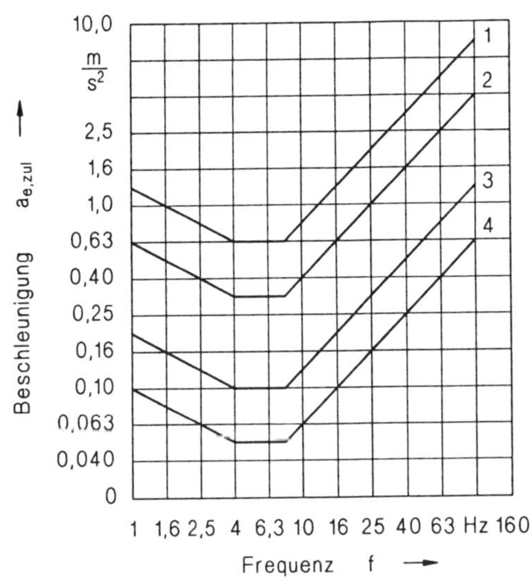

Bild 4-24. Zulässige Schwingungsbeschleunigung $a_{e,zul}$ bei achtstündiger Einwirkdauer in vertikaler Richtung auf den Menschen, nach TGL 22 312 [4-31].

1 Erträglichkeitsgrenze; 2 Grenze der verminderten Leistung (Ermüdungsgrenze); 3 Grenze der verminderten Behaglichkeit; 4 Grenze für geistig schöpferische Arbeit

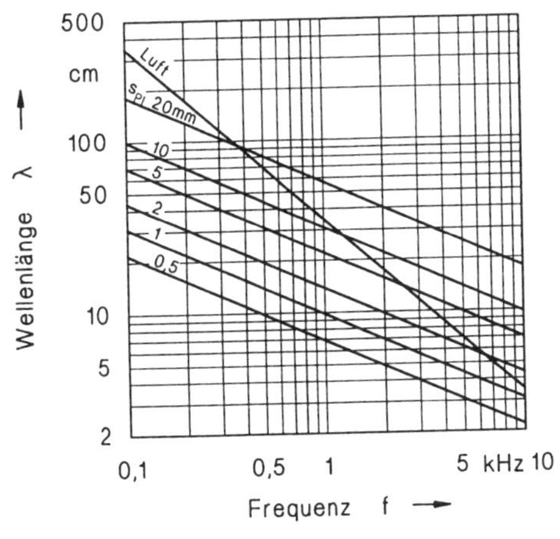

Bild 4-25. Wellenlänge λ über der Frequenz f für Stahlplatten verschiedener Blechdicke, aus [4-25].

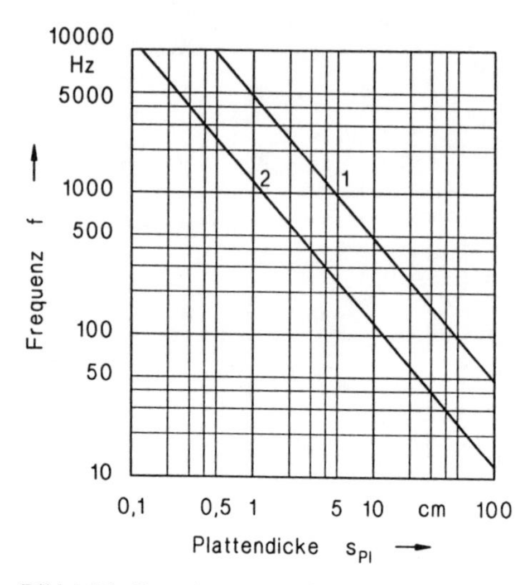

Bild 4-26. Grenzfrequenzen für die Abstrahlung der Biegewellen in Luft, aus [4-25].

f Grenzfrequenz der Biegewellen von Platten und Schalen; 1 Blei; 2 Stahl, Aluminium

Luftschall infolge von Körperschwingungen, z. B. Biegewellen schwingender Platten (Ventilatorseitenwände, Luftkanalwände), wird dann verstärkt abgestrahlt, wenn Resonanz mit akustischen oder Schwingungsfrequenzen (Drehklang, Drehlzahlharmonischen) vorliegt und die Biegewellenlänge der Platten und Schalen größer ist als die möglichen Wellenlängen im umgebenden Medium (Bild 4-25) [4-25].

Bild 4-26 zeigt die Grenzfrequenzen für die Abstrahlung des Körperschalles in die Luft.

4.6.4 Schwingungsmessungen

Der in VDI 2056 [4-28] und ISO 2372 [4-29] vorgeschlagene Bewertungsmaßstab für die Maschinenschwingungen unterscheidet nach der Maschinengröße in kleine K ($P < 15$ kW), mittlere M ($P < 300$ kW) und große G Maschinen sowie t (Turbomaschinen) (Tabelle 4-7) und nach der Aufstellungsart in starre bzw. hochabgestimmte (Bild 4-27) und elastische bzw. tief abgestimmte (Bild 4-28) Maschinenaufstellung.

Schwingwerte verschieden hoch abgestimmter Aufstellungen sind nicht untereinander und auch nicht mit Schwingwerten von tief abgestimmten Aufstellungen vergleichbar [4-26] [4-31] [4-32]. Schwingwerte tief abgestimmter Auf-

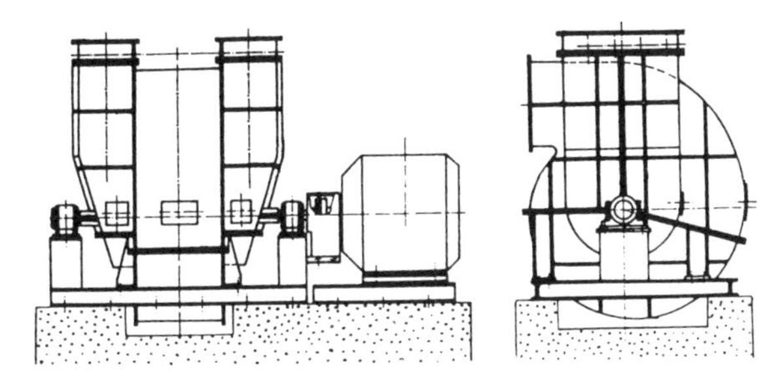

Bild 4-27. Hochabgestimmte (starre) Ventilatoraufstellung.

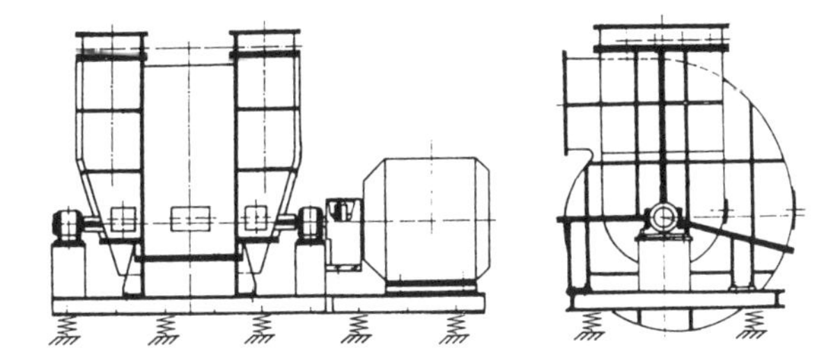

Bild 4-28. Tiefabgestimmte (weiche, elastische) Aufstellung.

stellungen ohne Prüffundamente sind dann vergleichbar, wenn der Ventilator in allen Richtungen tief abgestimmt gelagert ist. Diese Aufstellung ist dann besonders wirkungsvoll, wenn die erregende Drehfrequenz ω_{err} des Rotors mindestens viermal größer als die Eigenfrequenz ω_{eig} der elastisch aufgestellten Maschinenlagerung ist:

$$\omega_{err} = \frac{\pi \cdot n_R}{30} > 4\,\omega_{eig} \quad \text{mit} \quad \omega_{eig} = 2\pi \cdot f_{eig} = \sqrt{\frac{\sum c_{Isol}}{m_V}}$$

mit n_R Rotordrehzahl in min^{-1}, c_{Isol} Federsteifigkeit der Schwingungsisolatoren in N/m und m_V Masse der gesamten Maschine einschließlich des Aufstellrahmens.

Ventilatoren mit D ≤ 1000 mm sollten vorwiegend auf einem Prüffundament gemessen werden [4-32]. Unter folgenden Bedingungen sind die ermittelten Schwingungen vergleichbar:

- betriebsgleiche Aufspannung auf einem in allen drei Hauptrichtungen tief abgestimmten Fundament,

Tabelle 4-7. Schwingstärkestufen und Beurteilungsbeispiele (Auszug aus VDI 2056 [4-28]).

<table>
<tr><th colspan="2">Schwingstärkestufen</th><th colspan="4">Beispiele der Beurteilungsstufen für einzelne Maschinengruppen</th></tr>
<tr><th>Stufenbe-zeichnung</th><th>effektive Schnelle an den Stufengrenzen v_{eff} in mm/s</th><th>Gruppe K</th><th>Gruppe M</th><th>Gruppe G</th><th>Gruppe T</th></tr>
<tr><td>0,28</td><td>0,28</td><td rowspan="3">gut</td><td rowspan="4">gut</td><td rowspan="5">gut</td><td rowspan="6">gut</td></tr>
<tr><td>0,45</td><td>0,45</td></tr>
<tr><td>0,71</td><td>0,71</td></tr>
<tr><td>1,12</td><td>1,12</td><td rowspan="2">brauchbar</td></tr>
<tr><td>1,2</td><td>1,2</td><td rowspan="2">brauchbar</td></tr>
<tr><td>2,8</td><td>2,8</td><td rowspan="2">noch zulässig</td><td rowspan="2">brauchbar</td></tr>
<tr><td>4,5</td><td>4,5</td><td rowspan="2">noch zulässig</td><td rowspan="2">brauchbar</td></tr>
<tr><td>7,1</td><td>7,1</td><td rowspan="6">unzulässig</td><td rowspan="2">noch zulässig</td></tr>
<tr><td>11,2</td><td>11,2</td><td rowspan="5">unzulässig</td><td rowspan="2">noch zulässig</td></tr>
<tr><td>18</td><td>18</td><td rowspan="4">unzulässig</td></tr>
<tr><td>28</td><td>28</td><td rowspan="3">unzulässig</td></tr>
<tr><td>45</td><td>45</td></tr>
<tr><td>71</td><td></td></tr>
</table>

- die Eigenfrequenz f_{eig} des schwingungsfähigen Gesamtsystems (Ventilator + Prüffundament) muß kleiner oder gleich 1/4 der Drehfrequenz f_{err} des Ventilators sein,
- die Masse des Prüffundamentes (Bild 4-29) muß kleiner als 1/4 oder größer als die doppelte Ventilatormasse sein (Bild 4-30),

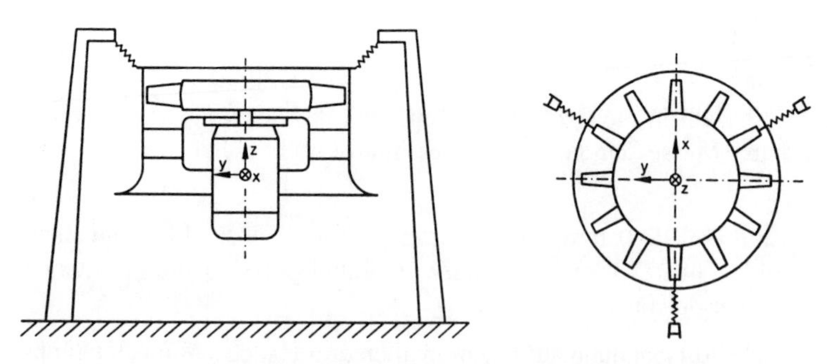

Bild 4-29. Laufruheprüfstand für Axialventilatoren mit D ≤ 1000 mm.

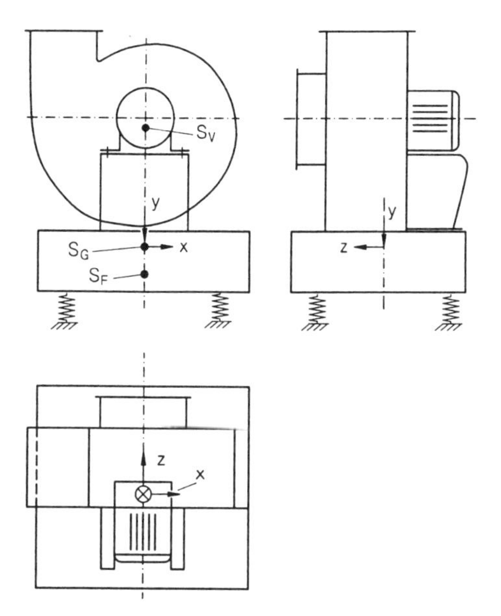

Bild 4-30. Laufruheprüfstand für Radialventilatoren mit D ≤ 1000 mm.

s_F Fundamentschwerpunkt; s_G Gesamtschwerpunkt; s_V Ventilatorschwerpunkt

- die kleinste Biegeeigenfrequenz des Prüffundamentes muß größer oder gleich 160 Hz sein,
- bei Prüffundamenten mit einer Masse größer als die doppelte Ventilatormasse sollte der Vergleichswert v der Schwinggeschwindigkeit nach folgender Formel berücksichtigt werden:

$$v = \frac{m_V + m_1}{m_V} v_{meß}$$

mit der Ventilatorenmasse m_V, der Fundamentmasse m_1 und der Meßgröße $v_{meß}$.

4.6.5 Meßort und Meßrichtung

Bei Betriebsaufstellung erfolgt die Messung in den drei Hauptrichtungen an den Lagerstellen des Ventilators und des Motors und an den Orten, an denen Schwingungsenergie auf die Anlage oder auf die Stützkonstruktion übertragen wird. Weitere Meßorte sind vertraglich zu vereinbaren, z. B. Flansche. Bei den Messungen sind die Schwingungsaufnehmer so anzubringen, daß die Meßrichtungen als gedachte Achsen durch den Gesamtschwerpunkt verlaufen.

Bei den *großen Ventilatoren* (Typen M und G) werden die Schwingungen vorzugsweise bei Betriebsaufstellung gemessen, unterschieden nach tief oder hoch abgestimmter Aufstellung.

Bei *tief abgestimmter Aufstellung* vor Ort sollte der Schwingrahmen in allen drei Richtungen tief abgestimmt und die Eigenfrequenz des schwingungsfähigen Systems (Ventilator plus Aufspannrahmen) kleiner als 1/4 der Drehfrequenz des Ventilators sein. Die Biegeeigenfrequenz des Rahmens muß mindestens 30 % über der Drehfrequenz des Ventilators liegen.

Bei *hoch abgestimmter Aufstellung* vor Ort müssen Prüfumfang und Prüfverfahren zur Ermittlung der Schwingwerte vertraglich vereinbart werden. Der Meßort ist bei Betriebsaufstellung mindestens an den Lagern des Ventilators (Bild 4-31) und an den Stellen vorzusehen, an denen Schwingungsenergie von der Ventilatoranlage auf die Stützkonstruktion übertragen wird.

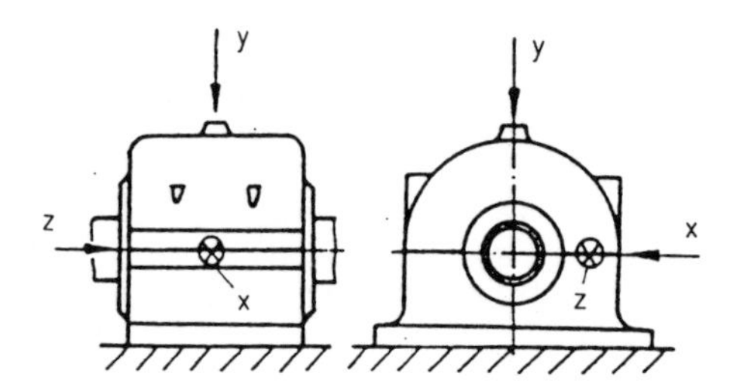

Bild 4-31. Meßpunkte an Lagern großer Ventilatoren.

Auf einem *Prüffundament* sollte der Meßort im Gesamtschwerpunkt des Ventilator-Prüffundament-Systems sein oder am/im Prüffundament an einer gedachten Achse liegen, die vertikal durch den gemeinsamen Schwerpunkt geht (Bild 4-30). Gemessen wird in drei zueinander senkrechten Richtungen, dabei in einer parallel zur Rotorachse. Die übrigen zwei weiteren liegen in einer Meßebene senkrecht zur Rotorachse, wobei sich eine von ihnen in der horizontalen Ebene befindet. Sind diese Meßrichtungen insbesondere bei der Betriebsaufstellung nicht möglich, sollten Abweichungen hiervon vertraglich vereinbart werden.

5 Kennzahlen, Kennlinien und Betriebsverhalten

Im Ventilatorenbau strebt man wie im gesamten Turbomaschinenbau häufig danach, eine Baureihe aus unterschiedlichen, geometrisch ähnlichen Baugrößen aufzubauen. Außerdem ist es üblich, diese verschiedenen Baugrößen mit unterschiedlichen Drehzahlen zu betreiben sowie Fördermedien mit verschieden großen Dichten zu fördern. Für die Umrechnung aus vorhandenen Modellen und die übersichtliche Darstellung dieser unendlich vielen unterschiedlichen Typen und Varianten haben sich die Ähnlichkeitsgesetze und die aus diesen ableitbaren Umrechnungsformeln in der Praxis sehr bewährt.

5.1 Ähnlichkeitsgesetze und dimensionslose Kennzahlen

Unter den Bedingungen der mechanischen Ähnlichkeit für den Bereich der Durchströmteile der Ventilatoren [5-1] bis [5-4] können für alle vorkommenden Varianten die wichtigsten aerodynamischen Kenngrößen

- Totaldruckerhöhung Δp_t,
- Druckerhöhung des frei ausblasenden Ventilators Δp_{fa},
- Volumenstrom $\dot{V}_1$,
- Antriebsleistung P_L,
- Ventilatorwirkungsgrad η_t und
- Wirkungsgrad des frei ausblasenden Ventilators η_{fa}

mit Hilfe der Ähnlichkeitsgesetze von einem Modellventilator auf andere Ventilatoren mit

- beliebigem Laufraddurchmesser D,
- beliebiger Drehzahl n und
- beliebiger Dichte ρ_1 des Fördermediums

umgerechnet werden.

Umgekehrt können auch der Laufraddurchmesser und die Drehzahl bestimmt werden, wenn der Volumenstrom, die Druckerhöhung oder die Dichte variiert werden sollen.

Diese Gesetzmäßigkeiten gestatten es auch, eine aerodynamische Weiterentwicklung auf ein Muster zu beschränken, dessen aerodynamisches Schema und aerodynamischen Kennwerte für umfangreiche Anwendungen mit variierten Durchmessern, Drehzahlen und Gasdichten genutzt werden können.

5.1.1 Umrechnung mit dimensionslosen Kennzahlen

Für die Umrechnung der wichtigsten Kenngrößen können die folgenden dimensionslosen Kennzahlen verwendet werden, die aus den Meßgrößen der Mustermessung berechnet werden, und die für alle mechanisch ähnlichen Ventilatoren als konstant betrachtet werden können [5-1]:

Totaldruckzahl

$$\psi_t = \frac{\Delta p_t}{\frac{\rho_1}{2} u_2^2} = \text{konst.} \tag{5.1}$$

Druckzahl des frei ausblasenden Ventilators

$$\psi_{fa} = \frac{\Delta p_{fa}}{\frac{\rho_1}{2} u_2^2} = \text{konst.} \tag{5.2}$$

Volumenzahl

$$\varphi = \frac{\dot{V}_1}{\frac{D^2 \cdot \pi}{4} u_2} = \text{konst.} \tag{5.3}$$

Leistungszahl

$$\lambda_L = \frac{P_L}{\frac{D^2 \cdot \pi}{4} \cdot \frac{\rho_1}{2} u_2^3} = \frac{\psi_t \cdot \varphi}{\eta_{t,L}} = \frac{\psi_{fa} \cdot \varphi}{\eta_{fa,L}} = \text{konst.} \tag{5.4}$$

Wirkungsgrad

$$\eta_{t,L} = \frac{\dot{V}_1 \cdot \Delta p_t}{P_L} = \text{konst.} \tag{5.5}$$

Wirkungsgrad des frei ausblasenden Ventilators

$$\eta_{fa,L} = \frac{\dot{V}_1 \cdot \Delta p_{fa}}{P_L} = \text{konst., wobei} \tag{5.6}$$

$$u_2 = \pi \cdot n \cdot D \text{ in m/s} \tag{5.7}$$

die Umfangsgeschwindigkeit am äußeren Durchmesser der Laufschaufeln ist.

5.1.2 Beispiel einer Umrechnung

Im folgenden Beispiel wird gezeigt, wie von einem Modellventilator über die dimensionslosen Kennzahlen auf einen zweiten Radialventilator umgerechnet werden kann. An einem Modellventilator wurden im Punkt maximalen Wirkungsgrades folgende Daten gemessen:

$\Delta p_{t,M} = 3113$ Pa, $\dot{V}_{1,M} = 2{,}98\ m^3/s$, $P_{L,M} = 11{,}18$ kW, $\rho_{1,M} = 1{,}2\ kg/m^3$.

Der Laufraddurchmesser betrug D = 0,5 m. Die Drehzahl wurde mit $n = 2900\ min^{-1}$ gemessen. Daraus berechnet sich die Umfangsgeschwindigkeit des Laufrades zu $u_2 = 75{,}92$ m/s. Mit Hilfe der Gln. (5.1), (5.3), (5.4) und (5.5) werden daraus folgende dimensionslose Kennzahlen ermittelt:

$$\psi_t = \frac{\Delta p_{t,M}}{\frac{\rho_{1,M}}{2} u_{2,M}^2} = \frac{3113}{0,6 \cdot 75,92^2} = 0,90,$$

$$\varphi = \frac{\dot{V}_{1,M}}{\frac{D_M^2 \cdot \pi}{4} u_{2,M}} = \frac{2,98}{0,5^2 \cdot \frac{\pi}{4} \cdot 75,92} = 0,20,$$

$$\lambda_L = \frac{P_{L,M}}{\frac{D_M^2 \cdot \pi}{4} \cdot \frac{\rho_{1,M}}{2} u_{2,M}^3} = \frac{11,18 \cdot 1000}{\frac{0,5^2 \cdot \pi}{4} \cdot 0,6 \cdot 75,92^3} = 0,217,$$

$$\eta_{t,L} = \frac{\dot{V}_{1,M} \cdot \Delta p_{t,M}}{P_{L,M}} = \frac{2,98 \cdot 3113}{11\,180} = 0,83.$$

Nach dem gleichen aerodynamischen Schema, also mit geometrisch ähnlichem Durchströmteil, soll ein Großventilator mit D = 2,5 m, $n = 980\ min^{-1}$, $\rho_1 = 0{,}75\ kg/m^3$ und $u_2 = 128{,}3$ m/s hergestellt werden. Die Kenndaten des Großventilators können aus den Gln. (5.1), (5.3), (5.4) und (5.5) ermittelt werden zu:

$$\Delta p_t = \psi_t \frac{\rho_1}{2} u_2^2 = 0,90 \cdot \frac{0,75}{2} \cdot 128,3^2 = 5555 \text{ Pa},$$

$$\dot{V}_1 = \varphi \frac{D^2 \cdot \pi}{4} u_2 = 0,2 \cdot \frac{2,5^2\, \pi}{4} \cdot 128,3 = 125,9 \text{ m}^3/\text{s},$$

$$P_L = \lambda_L \frac{D^2 \cdot \pi}{4} \cdot \frac{\rho_1}{2} u_2^3 = 0,217 \cdot \frac{2,5^2\, \pi}{4} \cdot \frac{0,75}{2} \cdot \frac{128,3^3}{1000} = 843 \text{ kW},$$

$$\eta_{t,L} = \frac{\dot{V}_1 \cdot \Delta p_t}{P_L} = \frac{125,9 \cdot 5555}{843 \cdot 1000} = 0,83.$$

5.1.3 Direkte Umrechnung

Eine zweite Möglichkeit der Nutzung der Ähnlichkeitsgesetze besteht darin, mit den dimensionslosen Kennzahlen Beziehungen zur direkten Umrechnung von einem Ventilator auf den anderen abzuleiten. Mit den Gln. (5.1), (5.3), (5.4) und (5.5) wird

$$\psi_t = \frac{\Delta p_t}{\frac{\rho_1}{2} u_2^2} = \frac{\Delta p_{t,M}}{\frac{\rho_{1,M}}{2} u_{2,M}^2} \quad \text{oder}$$

$$\frac{\Delta p_t}{\Delta p_{t,M}} = \frac{\rho_1 \cdot u_2^2}{\rho_{1,M} \cdot u_{2,M}^2} = \frac{\rho_1}{\rho_{1,M}} \left(\frac{D}{D_M}\right)^2 \left(\frac{n}{n_M}\right)^2, \tag{5.8}$$

$$\varphi = \frac{\dot{V}_1}{\frac{D^2 \cdot \pi}{4} u_2} = \frac{\dot{V}_{1,M}}{\frac{D_M^2 \cdot \pi}{4} u_{2,M}} \quad \text{oder}$$

$$\frac{\dot{V}_1}{\dot{V}_{1,M}} = \left(\frac{D}{D_M}\right)^2 \frac{u_2}{u_{2,M}} = \left(\frac{D}{D_M}\right)^3 \frac{n}{n_M}, \tag{5.9}$$

$$\lambda_L = \frac{P_L}{\frac{D^2 \cdot \pi}{4} \cdot \frac{\rho_1}{2} u_2^3} = \frac{P_{L,M}}{\frac{D_M^2 \cdot \pi}{4} \cdot \frac{\rho_{1,M}}{2} u_{2,M}^3} \quad \text{oder}$$

$$\frac{P_L}{P_{L,M}} = \frac{\rho_1 \cdot D^2 \cdot u_2^3}{\rho_{1,M} \cdot D_M^2 \cdot u_{2,M}^3} = \frac{\rho_1}{\rho_{1,M}} \left(\frac{D}{D_M}\right)^5 \left(\frac{n}{n_M}\right)^3, \tag{5.10}$$

$$\eta_{t,L} \approx \eta_{t,L,M}. \tag{5.11}$$

Mit diesen Gln. (5.8) bis (5.11) können die dimensionsbehafteten Kenngrößen des Ventilators unter Umgehung der dimensionslosen Kennzahlen direkt aus den dimensionsbehafteten Größen des Modellventilators berechnet werden:

$$\Delta p_t = \Delta p_{t,M} \frac{\rho_1}{\rho_{1,M}} \left(\frac{D}{D_M}\right)^2 \left(\frac{n}{n_M}\right)^2$$

$$= 3113 \frac{0,75}{1,2} \left(\frac{2,5}{0,5}\right)^2 \left(\frac{980}{2900}\right)^2 = 5555 \text{ Pa},$$

$$\dot{V}_1 = \dot{V}_{1,M} \left(\frac{D}{D_M}\right)^3 \frac{n}{n_M} = 2,98 \left(\frac{2,5}{0,5}\right)^3 \frac{980}{2900} = 125,9 \text{ m}^3/\text{s},$$

$$P_L = P_{L,M} \frac{\rho_1}{\rho_{1,M}} \left(\frac{D}{D_M}\right)^5 \left(\frac{n}{n_M}\right)^3$$

$$= 11,2 \frac{0,75}{1,2} \left(\frac{2,5}{0,5}\right)^5 \left(\frac{980}{2900}\right)^3 = 843 \text{ kW};$$

$$\eta_{t,L} \approx \eta_{t,L,M} = 0,83.$$

5.1.4 Ableitung der Ähnlichkeitsgesetze aus den Grundgesetzen der Turbomaschinen

Die Gesetzmäßigkeiten der Ähnlichkeit können auch direkt mit Hilfe des Geschwindigkeitsdreiecks am Laufschaufelaustritt (Bild 5-1), mit Hilfe der Kontinuitätsgleichung und der Euler-Gleichung abgeleitet werden. Aus der letzteren folgt für die drallfreie Zuströmung:

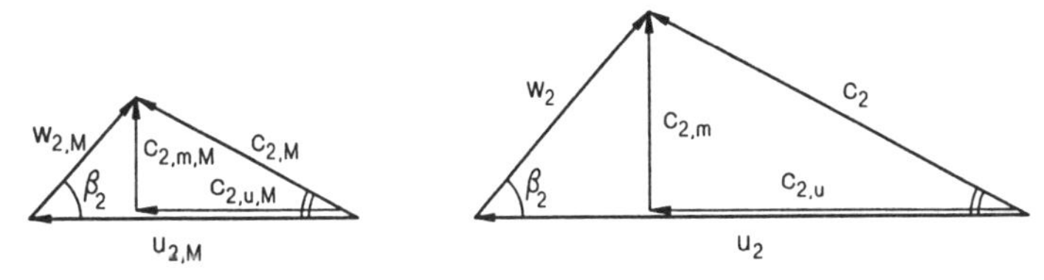

Bild 5-1. Geschwindigkeitsdreiecke am Austritt von geometrisch ähnlichen Ventilatoren.

$\Delta p_t = \rho_1 \cdot u_2 \cdot c_{2,u}$ für einen beliebigen Ventilator und

$\Delta p_{t,M} = \rho_{1,M} \cdot u_{2,M} \cdot c_{2,u,M}$ für einen geometrisch ähnlichen Modellventilator.

Wegen der geometrischen Ähnlichkeit sind die Geschwindigkeitsdreiecke am Austritt aus dem Laufrad ähnlich, und es verhält sich $c_{2,u}/c_{2,u,M} = u_2/u_{2,M}$. Damit ergibt sich die Gl. (5.8) zu

$$\frac{\Delta p_t}{\Delta p_{t,M}} = \frac{\rho_1}{\rho_{1,M}}\left(\frac{u_2}{u_{2,M}}\right)^2 = \frac{\rho_1}{\rho_{1,M}}\left(\frac{D}{D_M}\right)^2\left(\frac{n}{n_M}\right)^2.$$

Aus der Kontinuitätsgleichung folgt

$\dot{V}_1 = c_{2,m} \cdot \pi \cdot D \cdot b_2$ für einen beliebigen Ventilator und

$\dot{V}_{1,M} = c_{2,m,M} \cdot \pi \cdot D_M \cdot b_{2,M}$ für einen geometrisch ähnlichen Modellventilator.

Bei geometrischer Ähnlichkeit ergibt sich

$$\frac{c_{2,m}}{c_{2,m,M}} = \frac{u_2}{u_{2,M}} \text{ und } \frac{b_2}{b_{2,M}} = \frac{D}{D_M}.$$

Damit entsteht die Gl. (5.9) zu

$$\frac{\dot{V}_1}{\dot{V}_{1,M}} = \frac{u_2}{u_{2,M}}\frac{D}{D_M}\frac{D}{D_M} = \left(\frac{D}{D_M}\right)^3\frac{n}{n_M}.$$

Gl. (5.10) kann durch Multiplikation der Gl. (5.8) mit Gl. (5.9) gewonnen werden.

5.1.5 Sonderfälle

a) *Änderung der Drehzahl* eines bestimmten Ventilators bei konstantem Laufraddurchmesser und konstanter Dichte

Gegeben: $D = D_M =$ konst., $\rho_1 = \rho_{1,M} =$ konst., n_M, $\dot{V}_{1,M}$, $\Delta p_{t,M}$, $P_{L,M}$, $\eta_{t,L,M}$, n.

Gesucht: $\dot{V}_1$, Δp_t, P_L, $\eta_{t,L}$.

$$\frac{\dot{V}_1}{\dot{V}_{1,M}} = \frac{n}{n_M}; \quad \frac{\Delta p_t}{\Delta p_{t,M}} = \left(\frac{n}{n_M}\right)^2; \quad \frac{P_L}{P_{L,M}} = \left(\frac{n}{n_M}\right)^3; \quad \frac{\eta_{t,L}}{\eta_{t,L,M}} \approx 1$$

b) *Geometrisch ähnliche Veränderung des Laufraddurchmessers* bei konstanter Drehzahl und konstanter Dichte

Gegeben: $n = n_M =$ konst., $\rho_1 = \rho_{1,M} =$ konst., D_M, $\dot{V}_{1,M}$, $\Delta p_{t,M}$, $P_{L,M}$, $\eta_{t,L,M}$, D.

Gesucht: $\dot{V}_1$, Δp_t, P_L, $\eta_{t,L}$.

$$\frac{\dot{V}_1}{\dot{V}_{1,M}} = \left(\frac{D}{D_M}\right)^3; \quad \frac{\Delta p_t}{\Delta p_{t,M}} = \left(\frac{D}{D_M}\right)^2; \quad \frac{P_L}{P_{L,M}} = \left(\frac{D}{D_M}\right)^5; \quad \frac{\eta_{t,L}}{\eta_{t,L,M}} \approx 1.$$

c) *Änderung der Dichte* bei konstantem Laufraddurchmesser und konstanter Drehzahl

Gegeben: $D = D_M =$ konst., $n = n_M =$ konst., $\dot{V}_{1,M}$, $\Delta p_{t,M}$, $\rho_{1,M}$, $P_{L,M}$, $\eta_{t,L,M}$, ρ_1.

Gesucht: $\dot{V}_1$, Δp_t, P_L, $\eta_{t,L}$.

$$\frac{\dot{V}_1}{\dot{V}_{1,M}} = 1; \quad \frac{\Delta p_t}{\Delta p_{t,M}} = \frac{\rho_1}{\rho_{1,M}}; \quad \frac{P_L}{P_{L,M}} = \frac{\rho_1}{\rho_{1,M}}; \quad \frac{\eta_{t,L}}{\eta_{t,L,M}} \approx 1.$$

5.1.6 Geltungsbereich der mechanischen Ähnlichkeit

Der Geltungsbereich der mechanischen Ähnlichkeit hat jedoch Grenzen, die in bestimmten Fällen zu beachten sind. Deshalb soll die mechanische Ähnlichkeit kurz analysiert werden [5-5]. Mechanische Ähnlichkeit der Durchströmteile ist gegeben, wenn

1. die Durchströmteile geometrisch ähnlich sind, also alle entsprechenden Längenabmessungen sich durch einen konstanten Faktor unterscheiden und entsprechende Schaufelwinkel und Schaufelzahlen gleich sind,

2. die Bewegungsvorgänge kinematisch ähnlich sind, also alle entsprechenden Geschwindigkeiten sich durch einen konstanten Faktor unterscheiden, und
3. die Maschinen dynamisch ähnlich beansprucht werden, also sich alle entsprechenden Kräfte, wie Druckkräfte, Massenkräfte, Reibungskräfte und Impulsströme durch einen konstanten Faktor unterscheiden.

Diese drei Bedingungen sind bei Ventilatoren mit für die Praxis ausreichender Genauigkeit erfüllt, wenn

- die 1. Bedingung der geometrischen Ähnlichkeit vorliegt,
- die Strömung als inkompressibel betrachtet werden kann, also bei Ventilatoren, die ein Druckverhältnis bis 1,03 erzeugen, und
- die Reynolds-Zahlen $Re_D = u_2 \cdot D/\nu$ der verglichenen Ventilatoren nicht zu weit voneinander abweichen oder wenn die Laufschaufeln im turbulenten Bereich ($Re_D > 2 \cdot 10^6$) arbeiten (siehe Abschnitt 4.3.1) [5-13].

Geringe Abweichungen, vor allem bei

- Blechdicken von Schaufeln,
- Abrundungen von Kanten,
- Spaltgrößen,
- Oberflächenrauheiten und
- Schweißnähten

verfälschen die geometrische Ähnlichkeit und die Umrechnungsgenauigkeit in einem gewissen Grade. Hierbei ist es sehr schwierig, selbst bei Kenntnis der geometrischen Abweichungen, die dimensionslosen Kennwerte und Kennlinien zu korrigieren. Diese Abweichungen müssen zusammen mit den Bautoleranzen bewertet werden.

Für die in der 3. Bedingung enthaltenen Reibungskräfte kann bei geometrischer Ähnlichkeit kein konstanter Maßstabsfaktor gefunden werden, so daß bei größeren Unterschieden der Reynolds-Zahlen eine Korrektur der dimensionslosen Kenngrößen erforderlich ist (siehe Abschnitt 5.5).

Bei Ventilatoren mit höheren Druckverhältnissen, wo die Kompressibilität wirksam wird, sind der Volumenstrom und die Dichte während der Ventilatordurchströmung nicht mehr konstant. In [5-1] wird daher zur Korrektur der Druckzahl im Druckverhältnisbereich von 1,03 bis 1,3 die Druckerhöhung auf die mittlere Dichte zwischen Ventilatoreintritt und -austritt bezogen.

$$\frac{p_{2,t}}{p_{1,t}} \leq 1,03: \qquad \psi_t = \frac{\Delta p_t}{\frac{\rho_1}{2} u_2^2}; \quad \psi_{fa} = \frac{\Delta p_{fa}}{\frac{\rho_1}{2} u_2^2}$$

$$1{,}03 < \frac{p_{2,t}}{p_{1,t}} \leq 1{,}3: \quad \psi_t = \frac{\Delta p_t}{\frac{\rho_m}{2} u_2^2}; \quad \psi_{fa} = \frac{\Delta p_{fa}}{\frac{\rho_m}{2} u_2^2}; \quad \rho_m = \frac{\rho_1 + \rho_2}{2}.$$

Außer den bisher genannten dimensionslosen Kennzahlen werden im Ventilatorenbau von den Strömungstechnikern auch folgende dimensionslose Kennzahlen verwendet, die nicht mit der Volumenzahl verwechselt werden dürfen:

- Lieferzahl für den Radialventilator, bezogen auf die Austrittsfläche aus dem Laufrad

$$\varphi_r = \frac{\dot{V}_1}{D \cdot \pi \cdot b_2 \cdot u_2},$$

- Lieferzahl für Axialventilator, bezogen auf die Ringfläche des Laufrades

$$\varphi_a = \frac{\dot{V}_1}{\frac{\pi}{4}(D^2 - d_i^2)\, u_2},$$

- Lieferzahl für Querstromventilator

$$\varphi_q = \frac{\dot{V}_1}{D \cdot b_2 \cdot u_2},$$

wobei $\varphi_r = \varphi \dfrac{D}{4\, b_2}$ und $\varphi_a = \varphi \dfrac{D^2}{D^2 - d_i^2}$.

5.1.7 Schnellaufzahl und Durchmesserkennzahl

Zur Ordnung der unterschiedlichen Typen können die Schnellaufzahl und die Durchmesserzahl verwendet werden. Die Schnelläufigkeit wird gekennzeichnet durch die Schnellaufzahl

$$\sigma = \frac{\varphi^{1/2}}{\psi_t^{3/4}}$$

oder durch die spezifische Drehzahl

$$n_q = n \frac{\dot{V}_1^{1/2}}{[\Delta p_t/(\rho_1 \cdot g)]^{3/4}},$$

wobei n_q und n in min^{-1}, $\dot{V}_1$ in m^3/s, Δp_t in Pa, ρ_1 in kg/m^3 und g in 9,81 m/s^2 einzusetzen sind. Die spezifische Drehzahl n_q ist die Drehzahl, die ein geometrisch ähnlicher Ventilator benötigt, um 1 m^3 in 1 s auf eine Höhe von H = 1 m (bzw. bei einer Dichte von 1,2 kg/m^3 gegen einen Druck von 11,772 Pa) zu fördern. Zwischen der Schnellaufzahl σ und der spezifischen Drehzahl n_q besteht folgender Zusammenhang:

$$\sigma = n_q \frac{1}{157,8}.$$

Die Baugröße wird gekennzeichnet durch die Durchmesserzahl

$$\delta = \frac{\psi^{1/4}}{\varphi^{1/2}}.$$

Alle Ventilatoren können durch die Schnellaufzahl und Durchmesserzahl geordnet werden. Man verwendet hierzu den Punkt maximalen Wirkungsgrades und die dort vorhandene Volumenzahl φ_{opt} und die Druckzahl ψ_{opt}. Die daraus berechneten Werte

$$\sigma_{opt} = \frac{\varphi_{opt}^{1/2}}{\psi_{opt}^{3/4}} \quad \text{und} \quad \delta_{opt} = \frac{\psi_{opt}^{1/4}}{\varphi_{opt}^{1/2}}$$

sind für einige ausgewählte Typen im Bild 5-2 eingetragen und den Schemata der Bauformen zugeordnet. Man erkennt, daß z. B. Axialventilatoren hohe σ-Werte und niedrige δ-Werte haben, Sie sind also relativ schnelläufige Maschinen. Bestimmte Kenngrößen Δp_t und $\dot{V}_1$ werden mit relativ hohen Drehzahlen und relativ kleinen Durchmessern verwirklicht.

Radialventilatoren, vor allem solche mit schmalen Laufrädern, haben niedrige σ-Werte und hohe δ-Werte. Es handelt sich hier um sogenannte Langsamläufer. Die vergleichbaren Kenngrößen Δp_t und $\dot{V}_1$ werden von diesen Ventilatoren mit relativ großen Durchmessern und relativ niedrigen Drehzahlen bewältigt. Bild 5-3 zeigt diesen Zusammenhang. Für einen gegebenen Bedarfspunkt $\Delta p_t/\dot{V}_1$ können alle dort vorhandenen Radtypen verwendet werden, wobei sie geometrisch im gezeichneten Maßstab im Verhältnis stehen. Die Zahlen von 1 bis 20 im oberen Bereich des Bildes zeigen, wieviel mal schneller sich ein beliebiger Typ als der radiale Langsamläufer mit $n/n_{LRH} = 1$ drehen muß, z. B. das kleine Axialrad mit dem kleinen Nabenverhältnis 20mal schneller. Diesen Sachverhalt nutzt z. B. die Raumfahrttechnik, um Platz und Masse zu sparen.

Von *Cordier* wurden von vielen Maschinen die Bestpunkte in ein δ/σ–Diagramm eingetragen und dabei festgestellt, daß sich die optimalen Maschinen sehr dicht in ein relativ schmales Bereich eines Bandes einordnen [5-6], was allerdings auch auf den logarithmischen Maßstab zurückzuführen ist [5-2]. Die-

	φ_{opt}	ψ_{opt}	δ_{opt}	σ_{opt}
0,2 D	0,0065	1,05	12,56	0,0777
0,3 D	0,025	0,9	6,16	0,171
0,5 D	0,0975	1,285	3,41	0,259
0,66 D	0,3	2,306	2,25	0,293
0,85 D	0,5	2,80	1,83	0,327
0,7 D	0,17	0,75	2,26	0,512

	φ_{opt}	ψ_{opt}	δ_{opt}	σ_{opt}
	0,204	0,43	1,79	0,851
	0,20	0,26	1,60	1,228
	0,30	0,77	1,71	0,666
	0,34	0,308	1,28	1,410
	0,197	0,087	1,22	2,771

Bild 5-2. Einige typische Laufradformen und ihre dimensionslosen Kennzahlen.

ses Band kann durch eine hyperbelförmige Kurve gemittelt angenähert werden, welche Cordier-Kurve genannt wird. *Grabow* hat die Cordier-Kurve auch auf Arbeitsmaschinen erweitert, die nach dem Verdrängungsprinzip arbeiten (Bild 5-4). Eine Gesetzmäßigkeit ist hier ebenfalls gut zu erkennen.

Wie später gezeigt wird, sind die Schnellaufzahl σ und die Durchmesserzahl δ sehr gut zur Ventilatorauswahl und -dimensionierung geeignet. Für die Auslegungspraxis ist aber das Diagramm $\sigma = f(\delta)$ wegen seines verzerrenden Maßstabes nicht zweckmäßig. Wie im Abschnitt 5.4 noch näher erläutert wird, ist ein Übersichtskennfeld $\psi(\varphi)$ besser geeignet [5-2], in dem die Linien $\sigma = $ konst. und δ = konst. und die umgerechnete Cordier-Kurve eingetragen sind (Bild 5-42).

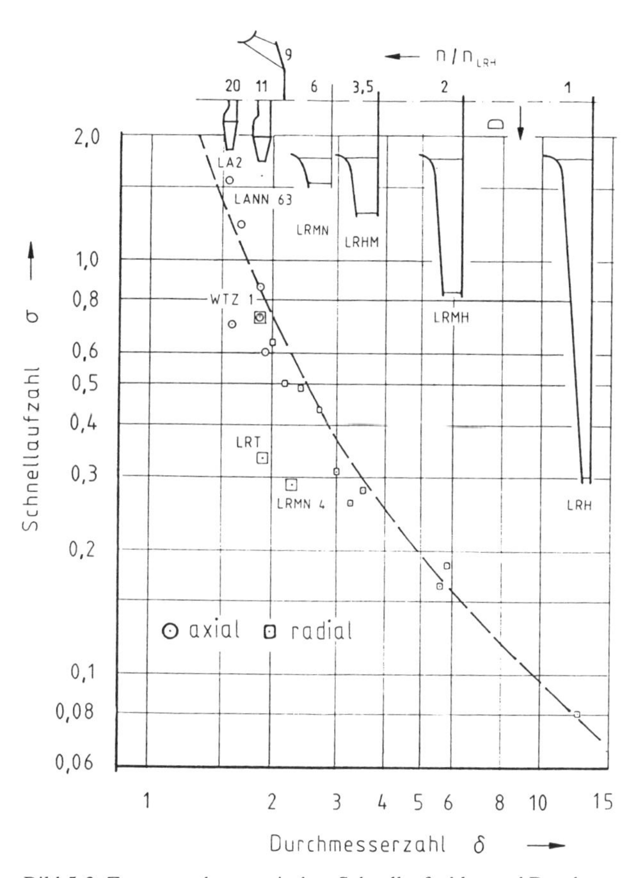

Bild 5-3. Zusammenhang zwischen Schnellaufzahl σ und Durchmesserzahl δ.

5.2 Kennlinien und Betriebspunkt

Ein Ventilator hat die Aufgabe, einen bestimmten Volumenstrom durch das Leitungssystem einer Anlage oder eines Gerätes zu fördern. Dazu muß er eine Totaldruckerhöhung erzeugen und damit dem Volumenstrom Energie zuführen. Die Totaldruckerhöhung hängt bei vorgegebener Geometrie einer Anlage vom Volumenstrom ab.

Die Abhängigkeit der zur Überwindung des Anlagenwiderstandes erforderlichen Totaldruckerhöhung Δp_t vom Volumenstrom $\dot{V}$ wird als *Anlagen- bzw.*

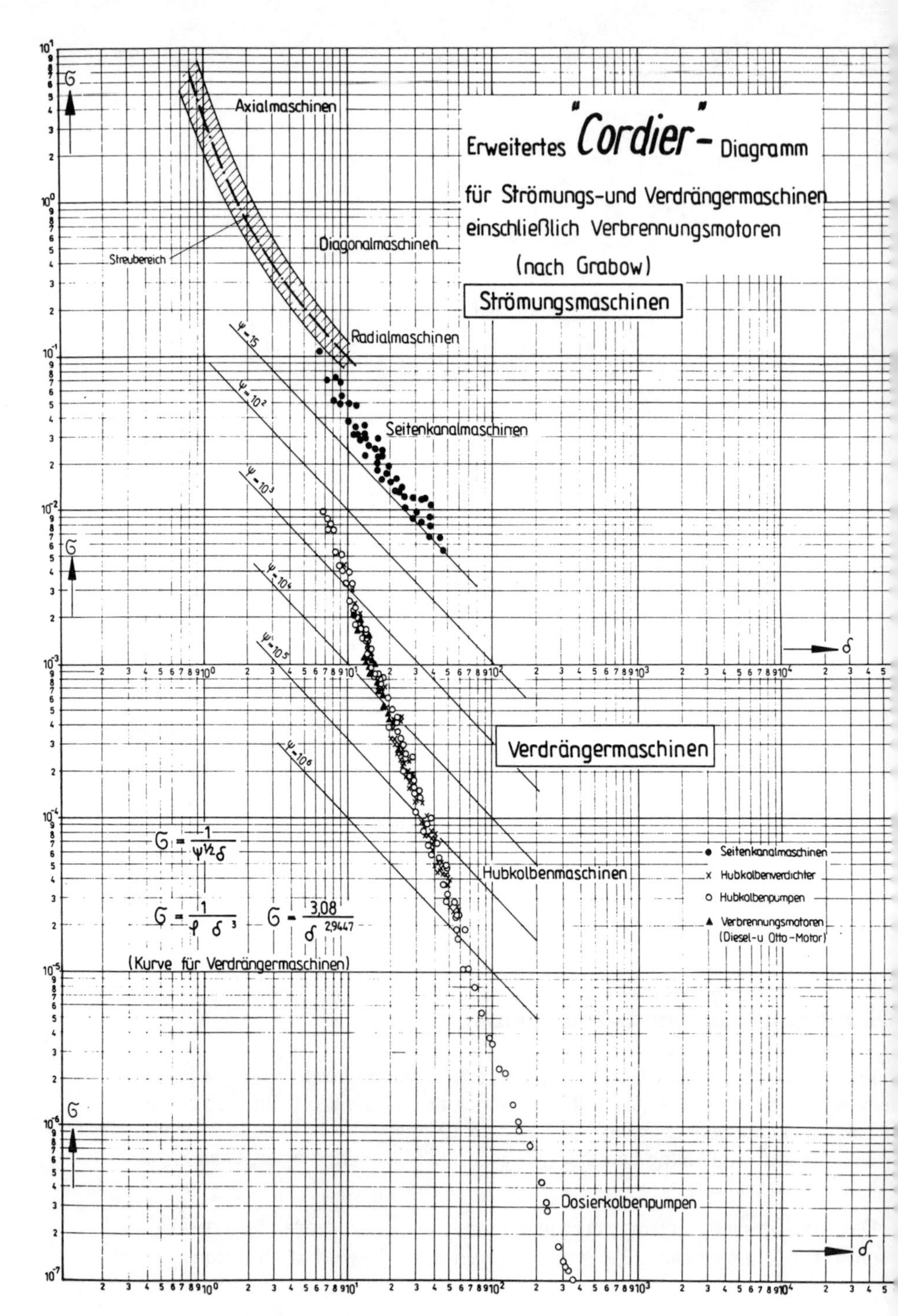

Bild 5-4. Erweiterte Cordier-Kurve nach *Grabow*.

Gerätekennlinie bezeichnet. Achtung! Unter dem Begriff Gerätekennlinie findet man mitunter auch die externen Druckwerte, die ein Gerät für eine anzuschließende Anlage in Abhängigkeit vom Volumenstrom zur Verfügung stellen kann.

Bevor ein Ventilator für eine Anlage bzw. für ein Gerät bestellt wird, muß der Planer diese Kennlinie ermitteln. Wie im folgenden gezeigt wird, genügt dazu oft nur die Berechnung eines Auslegungspunktes $\dot{V}_A$, $\Delta p_{t,A}$ und ρ_A, um die Kennlinie zu erstellen.

$\dot{V}_A$ und ρ_A werden, wenn nichts anderes vereinbart wird, auf den Ventilatoreintritt (Stelle 1) bezogen.

5.2.1 Erforderlicher Volumenstrom

Primär ist der *erforderliche Volumenstrom* $\dot{V}_A$ in m³/s bzw. m³/h zu ermitteln.

Bei Be- und Entlüftungsanlagen und Klimaanlagen für Aufenthaltsräume von Menschen gibt es Richtwerte oder Richtlinien für Luftwechselzahlen. Sie bringen zum Ausdruck, wievielmal in 1 h das Luftvolumen des Raumes „ausgewechselt" werden muß.

Bei Verbrennungsanlagen ergeben sich die Frischluft- und die Rauchgasmenge aus der Verbrennungsrechnung. Für Kühlprozesse wird die Kühlluftmenge aus der Wärmeübergangsrechnung ermittelt. In Absauganlagen wird die Absaugmenge aus den notwendigen Absauggeschwindigkeiten und den zugehörigen Absaugflächen berechnet. Bei Trocknungsanlagen ist der Volumenstrom von den thermodynamischen Luftparametern und der gewünschten Trocknungsgeschwindigkeit abhängig.

5.2.2 Totaldruckerhöhung bei hintereinander geschalteten Widerständen

Zur Berechnung der erforderlichen Totaldruckerhöhung bei hintereinander geschalteten Widerständen kann man von der erweiterten Bernoulli-Gleichung für den Eintritts- und Austrittszustand der Anlage ausgehen (Bild 5-5). Wenn man die Energiezufuhr durch den Ventilator und den Energieverlust des Leitungssystems berücksichtigt, gelangt man zu

$$\overbrace{p_e + \frac{\rho}{2} c_e^2 + \rho \cdot g \cdot h_e}^{\text{Eintritt}} + \overbrace{\Delta p_t}^{\text{Ventilator}} - \overbrace{\sum_{i=1}^{k} \Delta p_{t,i}}^{\text{Verluste}} = \overbrace{p_a + \frac{\rho}{2} c_a^2 + \rho \cdot g \cdot h_a}^{\text{Austritt}}$$

oder

$$\underbrace{\Delta p_t = p_a - p_e}_{1} + \underbrace{\rho \cdot g \cdot H_{geo}}_{2} + \underbrace{\sum_{i=1}^{k} \Delta p_{t,i}}_{3} + \underbrace{\frac{\rho}{2} c_a^2}_{4} ; \tag{5.12}$$

Δp_t erforderliche Totaldruckerhöhung,
$p_a - p_e$ Differenz der statischen Drücke am Ende und am Beginn der Anlage,
$\rho \cdot g \cdot H_{geo}$ Druckerhöhung zur Überwindung der geodätischen Höhe,
$\sum_{i=1}^{k} \Delta p_{t,i}$ Summe aller Totaldruckverluste durch Strömungswiderstände,
$\frac{\rho}{2} c_a^2$ Austrittsverlust am letzten Anlagenteil, $\frac{\rho}{2} c_e^2$ vernachlässigt.

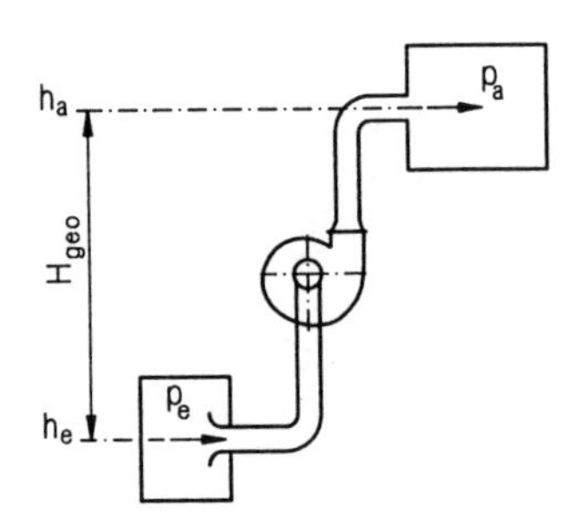

Bild 5-5. Schema eines Ventilators in einer Anlage.

Zu den einzelnen Ausdrücken der Gl. (5.12) ist folgendes zu bemerken:

Eine vom Volumenstrom unabhängige statische Druckdifferenz entsprechend dem 1. Ausdruck liegt vor, wenn ein Ventilator aus einem großen Raum absaugt, in dem ein konstanter statischer Unter- oder Überdruck herrscht, oder wenn er in einen Raum bläst, in dem ein konstanter statischer Unter- oder Überdruck vorhanden ist, z. B. beim Ausblasen unter Wasser. Als konstanter Anteil ist auch der statische Druckrückgewinn durch den Auftrieb im Schornstein zu betrachten. In den meisten Anlagen jedoch beginnt das Leitungssystem bei Atmosphärendruck und endet wieder bei Atmosphärendruck, womit der 1. Ausdruck entfällt.

Der 2. Ausdruck, der den erforderlichen Druck zur Überwindung der geodätischen Höhe darstellt, kann bei Ventilatoren, die im beiderseitig offenen System arbeiten, entfallen. Dort wird, z. B. bei Förderung nach oben, der Druck zur Überwindung der Schwerkraft gerade durch den Auftrieb des Dichteunterschiedes der Atmosphäre ausgeglichen.

Die Totaldruckverluste 3 durch Strömungswiderstände können entstehen als

– rein turbulente Widerstände $\Delta p_t = C_1 \cdot \dot{V}_1^2 = \Sigma \zeta \frac{\rho}{2} c^2$,

– polytrope Widerstände $\Delta p_t = C_2 \cdot \dot{V}_1^n$ oder

– laminare Widerstände $\Delta p_t = C_3 \cdot \dot{V}_1$, z. B. laminare Reibung in Filtern.

In der Praxis überwiegen meist Anlagenteile mit Druckverlusten, die vom Quadrat des Volumenstromes abhängen.

Der Austrittsverlust 4 ist der dynamische Druck am Austritt des letzten Anlagenteiles. Er spielt bei lufttechnischen Anlagen eine verhältnismäßig große Rolle, bei Wandring- oder Strahlventilatoren dominiert er sogar gegenüber den Druckverlusten durch Strömungswiderstände. Bei Wandring-, Fenster- oder Dachventilatoren, die oft das letzte Anlagenteil darstellen, kann der Besteller den Austrittsverlust nicht bestimmen, da er in der Regel die Austrittsfläche nicht kennt. Der Ventilatorhersteller berücksichtigt ihn automatisch dadurch, daß er bei der Auslegung Δp_{fa} und η_{fa} zugrundelegt.

Der dynamische Druck $\rho \cdot c_e^2/2$ vor dem Eintritt in eine Anlage ist meist gleich null zu setzen. Der dynamische Druck, der z. B. beim Ansaugen in eine Düse entsteht, geht einher mit einem Abfall des statischen Druckes und stellt keinen Totaldruckgewinn dar. Ein Totaldruckgewinn wäre nur zu berücksichtigen, wenn z. B. ein Strahl durch Fremdenergie an der Ansaugöffnung der Anlage wirken würde.

Mit der Bestimmung des Volumenstromes $\dot{V}_A$ und der Berechnung der erforderlichen Totaldruckerhöhung $\Delta p_{t,A}$ nach Gl. (5.12) ist der Auslegungspunkt festgelegt.

Läßt man in Gl. (5.12) den Volumenstrom $\dot{V}$ in den Ausdrücken 3 und 4 variabel, so erhält man die Gleichung der Anlagenkennlinie in der allgemeinsten Form

$$\Delta p_t = \underbrace{p_a - p_e}_{1} + \underbrace{\rho \cdot g \cdot H_{geo}}_{2} + \underbrace{C_1 \cdot \dot{V}^n}_{3} + \underbrace{C_2 \cdot \dot{V}^2}_{4}. \tag{5.13}$$

Bei Anlagen, in denen der 1., 3. und 4. Ausdruck der Gl. (5.13) von Bedeutung sind und nur turbulente Verluste auftreten, ergeben sich Anlagenkennlinien in der Form von Gl. (5.14) und gemäß den Kurven 1 und 3 im Bild 5-6:

$$\Delta p_t = p_a - p_e + C_3 \cdot \dot{V}^2 \text{ mit} \tag{5.14}$$

$$C_3 \cdot \dot{V}^2 = \sum_{i=1}^{k} \Delta p_{t,i} + \frac{\rho}{2} c_a^2.$$

Der überwiegende Teil der lufttechnischen Anlagen besteht nur aus Widerständen gemäß den Ausdrücken 3 und 4 der Gl. (5.13), die alle vom Quadrat der Geschwindigkeit und damit vom Quadrat des Volumenstromes abhängen. Damit ergibt sich die Anlagenkennlinie in der Form

$$\Delta p_t = C_3 \cdot \dot{V}^2 \tag{5.15}$$

entsprechend Kurve 2 im Bild 5-6.

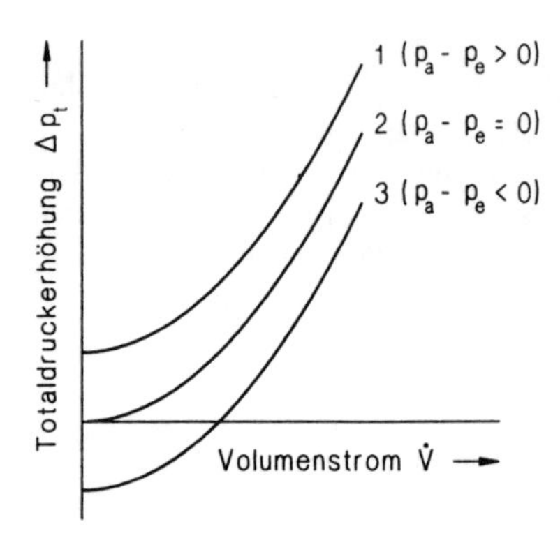

Bild 5-6. Anlagenkennlinien.

5.2.3 Totaldruckerhöhung bei Netzverzweigungen

Zur Bestimmung des Totaldruckverlustes von verzweigten Netzen, z. B. der Ausdrücke 3 und 4 der Gl. (5.12), ist es erforderlich, die Teilvolumenströme zu bestimmen. Das führt bereits bei einfachen Verzweigungen zu nichtlinearen Gleichungssystemen für die Volumenströme.

Bild 5-7 zeigt ein Beispiel für eine Verzweigung. Hierbei bedeuten:

$$\Delta p_{t,i} = R_i \cdot \dot{V}_i^2; \quad \Delta p_{t,3} = R_3 \cdot \dot{V}_3^2,$$

$$\Delta p_{t,1} = R_1 \cdot \dot{V}_1^2, \quad \Delta p_{t,4} = R_4 \cdot \dot{V}_4^2,$$

$$\Delta p_{t,2} = R_2 \cdot \dot{V}_2^2, \quad \Delta p_{t,5} = R_5 \cdot \dot{V}_5^2.$$

Bei der Aufstellung der Gleichungssysteme kann man sich der Regeln der Elektrotechnik, der Kirchhoffschen Gesetze, bedienen. Indem man zunächst für jeden Teil-Volumenstrom eine Richtung wählt, gilt

– für jeden Knoten $\sum_{i=1}^{k} \dot{V}_i = 0$ und

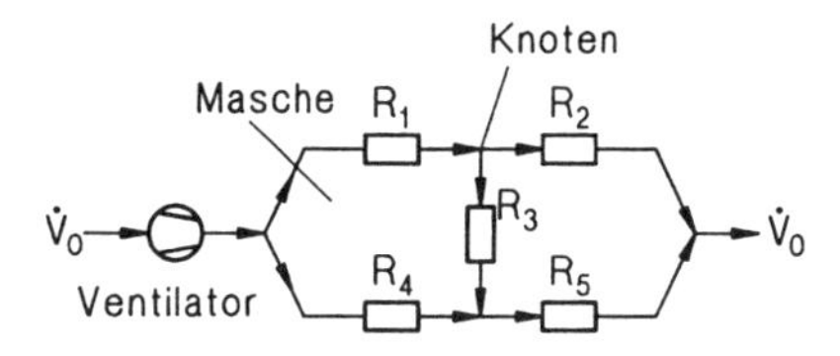

Bild 5-7. Schema einer Netzverzweigung.

– für jede Masche $\sum_{i=1}^{k} \Delta p_{t,i} = 0.$

Der Totaldruckverlust des verzweigten Systems kann berechnet werden aus den Summen

$$\Delta p_t = \Delta p_{t,1} + \Delta p_{t,2} \quad \text{oder} \quad \Delta p_t = \Delta p_{t,4} + \Delta p_{t,5}.$$

Dazu sind die Volumenströme $\dot{V}_1$ und $\dot{V}_2$ oder $\dot{V}_4$ und $\dot{V}_5$ erforderlich. Folgendes Gleichungssystem muß gelöst werden:

$$\dot{V}_1 + \dot{V}_4 - \dot{V}_0 = 0,$$
$$\dot{V}_1 - \dot{V}_2 - \dot{V}_3 = 0,$$
$$\dot{V}_4 + \dot{V}_3 - \dot{V}_5 = 0,$$
$$R_1 \cdot \dot{V}_1^2 + R_3 \cdot \dot{V}_3^2 - R_4 \cdot \dot{V}_4^2 = 0,$$
$$R_3 \cdot \dot{V}_3^2 + R_5 \cdot \dot{V}_5^2 - R_2 \cdot \dot{V}_2^2 = 0.$$

Einfache Verzweigung - Parallelschaltung von Widerständen

Bei der einfachen Verzweigung gemäß Bild 5-8, einer Parallelschaltung von zwei Widerständen, ergibt sich die folgende Rechnung:

$$\dot{V}_0 = \dot{V}_1 + \dot{V}_2,$$
$$\Delta p_t = \Delta p_{t,1} = \Delta p_{t,2},$$
$$\Delta p_{t,1} = \zeta_1 \frac{\rho}{2} c_1^2 = R_1 \cdot \dot{V}_1^2,$$
$$\Delta p_{t,2} = \zeta_2 \frac{\rho}{2} c_2^2 = R_2 \cdot \dot{V}_2^2,$$
$$\dot{V}_1 = \sqrt{\frac{R_2}{R_1}}\, \dot{V}_2 = \sqrt{\frac{R_2}{R_1}} \left(\dot{V}_0 - \dot{V}_1\right),$$
$$\dot{V}_1 = \frac{\sqrt{R_2}}{\sqrt{R_1} + \sqrt{R_2}}\, \dot{V}_0,$$

$$\dot{V}_2 = \frac{\sqrt{R_1}}{\sqrt{R_1} + \sqrt{R_2}} \dot{V}_0,$$

$$\Delta p_t = \frac{R_1 \cdot R_2}{R_1 + 2\sqrt{R_1 \cdot R_2} + R_2} \dot{V}_0^2.$$

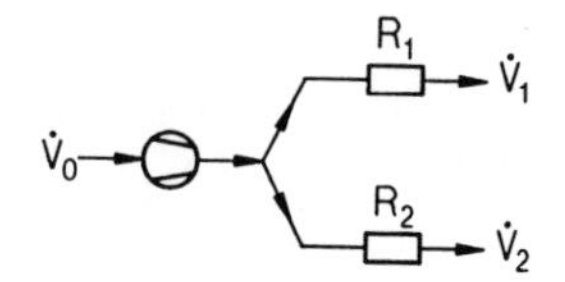

Bild 5-8. Schema einer einfachen Verzweigung.

Für $R_1 = R_2$ wird

$$\dot{V}_1 = \dot{V}_2 = \frac{\dot{V}_0}{2} \text{ und}$$

$$\Delta p_t = \frac{R_1}{4} \dot{V}_0^2 = \frac{R_2}{4} \dot{V}_0^2 = R_1 \cdot \dot{V}_1^2 = R_2 \cdot \dot{V}_2^2.$$

Bei mehr als zwei parallel geschalteten Widerständen gilt

$$\Delta p_t = R_1 \cdot \dot{V}_1^2 = R_2 \cdot \dot{V}_2^2 = R_3 \cdot \dot{V}_3^2 = \dots ,$$

$$\dot{V}_0 = \dot{V}_1 + \dot{V}_2 + \dot{V}_3 + \dots ,$$

$$\dot{V}_0 = \sqrt{\frac{\Delta p_t}{R_1}} + \sqrt{\frac{\Delta p_t}{R_2}} + \sqrt{\frac{\Delta p_t}{R_3}} + \dots ,$$

$$\Delta p_t = \frac{1}{\left(\sqrt{\frac{1}{R_1}} + \sqrt{\frac{1}{R_2}} + \sqrt{\frac{1}{R_3}} + \dots\right)^2} \dot{V}_0^2 ,$$

$$\dot{V}_1 = \frac{\dot{V}_0}{1 + \frac{\sqrt{R_1}}{\sqrt{R_2}} + \frac{\sqrt{R_1}}{\sqrt{R_3}} + \dots},$$

$$\dot{V}_2 = \frac{\dot{V}_0}{\frac{\sqrt{R_2}}{\sqrt{R_1}} + 1 + \frac{\sqrt{R_2}}{\sqrt{R_3}} + \dots}.$$

5.2.4 Kennlinien des Ventilators

Um die richtige Auswahl eines Ventilatortyps für ein bestimmtes Gerät oder eine bestimmte Anlage zu treffen (siehe Abschnitt 8) und das Verhalten eines Ventilators darin beurteilen zu können, ist der Verlauf der Kennlinien der einzelnen Ventilatortypen und Bauarten von grundlegendem Interesse.

Unter Kennlinien eines Ventilatortyps sollen die drei Kennlinien verstanden werden, die den Verlauf

- der Totaldruckerhöhung Δp_t bzw. der Druckerhöhung Δp_{fa} des frei ausblasenden Ventilators,
- der erforderlichen Antriebsleistung P_L und
- des Ventilatorwirkungsgrades $\eta_{t,L}$ bzw. des Wirkungsgrades $\eta_{fa,L}$ des frei ausblasenden Ventilators

in Abhängigkeit vom Volumenstrom $\dot{V}$ wiedergeben.

Diese drei Kennlinien sind für den Planer und Anwender ebenso wie für den Vertriebsingenieur und Händler von Bedeutung. Sie beziehen sich auf einen exakt festliegenden Ventilatortyp, der gekennzeichnet ist durch

- ein bestimmtes aerodynamisches Konstruktionsschema (Laufradform, Schaufelzahl, Schaufelwinkel, Radbreitenverhältnis, Radien- bzw. Schaufeldurchmesserverhältnis, Gehäuseform, Zu- und Abströmgeometrie u. a.),
- die Baugröße,
- die Drehzahl,
- die Dichte des Fördermediums sowie durch
- weitere typenspezifische Details.

Bild 5-9 zeigt ein Beispiel von Kennlinien für einen einflutigen Radialventilator mit rückwärts gekrümmten Laufschaufeln. Die Darstellungsform der Kennlinien ist in [5-1] unter der Bezeichnung „Normkennlinien" festgelegt (Bild 5-10).

Der Hersteller gelangt zu den Kennlinien der einzelnen Typen in der Regel durch Messungen von Modellen. Eine ausreichend genaue theoretische Vorausberechnung auf der Basis der geometrischen Abmessungen ist für die große Anzahl von Typen noch nicht möglich. Es fehlt an allgemein gültigen und sicheren Berechnungsmethoden für die vielfältigen Strömungsverluste innerhalb des Ventilators sowie der Minderleistung durch die endliche Schaufelzahl.

Die theoretischen Kennlinien der Druckerhöhung und Leistung bei verlustfreier Strömung und für unendliche Schaufelzahl ergeben sich aus

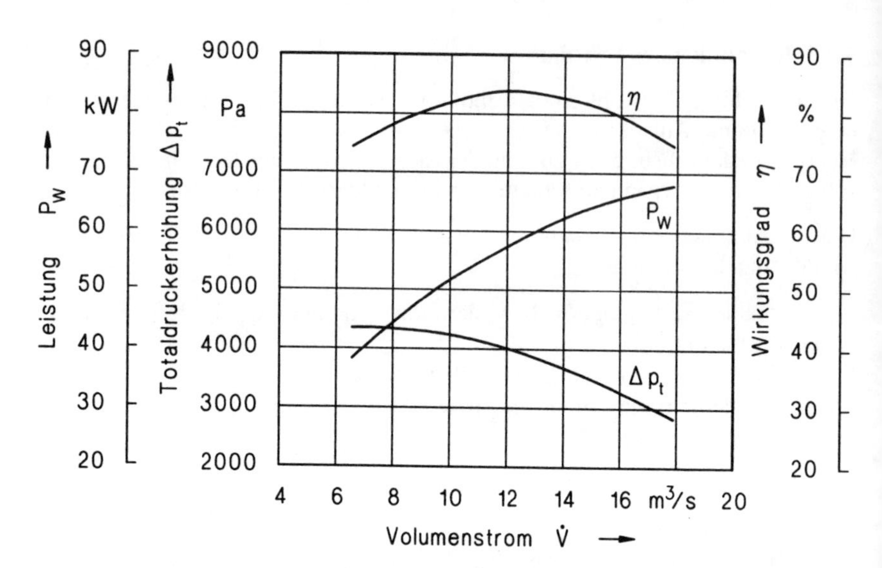

Bild 5-9. Dimensionsbehaftete Kennlinien eines Radialventilators mit rückwärts gekrümmten Laufschaufeln.

– der Eulerschen Hauptgleichung,

– dem Geschwindigkeitsdreieck am Laufschaufelaustritt (Bild 5-1) und

– der Kontinuitätsgleichung am Laufradaustritt .

Beim Radialventilator gilt für die theoretische Druckerhöhung bei unendlich großer Schaufelzahl und drallfreiem Eintritt (siehe auch Abschnitt 4.3):

$$\Delta p_{t,th,\infty} = \rho \cdot u_2 \cdot c_{2,u} \quad \text{mit } c_{2,u} = u_2 - c_{2,m} \cdot \cot\beta_2 \quad \text{und} \quad c_{2,m} = \frac{\dot{V}}{\pi \cdot D \cdot b_2}.$$

$$\Delta p_{t,th,\infty} = \rho \cdot u_2 \left(u_2 - \frac{\dot{V} \cdot \cot\beta_2}{\pi \cdot D \cdot b_2} \right)$$

und damit für die entsprechende Druckzahl

$$\psi_{t,th,\infty} = \frac{\Delta p_{t,th,\infty}}{\frac{\rho}{2} u_2^2} = 2\left(1 - \varphi \, \frac{D}{4\, b_2 \cdot \tan\beta_2}\right) \tag{5.16}$$

mit der Volumenzahl φ. Für die Leistungszahl folgt

$$\lambda_{L,th,\infty} = \psi_{t,th,\infty} \cdot \varphi = 2\left(\varphi - \varphi^2 \, \frac{D}{4\, b_2 \cdot \tan\beta_2}\right). \tag{5.17}$$

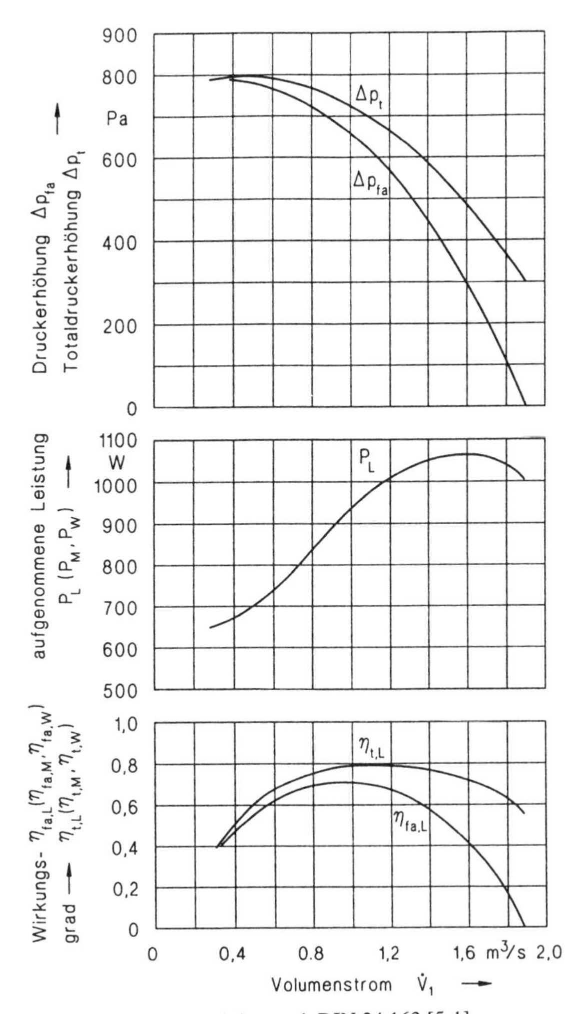

Bild 5-10. Normkennlinien nach DIN 24 163 [5-1].

Mit den Gln. (5.16) und (5.17) können der Verlauf von $\psi_{t,th,\infty}(\varphi)$ und $\lambda_{L,th,\infty}(\varphi)$ für verschiedene Schaufelaustrittswinkel β_2 dargestellt werden (Bilder 5-11 und 5-12).

Die wirkliche Totaldruckzahl ψ_t entsteht durch Abzug der Minderleistung und der Reibungs- und Stoßverluste analog Bild 5-13.

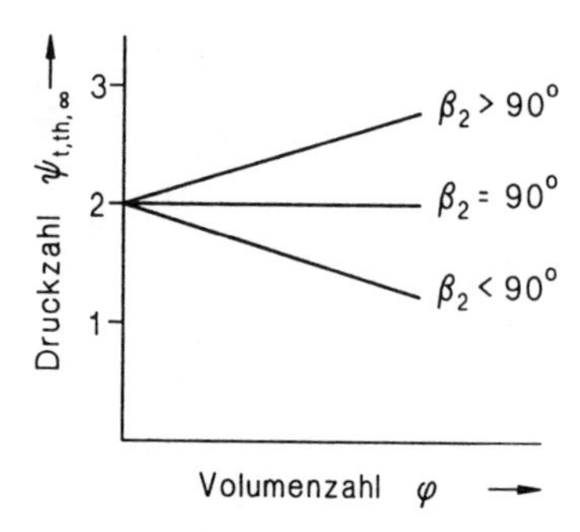

Bild 5-11. Theoretische Druckzahl $\psi_{t,th,\infty}$ in Abhängigkeit von der Volumenzahl φ.

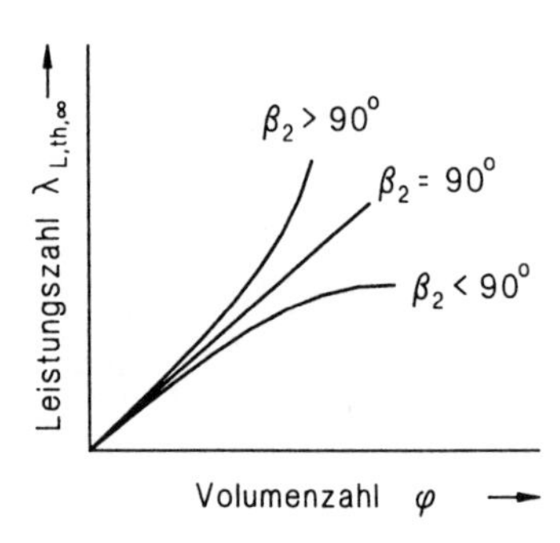

Bild 5-12. Theoretische Leistungszahl $\lambda_{L,th,\infty}$ in Abhängigkeit von der Volumenzahl φ.

Ebenso ist eine ziemlich gute Voraussage des Reaktionsgrades

$$r = \frac{\Delta p_{st,L}}{\Delta p_{t,L}}$$

als Verhältnis von statischer zur Totaldruckerhöhung des Laufrades möglich, indem man von der Eulerschen Hauptgleichung, Gl. (4.31) bzw. (4.33), ausgeht:

$$r = \frac{\Delta p_{st,th,\infty}}{\Delta p_{t,th,\infty}} = \frac{u_2^2 - u_1^2 + w_1^2 - w_2^2}{2\,u_2 \cdot c_{2,u}}. \tag{5.18}$$

Unter Benutzung der Näherung $w_1^2 - u_1^2 = c_1^2 \approx c_{2,m}^2$ wird

$$r = \frac{u_2^2 - \left(w_2^2 - c_{2,m}^2\right)}{2\,u_2 \cdot c_{2,u}} = \frac{u_2^2 - (u_2 - c_{2,u})^2}{2\,u_2 \cdot c_{2,u}} = 1 - \frac{c_{2,u}}{2\,u_2} = 1 - \frac{\psi_{t,th,\infty}}{4}. \tag{5.19}$$

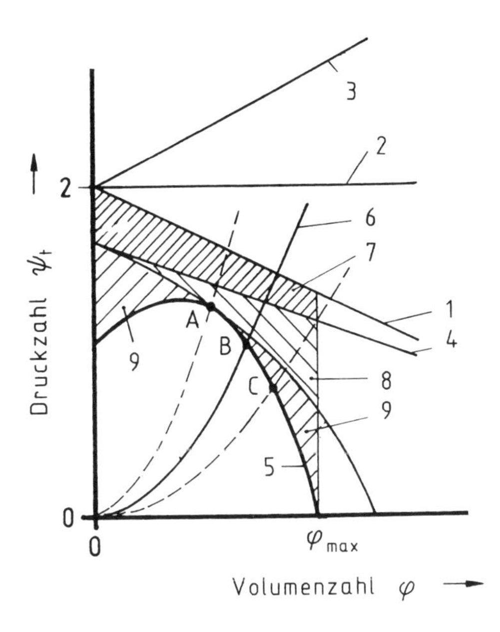

Bild 5-13. Druckzahlenverlauf.

1 $\psi_{t,th,\infty}$ für $\beta_2 < 90°$; 2 $\psi_{t,th,\infty}$ für $\beta_2 = 90°$; 3 $\psi_{t,th,\infty}$ für $\beta_2 > 90°$; 4 $\psi_{t,th}$ für $\beta_2 < 90°$; 5 Ventilatorkennlinie $\psi_t = f(\varphi)$ für $\beta_2 < 90°$; 6 Rohrleitungskennlinie; 7 Minderleistung; 8 Reibungsverluste; 9 Stoßverluste

A Anlage stärker gedrosselt; B Betriebspunkt = Schnittpunkt zwischen Rohrleitungskennlinie und Ventilatorkennlinie; C weniger gedrosselt

Bild 5-14 zeigt das Verhältnis von statischer zu dynamischer Druckerhöhung in Abhängigkeit vom Schaufelaustrittswinkel β_2. Man sieht, daß für ein Radiallaufrad bei $\psi_{t,th,\infty} = 4$ eine Grenze vorhanden ist, bei der der Reaktionsgrad nach Gl. (5.19) gleich null ist. Ebenso existiert ein Grenzwinkel, bei dem gar keine Druckerhöhung erzielt wird und wo der Reaktionsgrad theoretisch gleich eins ist. Hier würde die Absolutgeschwindigkeit c_2 in radialer Richtung verlaufen. Man spricht dann von der wirkungslosen Schaufel.

In der Praxis des Ventilatorbaues werden als Ausgangspunkt für alle weiteren Betrachtungen die Kennlinien aus einer Modellmessung verwendet. Die dimensionsbehafteten Modellkennlinien werden zunächst mit Hilfe der Gln. (5.1) bis (5.6) in dimensionslose Kennlinien umgewandelt (Bild 5-15). Daraus können mit Hilfe der Ähnlichkeitsgesetze dimensionsbehaftete Kennlinien für weitere, geometrisch ähnliche Ventilatoren berechnet werden.

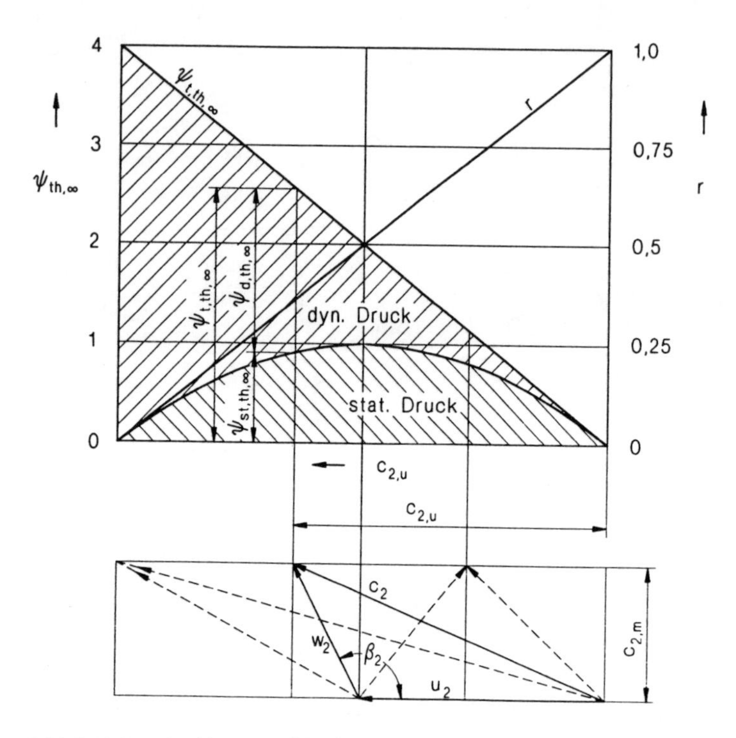

Bild 5-14. Druckzahl $\psi_{th,\infty}$ und Reaktionsgrad r bei verschiedenen Schaufelwinkeln β_2.

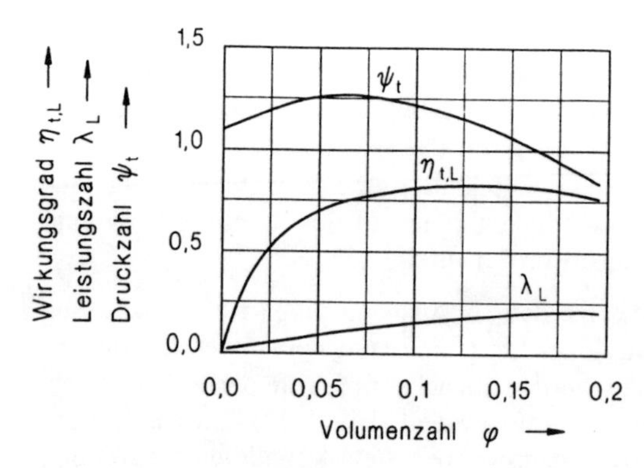

Bild 5-15. Dimensionslose Kennlinien.

5.2.5 Betriebspunkt

Der Betriebspunkt, bei dem der Ventilator in der Anlage tatsächlich arbeitet, ergibt sich als Schnittpunkt zwischen der Anlagenkennlinie und der Ventilatorkennlinie (Bild 5-16). Dieser stellt sich während des Ventilatorbetriebes selbständig ein, d. h., das Druckangebot des Ventilators ist immer so groß wie der Druckbedarf bzw. Druckverlust der Anlage.

Verändert sich die Ventilatorkennlinie z. B. durch Drehzahländerung, Laufschaufelverstellung oder durch Drallregelung, dann verschiebt sich der Betriebspunkt entlang der Anlagenkennlinie (Bild 5-17).

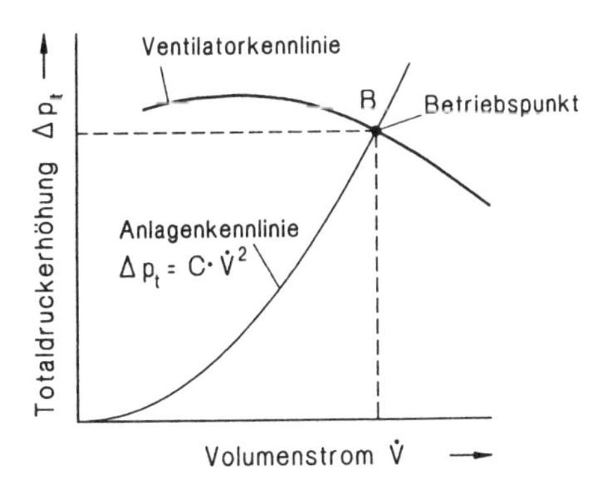

Bild 5-16. Betriebspunkt des Ventilators.

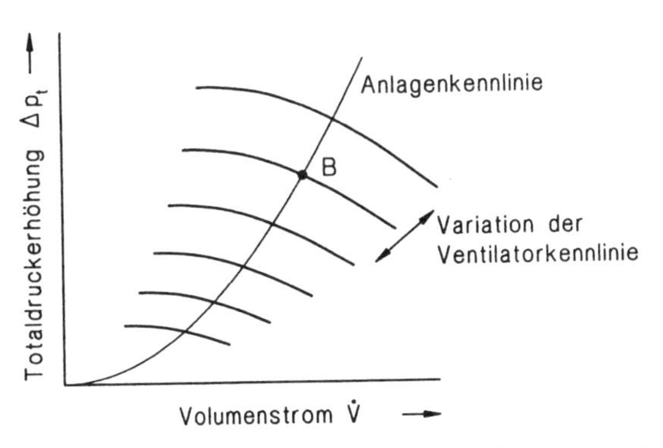

Bild 5-17. Verschiebung des Betriebspunktes B bei unterschiedlichen Ventilatorkennlinien durch Drehzahländerung, Drallreglung oder Schaufelwinkelverstellung.

Verändert sich der Widerstand in der Anlage, so verschiebt sich der Betriebspunkt entlang der Ventilatorkennlinie (Bild 5-18). Zur Widerstandsänderung der Anlage führt auch die Drosselregelung, die im Abschnitt 7 näher behandelt wird.

Um einen möglichst stabilen Betriebspunkt auch bei geringen Widerstandsschwankungen zu gewährleisten, ist es wünschenswert, daß sich die Anlagen- und die Ventilatorkennlinie unter einem möglichst großen Winkel schneiden. Das ist z. B. bei Radialventilatoren mit rückwärts gekrümmten Laufschaufeln

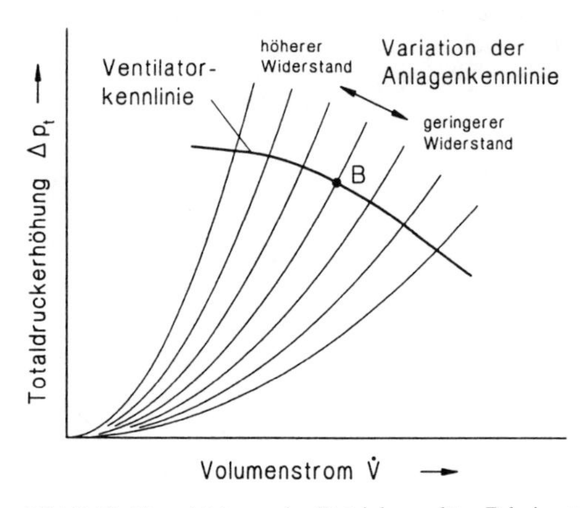

Bild 5-18. Verschiebung des Betriebspunktes B bei unterschiedlichen Anlagenkennlinien.

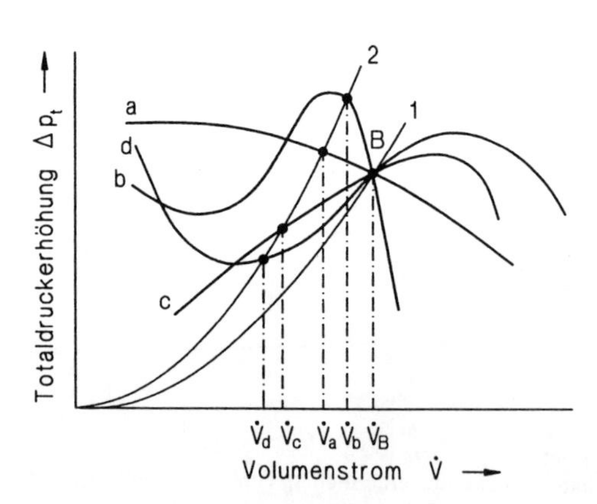

Bild 5-19. Betriebspunkt bei unterschiedlichen Ventilatorkennlinien

a Radialventilator mit rückwärts gekrümmten Schaufeln; b Axialventilator im stabilen Gebiet betrieben; c Radialventilator mit vorwärts gekrümmten Schaufeln; d Axialventilator im instabilen Gebiet betrieben
1 geplante Anlagenkennlinie; 2 Anlagenkennlinie mit geringer Abweichung

(Kurve a im Bild 5-19) und bei Axialventilatoren im stabilen Kennlinienbereich (Kurve b im Bild 5-19) der Fall. Bei ansteigenden Ventilatorkennlinien, wie sie z.B. bei Radialventilatoren mit vorwärts gekrümmten Laufschaufeln (Kurve c im Bild 5-19) oder bei Axialventilatoren im instabilen Kennlinienbereich (Kurve d im Bild 5-19) auftreten, trifft dies nicht zu. Hier können sich schon bei geringen Widerstandsschwankungen der Anlage (z. B. von der Anlagenkennlinie 1 zur Anlagenkennlinie 2 im Bild 5-19) relativ große Volumenstromänderungen ergeben (Differenz $\dot{V}_B$-$\dot{V}_c$ bzw. $\dot{V}_B$-$\dot{V}_d$).

Wenn der spezielle Wunsch besteht, bei geringen Widerstandsschwankungen eine möglichst konstante Totaldruckerhöhung zu sichern, dann ist eine waagerechte Ventilatorkennlinie anzustreben, wie sie z. B. bei Radialventilatoren im Bereich des Schaufelaustrittswinkels von etwa 45° bis 90° anzutreffen ist (Bild 5-20).

Will man trotz geringer Widerstandsschwankungen einen relativ konstanten Volumenstrom erzielen, muß die Ventilatorkennlinie möglichst steil verlaufen, wie das z. B. bei Axialventilatoren der Fall ist (Bild 5-21).

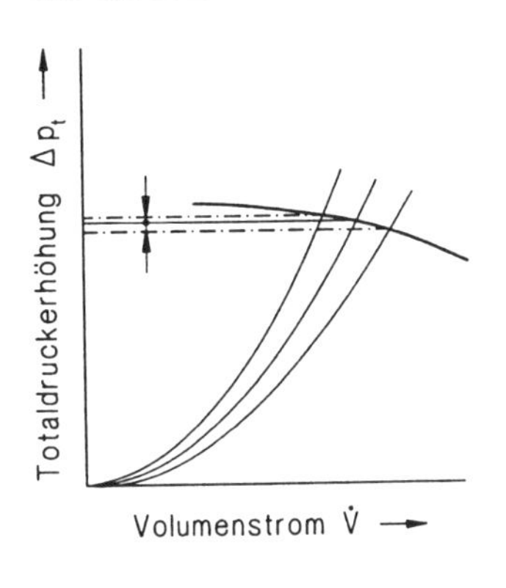

Bild 5-20.
Flache Ventilatorkennlinie mit geringen Unterschieden der Totaldruckerhöhung Δp_t.

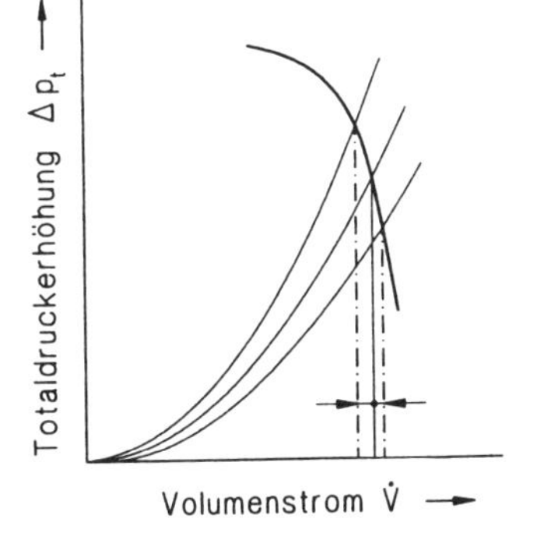

Bild 5-21.
Steile Ventilatorkennlinie mit geringen Unterschieden des Volumenstromes $\dot{V}$.

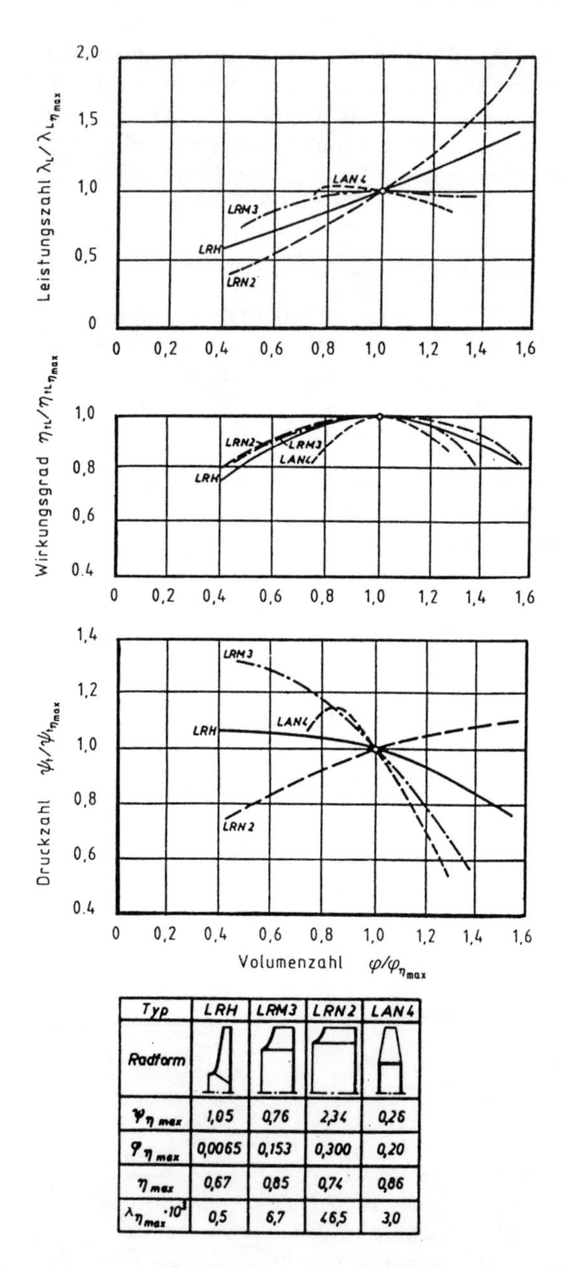

Typ	LRH	LRM3	LRN2	LAN4
Radform				
$\psi_{\eta\,max}$	1,05	0,76	2,34	0,26
$\varphi_{\eta\,max}$	0,0065	0,153	0,300	0,20
η_{max}	0,67	0,85	0,74	0,86
$\lambda_{\eta\,max} \cdot 10^3$	0,5	6,7	46,5	3,0

Bild 5-22. Relative dimensionslose Kennlinien verschiedener Ventilatortypen, aus [5-5].

Bild 5-22 zeigt den relativen Verlauf von Druckzahl, Leistungszahl und Wirkungsgrad in Abhängigkeit von der Volumenzahl für einige Ventilatortypen.

5.3 Parallelbetrieb und Hintereinanderschaltung

In einem Anlagennetz können Ventilatoren in beliebiger Anzahl hintereinander und oder parallel betrieben werden. Dabei sind aber einige Probleme zu beachten.

Ein Parallelbetrieb mehrerer Ventilatoren hat im allgemeinen den Zweck, den Volumenstrom gegenüber der Verwendung eines Ventilators zu vergrößern.

Bei der Hintereinanderschaltung, auch Reihenschaltung genannt, beabsichtigt man eine Vergrößerung der Druckerhöhung gegenüber einem Ventilator.

Beide Schaltungen tragen in zahlreichen Anlagen und Geräten dazu bei, große Ventilatoren durch mehrere kleinere zu ersetzen und räumlich besser anzupassen.

Beachtet man nicht die Lage der Rohrleitungskennlinie vor allem bei der Schaltung von unterschiedlichen Ventilatoren, können gegenteilige Effekte auftreten.

5.3.1 Parallelschaltung

Bei geometrisch ähnlicher Gestaltung kann der gleiche Arbeitspunkt von einem großen Ventilator oder von vier Ventilatoren mit halb so großem Durchmesser und doppelt so hoher Drehzahl erreicht werden. Die Baulänge der kleineren Ventilatoren ist dann auch nur halb so groß. Diese einfache Überlegung erklärt, daß die Parallelschaltung zur Verringerung des Bauvolumens interessant sein kann. Hinzu kommt, daß Elektromotoren mit höherer Drehzahl u. U. billiger sind. Außerdem kann eine Volumenstromanpassung durch Abschalten einzelner Ventilatoren energieökonomisch sein. Akustisch kommt man in das Bereich höherer Frequenzen, die mit weniger Aufwand weggedämpft werden können.

Nachteilig ist diese räumliche Anordnung der Aggregate als Parallelschaltung evtl. bei Radialventilatoren. Beim Axialventilator ist sie meist recht einfach zu bewerkstelligen.

Beim reinen Parallelbetrieb sind alle Ventilatoren saug- und druckseitig direkt verbunden. Hier kann man eine resultierende Kennlinie für die Ventilatorgruppe konstruieren, indem, ausgehend von den Einzelkennlinien, für jeden Wert der Totaldruckerhöhung die Volumenströme addiert werden (Bild 5-23). Der Betriebspunkt B stellt sich als Schnittpunkt der resultierenden Kennlinie mit der Anlagenkennlinie A1 ein. Die Betriebspunkte der einzelnen Ventilatoren B_1 und B_2 liegen bei gleicher Totaldruckerhöhung auf den individuellen Ventilatorkennlinien.

Aus Bild 5-23 ist ersichtlich, daß mit einer Parallelschaltung bei der Anlagenkennlinie A1 eine wirksame Volumenstromvergrößerung gegenüber einem einzelnen Ventilator erreicht wird. Bei merklicher Vergrößerung des Widerstandes (A2) verschwindet der Additionseffekt.

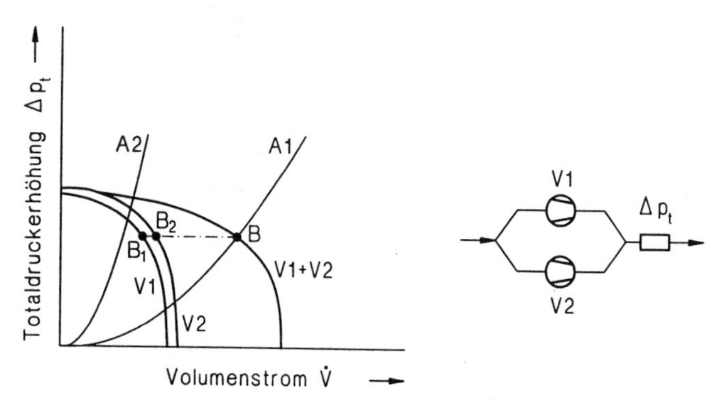

Bild 5-23. Parallelbetrieb von zwei Ventilatoren.

Ein problemloser Parallelbetrieb im gesamten Kennlinienbereich ist im allgemeinen möglich, wenn die Ventilatorkennlinien ohne Sattel und ohne instabiles Gebiet verlaufen, also von $\dot{V} = 0$ ab stetig nach größerem Volumenstrom zu abfallen und die Totaldruckerhöhungen bei $\dot{V} = 0$ gleich groß sind, also die Ventilatoren von gleicher Größenordnung sind.

Werden zwei in der Leistung sehr ungleiche Ventilatoren parallelgeschaltet, wird kein großer Effekt erreicht. Wie aus Bild 5-24 zu ersehen ist, wird bei einem niedrigen Anlagenwiderstand (Anlagenkennlinie A1) durch die Parallelschaltung die beabsichtigte Volumenstromvergrößerung mit dem Betriebspunkt B_1 erreicht. Bei hohem Anlagenwiderstand (A2) wird gegenüber der Benutzung nur des einen stärkeren Ventilators V1 bei Parallelschaltung beider Ventilatoren sogar ein geringerer Volumenstrom erzielt (B_2), da der schwächere Ventilator V2 rückwärts durchströmt wird. Dabei treten Pulsationen und Volumenstromschwankungen auf, die zu schädlichen Schwingungen von Bauteilen führen können (siehe Abschnitte 11 und 15).

Wenn zwei Ventilatoren, die instabile Kennlinien mit Wendepunkten und Scheiteln haben, parallel betrieben werden, teilt sich die resultierende Kennli-

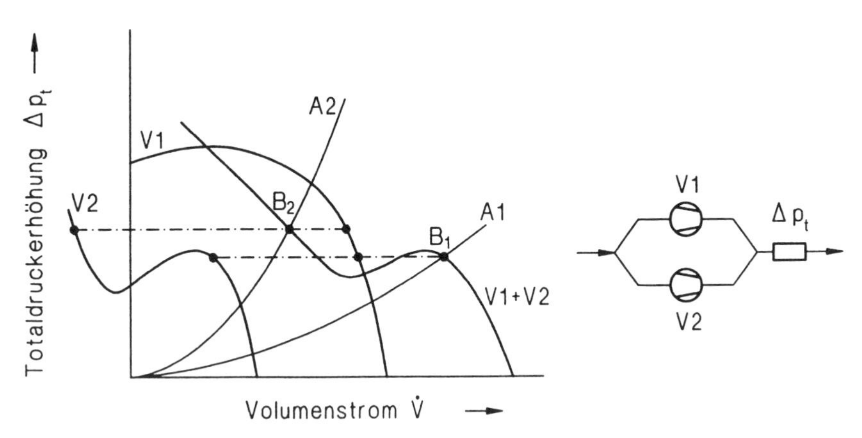

Bild 5-24. Parallelbetrieb von Ventilatoren stark unterschiedlicher Leistungen.

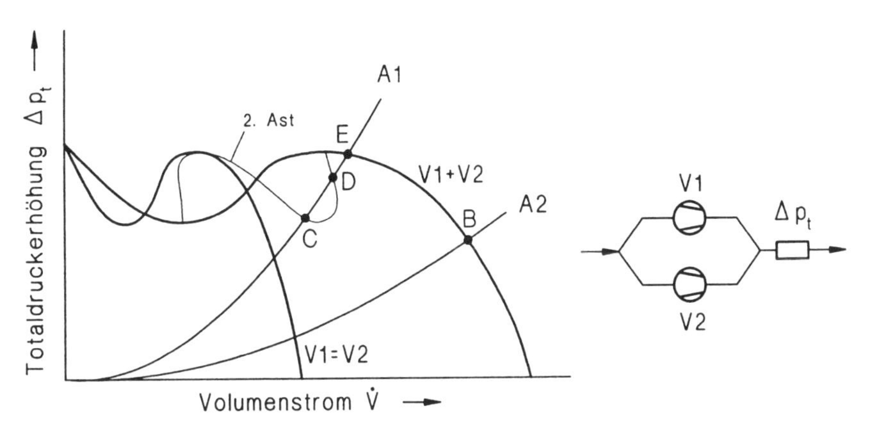

Bild 5-25. Parallelbetrieb von zwei Ventilatoren, deren Kennlinien ein instabiles Gebiet haben.

nie in zwei Äste (Bild 5-25), was beim Betreiben der Ventilatoren zum Pendeln der Betriebspunkte, zu Pulsationen und Rückströmungen führt (Anlagenkennlinie A1). Hier sind z.B. drei Betriebspunkte möglich. Bei der Anlagenkennlinie A2, die die resultierende Kennlinie V1 + V2 bei B schneidet, herrschen dagegen stabile Verhältnisse [5-7].

Bei allen Parallelbetriebs-Varianten wird der zuletzt zugeschaltete Ventilator nicht anlaufen, weil der Gegendruck des bereits laufenden Ventilators zu groß ist. Das Anfahren ist nur möglich, wenn der hinzuzuschaltende Ventilator unter geschlossener Klappe angefahren wird oder wenn alle Ventilatoren gleichzeitig angefahren werden.

Insgesamt können folgende Probleme beim Parallelbetrieb auftreten, wenn man sich den Verlauf der Kennlinien nicht bereits im Planungsstadium klarmacht:

- der zuletzt eingeschaltete Ventilator läuft nicht an, weil der Gegendruck des bereits laufenden Ventilators zu groß ist,
- Rückförderung durch einen Ventilator und Verringerung des Gesamtvolumenstromes trotz Parallelschaltung und
- Labilität durch Pendeln des Betriebspunktes, Pulsationen und Schwingungen.

5.3.2 Teilweiser Parallelbetrieb

Bei dem teilweisen Parallelbetrieb haben ein Ventilator oder mehrere einen individuellen Widerstand (Bild 5-26). Hier sind die gleichen wenn auch nicht mehr so gravierenden Probleme zu beachten, die zuvor beschrieben wurden.

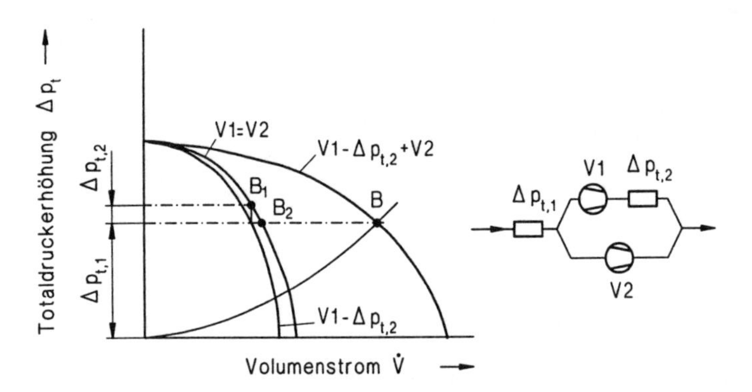

Bild 5-26. Resultierende Kennlinie bei teilweisem Parallelbetrieb.

Um die resultierende Kennlinie zu erhalten, wird zuerst eine Hilfskennlinie (V1- $\Delta p_{t,2}$) aus der Differenz der Ventilatorkennlinie V1 (Bild 5-26) und dessen individuellem Widerstand, dem Totaldruckverlust $\Delta p_{t,2}$, gebildet. Das erfolgt durch Subtraktion der Drücke bei jeweils gleichem Volumenstrom. Diese Hilfskennlinie und die Ventilatorkennlinie V2 führen durch Addition der Volumenströme bei jeweils gleichem Δp_t zur resultierenden Kennlinie des Teilsystems V1/V2/$\Delta p_{t,2}$, die als Ventilatorkennlinie mit der Anlagenkennlinie zum Schnitt gebracht werden muß, um den Betriebspunkt B zu finden.

Eine spezielle Art des Parallelbetriebes ist das zweiflutige Radiallaufrad. Hier ist ein gleichzeitiges Anfahren von zwei gleich starken Laufradhälften gewährleistet. Ein instabiles Verhalten ist im allgemeinen nicht zu erwarten, da hier die Spaltdruckkennlinien maßgebend sind, die keinen Scheitel haben und bei gleicher Beschaufelung auch gleich sind. Zweiflutige Radiallaufräder mit Schaufelaustrittswinkeln von β_2 um 90° sind möglichst zu vermeiden, da diese Spaltdruckkennlinien mit einem Scheitel haben.

5.3.3 Hintereinanderschaltung

Die Hintereinanderschaltung wird in der Praxis weniger angewendet, da der Bauaufwand größer ist. Ausnahmen bilden bei hohen Druckanforderungen spezifisch langsam laufende Radialventilatoren, um wegen der Laufradfestigkeit die Umfangsgeschwindigkciten nicht zu hoch werden zu lassen.

Häufiger werden Ventilatoren nachgerüstet, wenn nachträgliche Widerstandserhöhungen in der Anlage zu überwinden sind.

Die in Reihe arbeitenden Ventilatoren müssen alle den Volumenstrombereich der Anlage beherrschen. Bei Abschaltung einzelner Ventilatoren laufen diese leer mit, da ein Abbremsen ihren Durchblaswiderstand unnötig erhöhen würde. Der Durchströmdruckverlust der leer mitlaufenden Ventilatoren senkt das Druckangebot der noch arbeitenden Ventilatoren der Reihenschaltung. Mit dem Argument, daß bei Ausfall eines Motors noch ein Teilluftstrom gefördert wird, setzt man diese Anordnung zur Garagenbelüftung ein [5-8].

Wollte man gleiche Kennwerte statt mit einem Ventilator z. B. mit zwei geometrisch ähnlichen, hintereinander geschalteten Ventilatoren erreichen, so würden diese im Raddurchmesser um den Faktor $2^{1/4} = 1{,}19$ größer, die Drehzahl würde aber um den Faktor $8^{1/4} = 1{,}68$ sinken. Das heißt, es müßten zwei Ventilatoren mit größerem Raddurchmesser den leistungsgleichen kleineren Ventilator ersetzen. Die Umfangsgeschwindigkeit würde um den Faktor $2^{1/2} = 1{,}41$ sinken, was z. B. für die Lärmabstrahlung und die Laufruhe sehr vorteilhaft wäre und Festigkeitsprobleme lösen könnte.

Es muß also genau geprüft werden, ob man das Ziel mit mehreren hintereinander geschalteten oder mit nur einem Ventilator und höherer Drehzahl besser erreichen kann.

Bei einer Hintereinanderschaltung entsteht die resultierende Kennlinie aller Ventilatoren dadurch, daß für jeden Wert des Volumenstromes die Totaldruckerhöhungen addiert werden (Bild 5-27). Der Betriebspunkt B stellt sich dann als Schnittpunkt der resultierenden Ventilatorkennlinie mit der Anlagenkennlinie A1 ein. Die Betriebspunkte der einzelnen Ventilatoren liegen bei konstantem Volumenstrom auf den individuellen Ventilatorkennlinien.

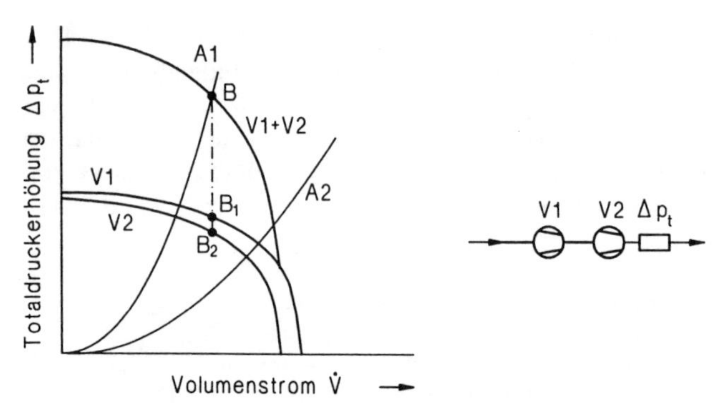

Bild 5-27. Resultierende Kennlinie bei Hintereinanderschaltung von zwei Ventilatoren.

Auch hier ist zu sehen, daß eine wirksame Vergrößerung von Δp_t durch die Hintereinanderschaltung nur bei der Anlagenkennlinie A1 erfolgt. Bei geringem Anlagenwiderstand (A2) entsteht kein merklicher Effekt der Vergrößerung von Δp_t gegenüber der Verwendung nur eines Ventilators, z. B. V1.

Wenn zwei in der Leistungsfähigkeit sehr ungleiche Ventilatoren hintereinander geschaltet werden (Bild 5-28), wird nur bei hohem Anlagenwiderstand (A1) der beabsichtigte Effekt der Vergrößerung der Totaldruckerhöhung erzielt (B_1).

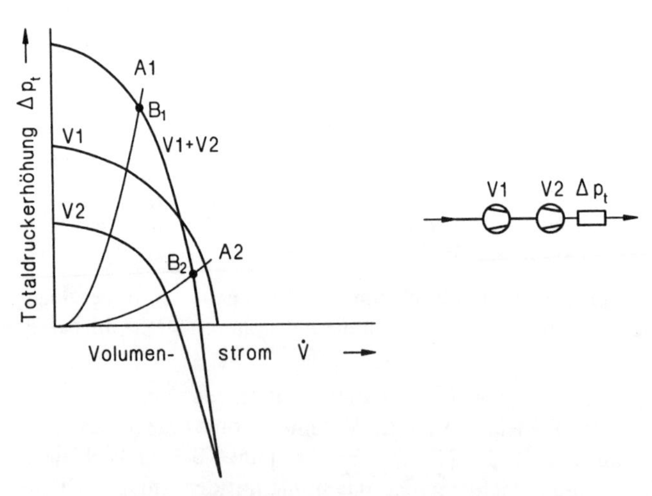

Bild 5-28. Resultierende Kennlinie bei Hintereinanderschaltung von zwei Ventilatoren mit sehr unterschiedlichen Leistungen.

Bei niedrigem Anlagenwiderstand (A2) wird im Vergleich zur Nutzung nur des einen stärkeren Ventilators V1 bei Hintereinanderschaltung das Gegenteil, also eine geringere Totaldruckerhöhung (B_2), erreicht. Der kleinere Ventilator wird als Turbine durchblasen und erzeugt einen Druckverlust. Bevor man also einen kleinen Ventilator wegen - vielleicht nachträglich - notwendiger Druckverluste zuschaltet, sollte man sich immer, möglichst durch Messung, genau über den vorhandenen Betriebspunkt informieren.

Eine spezielle Art der Hintereinanderschaltung wird mit mehrstufigen Ventilatoren erreicht. Hier ist vor allem bei Axialventilatoren auf richtige Abstände zwischen den Leit- und Laufrädern und auf akustisch optimal abgestimmte Schaufelzahlverhältnisse der einzelnen Gitter zu achten (siehe Abschnitt 10).

Eine elegante Art der Hintereinanderschaltung ist der Axial-Gegenläufer, mit dem Leitapparate eingespart werden und relativ hohe Druckzahlen erreicht werden können.

5.4 Kennfelder, Typenfamilien, Regelkennfelder

5.4.1 Kennfelder geometrisch ähnlicherVentilatoren

Bei *geometrischer Ähnlichkeit* aller Durchströmteile des Ventilators sind die dimensionslosen Kennzahlen ψ_t, ψ_{fa}, φ, λ_L und die Wirkungsgrade η_t und η_{fa} für verschiedene Baugrößen und Drehzahlen in 1. Näherung konstant. Damit können aus den dimensionslosen Kennlinien eines Modells gemäß den Gln. (5.1) bis (5.6) die dimensionsbehafteten Kennlinien ermittelt werden für

- beliebige, aber geometrisch ähnliche Baugrößen,
- beliebige Drehzahlen und
- beliebige Dichten des Fördermediums.

Beispiel 1. Kennfeld für gleiche Baugrößen und unterschiedliche Drehzahlen

Kennlinien einer Ventilatorgröße für verschiedene Drehzahlen, z. B. bei Keilriementrieb oder Drehzahlregelung, werden meist für eine konstante Dichte ρ_1 =1,2 kg/m^3 berechnet. In solche Kennlinienfelder (Bild 5-29) werden zweckmäßigerweise zusätzlich Linien konstanter Leistung aufgenommen. Der Verlauf des Wirkungsgrades kann an die oberste Kennlinie angeschrieben werden.

Hier verwendet man meist für beide Koordinaten einen logarithmischen Maßstab. Damit können die Kurven nicht bis zum Volumenstrom null, sondern nur im praktischen Arbeitsbereich eines vertretbar hohen Wirkungsgrades darge-

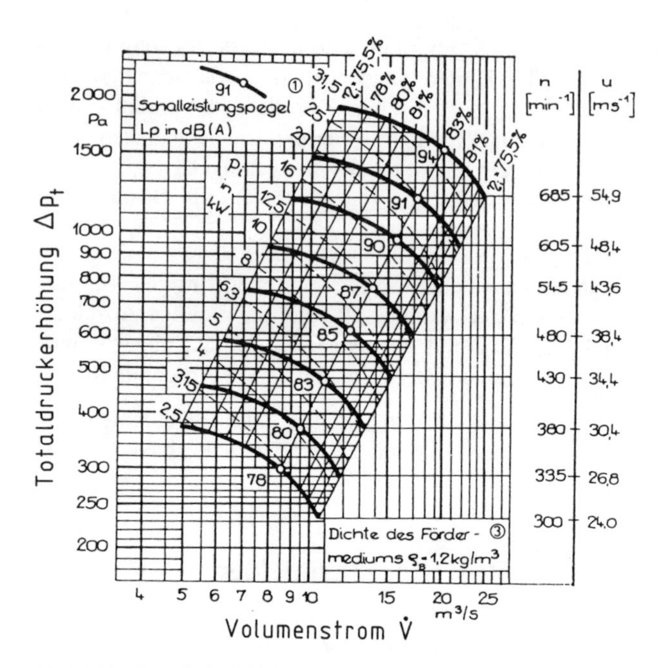

Bild 5-29. Kennlinienfeld für eine Baugröße bei unterschiedlichen Drehzahlen (Turbowerke Meißen).

stellt werden. Deswegen und wegen des nicht immer übersichtlichen Interpolierens zwischen den Kurven wird gelegentlich auch bei Kennfeldern eine lineare Darstellung gewählt (Bild 5-30).

Als Zusatzinformationen können eine Skala für die Eintritts- und Austrittsgeschwindigkeit und Angaben über den Schallpegel (meistens Schalleistungspegel) enthalten sein.

Beispiel 2. Kennfeld für gleiche Drehzahlen und unterschiedliche Baugrößen

Bei Kennfeldern einer Typenreihe verschiedener, geometrisch ähnlicher Baugrößen, bei einer konstanten Drehzahl und konstanter Dichte ist es üblich, die Teilfelder für alle vorkommenden Drehzahlen, z. B. 2900, 1450, 970, 730 min^{-1} usw., in ein Gesamtfeld einzutragen (Bild 5-31). Auch hier wird für beide Koordinaten ein logarithmischer Maßstab verwendet. Die Kennlinien werden jeweils auf konstante Drehzahlen bezogen, auch wenn diese in Abhängigkeit von der Motorbelastung in der Praxis etwas schwanken. Die Wirkungsgrade können wie im Beispiel 1 eingetragen werden.

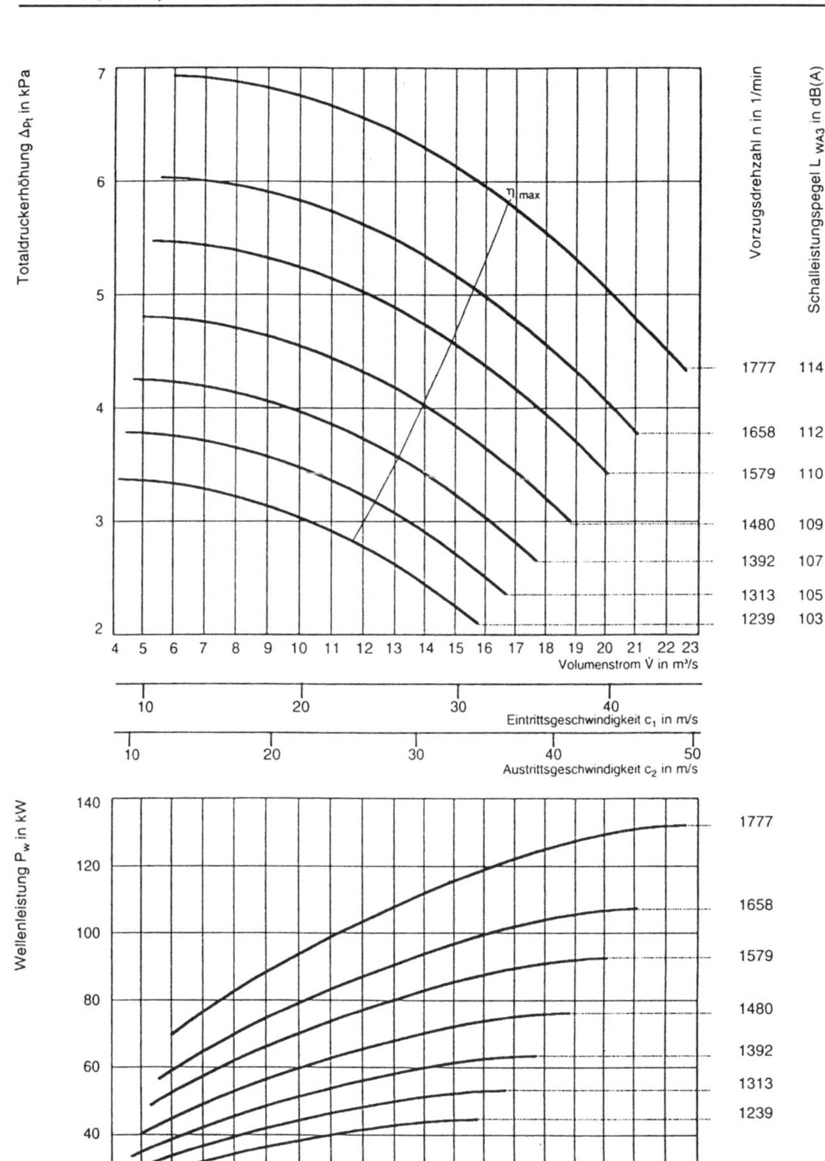

Bild 5-30. Kennlinienfeld für unterschiedliche Drehzahlen mit linearem Maßstab (Lüftungs- und Entstaubungsanlagen Bösdorf).

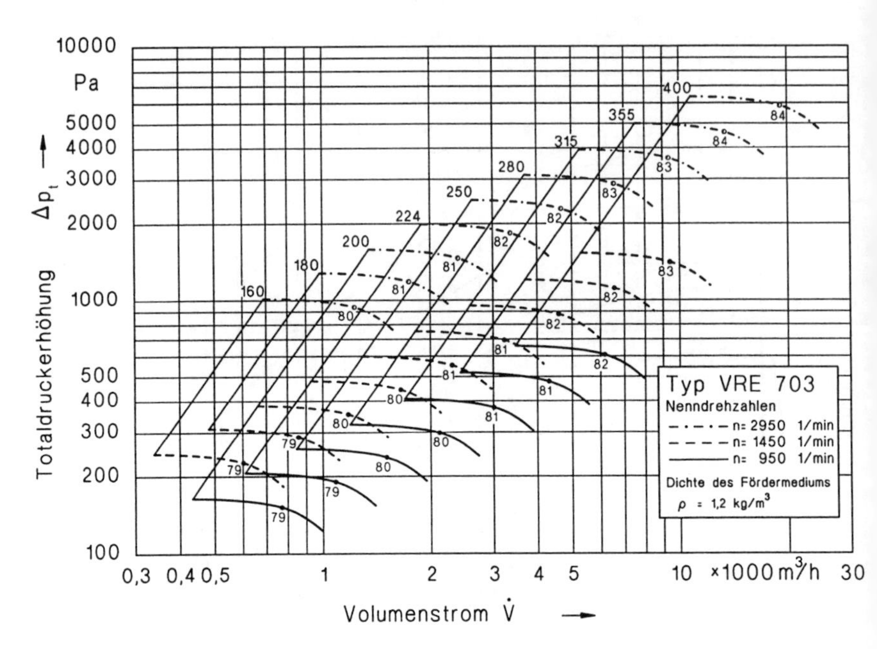

Bild 5-31. Kennlinienfeld für eine geometrisch ähnliche Baureihe (Turbowerke Meißen).

Hier ist es nicht üblich, die Antriebsleistung P_L mit aufzutragen. Zur Orientierung sind im logarithmischen Feld Geraden in der Form P_L = konst. möglich, die für einen mittleren Wirkungsgrad der Bestpunkte eingetragen werden. Der abgelesene Wert gilt dann nur für diesen Bestpunkt der einzelnen Kennlinie, kann aber für die Kennlinie entsprechend dem Wirkungsgradabfall umgerechnet werden. Genauer ist die Berechnung von P_L mit Gl. (5.5) und den abgelesenen Werten $\dot{V}$, Δp_t und $\eta_{t,L}$.

Beispiel 3. Kennlinien einer Ventilatorgröße bei konstanter Drehzahl und variabler Dichte.

Bei Kennfeldern für Prozeßventilatoren, bei denen die Dichte unterschiedliche Werte erreicht, werden vom Ventilatorhersteller die Kennfelder mit der gewünschten Dichte zur Verfügung gestellt. Kennfelder, in denen Kennlinien unterschiedlicher Dichte enthalten sind (Bild 5-32), werden selten aufgezeichnet. Oft wird ein Bestellpunkt B, z. B. für Rauchgas bei niedriger Dichte, vorgegeben, dessen zugehörige Kennlinie nicht speziell angefertigt wird. Bei der Auswahl des Ventilators aus dem Kennfeld für $\rho = 1{,}2$ kg/m³ nimmt man dann den gleichen geforderten Volumenstrom und rechnet unter Verwendung der Gl. (5.8) die geforderte Gesamtdruckerhöhung $\Delta p_{t,B}$ auf die des Kennfeldes $\Delta p_{t,K}$ für $\rho_K = 1{,}2$ kg/m³ um:

$$\Delta p_{t,K} = \Delta p_{t,B} \frac{\rho_K}{\rho_B} .$$

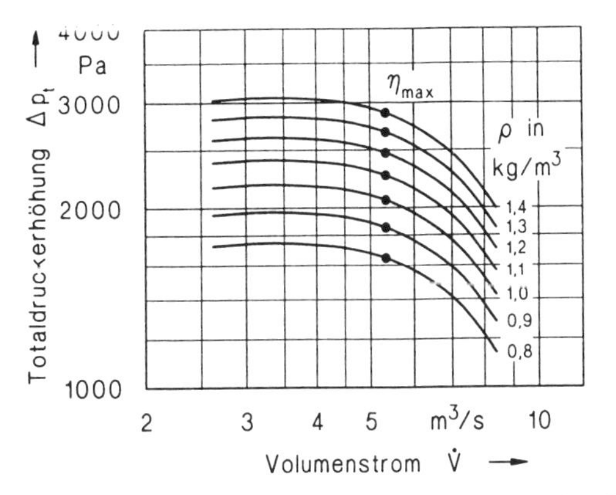

Bild 5-32. Kennlinienfeld für einen Typ bei unterschiedlichen Dichten des Fördermediums.

In der Praxis hat es sich vor allem bei Prozeß- und Großventilatoren bewährt, die spezifische totale Förderarbeit

$$Y_t = \frac{\Delta p_t}{\rho_m} \tag{5.20}$$

bzw. die spezifische Förderarbeit des frei ausblasenden Ventilators

$$Y_{fa} = \frac{\Delta p_{fa}}{\rho_m} \tag{5.21}$$

in Abhängigkeit vom Volumenstrom $\dot{V}$ aufzutragen. Damit kann aus einer Kennlinie die Druckerhöhung für beliebige Dichten ermittelt werden. Die mittlere Dichte ρ_m wird als arithmetischer Mittelwert aus den Dichten am Eintritt und Austritt des Ventilators gebildet:

$$\rho_m = \frac{\rho_1 + \rho_2}{2}.$$

5.4.2 Kennfelder geometrisch nicht ähnlicher Ventilatoren

Ventilatoren, die sich aerodynamisch z. B. bei gleichem Durchmesserverhältnis d/D nur in den Schaufelformen und Laufradbreiten unterscheiden, aber sonst konstruktiv und technologisch sehr ähnlich sind, werden auch als *Typenfamilien* bezeichnet und in den Kennlinienfeldern entsprechend dargestellt.

Die Ventilatorhersteller sind bemüht, zur Abdeckung eines breiten Leistungsbereiches Typenreihen zu entwickeln, die einen hohen Standardisierungs- und Wiederholteilgrad haben und ein Baukastensystem bilden. Nur so kann dem Anwender trotz der großen Variantenanzahl ein vertretbarer Preis angeboten werden. Dabei wird mitunter zugunsten des Baukastensystems bei den statistisch gesehen seltener vorkommenden Typen auf eine 100%ig optimale aerodynamische Ausführung verzichtet.

Die *Typenfamilien der Radialventilatoren* sind gekennzeichnet durch

- Laufräder mit einem festen Durchmesser- und Radbreitenverhältnis, aber mit unterschiedlichen Beschaufelungen (Schaufelwinkel, Schaufelzahl) und einheitlichem Spiralgehäuse (Kennfeldform im Bild 5-33),
- Laufräder mit gleicher Beschaufelung, aber unterschiedlicher Radbreite (Gehäusebreite konstant oder variabel angepaßt) (Bild 5-34),
- Laufräder mit in Grenzen gekürztem oder verlängertem Durchmesser, der Laufradeinlaufbereich bleibt gleich, Spirale kann konstant oder variabel sein.

  Bei gleicher Breite und geringer Änderung von D kann die ψ–φ- Kennlinie als konstant betrachtet werden. Daraus leitet sich ein Kennfeld entsprechend Bild 5-35 ab.

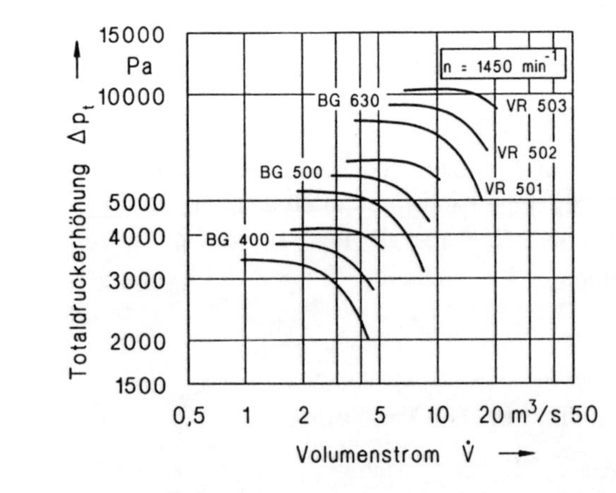

Bild 5-33. Kennfeld einer Typenfamilie mit drei Beschaufelungen.

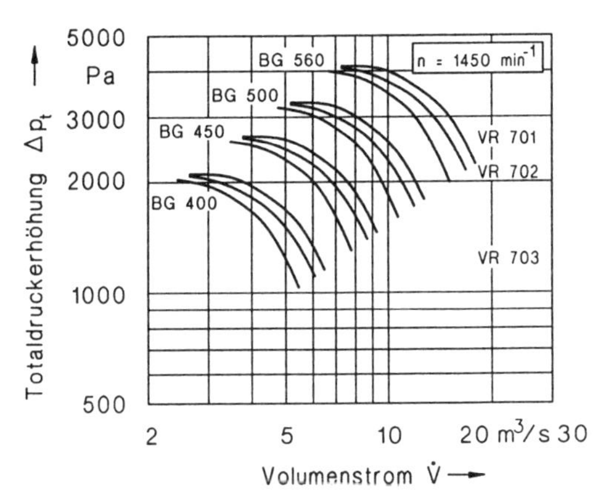

Bild 5-34. Kennfeld einer Typenfamilie mit Rädern unterschiedlicher Breite.

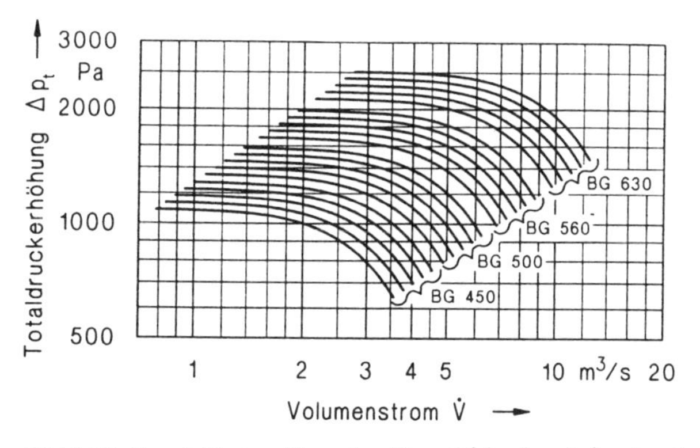

Bild 5-35. Kennfeld einer Typenfamilie mit fein abgestuften Laufraddurchmessern.

Ein *Baukastensystem* besteht z. B. aus Laufrädern mit unterschiedlichen Durchmesserverhältnissen, aber gleichem Raddurchmesser, eingebaut in eine einheitliche Gehäuseform. Es gibt eine geometrisch ähnliche Reihe von Spiralen für mehrere Reihen von Laufradtypen. Ein solcher Baukasten erlaubt eine wirtschaftlich vorteilhafte Fertigung der Spiralgehäuse mit Hilfe von Stanz-, Drück- und Biegewerkzeugen. Es umfaßt z. B. für einen Baukasten bis 1 m Laufraddurchmesser den Bereich des Volumenstromes von etwa 0,01 bis 13 m^3/s und den Druckbereich bis 30 000 Pa. Bild 5-36 zeigt einen kleinen Ausschnitt aus einem großen Übersichtskennfeld zum Baukasten des Bildes 3-10 und läßt die Vielzahl von Varianten erkennen.

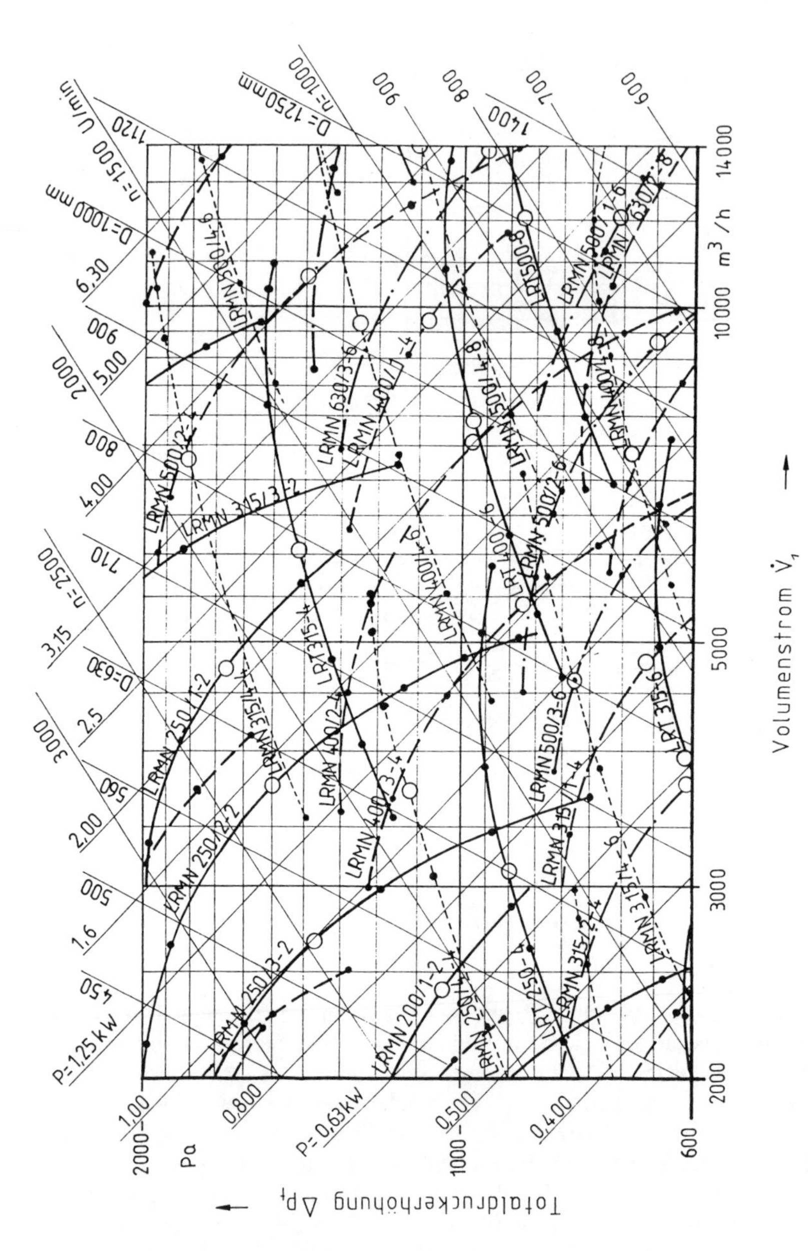

Bild 5-36. Ausschnitt aus dem Übersichtskennfeld einer Baukastenreihe von Radialventilatoren (Turbowerke Meißen).

Die *Typenfamilien der Axialventilatoren* sind gekennzeichnet durch

- Axiallaufräder mit einer Reihe von Nabenkörpern und komplettiert mit einzeln befestigten, verschieden langen Laufschaufeln. Die Baureihe besteht dann aus Axiallaufrädern mit verschiedenen Nabenverhältnissen, z. B. 0,5; 0,56; 0,63 usw. Gleichzeitig können bei jeder Baugröße unterschiedliche Laufschaufelwinkel eingestellt werden.
- Axiallaufräder, die mit verschiedenen Nabenverhältnissen und variablen Schaufelzahlen ausgerüstet werden. Bild 5-37 zeigt Kennlinien für nur ein Nabenverhältnis bei unterschiedlichen Laufschaufelzahlen z_{La} und Schaufelstellungen $\Delta\beta$.
- Axialventilatoren, deren Baukomponenten verwendet werden für die Varianten
  - leitradlos,
  - mit Nachleitapparat,
  - mit Vorleitapparat,
  - mehrstufig und
  - gegenläufig.

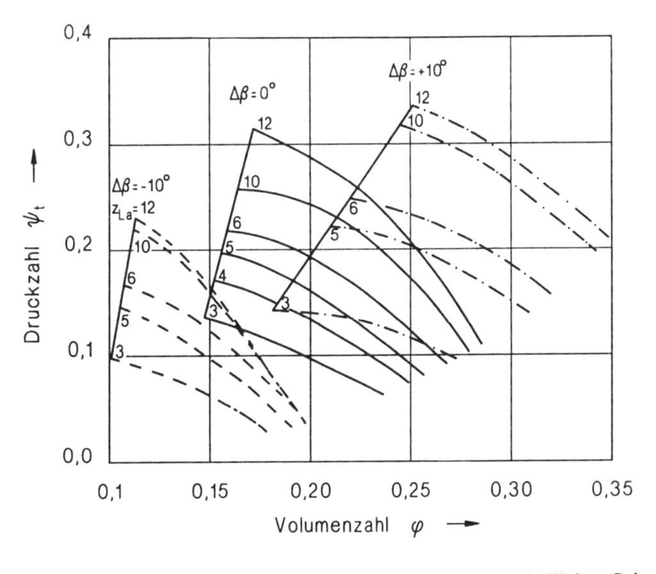

Bild 5-37. Kennlinien von Axialventilatoren mit unterschiedlichen Schaufelzahlen.

$\Delta\beta$ Laufschaufelwinkel; z_{La} Laufschaufelzahl

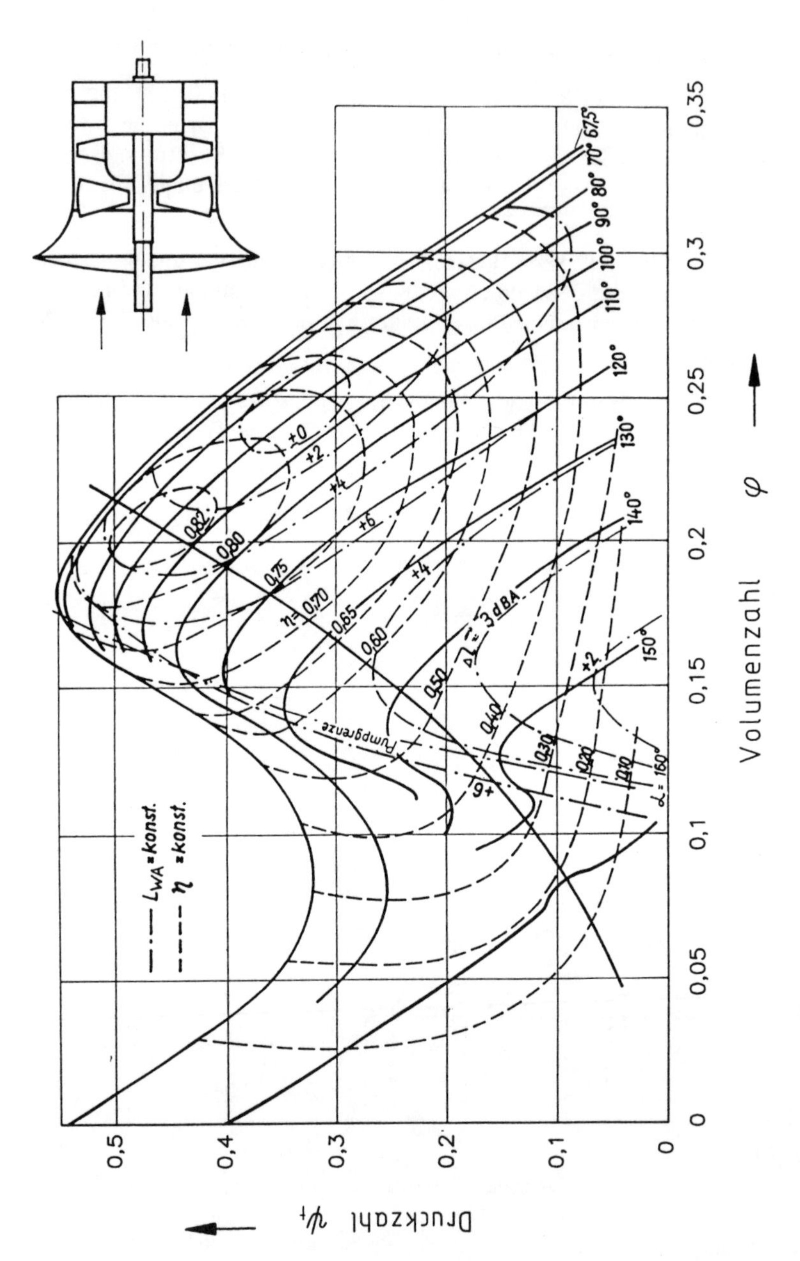

Bild 5-38. Regelkennfeld eines Axialventilators mit Drallregelung (Turbowerke Howden Meißen).

5.4.3 Regelkennfelder

Für die am häufigsten vorkommenden *Regelungsarten*

- Drallregelung,
- Drehzahlregelung,
- Laufschaufelverstellung (nur bei Axialventilatoren)

die im Abschnitt 7 näher erläutert sind, ist es üblich, daß der Hersteller die kompletten Regelkennlinienfelder des gesamten möglichen bzw. vorgesehenen Regelbereiches bereitstellt.

Bei dem *Drallregelungskennfeld* wird der Wirkungsgradverlauf zweckmäßigerweise als Kurvenschar η = konst. (Muschelkurven) in das Druck-Volumenstrom-Feld eingetragen. Die Bilder 5-38 bis 5-41 zeigen die Kennfelder für die drei Regelungsarten.

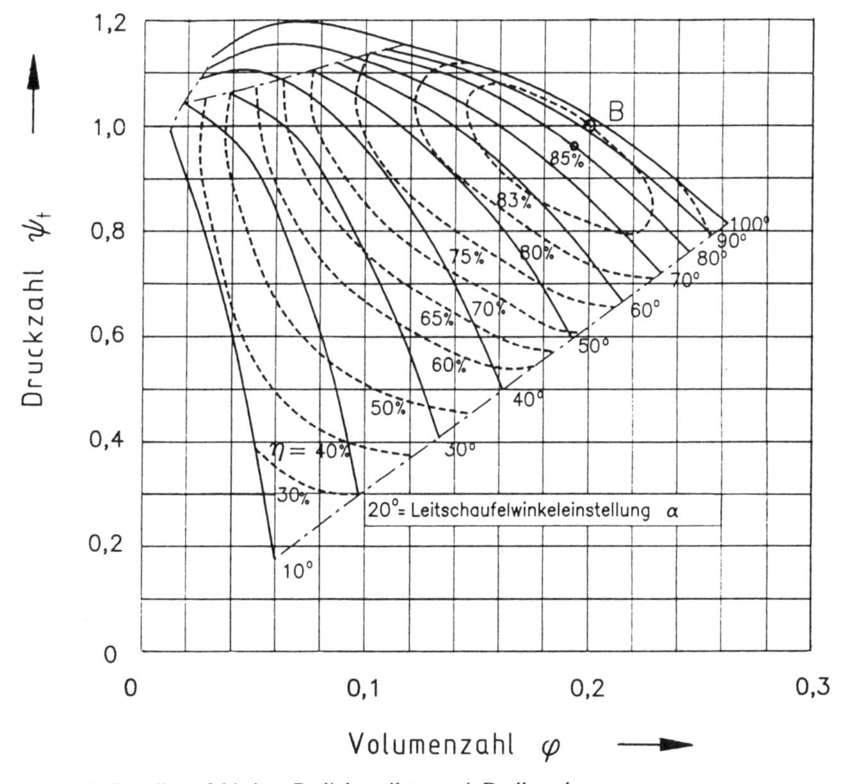

Bild 5-39. Regelkennfeld eines Radialventilators mit Drallregelung.

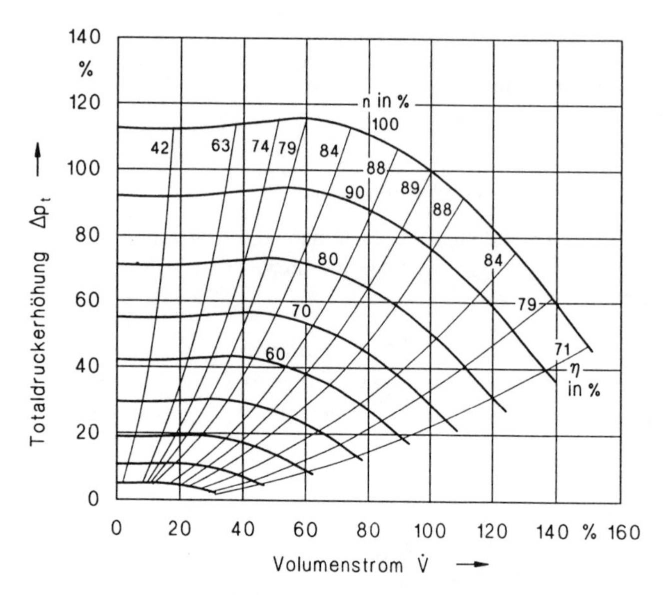

Bild 5-40. Regelkennfeld für Drehzahlregelung (Turbo-Lufttechnik Zweibrücken).

5.4.4 Übersichtskennfelder

Um einen Überblick über mehrere Typenreihen eines Unternehmens oder einer Anwenderbranche zu erhalten, kann man sich Übersichtskennfelder schaffen.

Einen guten Überblick über die Lage der dimensionslosen Kennlinien vermittelt das ψ–φ–Diagramm (Bild 5-42), das im logarithmischen Maßstab für beide Koordinaten ausgeführt wird. In diesem Diagramm ist die Cordier-Kurve eingetragen, die bereits im Abschnitt 5.2 erläutert wurde. Das Diagramm wird in der Ventilatorenbranche auch als Cordier-Diagramm bezeichnet. Die Geraden konstanter Schnellaufzahlen σ und konstanter Durchmesserkennzahl δ helfen bei der universellen Nutzung des Diagrammes. Ebenso läßt sich in erster Näherung mit Hilfe der Geraden konstanter Förderleistung $\psi_t \cdot \varphi$ für jeden Typ der Leistungsverlauf entlang der Kennlinie ablesen.

Übersichtskennfelder über die Druck-Volumenstrom-Bereiche von Typenreihen (Bild 5-43) sind für die Grobauswahl von Typen aus Katalogen nützlich. Die darin angegebenen Grenzlinien sind nur als Richtwerte zu betrachten. Wenn Bedarf vorliegt, sind die Hersteller meist in der Lage, die Baureihen über diese Grenze auszudehnen. Bei der genauen Typenauswahl muß dann das spezielle Typenkennfeld hinzugezogen werden.

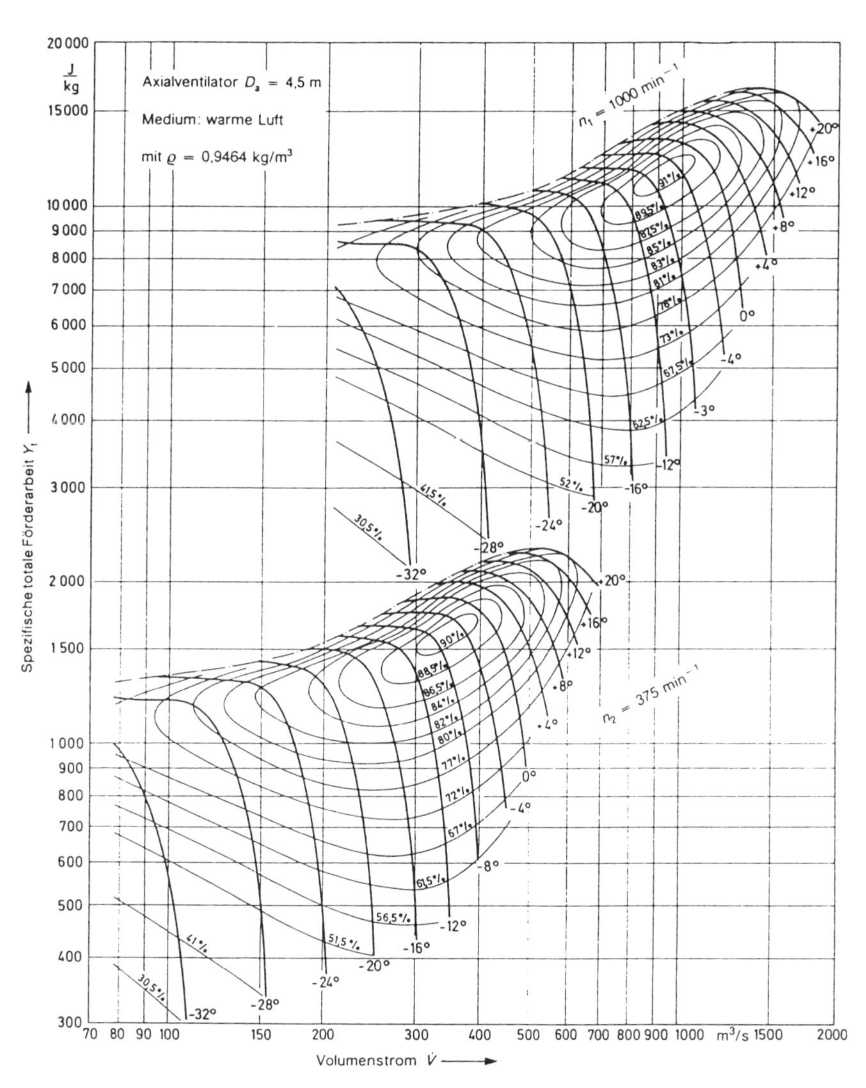

Bild 5-41. Regelkennfeld für Laufschaufelverstellung (Kühnle, Kopp & Kausch Frankenthal).

Für spezielle Anwender ebenso wie für Hersteller sind Übersichtskennfelder für Druck-Volumenstrom-Bereiche bestimmter Branchen interessant (Bild 5-44), deren Grenzen sich im Zuge der Weiterentwicklung verschieben.

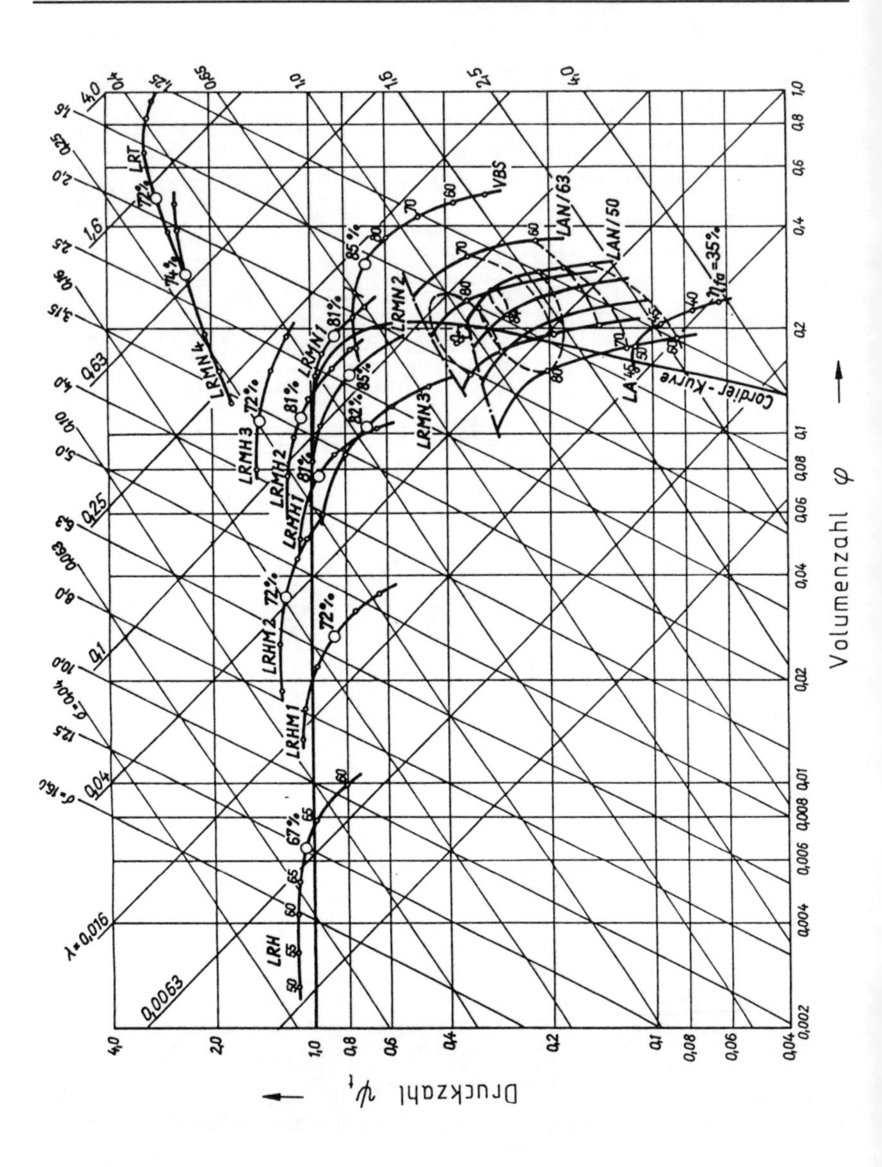

Bild 5-42. Übersichtsdiagramm über dimensionslose Kennlinien.

LR Radialventilator; H bis T Radienverhältnisse 0,2, 0,33, 0,5, 0,7, 0,85; LAN/63 Axialventilator mit Nachleitrad und einem Nabenverhältnis 0,63; LA Axialventilator ohne Leitapparat; VBS Axialventilator meridianbeschleunigt

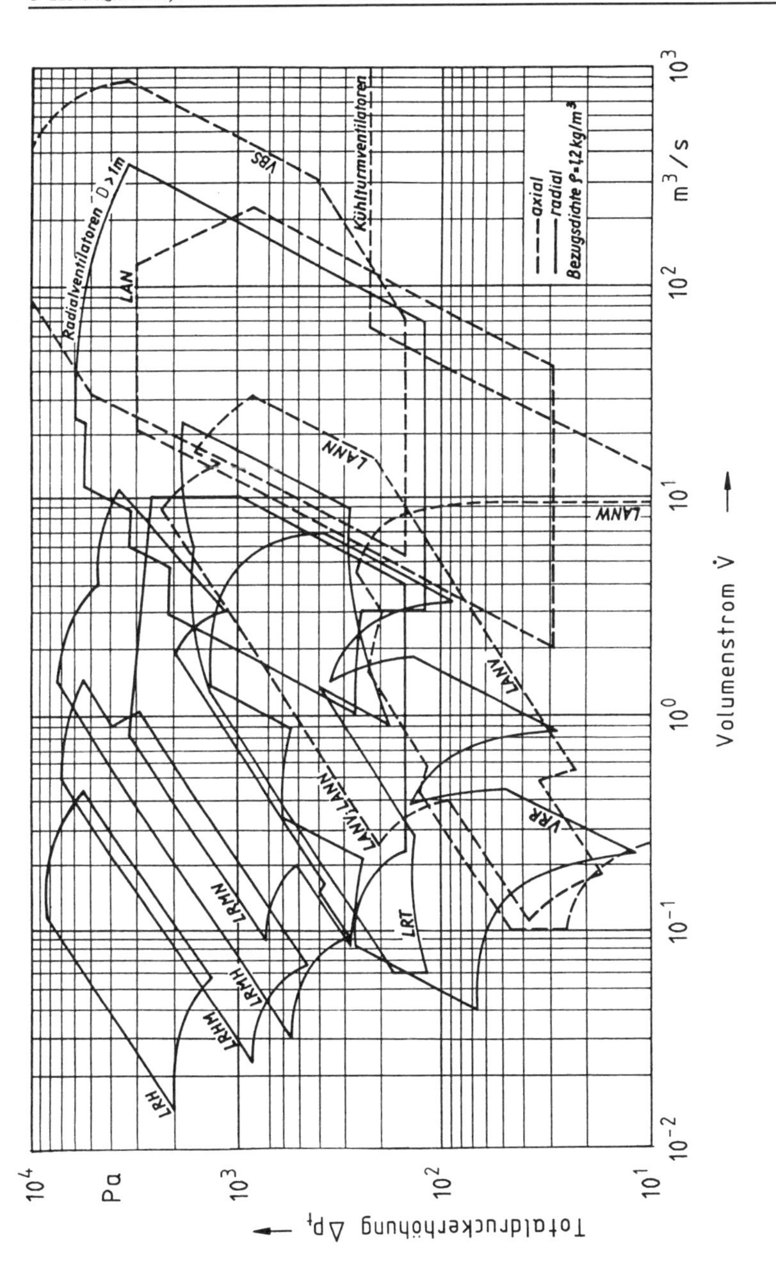

Bild 5-43. Übersichtskennfelder von Typenreihen.

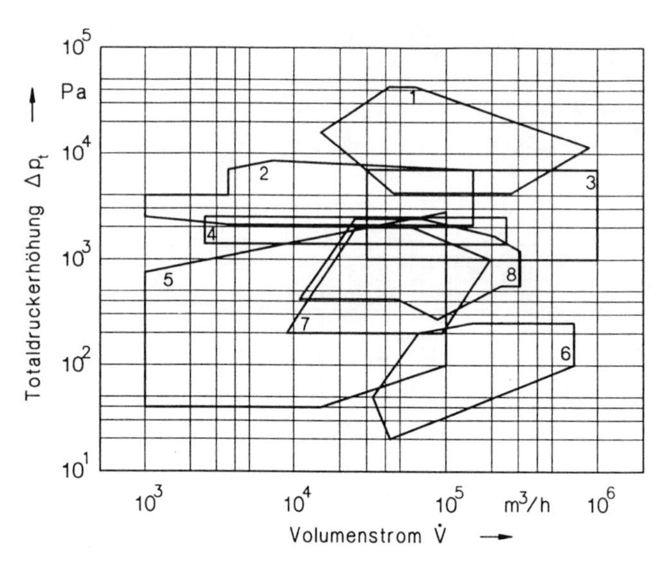

Bild 5-44. Druck-Volumenstrom-Bereiche verschiedener Branchen und Anwendungsgebiete.

1 schwere Lufttechnik (Walzwerke, Hütten- und Zementindustrie, Wirbelschichtverbrennungsanlagen); 2 Staub- und Späneventilatoren; 3 mittelschwere Lufttechnik (Kraftwerke, Bergbau, landwirtschaftliche Trocknungsanlagen, Chemieanlagen, Zementanlagen); 4 Reinraumklimatisierung; 5 Be- und Entlüftung, Trocknungs- und Klimaanlagen; 6 Luftkühler; 7 allgemeine leichte Lufttechnik; 8 axiale Tunnel- bzw. Strahlventilatoren

5.5 Einfluß der Reynolds-Zahl

Bei der Umrechnung der Kennlinien vom Modell auf unterschiedliche Durchmesser, Drehzahlen oder Gasdichten wurde bisher mit den Ähnlichkeitsgesetzen gearbeitet. In der Praxis können leider nicht alle Ähnlichkeitsbedingungen eingehalten werden. Das gilt besonders für die geometrische Ähnlichkeit (z. B. für Schaufeldicken, Spaltweiten, relative Rauheit), aber auch für die kinematische und dynamische Ähnlichkeit. Dadurch entstehen Fehler bei der Umrechnung der Kenngrößen, vor allem des Wirkungsgrades η und der Druckzahl ψ_t bzw. ψ_{fa}, vom gemessenen Modell auf andere Größen. Es wird versucht, diese Fehler durch theoretisch oder empirisch ermittelte Umrechnungsgesetze zu korrigieren. Man spricht von

– Aufwertung, wenn von einem kleineren Modell auf ein größeres Original umgerechnet wird, und von

– Abwertung, wenn von einem größeren Modell auf ein kleineres Original umzurechnen ist.

Mit der Problematik haben sich zahlreiche Autoren beschäftigt. Für Pumpen bzw. Ventilatoren sind vor allem die Arbeiten [5-9] bis [5-12] erwähnenswert. In der neuen Ausgabe der VDI 2044 [5-13] wird auf die Formel von *Ackeret*

$$\eta' = 1 - 0{,}5\,(1 - \eta)\,[1 + (Re/Re')^{0{,}2}] \qquad (5.22)$$

orientiert (wobei der Strich ' für die Großausführung steht), aber gleichzeitig wird auf die Unsicherheiten hingewiesen.

Nur wenig allgemeingültige Umrechnungsregeln existieren für den Druck, den Volumenstrom und die Leistung. Die Verfasser empfehlen auf Grund zahlreicher eigener Messungen sowie in Auswertung von z. B. [5-10] und [5-11], die Druckzahlabwertung nur in einer Höhe von etwa 50 bis 75 % der Wirkungsgradabwertung zu wählen, wobei sich der Punkt maximalen Wirkungsgrades etwa auf einer Parabel verschiebt. Aus [5-13] kann geschlußfolgert werden, daß der Reynolds-Zahl-Einfluß als vernachlässigbar angenommen werden kann, wenn sich Modell und Original im Bereich

$$Re_D = \frac{D \cdot u_2}{\nu} > 2 \cdot 10^6 \text{ bewegen.}$$

In [5-11] wird schließlich eine graphische Darstellung der Wirkungsgradaufwertung empfohlen, die auf experimentellen Reihenversuchen mit modellähnlichen Maschinen basiert. Diese Empfehlung unterstützen die Verfasser ebenfalls. In der ehemaligen DDR wurden im Rahmen der Qualitätssicherungssysteme der Unternehmen auf deren Prüfständen seit etwa 1970 bis 1990 Hunderte von Leistungskontrollprüfungen an serienmäßig ausgeführten Axial- und Radialventilatoren durchgeführt. Bild 5-45 zeigt die Auswertung der statistisch gemittelten Kurven.

Als Basis standen Meßergebnisse von Radialventilator-Baureihen mit Durchmesserverhältnissen von 0,2 bis 0,85, vorwiegend mit rückwärts und vorwärts gekrümmten, aber auch radial endenden Beschaufelungen, im Raddurchmesserbereich von etwa 250 bis 1000 mm und darüber zur Verfügung. Es wurden Axialventilatoren ohne Leitrad, mit Nachleit- und mit Vorleitapparat im Bereich der Durchmesserverhältnisse von 0,3 bis 0,63 gemessen. Das Fördermedium war immer Luft. Die gemessenen Wirkungsgrade (vorwiegend über elektrische Leistung) enthalten meist die Bautoleranzen von Elektromotor und Ventilator, teilweise wurden die Elektromotoren gebremst. Dadurch ergaben sich Streuungen, die etwa von der Größenordnung der zulässigen Toleranzen von [5-14] waren.

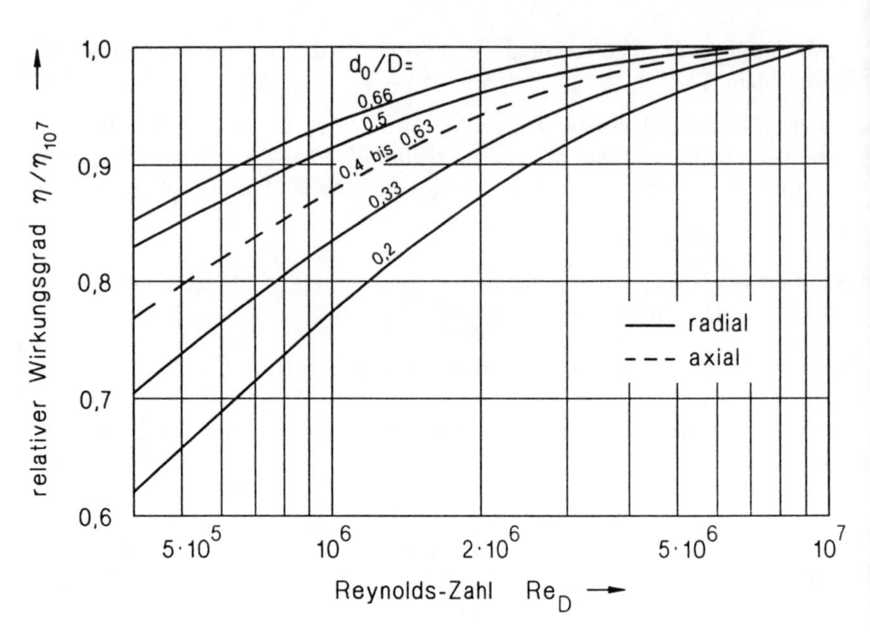

Bild 5-45. Einfluß der Reynolds-Zahl Re auf den Wirkungsgrad.

5.6 Zulässige Toleranzen

Auf Grund der Tatsache, daß

- der Planer einer Anlage oder eines Gerätes seine Bestelldaten $\dot{V}$, Δp_t und ρ_1 nur mit einigen Unsicherheiten nennen kann und daß
- beim Bau der Ventilatoren Bautoleranzen unvermeidlich sind,

wurden in [5-14] entsprechende Grenzabweichungen, differenziert nach Genauigkeitsklassen, vereinbart (Tabelle 5-1). Zur Beurteilung von Kontrollmessungen, die

- im eingebauten Zustand,
- auf einem Prüfstand am Original oder
- auf einem Prüfstand an einem Modell

vereinbart werden können, ist ein Vergleich der Meßpunkte mit der Sollkennlinie unter Berücksichtigung der Meßunsicherheiten [5-13] [5-15] gemäß Bild 5-46 vorzunehmen.

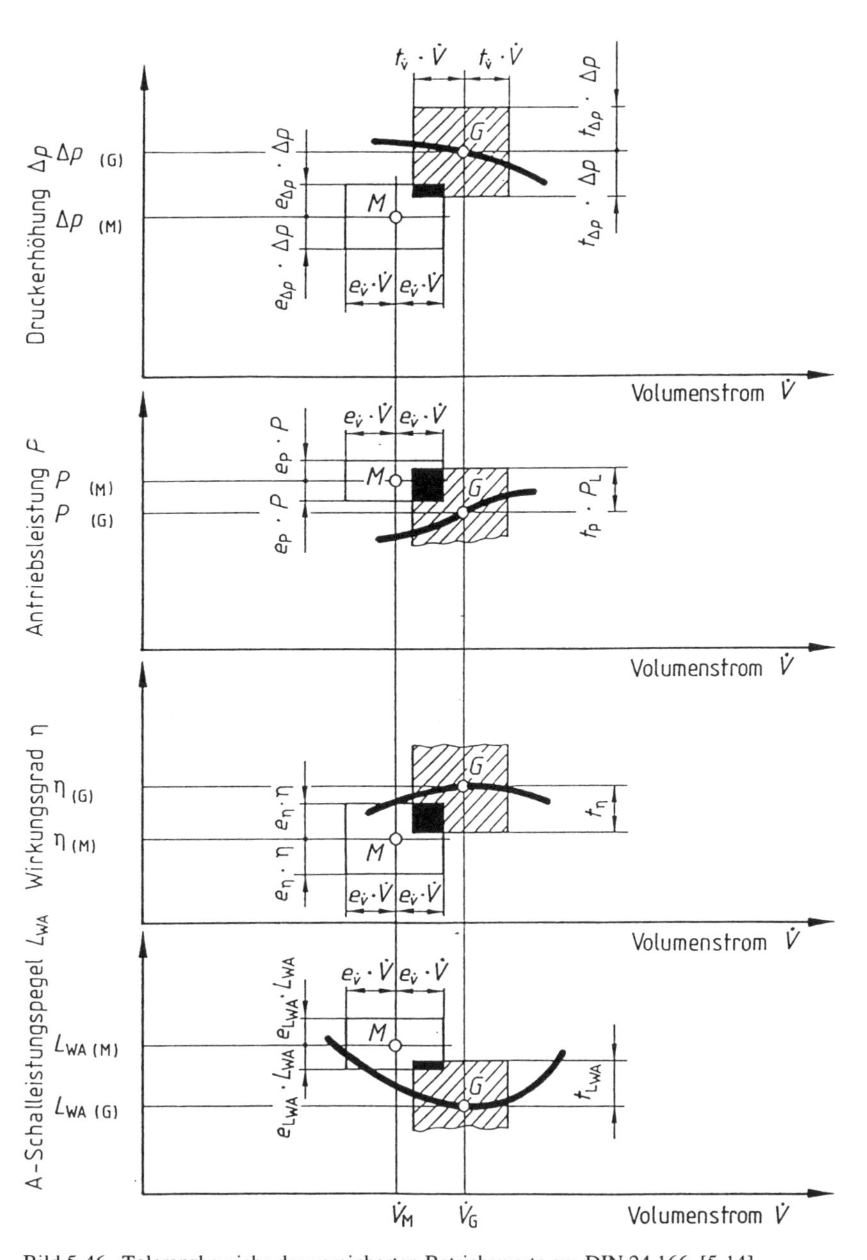

Bild 5-46. Toleranzbereiche der vereinbarten Betriebswerte aus DIN 24 166 [5-14].

M Meßpunkt; G vereinbarter Punkt; t Grenzabweichung der vereinbarten Betriebswerte; e Meßunsicherheit der Meßgröße

Tabelle 5-1. Grenzabweichung der vereinbarten Betriebswerte aus DIN 24 166 [5-14].

Betriebswerte	Grenzabweichung t in Genauigkeitsklasse				Bemerkung
	0	1	2	3	
Volumenstrom $\dot{V}$	± 1 %	± 2,5 %	± 5 %	± 10 %	$\Delta\dot{V} = t_V \cdot \dot{V}$
Druck-erhöhung Δp	± 1 %	±2,5 %	± 5 %	± 10 %	$\Delta(\Delta p) = t_{\Delta p} \cdot \Delta p$
Antriebs-leistung P	+ 2 %	+ 3 %	+ 8 %	+ 16 %	$\Delta P = t_P \cdot P$; negative Abweichungen sind zulässig. Bei Kleinventilatoren ist die Antriebsleistung Eingang Motor (siehe DIN 24 163 Teil 1) zugrunde zu legen.
Wirkungsgrad η	- 1 %	- 2 %	- 5 %	-	$\Delta\eta = t_\eta$; der Wert t_η in % ist identisch mit dem Zahlenwert der Grenzabweichung des Wirkungsgrades des in % angegebenen Wirkungsgrades. Positive Abweichungen sind zulässig.
A-Schall-leistungspegel L_{WA}	+ 3 dB	+ 3 dB	+4 dB	+ 6 dB	$\Delta L_{WA} = t_{LWA}$; Der Wert t_{LWA} in dB ist identisch mit dem Zahlenwert der Grenzabweichung des Schalleistungspegels des in dB (A) angegebenen Schallleistungspegels. Negative Abweichungen sind zulässig.

Wenn die Garantie für komplette Kennlinien vereinbart wurde, ist ebenfalls nach [5-14] zu verfahren.

5.7 Fehler bei der Zusammenarbeit des Ventilators mit der Anlage

Der Widerstand der Anlage wurde zu niedrig vorausberechnet

Wie aus Bild 5-47 zu ersehen ist, läuft der Ventilator im Punkt B statt im Auslegungspunkt A. Um $\dot{V}_{erf}$ zu erreichen, müßte

- entweder der Widerstand von der Anlagenkennlinie 3 auf die Anlagenkennlinie 4 verringert werden, z. B. durch Verbesserung der strömungstechnischen Gestaltung der Anlage, durch Entfernen vorhandener Einengungen, deren Querschnitt kleiner als der Ventilatoranschlußquerschnitt ist;

Tabelle 5-1.

Genauigkeitsklasse	Kriterien Einsatzgebiet, Anwendung	Fertigungsverfahren für aerodynamisch wichtige Teile	ungefährer Leistungsbereich in kW [1])
0	Bergbau (z. B. Hauptventilator), Verfahrenstechnik, Kraftwerk (z. B. Saugzugventilator), Windkanäle, Tunnels usw.	teilweise spanend, Guß (hohe Genauigkeit)	> 500
1	Bergbau, Kraftwerk, Windkanäle, Tunnels, Verfahrenstechnik, raumlufttechnische Anlagen	Blech- oder Kunststoffverarbeitung teilweise spanend, Guß (mittlere Genauigkeit)	> 50
2	Verfahrenstechnik, raumlufttechnische Anlagen, Industrieventilatoren, Kraftwerks- und Industrieventilatoren für erschwerte Einsatzbedingungen bezüglich Verschleiß und Korrosion	Blechverarbeitung, Guß (mittlere Genauigkeit bis grob), besondere Oberflächenschutzmaßnahmen (z. B. Feuerverzinkung), Kunststoff gepreßt	< 10
3	raumlufttechnische Anlagen, Späneabsauganlagen, Landtechnik, Kleinventilatoren, Kraftwerks- und Industrieventilatoren für erschwerte Einsatzbedingungen bezüglich Verschleiß und Korrosion	Blechverarbeitung, besondere Oberflächenschutzmaßnahmen (z. B. Gummierung), Kunststoff gespritzt oder gepreßt	–

[1]) Angegeben ist jeweils die untere Leistungsgrenze; nach oben ist in den einzelnen Klassen keine Begrenzung vorhanden. Zum Beispiel kann für Leistungen über 500 kW nicht nur die Genauigkeitsklasse 0 Anwendung finden, sondern auch eine niedrigere Klasse (z. B. 1).

- eine Ventilatorkennlinie 2 erreicht werden, damit sich der Betriebspunkt C (höhere Antriebsleistung!) einstellt. Dies kann durch einen neuen Ventilator oder durch Vergrößerung des Durchmessers oder der Drehzahl erreicht werden (Vorsicht wegen Motorüberlastung, Festigkeitsgrenze für alle Bauteile, Resonanzschwingungen, Erhöhung des Schalleistungspegels, Laufruhe);
- bei Axialventilatoren mit Einzelschaufeln entweder der Schaufelwinkel oder die Schaufelzahl verändert werden (gleiche Probleme beachten wie im obigen Fall).

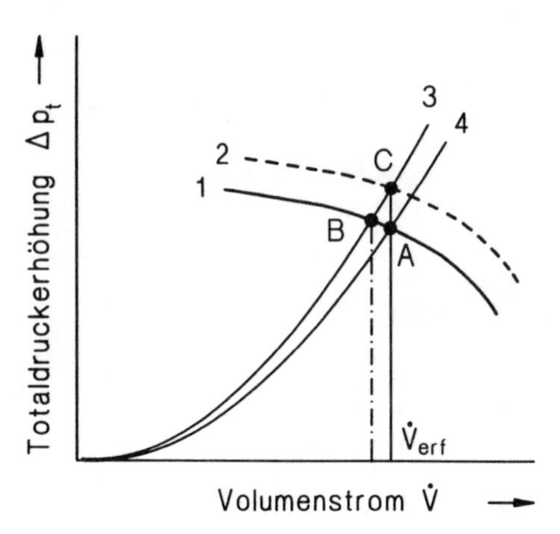

Bild 5-47. Anlage mit zu niedrig berechnetem Widerstand.

Der Widerstand der Anlage wurde zu hoch vorausberechnet

Im Bild 5-48 läuft der Ventilator statt im vorgesehenen Punkt A im Punkt B mit größerem Volumenstrom. Dieser Betriebspunkt kann auch unangenehm sein, weil der höhere Volumenstrom höhere Geschwindigkeiten in der gesamten Anlage erzeugt und weil die Leistungsaufnahme, der Schalleistungspegel, die Umfangsgeschwindigkeit, die Drehzahl und die Schwinggeschwindigkeit durch die Restunwucht unnötig hoch sind. Um den ursprünglich vorgesehenen Volumenstrom zu erreichen, könnten entweder

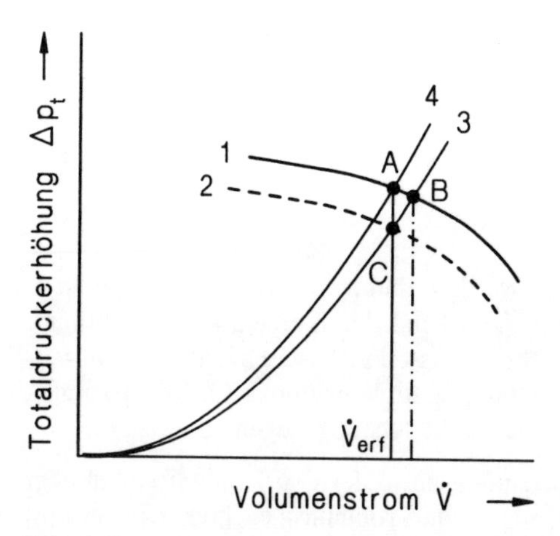

Bild 5-48. Anlage mit zu hoch berechnetem Widerstand.

- ein leistungsschwächerer Ventilator mit der Kennlinie 2 eingesetzt werden, der dann im Betriebspunkt C laufen kann;
- ein kleineres Laufrad verwendet werden, z. B. in Grenzen durch Abdrehen des Außenumfanges des Rades bzw. durch Kürzen der Schaufeln am Ende;
- eine Verringerung der Drehzahl eingestellt werden (Wechsel von Keilriemenscheiben, wenn Keilriemenantrieb);
- bei Axialventilatoren mit Laufschaufeln, die im Stillstand einstellbar sind, der Schaufelwinkel oder die Schaufelzahl geändert werden;
- gedrosselt oder, falls machbar, ein Bypass geöffnet werden.

Fast alle Maßnahmen verursachen Nacharbeit, Kosten und evtl. einen niedrigeren Wirkungsgrad, als wenn der Ventilator von vornherein mit den richtigen Werten bestellt worden wäre.

Störung der Leistungsfähigkeit des Ventilators durch Zu- und Abströmbedingungen in der Anlage

Die Ventilatorauswahl erfolgt nach Leistungskennlinien, die unter Prüfstandsbedingungen mit idealen Zu- und Abströmbedingungen aufgenommen wurden. Wenn diese im praktischen Einbau nicht vorhanden sind, kann es sein, daß der Ventilator seine Garantiekennlinie in der Anlage nicht erreicht. Wichtig ist vor allem eine deutliche Festlegung der Liefergrenzen mit den aerodynamischen Bedingungen, um zu wissen, welche Verluste der Besteller schon in den Totaldruckverlust seiner Anlage hineingerechnet hat. Bei der Lieferung von Zubehör ist es üblich, daß der Ventilatorhersteller die Verluste, z. B. eines Ansaugkastens, eines Drallreglers, einer Düse usw., in seinen Kennwerten berücksichtigt. Diese Druckverluste sind dem Besteller im einzelnen meist auch nicht bekannt.

Wesentliche Störungen, die die Ventilatordurchströmung direkt negativ beeinflussen, sind z. B.

- einfache oder Mehrfachkrümmer unmittelbar vor dem Ansaug,
- zu geringer Abstand zu einer vor der Ansaugdüse befindlichen Wand (der Abstand sollte mindestens 0,5 d_e sein),
- Drosselklappen unmittelbar vor dem Ventilator.

Bild 5-49 zeigt eine Auswahl von Einbausituationen. Weitere Probleme, die das Zusammenspiel von Ventilator und Anlage beeinflussen, sind in den folgenden Abschnitten behandelt.

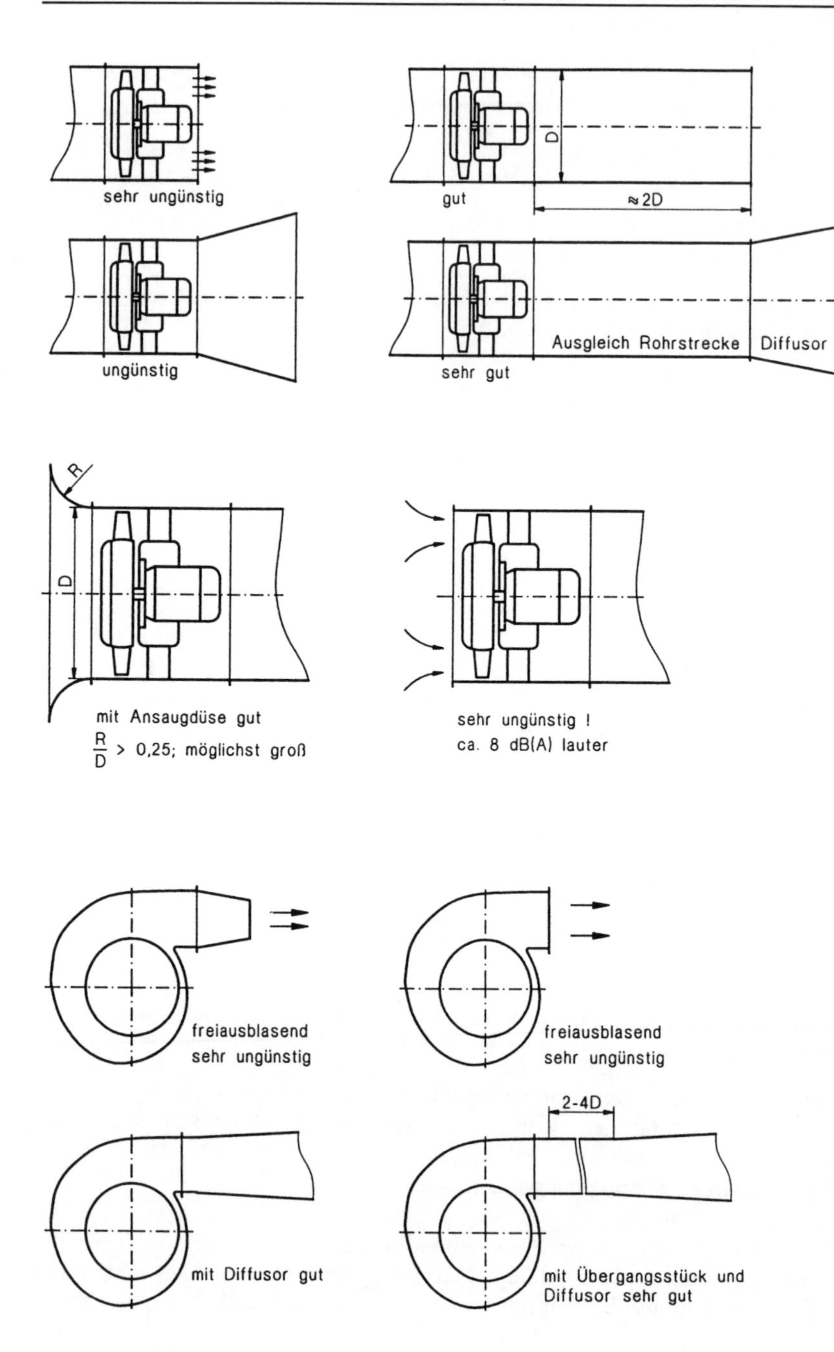

sehr ungünstig
gut
D
≈2D
ungünstig
Ausgleich Rohrstrecke
Diffusor
sehr gut
R
D
mit Ansaugdüse gut
$\frac{R}{D}$ > 0,25; möglichst groß
sehr ungünstig !
ca. 8 dB(A) lauter
freiausblasend
sehr ungünstig
freiausblasend
sehr ungünstig
2-4D
mit Diffusor gut
mit Übergangsstück und
Diffusor sehr gut

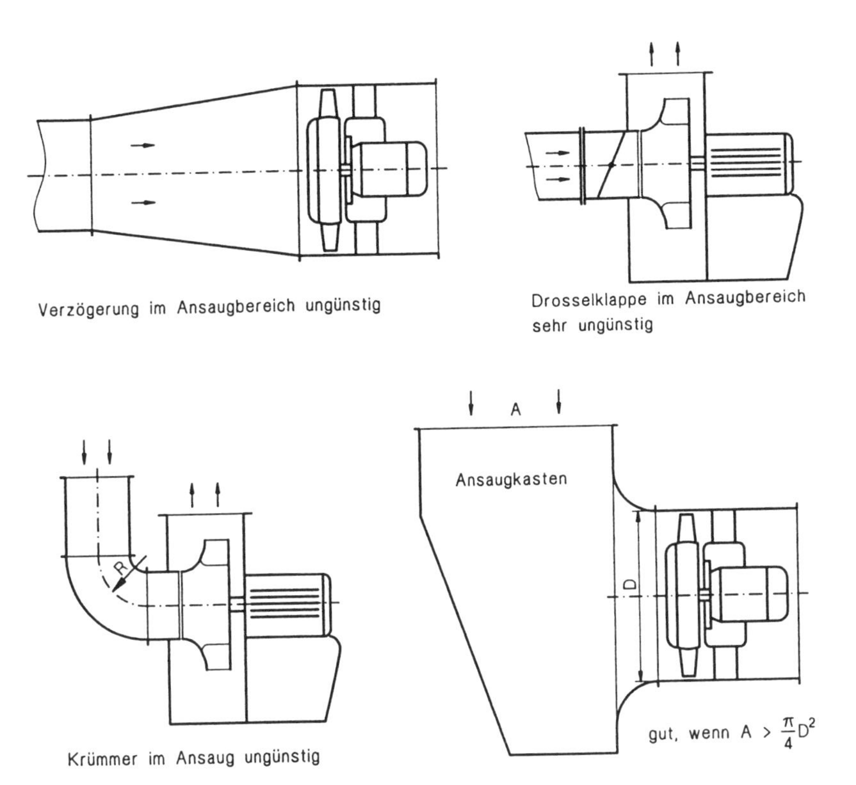

Bild 5-49. Vorteilhafte und ungünstige Einbausituationen.

5.8 Besonderheiten spezieller Bauarten und deren Vor- und Nachteile

Entsprechend der im Abschnitt 3 beschriebenen konstruktiven und aerodynamischen Gestaltung unterscheiden sich die Ventilatorarten in zahlreichen Wesensmerkmalen. Daraus sollen in einer Kurzform die wesentlichsten Vor- und Nachteile der einzelnen Bauarten abgeleitet werden, die für die Ventilatorauswahl (siehe Abschnitt 8) von Bedeutung sind.

Radialventilator, einflutig, rückwärts gekrümmte Laufschaufeln,
d_1/D = 0,2 bis 0,66

Vorteil: hoher Reaktionsgrad (hoher statischer Druckanteil), hoher Wirkungsgrad, minimale Leistungsaufnahme, deutliches Leistungsmaximum in der Nähe des maximalen Wirkungsgrades (nur bei großem d_1 /D und sehr niedriger Druckzahl), gute akustische Eigenschaften, bei nicht anhaftenden Stäuben sehr verschleißunempfindlich.

Nachteil: niedrige Druckzahl (relativ hohe Umfangsgeschwindigkeit im Vergleich zur vorwärts gekrümmten Beschaufelung), bei Staub Anbakkungsgefahr auf der entgegen der Drehrichtung liegenden Schaufelsaugseite, wenn $\beta_2 < 37°$ bis 56° (staubabhängig!).

Radialventilator, einflutig, vorwärts gekrümmte Laufschaufeln,
$d_1/D = 0{,}66$ bis 0,85

Vorteil: hohe Druckzahl, relativ niedrige Umfangsgeschwindigkeit und Drehzahl, günstige Laufruhe, kann energetisch vorteilhaft durch Drosseln geregelt werden.

Nachteil: niedriger Reaktionsgrad (hoher dynamischer Druckanteil), niedriger Wirkungsgrad, hohe Schaufelzahl, höherer Schalleistungspegel, Staub kann auf Schaufeldruckseite anhaften.

Radialventilator, einflutig, steile Schaufelwinkel bis radial endend, mit Laufraddeckscheibe

Vorteil: für anhaftendes und zur Verstopfung neigendes Material, wie Staub, Späne, Holzschnitzel usw., geeignet.

Nachteil: sehr niedriger Wirkungsgrad, hoher Schalleistungspegel.

Radialventilator, einflutig, radial endende Schaufeln, ohne Deckscheibe

Vorteil: für grobe und feuchte Späne, Fasern, Holzschnitzel, Stofflumpen, Bettfedern usw. verwendbar.

Nachteil: sehr niedriger Wirkungsgrad, hoher Schalleistungspegel.

Radialdachventilator, Laufrad mit rückwärts gekrümmten Schaufeln, mit oder ohne stehendem Radialdiffusor

Vorteil: geeignet für saugseitigen Rohranschluß und freie radiale Abströmung, sehr guter frei ausblasender Wirkungsgrad, Leistungsmaximum.

Nachteil: druckseitig keine Leiteinrichtung, Schalldämpfung druckseitig bauaufwendig.

Radiallaufrad völlig frei ausblasend mit und ohne rotierendem Diffusor

Vorteil: Einsparung des Spiralgehäuses, als Einbauventilator in Geräte gut geeignet. Auch mit axialer Abströmung ausführbar.

Nachteil: kein druckseitiger Rohranschluß, Berührungsschutz notwendig.

Diagonallaufrad mit axialer Abströmung

Vorteil: als Einbauventilator für axiale Zu- und Abströmung geeignet.

Nachteil: niedriger Wirkungsgrad.

Querstromventilator

Vorteil: Abströmquerschnitt in Form eines schlanken Rechtecks.

Nachteil: niedriger Wirkungsgrad, der aber bei elektrischen Heizgeräten nicht stört, hoher spezifischer Schalleistungspegel (Anwendung nur bei sehr niedrigen absoluten Leistungen), nur für geringe Strömungswiderstände einsetzbar.

Zentripetalventilator

Vorteil: für spezielle Einbaufälle geeignet, als zusätzliche Stufe evtl. dort, wo Ansaugung aus großem Raum und Ausblas in kleines Rohr erfolgen.

Nachteil: niedrige Druckzahl, niedriger Wirkungsgrad.

Peripheral- oder Ringgebläse, Seitenkanalgebläse

Vorteil: für hohe Drücke bei relativ sehr kleinem Volumenstrom geeignet.

Nachteil: geringer Wirkungsgrad, hohes Geräusch.

Radialventilator, zweiflutig, mit rückwärts gekrümmten Schaufeln

Vorteil: für bestimmte bauliche Gegebenheiten geeignet, wo zwei Ansaugquerschnitte und eine Ausblasöffnung erforderlich sind, fördert nahezu den doppelten Volumenstrom mit gleicher Umfangsgeschwindigkeit.

Nachteil: Direktantrieb bei Großausführungen nicht möglich, (bei kleinen Baugrößen Motor mit verlängerter Welle), Läufermasse groß, Zwischenlagerung, hohes Schwungmoment.

Axialventilator mit Nachleitapparat, mit und ohne Stabilisator

Vorteil: für Rohrzuströmung und -abströmung bestmöglicher Ventilator, hoher Wirkungsgrad, steile Kennlinie, Laufschaufeln im Stillstand oder Betrieb verstellbar, auch für Drallreglung geeignet.

Nachteil: bei Axialventilatoren geringere Druckerhöhungen als bei Radialventilatoren.

Axialventilator mit Vorleitapparat

Vorteil: Vorleitapparat kann in Ansaugdüse angebracht sein, dadurch kurze Baulänge, günstig für Geräteeinbau, wo leitradloser Ventilator vom Druck her nicht ausreicht.

Nachteil: Wirkungsgrad niedriger, da mittlere Relativgeschwindigkeit im Laufradgitter höher, spezifischer Schalleistungspegel etwa 8 bis 10 dB höher, verglichen mit Nachleitradausführung.

Axialventilator ohne Leitapparat

Vorteil: Baulänge axial kurz, günstig für Wand-, Dach-, Fenstereinbau und als Decken- und Tischventilator bei niedrigen statischen Drücken.

Nachteil: durch fehlenden Leitapparat geht Drall verloren, Wirkungsgrad niedrig, niedrige Druckzahl.

Axialventilator mit Meridianbeschleunigung
(Gleichdruckventilator, Schichtgebläse)

Vorteil: in einstufiger Ausführung sind hohe Druck- und Lieferzahlen, mit Stabilisator und Diffusor ist ein hoher Wirkungsgrad erreichbar; kleines Bauvolumen der Stufe.

Nachteil: Laufschaufelverstellung kaum möglich, höherer Verschleiß durch Staub, da relativ hohe Umfangsgeschwindigkeit gegenüber zweistufigem Axial- Überdruckventilator vorliegt, hohe Austrittsgeschwindigkeiten erfordern platz- und bauaufwendigen Axialdiffusor.

Axialstrahlventilator (jet fan)

Vorteil: für maximalen Schub ausgelegt, z. B. als Treibstrahlerzeuger für Tunnelbelüftung, hohe Lieferzahl, hohe Schnellaufzahl.

Axialventilator mit reversierbarer Förderrichtung

Vorteil: einfacher Wechsel der Förderrichtung durch Drehrichtungsumkehr.

Nachteil: niedriger Wirkungsgrad, da keine optimale Gestaltung der Beschaufelung für beide Drehrichtungen möglich.

Axialventilator zweistufig

Vorteil: hoher Druck realisierbar (etwa 1,8fach), bei Zweimotorenantrieb Abschaltregelung möglich.

Axialventilator Gegenläufer

Vorteil: hoher Druck mit kurzer Baulänge, da Leitapparate entfallen, relativ geringer Schalleistungspegel.

Nachteil: Antrieb von zwei gegenläufigen Laufrädern aufwendig.

Axialdoppelventilator mit tangentialer Abströmung (Breitstromventilator)

Vorteil: großer Volumenstrom ähnlich Parallelbetrieb, schlanker Rechteckausblas, günstig für Luftschleier, kein Leitapparat erforderlich.

Nachteil: zwei Laufräder für verschiedene Drehrichtungen.

Axialventilator mit radialer Abströmung

Vorteil: radiale Abströmung, z. B. als Sprühventilator.

6 Elektrische Antriebe

Der Ventilator als Turbo-Arbeitsmaschine benötigt einen schnellaufenden Antrieb durch eine Kraftmaschine (Tabelle 6-1). Hierfür können Elektro- und Verbrennungsmotoren, Turbinen u. a. verwendet werden. Zum Beispiel werden im explosionsgefährdeten Bergbau Axialventilatoren verwendet, bei denen ein am Umfang des Laufrades angeordneter Turbinenschaufelkranz mit Druckluft angetrieben wird.

Tabelle 6-1. Mögliche Antriebsarten von Ventilatoren.

Kraftmaschine	Einsatzgebiet	Kupplung/Regelung
Elektromotor	alle Gebiete, alle Leistungen	direkt, Getriebe, Riementrieb/ gut regelbar
Gleichstrommotor	Prüffeld, Bahnbetrieb	sehr gut regelbar
Drehstrommotor	alle Leistungen Kühlturmventilator	direkt, hydraulisch, Riementrieb/ elektrisch, elektronisch gut regelbar (Tabelle 6-2) hydrostatischer Antrieb
Wechselstrommotor	Kühlventilatoren	kleine Leistungen/ Spannungsregelung
Verbrennungsmotor, Gasturbine	Motorkühlung, Be- und Entlüften im mobilen Betrieb	magnetisch, hydraulisch, Getriebe, Riementrieb
Druckluftturbine	exgeschützter Bergbau	Schaufelkranz auf Laufrad
Mensch	Schutzraumlüftung	Kurbel, Getriebe

In den Industriestaaten werden die Verbraucher von einem dichten (engmaschigen) Drehstromnetz mit Dreiphasen-Wechselstrom versorgt. Deshalb werden Ventilatoren vorwiegend von Elektromotoren angetrieben, deren Funktion für den sicheren Betrieb des Ventilators wichtig ist und die im allgemeinen mit zum Lieferumfang gehören [6-1] bis [6-12].

In mehr als 90 % der Einsatzfälle werden heute Drehstrom-Asynchronmotoren mit Kurzschlußläufern eingesetzt, die sich durch einen einfachen Aufbau, Robustheit, hohe Zuverlässigkeit und geringen Preis auszeichnen [6-13]. Durch die Fortschritte und den immer stärkeren Preisverfall auf dem Gebiet der Leistungselektronik und der elektronischen Steuerungen gewinnt die Drehzahlregelung durch Frequenzstellung hinsichtlich Energieverbrauch, Lärmabstrahlung, Begrenzung des Anfahrstromes und Handlichkeit bei der Regelung zu-

zunehmend an Bedeutung. Im folgenden Abschnitt werden deshalb hauptsächlich die Drehstrom-Asynchronmotoren und deren in Tabelle 6-2 aufgeführten Anlauf- und Regelungsverfahren beschrieben.

Tabelle 6-2. Anlaß- und Regelverfahren von Drehstrom-Asynchronmotoren.

Verfahren	Anfangswert von I_N in A	Anfangswert von M_N in N·m
Phasenanschnittsteuerung	1,5 bis 6	0,06 bis 2,8
Frequenzumrichter	1 bis 2	< 2,8
Anlaßtransformator	1,5 bis 4,5	0,35 bis 0,8
Anlaßwiderstände	4 bis 5	0,55 bis 0,8
Stern-Dreieck-Schaltung	1,75 bis 2,6	0,55
Direkteinschaltung	4,5 bis 8,5	1,4 bis 2,8

6.1 Auswahl der Ventilatormotoren

Die wichtigsten Gesichtspunkte (Bestelldaten) bei der Auswahl sind [6-1] [6-2] [6-4] bis [6-6] [6-44] :

- Nennleistung P_2 in kW am Wellenstumpf des Motors (Stufung siehe Tabelle 6-9) mit Aufschlägen bis etwa 12 % je nach Ventilatortyp (siehe auch Abschnitt 5.2.4), bei polumschaltbaren Motoren werden die Leistungen den Drehzahlen zugeordnet;
- Drehzahl n in min^{-1} (bzw. s^{-1});
- Betriebsspannung U_N (auch Netz- oder Nennspannung), z. B. U_N = 400 V; 500 V, 690 V und höher bei großen Leistungen [6-14];
- Netzfrequenz f in Hz, z. B. in Europa f = 50 Hz, USA 60 Hz;
- Einschaltarten, je nach den örtlichen Verhältnissen z. B. direkt bei $P_1 < 3$ kW im EVU-Netz, bis 50 kW in Betriebsnetzen, größere Leistungen nach Tabelle 6-2 (siehe auch Abschnitt 6.4);
- Art des Antriebes, z. B. Ventilatorlaufrad direkt auf dem Wellenstumpf, Zwischenlagerung, Keilriemen, Spezialkupplung;
- Betriebsart, bei Ventilatoren in der Regel S1: Dauerbetrieb mit konstanter Belastung (weitere Betriebsarten S2 bis S8 als Kurz- oder Aussetzbetriebsarten);
- Klemmkastenlage und -anschluß, Einbaubedingungen, Motor mit Kabel (z. B. bei Axialventilatoren);

Tabelle 6-3. Grenzwerte der Schwinggeschwindigkeit von Motoren in mm/s nach DIN ISO 2373 im Frequenzbereich von 10 Hz bis 1 kHz für die Motorenbaugrößen 56 bis 400 mm Spitzenhöhe (+10 % Abweichung möglich).

Schwingstärke-stufen	Drehzahlbereich in min^{-1}	Baugrößen 56 bis 132	Baugrößen 160 bis 225	Baugrößen 250 bis 400
N (normal)	600 bis 3600	1,8	2,8	4,5
R (reduziert)	600 bis 1800	0,71	1,12	1,8
	>1800 bis 3600	1,12	1,8	2,8
S (spezial)	600 bis 1800	0,45	0,71	1,12
	>1800 bis 3600	0,71	1,12	1,8

- zulässige Schwinggeschwindigkeit (Tabelle 6-3) in mm/s nach [6-15], wobei die Motorenwerte u. U. über den vom Ventilator geforderten Werten liegen können (siehe hierzu auch den Abschnitt 4.6);
- Schutzart nach [6-16], z. B. IP 54/55;
- Klimaschutzstufe K1 gegen feuchtwarmes Klima nach DIN 50 019 und Klimaschutzstufe K2 gegen chemisch aggressive Gase und Dämpfe erhöhter Konzentration und Luftfeuchte (Kondenswasserbildung), schließt K1 mit ein, und Korrosionsschutz KK1 und KK2 entsprechend K1 und K2;
- Schalthäufigkeit je Stunde (nach Herstellerangaben);
- Kühlart nach [6-17], z. B. Eigenkühlung, evtl. Fremdkühlung bei Drehzahlregelung, Umgebungs- und Kühlmitteltemperatur;
- Isolationsklassen (ISO-Kl.) nach [6-4]. Empfehlung: Um auf höhere als auf die im allgemeinen zugrunde gelegten Betriebsstundenzahlen von etwa 20 000 h zu kommen, sollte man eine höhere ISO-Kl. festlegen. Zum Beispiel erhöht sich bei der Wahl von F und Auslastung nach B (Tabelle 6-4) die Betriebsstundenzahl auf rund das 5fache [6-41] [6-44],

$$\frac{z_H}{z} \approx e^{10\left[1-\left(\frac{t_d}{t_{D,H}}\right)\right]} \quad \text{bis } t \approx 220°C$$

Tabelle 6-4. Isolationsklassen (Iso-Kl.) nach [6-4].

t_D höchstzulässige Dauertemperatur; t_G Grenzübertemperatur gegenüber der Umgebungstemperatur

Iso-Kl.	A	E	B	F	H
t_D in °C	105	120	130	155	180
t_G in K	60	75	80	100	125

Tabelle 6-5. Geräuschgrenzwerte als Meßflächen-Schalldruckpegel L_{pA} in dB(A) nach [6-19] in Abhängigkeit von der Baugröße (Spitzenhöhe) und der Polzahl.

L_S Meßflächenmaß in dB, Toleranz +3 dB(A).

Baugröße	L_s	2polig	4polig	6polig	8polig
56 bis 71	9	48 bis 52	38 bis 42	< 40	< 35
80 bis 100	9	61 bis 67	45 bis 53	40 bis 48	35 bis 46
100 bis 132	9	67	55 bis 68	51 bis 57	46 bis 58
160 bis 225	10	69 bis 76	60 bis 69	58 bis 64	58 bis 60
250 bis 315	11 bis 12	76 bis 77	71 bis 74	64 bis 70	60 bis 70
315 bis 400	12 bis 13	77 bis 82	74 bis 82	70 bis 78	70 bis 76
450	14	85	85	84	80

mit der Betriebsstundenzahl z bei Betriebstemperatur bzw. z_H der höheren Isolationsklasse, der Betriebstemperatur t_d und der höchstzulässigen Dauertemperatur $t_{D,H}$ der höheren Isolationsklasse.
Obiges Beispiel: $z_H/z \approx 2{,}72^{\;10\,(1-130/155)} \approx 5$.

- thermischer Wicklungsschutz nach [6-18], z. B. durch Kaltleiter;
- Geräuschgrenzwerte (Tabelle 6-5) in dB(A) nach [6-19];
- Angaben über das vorhandene Versorgungsnetz, z. B. Spannungen, zulässige Belastungen;
- Betriebsart nach [6-4], von S1 Dauerbetrieb unter normalen Betriebsverhältnissen bis S9 ununterbrochener Betrieb mit nichtperiodischer Last- und Drehzahländerung;
- Bauformen nach [6-21] und [6-22], z. B. Flansch, Füße, Wellenausführung und -lage;
- Aufstellungsbedingungen, z. B. Umwelt (Staub, Schmutz, Korrosion) und geodätische Höhe, Farbe;
- Explosionsschutz [6-23] bis [6-27] (siehe auch Abschnitt 13.1).

6.2 Elektrische Anlage bis zum Ventilatormotor

Im folgenden wird der Weg der Antriebsenergie bis zum Motor beschrieben, und es werden die Aufgabe und die Funktion der notwendigen Bauteile erläutert. Bild 6-1 zeigt den Energiefluß vom Kraftwerk zum Verbraucher.

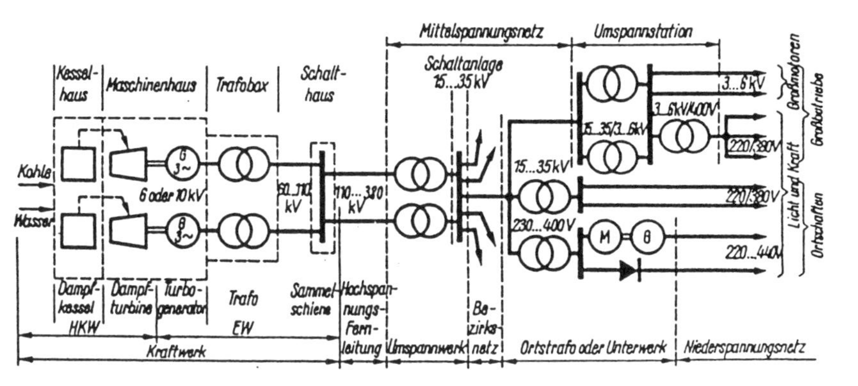

Bild 6-1. Schema des Energieflusses vom Kraftwerk zum Verbraucher.

Das *Drehstromnetz* erzeugt ein Drehfeld mit der Netzfrequenz f in Hertz, z. B. in Europa mit 50 Hz, in den USA mit 60 Hz. Es wird als TN-Netz bezeichnet. Nach DIN VDE [6-28] ist ein TN-Netz ein elektrotechnisches Netz, in dem mindestens ein Punkt des Betriebsstromkreises - meist der Sternpunkt - unmittelbar geerdet ist und die Körper über einen Schutzleiter mit diesen geerdeten Netzpunkten verbunden sind (Bild 6-2). TN-Netze werden wie folgt unterteilt:

– in das TN-C-Netz, in dem der Schutzleiter zugleich die Neutralleiterfunktion mit übernimmt,

– in das TN-S-Netz, in dem der Schutzleiter nicht zugleich die Neutralleiterfunktion übernimmt,

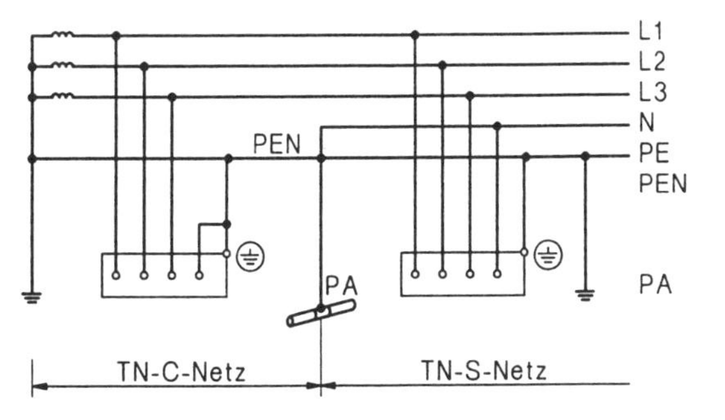

Bild 6-2. Beispiele für TN-Drehstromnetze.

PA Potentialausgleich; L1, L2, L3 Außenleiter eines Drehstromsystems; N Neutralleiter; PE Schutzleiter; PEN Schutzleiter mit Neutralleiterfunktion (Leiterbezeichnungen nach [6-38])

– in das TN-C-S-Netz, in dessen ersten Teil der Schutzleiter zugleich die Neutralleiterfunktion mit übernimmt, in dessen zweiten Teil jedoch Schutzleiter und Neutralleiter gesondert geführt sind.

Das Netz besteht aus drei Hauptleitern mit der Bezeichnung L1, L2, L3 und dem Mittelpunktsleiter N. Wird zusätzlich ein besonderer Schutzleiter PE mitgeführt, so ist dieser grün-gelb gekennzeichnet. Er wird bei Netzen mit der Schutzmaßnahme Nullung (PEN-Leiter) mit dem Mittelpunktsleiter verbunden. Nach DIN VDE 0100 Teil 410 [6-28] bis [6-31] muß der Schutz von Personen gegen gefährliche Körperströme durch gleichzeitige Anwendung der Schutzmaßnahmen „Schutz gegen direktes Berühren" und „Schutz bei indirektem Berühren" sichergestellt sein. Bei den verschiedenen Netzformen nach DIN VDE 0100 Teil 300 sind die Schutzeinrichtungen nach DIN VDE 0100 Teil 410 zum „Schutz bei indirektem Berühren" einzuhalten (Überstrom-, Fehlerstrom- und Fehlerspannungsschutzeinrichtung, Isolationsüberwachungseinrichtung).

Die Spannung zwischen zwei Hauptleitern (Phasen) ist die verkettete Leiterspannung (Netzspannung) $U_L = \sqrt{3} \cdot U_{Ph}$. U_{Ph} ist die Sternspannung (Phasenspannung) zwischen Haupt- und Mittelpunktsleiter. Man unterscheidet Kleinspannungen bis 50 V, darüber Niederspannung bis 1000 V. Spannungen über 1 kV sind Hoch- bzw. Höchstspannungen. In Mitteleuropa haben die Netze eine Spannung von 220/380 V mit der Sternspannung 220 V und der verketteten Spannung von 380 V. In wenigen Fällen findet man noch Netze mit 125/220 V. Kleinmotoren, z. B. zum Antrieb von Wandringventilatoren, werden einphasig, d. h. mit der Sternspannung zwischen Hauptleiter und Mittelpunktsleiter, betrieben und belasten das Netz einseitig. Bei falscher Drehrichtung kann diese durch Umklemmen nicht geändert werden! Ventilatoren mit größeren Leistungen bis etwa 400 kW werden mit Drehstrommotoren 220/380 V angetrieben, darüber mit Hochspannungen von 3000 V, 6000 V und 10 000 V.

Bei der Kabelauswahl sind Betriebsspannung, Betriebsstrom, mechanische Belastung, Legemedien (z. B. Erde, Kanal, Wasser) und die Umgebungstemperatur (mehrere Kabel in einem Kanal) zu beachten [6-32] bis [6-34].

Eine Übersicht über die gesamte Anlage gibt der *Wirkschaltplan* (Teilbild a) im Bild 6-3. Dagegen findet man in den technischen Unterlagen meist nur den einpoligen Stromlaufplan für den Arbeitsstrom (Teilbild b) und den Steuerstrom (Teilbild c).

Schmelzsicherungen F1 [6-35] unterbrechen durch Abschmelzen eines Leiters den Stromkreis und dienen als Kurzschlußschutz des Motors und zum Schutz des Netzes gegen Überlast (Bild 6-2). Die Abschaltzeit ist abhängig von der Sicherungskennlinie, Abschmelzzeit = f (Abschaltstrom), je nach Sicherungsart

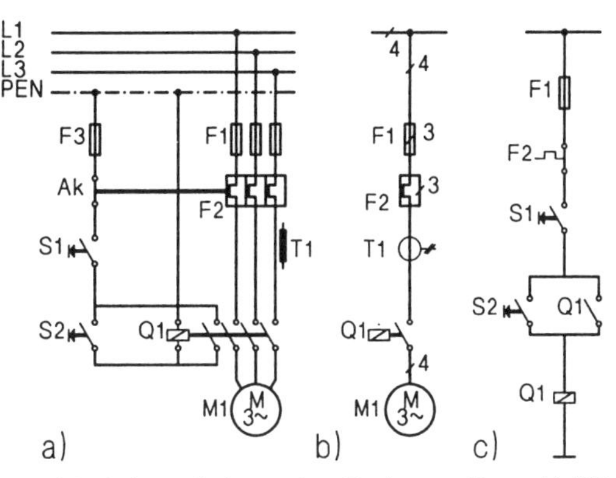

Bild 6 3. Schützschaltung eines Drehstrom-Kurzschlußläufermotors.
a) Wirkschaltplan;
b) einpoliger Stromlaufplan des Arbeitsstromes;
c) einpoliger Stromlaufplan des Steuerstromes.

im Arbeitsstromkreis: F1 Schmelzsicherungen; F2 Bimetallschutzeinrichtung (Wärmerelais); T1 Stromwandler; Q1 Schaltschütz;
im Steuerstromkreis: F3 Steuersicherung; Ak Auslösekontakte für F2; S1 Eindrücker für Schützstellung „Betrieb"; S2 Ausdrücker für Schützstellung „Aus"; M1 Antriebsmotor (3-Phasen-Drehstrommotor) für Ventilator V1

	VEM - Antriebstechnik AG
1	**Werk Wernigerode**
2	VDE 0530 T1/ 7.91 - DIN IEC 38/87
3	**3 Mot.Nr./No** 75763 / 24 F **19** 93
4	**Typ/Type** YPR 132 M 8 - 4 LF TWS SW NS
5	2,2 / 8 **kW** λ 0,60 / 0,79
6	Y/YY 380 **V** 7,2 / 18 **A**
7	870 / 1760 **min^{-1} / r.p.m.** 60 **Hz/c/s**
8	**WKL / Ins. cl.** F **IP** 54 **kg** 86
9	Rt 55 °C IM B5

Bild 6-4. Typenschild eines Motors für besondere Anforderungen in einem Axialventilator.

1 Hersteller; 2 zutreffende Normen; 3 Drehstrom-Asynchronmotor; 4 Spezialmotor mit der Spitzenhöhe 132, 8- und 4polig (M 8-4); Y werksinterne Bezeichnung ohne Kühlflügel; LF Lüfter-(Ventilator-)ausführung; TWS mit thermischem Wicklungsschutz;
SW Sonderwicklung für höhere Umgebungstemperaturen, NS Nachschmiereinrichtung;
5 Wellenleistung P_2 der Maschine mit $\lambda = \cos \varphi$ für die zwei Drehzahlen; 6 Sternschaltungen für die zwei Drehzahlen bei der Betriebsspannung 380 V und den entsprechenden Strömen; 7 Drehzahlen und Netzfrequenz; 8 WKL Wärmebeständigkeitsklasse f (jetzt Iso-Kl.), Schutzart IP 54, Motormasse 86 kg; 9 Rt Raumtemperatur 55 °C, Bauform IMB5

träge, träge-flink, flink und überflink. Für Drehstrom-Asynchronmotoren werden beim Direkteinschalten wegen der hohen Anfahrströme der Motoren träge Sicherungen vom 1,5- bis 2,5fachen Nennstrom (Bild 6-4) des Motors eingesetzt. Bei Frequenzumrichtern nimmt man in der Regel überflinke Sicherungen, die sich bereits im Umrichter befinden. Die Sicherungen mit Nennströmen nach [6-35], z. B. 10, 16, 20, 25, 35, 50, 63, 80, 100 A, gibt es als Schraubsicherungen mit Edisongewinden und für höhere Ströme als Griffsicherungen.

Der *thermische Wicklungsschutz* F2 beruht auf dem Bimetallprinzip. Die Aufheizung erfolgt direkt oder indirekt durch den Strom in der Zuleitung. Dadurch wird die Wicklungstemperatur des Motors nur mittelbar erfaßt. Thermische Belastungen, z. B. Behinderung der Kühlung durch Verschmutzung oder die Änderung der Umgebungstemperatur am Aufstellungsort, bleiben unberücksichtigt. Das Schutzglied soll vom warmen Zustand aus bei 1,2fachem Nennstrom innerhalb von 2 h ansprechen. Bei Kurzschlußläufern, bei denen der Anlaufstrom etwa dem 6- bis 8fachem Nennstrom entspricht, darf beim 6fachen Nennstrom und dem Trägheitsgrad TI das Schutzglied erst nach 2 s ansprechen, beim Trägheitsgrad TII erst nach 5 s. Bei Ventilatoren mit hohem Gegenmoment kann beim Anlauf die Anlaufdauer so groß sein, daß das Wärmerelais anspricht, obwohl die Nenndrehzahl noch nicht erreicht wurde. Hier muß für einen ungestörten Hochlauf eine Anlaufüberbrückung des Wärmerelais z. B. über eine Zeitschaltung vorgenommen werden.

Ein *elektronisches Überlastrelais* kontrolliert den Phasenausfall (Zuleitung), die unsymmetrische Stromaufnahme oder den blockierten Läufer. Es zeigt die Überlast und seine Relaisauslösung an und ermöglicht Funktionsprüfungen während des Betriebes. Gegenüber dem thermischen Relais hat es einen größeren Einstellbereich, eine höhere Auslösegenauigkeit und eine Selbstüberwachungseinrichtung. Mit seinen verschiedenen einstellbaren Auslösekennlinien ist eine gute Anpassung vom Motor zum Ventilator möglich [6-39].

Gegenüber einem summarischen Wicklungsschutz mit Bimetall in der Zuleitung hat der Schutz mit *Kaltleitern*, die in die Wicklungen eingebettet sind (Bild 6-5), den Vorteil, daß auch örtliche Temperaturüberhöhungen in der Wicklung erfaßt werden. Damit ist eine sichere Ausnutzung des Motors möglich, z. B. hinsichtlich Überlast bzw. stark wechselnden Belastungen und Schalthäufigkeit. Das Auslösegerät im Bild 6-5 arbeitet nach dem Ruhestromprinzip mit einer Versorgungsspannung von 220 V bei -20° bis 60°C Umgebungstemperatur mit zwei Meßkreisen. Ein bis neun Sensoren der Art PTC nach [6-40], im ersten Meßkreis an den Klemmen 1 und 2 geschaltet, überwachen die Wicklungstemperatur des Motors. Ein zweiter Meßkreis an den Klemmen 3 und 4 überwacht mit 50 bis 500 Impulsen je Minute die Drehzahl. An den Klemmen 5 und 6 ist eine Anlaufüberbrückung bis zu 10 s vorgesehen.

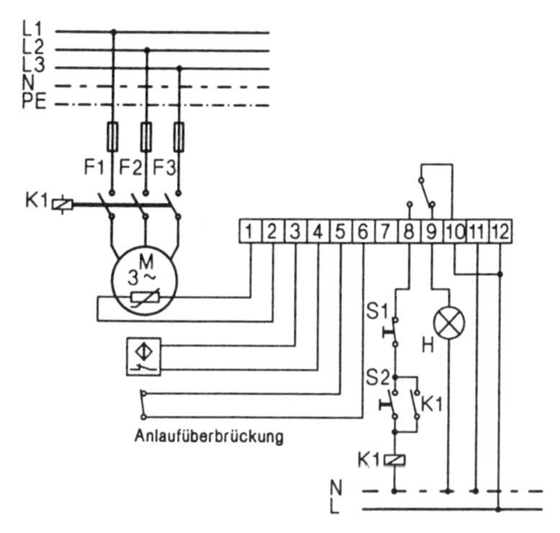

Bild 6-5. Anschlußschaltbild eines Auslösegerätes mit Kaltleiterüberwachung, nach [6-39].

Bei großen Strömen werden zum Messen der Ströme *Stromwandler* eingesetzt, die den primärseitigen Betriebsstrom in einen niedrigeren Sekundärstrom umsetzen, z. B. 10:1 [6-36]. Bei Stromwandlern dürfen die sekundärseitigen Klemmen niemals offen sein, da sonst lebensgefährliche Spannungen entstehen können. Hier dürfen auch keine Sicherungen eingebaut werden. Beim Ein- und Ausbau von Kontrollmeßgeräten müssen die sekundärseitigen Stromwandlerklemmen immer kurzgeschlossen werden.

Das *Schaltschütz* Q1 schaltet den Motor an das Netz. Es sollte nach den Kriterien Nennstrom, Schaltleistung, zulässige Sicherungen F1 in der Motorzuleitung, Schalthäufigkeit, Schaltstücklebensdauer und Wartungs- und Revisionsfristen ausgewählt werden [6-37].

6.3 Verhalten und Kennwerte des Drehstrom-Asynchronmotors

Der Drehstrom-Asynchronmotor nutzt folgende Wirkprinzipien:

Symmetrisch im Ständer (Stator) verteilte Spulen, an denen die drei Leiter u, v, w des Drehstromnetzes angeschlossen sind (Bild 6-6), erzeugen ein magnetisches Drehfeld, das bei einem 50 Hz-Netz und bei zwei Polen mit der Synchronfrequenz von 50 Hz (3000 min^{-1}) umläuft. Bei der Relativbewegung dieses Magnetfeldes gegen die in einem drehbar gelagerten Läufer des Motors

(Rotor) befindlichen Leiter wird in diesem eine elektrische Spannung induziert und das Fließen eines Induktionsstromes bewirkt. Der stromdurchflossene Leiter erfährt im Magnetfeld eine Kraftwirkung und prägt dem Läufer ein Drehmoment auf. Damit die für das geforderte Drehmoment notwendigen Drehfeldlinien geschnitten werden, muß der Läufer mit einer geringeren Drehzahl, der Asynchrondrehzahl (Tabelle 6-6) drehen. Die Differenz zwischen beiden wird Schlupf genannt. Je mehr Leistung vom Motor verlangt wird, desto größer wird der Schlupf, der bei nicht zu großen Belastungen dem Drehmoment proportional ist. Der für die Kraftwirkung erforderliche Strom des Läufers, der bei Kurzschlußläufern nicht mit dem Ständer und dem Netz elektrisch leitend verbunden ist, wird dabei vom Ständer wie bei einem Transformator auf den Läufer übertragen.

Werden die Polzahlen auf z. B. 4, 6 und 8 erhöht, so ergeben sich die Synchrondrehzahlen 1500, 1000 und 750 min^{-1} und die entsprechenden Asynchrondrehzahlen je nach Motorkonstruktion und Leistung (Tabelle 6-6).

Tabelle 6-6. Asynchrondrehzahlen in Abhängigkeit von Polzahl und Leistung.

Polzahl	Synchrondrehzahl in min^{-1}	leistungsabhängige Asynchrondrehzahlen in min^{-1} bei		
		3 kW	30 kW	315 kW
2	3000	2885	2940	2982
4	1500	1415	1465	1488
6	1000	945	978	990
8	750	700	730	734

Tabelle 6-7. Durchschnittswerte des Wirkungsgrades und des Leistungsfaktors cos φ von Drehstrommotoren im Teillast- und Überlastgebiet in Abhängigkeit von den Nennwerten.

Wirkungsgrad in % bei Teillast als Bruchteil von P_N				cos φ bei Teillast als Bruchteil von P_N			
1/2	3/4	4/4	5/4	1/2	3/4	4/4	5/4
96	97	97	96,5	0,86	0,90	0,92	0,92
90	91	91	90	0,80	0,86	0,89	0,89
84	85	85	83,5	0,75	0,83	0,86	0,86
77	79,5	79	77,5	0,69	0,79	0,83	0,84
70	73	73	71	0,65	0,75	0,80	0,81
62	66,5	67	65	0,59	0,71	0,77	0,79
55	59,5	61	59,5	0,55	0,68	0,74	0,77
47	52	55	53	0,50	0,62	0,71	0,76

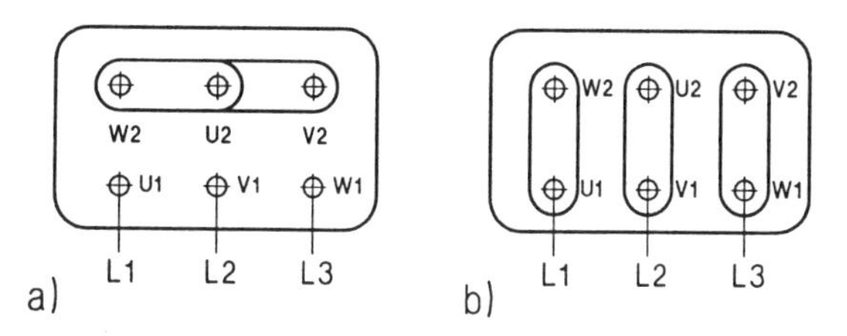

Bild 6-6. Anschlüsse im Motorklemmenkasten.
a) Sternschaltung: $U_N = 1{,}73\ U_{Ph}$, $I_N = I_{Ph}$;
b) Dreieckschaltung: $U_N = U_{Ph}$, $I_N = 1{,}73\ I_{Ph}$.

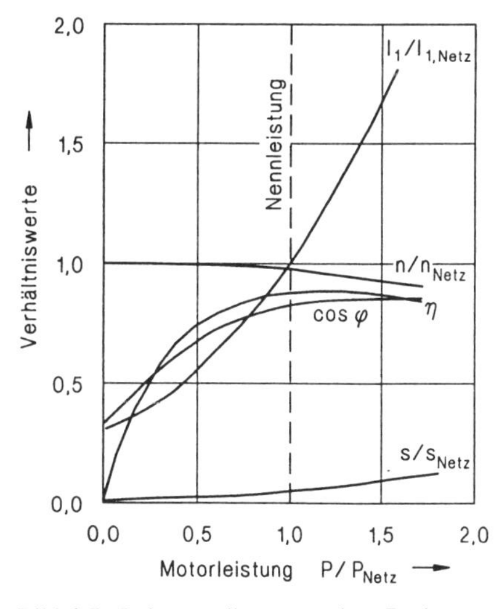

Bild 6-7. Leistungsdiagramm eines Drehstrommotors.

Achtung! Bei den Ventilatorkennlinien in Prospekten und Katalogen wird meist eine mittlere Asynchrondrehzahl unabhängig von der Belastung zugrunde gelegt. Je nach Belastung kann es daher bei den in der Anlage vorhandenen Kennlinien zu Abweichungen gegenüber den Prospektkennlinien kommen.

Die dem Motor an seinen Anschlußklemmen zugeführte elektrische Energie P_1 trägt die Motorverluste mit und kann mit dem Motorwirkungsgrad $\eta_M = P_2/P_1$ z. B. aus dem Katalog oder aus einer Motorbremsung ermittelt werden. Mit den Typenschilddaten (φ als Phasenwinkel zwischen Spannungs- und Stromvektor) wird der Wirkungsgrad im Nennpunkt

$$\eta_M = \frac{P_2}{P_1} = \frac{P_N}{I_N \cdot U_N \sqrt{3} \cdot \cos\varphi}. \tag{6.1}$$

Der maximale Wirkungsgrad liegt im Nennpunkt. Die Änderungen der Kennwerte im Teillast- und Überlastbereich verlaufen relativ flach (Bild 6-7).

Für Teillast können allgemeine Durchschnittswerte für Wirkungsgrade und Leistungsfaktoren der Tabelle 6-7 entnommen werden, wenn für den betreffenden Motor die Nenndaten vom Typenschild bekannt sind und genauere Werte aus dem Katalog fehlen.

6.4 Zusammenwirken von Motor und Ventilator

Stellvertretend für die unterschiedlichen Antriebsarten soll hier als Beispiel das Zusammenwirken eines Ventilators mit einem Drehstrom-Asynchronmotor erklärt werden. Dies geschieht am besten an Hand der Drehmomentübertragung. Zu jedem Zeitpunkt, auch während des Anlaufes aus dem Stillstand, muß am Motorwellenstumpf ein Momentengleichgewicht herrschen. Der vom Motor anzutreibende Ventilator setzt dem Antriebsmotor einen Widerstand entgegen, der auf den treibenden Motor bremsend wirkt. Dieses Gegendrehmoment, das immer gleich dem Motormoment M_M ist, setzt sich zusammen aus dem Ventilatormoment M (gebildet aus Förderleistung und Verlustleistung) und dem Beschleunigungsmoment M_B. Es gilt also

$$M_M = M + M_B. \tag{6.2}$$

Alle drei Ausdrücke sind mit der Drehzahl veränderlich, sind also Funktionen in Abhängigkeit von der Drehzahl n. Sie sollen im weiteren Verlauf als Drehmomenten-Drehzahl- Kennlinien bezeichnet werden.

Im Bild 6-8 sind die Drehmomenten-Drehzahl-Kennlinien des Elektromotors und des Ventilators dargestellt. Das Drehmoment ist auf den Wellenstumpf des Motors bezogen. Der Betriebspunkt P, in dem Motor und Ventilator arbeiten, ist der Schnittpunkt zwischen den beiden Kennlinien. Wünschenswert ist es, wenn der Betriebspunkt P im Nennpunkt N des Motors liegt, wo der Motor seinen maximalen Wirkungsgrad hat. Im Betriebspunkt ist das Beschleunigungsmoment gleich null.

Die Drehmomenten-Kennlinie des Motors $M_M(n)$ ist gekennzeichnet durch

- das Nennmoment M_{MN},
- das Anzugsmoment M_A und
- das Kippmoment M_K,

die man den Betriebswertetabellen der Motorenhersteller entnehmen kann. Das Anzugsmoment M_A wird in den Katalogen im Verhältnis zum Nennmoment angegeben und liegt je nach Motortyp beim 1,5- bis 3,2fachen des Nennmomentes. Entsprechend groß sind auch die Anzugsströme, die bis zum 8fachen (!) Nennstrom betragen können.

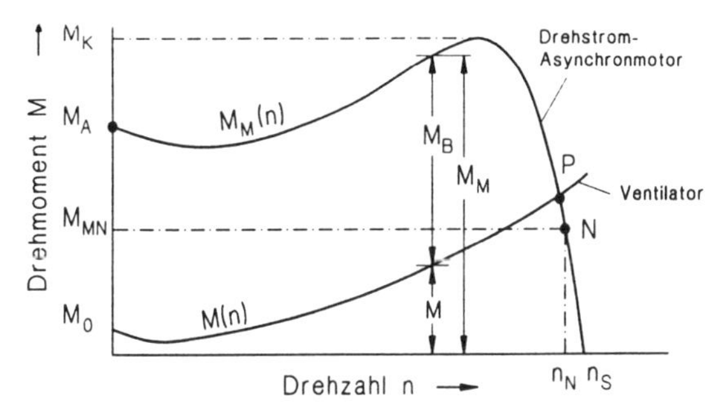

Bild 6-8. Momentenverlauf beim Drehstrommotor für den Antrieb eines Ventilators.

M Ventilatormoment; M_0 Losbrechmoment; M_A Anzugsmoment; M_B Beschleunigungsmoment; M_K Kippmoment; M_M Motormoment; M_{MN} Nennmoment; N Nennpunkt; n_N Nenndrehzahl; n_S Synchrondrehzahl; P Betriebspunkt

Das Motormoment M_M entspricht der abgegebenen Motorleistung P_2 gemäß der Beziehung $M_M = P_2/\omega$. Das Nennmoment des Motors ergibt sich aus der abgegebenen Motornennleistung zu

$$M_{MN} = \frac{P_{2,N}}{\omega_N} = \frac{P_{2,N}}{2\,\pi \cdot n_N}. \qquad (6.3)$$

Die Drehmomenten-Kennlinie des Ventilators hat im wesentlichen die Form einer quadratischen Parabel, die durch das Moment im Betriebspunkt M_P bestimmt wird. Lediglich bei der Drehzahl $n = 0$ und in deren Nähe weicht die Kurve durch das Nullmoment M_0 (auch Losbrechmoment genannt) etwas von der Parabel ab. Das Moment an der Motorwelle im Betriebspunkt P des Ventilators wird für den allgemeinsten Fall des Antriebes über Keilriemen und Zwischenlagerung berechnet nach der Gleichung

$$M_P = \frac{P_{W,P}}{\eta_{Ü} \cdot \omega_P} = \frac{\dot{V} \cdot \Delta p_t}{\eta_{t,W} \cdot \eta_{Ü} \cdot 2\,\pi \cdot n_P}, \qquad (6.4)$$

für Ventilatoren mit Zwischenwelle ohne Keilriemen

$$M_P = \frac{P_{W,P}}{\omega_P} = \frac{\dot{V} \cdot \Delta p_t}{\eta_{t,W} \cdot 2\,\pi \cdot n_P} \tag{6.5}$$

und bei direkt getriebenen Ventilatoren

$$M_P = \frac{P_{L,P}}{\omega_P} = \frac{\dot{V} \cdot \Delta p_t}{\eta_{t,L} \cdot 2\,\pi \cdot n_P}. \tag{6.6}$$

Die Ermittlung der erforderlichen Antriebsleistung P_2 des Motors einschließlich notwendiger Sicherheiten für evt. abweichende Betriebspunkte erfolgt gemäß Abschnitt 6.1 und 8.

Besonders hohe Zuschläge auf die erforderliche Leistung sind bei langsamläufigen schmalen Radiallaufrädern erforderlich, um bei dem verhältnismäßig hohen Trägheitsmoment den Anlauf zu gewährleisten.

Anlaufvorgang

Während des Anlaufvorganges bewegt man sich im Bild 6-8 von der Drehzahl null beginnend nach rechts. Das am Motorwellenstumpf abgegebene Drehmoment M_M folgt der Kennlinie $M_M(n)$, das für die Ventilatorförder- und Verlustleistung benötigte Moment M verläuft nach der Kennlinie M(n). Das als Differenz zur Verfügung stehende Beschleunigungsmoment M_B dient dazu, den Läufer aus dem Stillstand heraus zu beschleunigen und die Trägheit zu überwinden. Der Beschleunigungsvorgang geht um so schneller, je größer das zur Verfügung stehende Beschleunigungsmoment während des Anlaufes ist. Die Beschleunigungszeit bzw. die Anlaufzeit bis zum Erreichen der konstanten Betriebsdrehzahl n_P errechnet sich aus den folgenden Gleichungen:

$$M_B = I\,\frac{d\omega}{dt} = I \cdot 2\,\pi\,\frac{dn}{dt}, \tag{6.7}$$

$$t_a = 2\,\pi \cdot I \int_0^{n_P} \frac{dn}{M_B}. \tag{6.8}$$

Das Integral in Gl. (6.8) kann in geschlossener Form nicht gelöst werden, sondern der Verlauf von M_B muß aus dem Diagramm im Bild 6-8 entnommen werden. Die Differentialgleichung (6.7) kann für endlich kleine Schritte von Δt und Δn durch die Differenzengleichung

$$\Delta t = 2\,\pi \cdot I\,\frac{\Delta n}{M_B} \tag{6.9}$$

ersetzt werden, um eine Ermittlung der Anlaufzeit durch Summierung von Δt_i gemäß

$$t_a = \sum_{i=1}^{k} \Delta t_i = 2\pi \cdot I \sum_{i=1}^{k} \frac{\Delta n_i}{M_{B,i}} \tag{6.10}$$

zu ermöglichen.

Zur Veranschaulichung dient Bild 6-9. Hier ist das Beschleunigungsmoment M_B als Ergebnis der graphischen Subtraktion M_M - M über der Drehzahl n aufgetragen. Für jedes Intervall Δn_i wird das mittlere Beschleunigungsmoment $M_{B,i}$ abgelesen und das Zeitintervall

$$\Delta t_i = 2\,\pi \cdot I\,\frac{\Delta n_i}{M_{B,i}}$$

berechnet, das für die Erhöhung der Drehzahl um Δn_i notwendig ist.

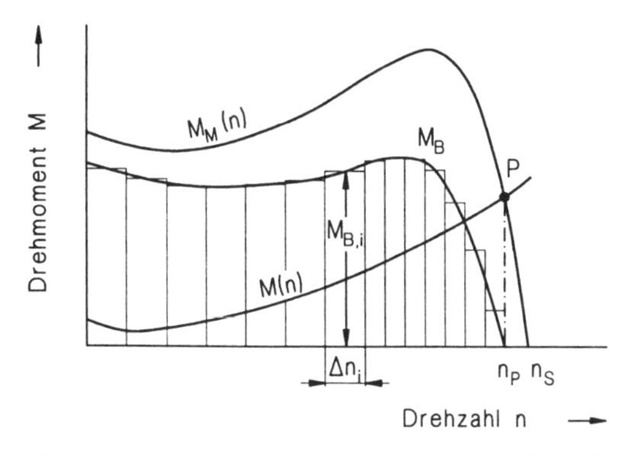

Bild 6-9. Momentenverlauf zur Berechnung der Anlaufzeit.

Das Massenträgheitsmoment I ist für alle rotierenden Teile nach den Gesetzen der Mechanik zu berechnen. Die Ventilatorhersteller geben es in ihren Unterlagen für die einzelnen Typen an. Auch die Motorhersteller nennen das Trägheitsmoment für den Rotor in den Katalogen.

Besteht das Antriebssystem und der Ventilator aus mehreren Wellen mit unterschiedlichen Drehzahlen, so müssen die einzelnen Trägheitsmomente auf die Drehzahl des Motors nach folgender Beziehung reduziert werden:

$$I = I_M + I_V \left(\frac{n_V}{n_M}\right)^2 . \tag{6.11}$$

Hierin bedeuten I das auf die Motorwelle reduzierte Trägheitsmoment, das für den Motoranlauf maßgebend ist; I_M das Trägheitsmoment des Motorrotors, bezogen auf die Motorwelle; I_V das Trägheitsmoment des Ventilatorläufers, bezogen auf die Ventilatorwelle; n_V die Drehzahl der Ventilatorwelle; n_M die Drehzahl des Motors.

In den meisten Fällen, in denen ein Keilriemenantrieb verwendet wird, ist $n_M > n_V$, womit sich eine Verringerung des Trägheitsmomentes des Ventilators bezogen auf die Motorwelle ergibt.

Die Berechnung der Anlaufzeit ist in der Regel eine Angelegenheit des Ventilatorherstellers. Nur für Ausnahmefälle, wenn z. B. der Motor von einem Dritten beigestellt wird, oder wenn am Antrieb Drehzahlveränderungen durch andere Keilriemen-Übersetzungsverhältnisse vorgenommen werden, muß auch der Anwender die Gesetzmäßigkeiten kennen.

Wie aus Tabelle 6-8 zu entnehmen ist, darf die Anlaufzeit nicht zu lang werden.

Aus dem Berechnungs-Algorithmus kann man schlußfolgern, daß eine kurze Anlaufzeit entsteht, wenn

- der Motor in der Leistung überdimensioniert ist, also die Kennlinie $M_M(n)$ weit über der Kennlinie M(n) liegt (bei langsamläufigen schmalen Radiallaufrädern notwendig!),
- die Ventilator-Drehmomenten-Kennlinie möglichst niedrig liegt, (wenn nötig, beim Anfahren von Radialventilatoren Drosselklappe bzw. Drallregler schließen),
- das Trägheitsmoment I des Läufers klein ist (kann durch Auswahl eines schnelläufigen Ventilators, z. B. eines Axialventilators, beeinflußt werden).

Beim Anfahren mittels Stern-Dreieck-Schalters (Bilder 6-10 und 6-17) wird in der ersten Phase des Anlaufs bewußt eine niedrigere Drehmomenten-Kennlinie des Elektromotors angestrebt, um die hohe Anlaufstromspitze zu reduzieren. Dadurch erhöht sich die Anlaufzeit. Die Stromstärke und die Wärmeentwicklung sind am Anfang reduziert. Dafür wird die Anfahrenergie auf einen größeren Zeitraum verteilt.

Bei der Berechnung der Anlaufzeit kommt es in der Praxis häufig nicht so sehr auf eine hohe Genauigkeit an. Daher sind Näherungsberechnungen bekannt, die auf einem mittleren Verlauf der Drehmomenten-Drehzahl-Kennlinien der Drehstrom-Asynchronmotoren basieren. Es werden auch heute noch Näherungsrechnungen mit zugeschnittenen Größengleichungen und zum Teil veralteten Größen (z. B. das früher übliche Schwungmoment $G \cdot D^2$ in $kp \cdot m^2$) verwendet, z. B. nach [6-42]:

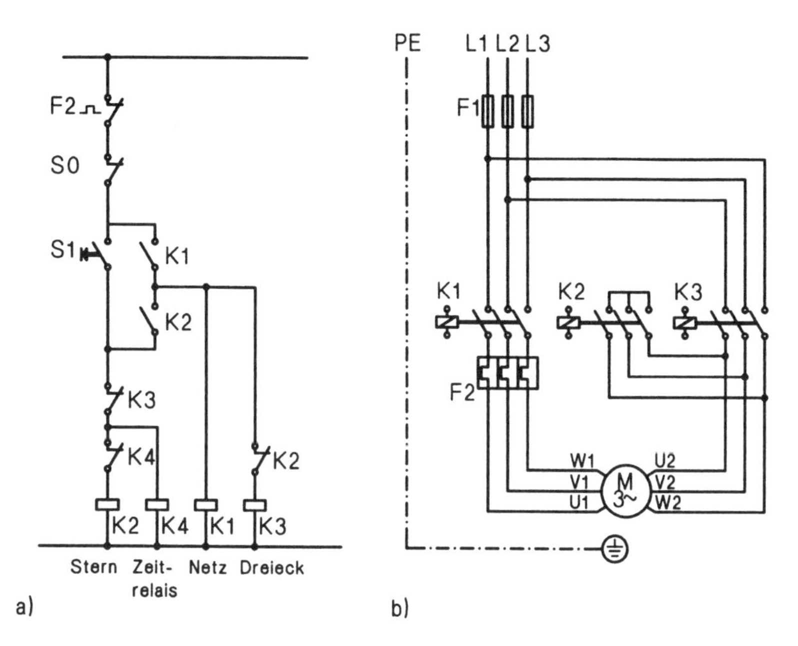

Bild 6-10. Automatische Stern-Dreieck-Schaltung zum Anlassen eines Motors.
a) Steuerstromkreis;
b) Hauptstromkreis.

$$t_A \approx 8\,\frac{I \cdot n_N^2}{10^6\,P_N} = 2\,\frac{G \cdot D^2 \cdot n_N^2}{10^6\,P_N} \tag{6.12}$$

bzw. nach [6-43]

$$t_A \approx \frac{I \cdot n_N}{9{,}55\,M_{B,m}} \tag{6.13}$$

mit I in kg·m², n_N in min^{-1}, t_A in s, P_N in kW, $M_{B,m}$ in N·m, $G \cdot D^2$ in kp · m².

Eine Beispielrechnung zeigt die Ergebnisse der einzelnen Berechnungsmethoden mit einem Drehstrom-Asynchronmotor und den Daten

Motor	Ventilator
$P_N = 10$ kW	$I_V = 4{,}164$ kg·m²
$I_M = 0{,}084$ kg·m²	$\Delta p_t = 1720$ Pa
$n_V = n_M = 1450$ min^{-1}	$\dot{V} = 4$ m³/s
$M_A/M_N = 1{,}8$	$\eta_{t,W} = 0{,}8$
$M_K/M_N = 2{,}7$	

mit $I = 0{,}084 + 4{,}164 \cdot 1^2 = 4{,}248\ kg \cdot m^2$ nach Gl. (6.11):

$t_A = 6{,}5$ s nach dem Differenzenverfahren,
$t_A = 7{,}1$ s nach Gl. (6.12) und
$t_A = 6{,}1$ s nach Gl. (6.13).

Hieraus geht hervor, daß die Berechnung mit Hilfe einer der Näherungsformeln durchaus ausreichend ist.

Gegenwärtig muß leider festgestellt werden, daß noch verbreitet im In- und Ausland das früher übliche Schwungmoment $G \cdot D^2$ in $kp \cdot m^2$ verwendet wird. Die Berechnung des Massenträgheitsmoments I in $kg \cdot m^2$ erfolgt dann mittels folgender Formel:

$$I = \frac{G \cdot D^2}{4\,g}. \qquad (6.14)$$

Hierbei wird $G \cdot D^2$ in $kp \cdot m^2$ und g in m/s^2 eingesetzt. Um auf $kg \cdot m^2$ zu kommen, muß über dem Bruchstrich mit $9{,}81\ m \cdot kg/(kp \cdot s^2) = 1$ erweitert werden. Dadurch kürzt sich die Zahl 9,81 mit der Erdbeschleunigung unter dem Bruchstrich heraus, und man kann formal mit der zugeschnittenen Größengleichung $I = G \cdot D^2/4$ entsprechend [6-42] arbeiten, wobei $G \cdot D^2$ in $kp \cdot m^2$ und I in $kg \cdot m^2$ einzusetzen sind.

Die Verfasser appellieren an alle Ventilator- und Motorhersteller sowie Planer und Verkäufer, in Zukunft nur noch das Trägheitsmoment I in $kg \cdot m^2$ zu verwenden.

Der Anlaufvorgang sollte nach etwa 12 s im kalten und im warmen Zustand nach 6 s beendet sein.

Für den praktischen Betrieb des Motors kommt nur der zwischen der synchronen und der Kippdrehzahl liegende, stabile Teil der Motor-Drehmoment-Kurve in Betracht. Das Kippmoment ist in der Regel das größte Moment, das der Motor entwickeln kann. Wird das Ventilatormoment größer als das Kippmoment, so kippt der Motor, d. h., seine Drehzahl fällt auf null ab. Das kann z. B. passieren, wenn bei einem mit der Nenndrehzahl und Nennleistung laufenden Motor die Belastung erhöht wird, z. B. durch Gegendrall vor dem Ventilatorlaufrad oder durch Verringern der Drosselung bei Radialrädern mit steigender Leistungsaufnahmekennlinie (Schaufelaustrittswinkel um 90° und größer, vorwärts gekrümmte Laufschaufeln).

Tabelle 6-8 gibt eine grobe Orientierung für die maximal zulässige Anlaufzeit in Sekunden. Muß ein Motor mehrmals eingeschaltet werden, was in einer Erprobungsphase nicht selten vorkommt, sollten die Tabellenwerte auf 30 bis 50 % reduziert werden. Die Anlaufzeiten sind nicht nur wegen der höheren

Tabelle 6-8. Maximal zulässige Anlaufzeiten des kalten Motors in Sekunden nach [6-41].

Motorleistung in kW	Anlaßverfahren	2 Pole	4 Pole	6 Pole
0,12 bis 0,25	direkt	25	40	40
0,25 bis 0,55	direkt	20	20	40
0,55 bis 1,1	direkt	15	20	40
1,1 bis 2,2	direkt	10	20	40
2,2 bis 3,0	direkt	10	15	30
4	direkt	12	15	20
4	Y/Δ	36	45	60
5,5 bis 7,5	direkt	12	15	20
5,5 bis 7,5	Y/Δ	36	36	60
11 bis 355	direkt	15	15	20
11 bis 355	Y/Δ	45	45	60

Ströme und durch den damit verbundenen Anstieg der Wicklungstemperatur begrenzt, sondern auch durch die thermische Belastbarkeit der Zuleitungen. Richtwerte für die zulässige Einschaltdauer in Abhängigkeit vom Nennquerschnitt sind in der Tabelle 20-22 von [6-20] angegeben, z. B. maximal 4 s bis 6 mm^2 Querschnitt, 15 s bei 35 bis 50 mm^2 und 60 s für Querschnitte >185 mm^2.

Direkteinschaltungen über 3 kW im öffentlichen Netz müssen mit den Energieversorgungsunternehmen abgestimmt werden. Beim Stern-Dreieck-Anlauf muß das Motorschutzrelais auf das 0,58fache des Motornennstromes eingestellt werden. In der Sternstufe sollten etwa 90 % der Nenndrehzahl erreicht werden.

Hat der Anwender die Projektierungsunterlagen der einzelnen Firmen nicht zur Hand, so kann er für erste Überlegungen die Richtwerte der Tabelle 6-9 für Motorenkennwerte in Abhängigkeit von den Leistungen von 1,1 bis 132 kW verwenden.

Ab 55 kW müssen die Nennleistung und die Vorbelastung des Transformators berücksichtigt werden. Bei den in Tabelle 6-9 angegebenen Sicherungswerten ist die Strombelastbarkeit von Leitung und Kabel (Querschnitt und Länge) zwischen Hauptverteilung und Motor zu beachten:

- beim Einschalten Spannungsabfall an den Motorklemmen weniger als 15 %,
- im Betrieb zulässiger Spannungsabfall von maximal 4 %,
- Kurzschlußfestigkeit der Anlage nachrechnen, falls aus technologischen Gründen (Schalthäufigkeit, hohes Anlaufmoment) die angegebenen Werte überschritten werden müssen.

Tabelle 6-9. Richtwerte für kleinste Anlaufsicherung, Wirkungsgrade und cos φ einer Motorenauswahl.

P_N in kW	cos φ des Motors		η des Motors		Ströme bei 380 V in A			Ströme bei 660 V in A	
					I_N	Sicherung 2 Pole	4 Pole	I_N	Sicherung direkt
	2 Pole	4 Pole	2 Pole	4 Pole		Y-Δ/dir.	Y-Δ/dir.		2/4 Pole
1,1	0,85	0,83	0,79	0,77	2,6	-/6	-/4	1,5	6/4
1,5	0,87	0,83	0,78	0,77	3,5	-/10	-/6	2	6/4
2,2	0,87	0,83	0,82	0,81	5,1	6/10	6/10	2,9	10/6
3	0,88	0,84	0,83	0,81	6,6	10/16	10/16	3,5	10/6
4	0,88	0,84	0,84	0,82	8,5	16/20	16/20	4,9	16/10
5,5	0,85	0,85	0,85	0,83	11,5	16/25	16/20	6,7	16/16
7,5	0,86	0,86	0,86	0,85	15,5	20/35	25/35	7,5	25/16
11	0,86	0,86	0,88	0,87	22,5	25/35	35/35	13,1	35/25
15	0,86	0,86	0,89	0,87	30	35/63	35/50	17,5	50/25
18,5	0,87	0,86	0,91	0,88	36	35/63	50/63	21	50/35
22	0,89	0,87	0,92	0,89	43	63/80	50/63	25	50/35
30	0,89	0,87	0,91	0,9	58	80/125	63/80	33	80/50
37	0,9	0,87	0,93	0,9	72	100/125	80/100	42	80/63
45	0,9	0,88	0,93	0,91	85	100/160	100/125	49	100/63
55	0,9	0,88	0,93	0,91	104	125/200	125/160	60	100/80
75	0,9	0,88	0,95	0,91	142	160/200	160/200	82	160/125
90	0,9	0,88	0,95	0,92	169	200/224	200/200	98	160/125
110	0,9	0,88	0,95	0,92	204	224/315	200/250	118	200/160
132	0,9	0,88	0,95	0,92	243	250/315	250/315	140	250/200

Führende Hersteller von Schaltgeräten sind heute in der Lage, durch Kombination von Leistungsschaltern und Schützen sicherungslose Motorabzweige entsprechend DIN VDE [6-45] zu installieren. Die Vorteile sind: hohe Betriebssicherheit, keine Ersatzsicherung notwendig, Wiederinbetriebnahme nach Kurzschluß und Meldung zur Schaltwarte.

6.5 Drehzahlregelung

Mit dem breiten Einzug der Leistungselektronik bei ständig fallendem Kostenniveau sind die wichtigsten elektrischen Drehzahlregelungen für Ventilatoren

- der Drehstrom-Asynchronmotor mit Frequenzumrichter, Spannungssteller oder -regler,

– der regelbare Elektronikmotor und
– der Gleichstrommotor.

Durch den niedrigen Preis des Normmotors wird am Ventilator die Drehzahlregelung weitestgehend mit Frequenzumrichter vorgenommen. Deshalb wird auf diese Regelung im folgenden ausführlich eingegangen.

Die Spannungsregelung von Sondermotoren wird in Komfortklimaanlagen bevorzugt.

Der regelbare Elektronikmotor [6-58] beginnt sich derzeit erst den Ventilatorantrieb zu erschließen, wobei sein hoher Wirkungsgrad ihm die größeren Perspektiven eröffnet.

Der einfach und gut regelbare Gleichstromantrieb hat wegen der hohen Kosten, der erforderlichen Umformung des Drehstromes und der teuren Maschinen und dem Wartungsaufwand der Schleifkohlen stark an Bedeutung verloren. Seine Anwendung beschränkt sich auf Sonderantriebe für Prüfstände oder in Sondernetzen, z. B. bei Bahnen. Mit statischen Gleichrichtern der Leistungselektronik wird der Gleichstromantrieb hinsichtlich der Kosten wieder interessant, wobei sich neue Anwendungsmöglichkeiten ergeben. Die Vorteile des Gleichstromantriebes, wie sein Drehmomentverhalten, einfache Regelbarkeit, gute Meßbarkeit und die sehr gute elektromagnetische Verträglichkeit, machen ihn für Sonderanwendungen unersetzbar und werden ihm wieder breitere Anwendung verschaffen.

6.5.1 Regelung mit Frequenzumrichter

Im Umrichterbetrieb wird der Käfigläufer vom Ständer mit einer veränderlichen Frequenz und gleichzeitig mit linear veränderter Spannung versorgt [6-46] [6-47] [6-48] [6-50] bis [6-53]. Damit wird über den ganzen Frequenzbereich ein konstanter magnetischer Fluß und Schlupf für ein sich einstellendes Moment erzeugt.

Bild 6-11 zeigt die Arbeitsweise der Spannungs-Frequenz-Stellung. In einem Dioden-Gleichrichter 2 erfolgt nach der Netzeinspeisung die Umwandlung in Gleichspannung. Diese wird im Zwischenkreis 3 durch typbedingte Glättungselemente geglättet. Beim Umrichter mit *Spannungszwischenkreis* geschieht das Glätten mit einem Kondensator, beim Umrichter mit *Stromzwischenkreis* mit einer Drosselspule. Spannungszwischenkreisumrichter eignen sich für Mehrmotorenbetrieb und variable Motorleistung. Stromzwischenkreisumrichter haben ein besseres Oberwellenverhalten, arbeiten aber nur mit einer angepaßten Motorleistung.

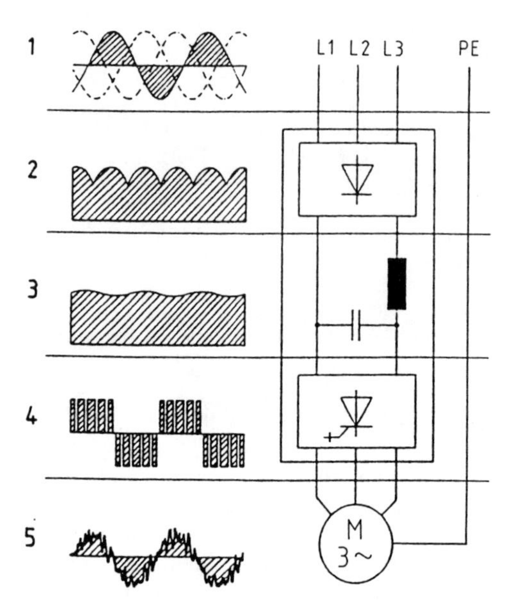

Bild 6-11. Funktionsprinzip eines Frequenzumrichters mit U-I-Kurven, nach [6-47].

1 Leistungsteil; 2 Gleichrichter; 3 Zwischenkreis; 4 Wechselrichter; 5 Motor

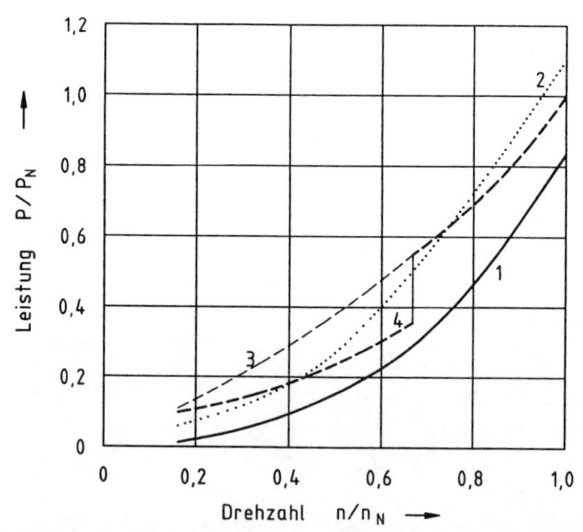

Bild 6-12. Leistungsaufnahme verschiedener Regelsysteme, nach [6-47].

1 abgegebene Leistung an der Motorwelle; 2 Frequenzumrichter;
3 Spannungsregelung; 4 Spannungsregelung mit Polumschaltung

Im nun folgenden Wechselrichter wird je nach Umrichter die Gleichspannung in eine Taktfrequenz von 1 bis 15 kHz zerlegt und mit wechselnd geschalteter Polarität und variabler Frequenz auf die Wicklung des Motors geschaltet. Durch modulierte Pulsbreite wird eine näherungsweise sinusförmige Spannung erzeugt, deren Qualität noch durch eine zusätzliche Glättungsdrossel verbessert werden sollte. Diese ist selten bereits eingebaut und muß für höhere Ansprüche extra bestellt werden (!). Als günstig gegen Oberwellen haben sich Taktfrequenzen von 5 bis 7 kHz erwiesen, die nachträglich typenabhängig eingestellt werden können.

Durch die *Energieeinsparung* und die *Senkung des Schalleistungspegels* ($L_P \approx 55 \lg u_2$) bei der Drehzahlregelung von Ventilatoren nimmt der Einsatz der Umrichter zu. Ihre relativ hohen Anschaffungskosten im Angebot der Anlagen- und Ventilatorhersteller gegenüber der späteren Betriebskosteneinsparung beim Betreiber führten bisher offenbar zu Hemmnissen. Bild 6-12 zeigt einen Vergleich des Energieaufwandes verschiedener Regelungsarten.

Die *wesentlichsten Einsatzkriterien* des Umrichters sind

- Regelbereich mindestens 70 bis 100 % des Volumenstromes,
- häufiger Betrieb im Teillastbereich;
- Lösung von Anlaßproblemen durch sanftes Anlassen des Motors bei großem Rotorschwungmoment, bei weichen Netzen oder bei hoher thermischer Motorbelastung;
- relativ große Antriebsleistung zum 1. und 2. Anstrich;
- die Kennlinie der raumlufttechnischen Anlage (RLT) bzw. des RLT-Gerätes muß die Drehzahlregelung zulassen (Rohrleitungsparabel);
- hohe Maschinenauslastung;
- ausreichend flache Leistung-Volumenstrom-Kennlinie des Laufradtypes (bei Axialrädern bzw. bei Radialrädern mit $\beta_2 < 90°$, siehe Abschnitt 5).

Die Anschaffungskosten je Umrichter betragen derzeit 0,5 bis 1,0 TDM/kW je nach Hersteller, Stückzahl und Lieferbeziehung mit sinkendem Betrag bei größeren Leistungen. Vorteile bringt hier der Mehrmaschineneinsatz je Umrichter. Maschinen mit umschaltbaren Polzahlen bietern die Möglichkeit der gestuften Drehzahlregelung bei verschiedenen Polzahlen. Erfahrungen zeigen, daß besonders bei den Frequenzumrichtern die Qualität ihren Preis hat, die sich beim Anwender z. B. durch bessere Sinussignalqualität, besseres Geräuschverhalten und insgesamt problemarmer Applikation auszahlt.

Die Energiekosteneinsparung pro Jahr durch den Umrichtereinsatz kann bei Einhaltung der o. g. Einsatzkriterien überschlägig nach [6-49] berechnet werden:

$$EKE = P_N \cdot f \cdot t \cdot k_f \text{ in DM/a}$$

mit f = 0,47 gegenüber Drossel- und f = 0,27 gegen Drallregelung, t Betriebsstundenzahl je Jahr und Kostenfaktor k_f = 0,22 in DM/kW·h. Die genaue Einsparung kann aus der Differenz der Leistungskennlinien im Bild 6-12 für Drossel- oder Drallregelung und Drehzahlregelung für den jeweiligen Radtyp ermittelt werden. Dabei sind im Regelbereich zwei oder drei Punkte auszurechnen und mit der jeweiligen geschätzten Betriebshäufigkeit zu multiplizieren, wobei im 50-Hz-Nennpunkt eine Verbrauchserhöhung durch den Umrichterverlust entsteht, der subtrahiert werden muß:

$$EKE = \left[E - \sum_{x} \frac{P_{x,L} \cdot t_{x,Betr}}{\eta_{Mot,x} \cdot \eta_{Umr,x}} \right] k_f \quad \text{in DM/a}$$

mit E Gesamtenergiekosten je Jahr bei ungeregeltem Betrieb und den Teillastwerten bei x.

Auswahlkriterien für den Frequenzumrichter sind

- Lieferantenwunsch des Kunden, Qualitäts- und Kostenniveau,
- Antriebspaket aus einer Hand (Motor + Umrichter),
- Steuer- und Regelungsmöglichkeiten,
- Leistunganpassung an Motor mit möglichen Zusatzoptionen wie großer Regelbereich, z. B. Rundlauf unter 10 Hz, Ausblenden von kritischen Frequenzen (Resonanzschwingungen beim Ventilator), Einstellen der Anfahrrampe wegen Netz- bzw. Motorbelastung.

Beim Vergleich der Anschaffungskosten der Regelungsvarianten muß berücksichtigt werden, daß mechanische Regelungsorgane wie Drallregler, Stellantrieb, ggf. Ventilatoranhalte- und Feststellbremse und evtl. Anfahrhilfen entfallen.

Etliche der in der Tabelle 6-10 angeführten Applikationsvorteile müssen jeweils als Option gesondert bestellt werden, da die Grundvarianten kostengünstig ausgerüstet sind.

Projektierungshinweise

Die Einsatzfälle sollten nach folgenden Gesichtspunkten spezifiziert werden:

- Umrichterscheinleistung nach den Tabellen der Hersteller an die Motorleistung anpassen,
- Lastmomentenkurve des Ventilators muß unter der Momentengrenzkurve des Motors (Bild 6-13) liegen und bestimmt die Drehzahl,
- Volumenstromregelbereich bestimmt den Drehzahlsoll-Regelbereich,
- Ventilator muß im gesamten Regelbereich resonanzsicher sein (evtl. Sonderoptionen mit Ausblenden bzw. Schnelldurchlauf der Resonanzfrequenzen).

Tabelle 6-10. Vorteile beim Einsatz des Frequenzumrichters.

Antriebsproblem am Ventilator	Vorteil des Frequenzumrichters
– Energieverbrauch Teillastgebiet	Energieeinsparung durch Drehzahlsenkung
– Lärmemission bei Teillast	sinkender Schallemissionspegel
– Überlastschutz, Kippschutz	Betrieb an Motornennstromgrenze
– hoher Anfahrstrom	langsamer Hochlauf unter I_N
– hohes Anlauf-,Rotorschwungmoment bei Ventilatoren	Hochlauf an quadratischer Momentenkennlinie beliebig einstellbar
– Drehmomentanpassung	Momentenkennlinie variierbar
– hohe Schalthäufigkeit	sanfter Anlauf ohne Einschaltstoß
– lastbedingte Drehzahlschwankung	Schlupfkompensation möglich
– genaue Betriebspunkteinstellung	Drehzahlfestwerte programmierbar oder Steuerung über Analogeingang
– Resonanzfrequenzen der Maschine unterhalb der maximalen Drehzahl	Ausblenden einzelner mittlerer Frequenzen, Einstellbarkeit der unteren und oberen Drehzahlgrenzen
– Überbrückung kurzer Netzausfälle	Umrichter mit Pufferbatterie zur Motorfangschaltung möglich
– Aufschalten bei laufendem Ventilator	Fangschaltung möglich
– Wartung und Verschleiß der Regelorgane	entfällt
– geforderte hohe Regeldynamik	sehr hoch, hängt nur noch vom Motornennstrom ab im Hochlauf- und Bremsbetrieb
– Regelung des Anfahr-, Abfahrverlaufes	Anfahr- und Abfahrzeitrampen einstellbar
– Netzbelastung Anfahrstrom	beschränkt auf Nennstrom
– Motor wird bei Überschreitung der Hochlaufzeit größer gewählt	entfällt durch sanftes Anlassen
– Blindleistungsverbrauch	Blindleistungskompensation
– Rechts- oder Linkslauf	Drehrichtung wählbar, umkehrbar
– Staubanbackung bei hoher Drehzahl am Laufrad	Verminderung der Unwuchtkräfte durch Drehzahlabsenkung
– Fehlersuche bei Antriebsausfall	Anzeige der Fehlerdiagnose über Fehlercode
– Störquelle durch Ausfall des Umrichters	Umschaltung auf Direktnetzbetrieb möglich
– Regelbereichsbegrenzung Abrißgebiet oder Pumpgebiet	Regelgrenzen programmierbar
– Automatisierbarkeit prozeßgrößenabhängig	Steuerung über Analogeingang oder Schnittstelle

Tabelle 6-10.

Antriebsproblem am Ventilator	Vorteil des Frequenzumrichters
– Drehzahlmessung	Frequenzanzeige proportional zur Antriebsdrehzahl
– Betrieb in verschiedenen festen Arbeitspunkten möglich	feste Drehzahl-Betriebsstufen programmier- und ansteuerbar
– Anzeige Motornennstrom	eingebaute Strom-Prozentanzeige (nur Orientierungswerte)

Regel- und Steuersonderoptionen werden vom Anwender bestimmt.

Die Resonanzfrequenzen des Ventilators im Drehzahlregelbereich können mit einer Nachlaufkurve nachgewiesen werden (Abschnitt 11). Bild 6-13 zeigt die Belastbarkeit des Motors in Abhängigkeit von der Art der Belüftung über dem Drehzahlbereich.

Die *Nachteile* aus Tabelle 6-11 beim Einsatz des Frequenzumrichters sollten im Bedarfsfall mit den genannten Maßnahmen kompensiert werden.

Meßtechnische Probleme bei Umrichterbetrieb

In der Regel erfolgt die Messung von Strom und Leistung vor dem Umrichter, also netzseitig. Diese Messung ist jedoch auf Grund der vorliegenden Abwei-

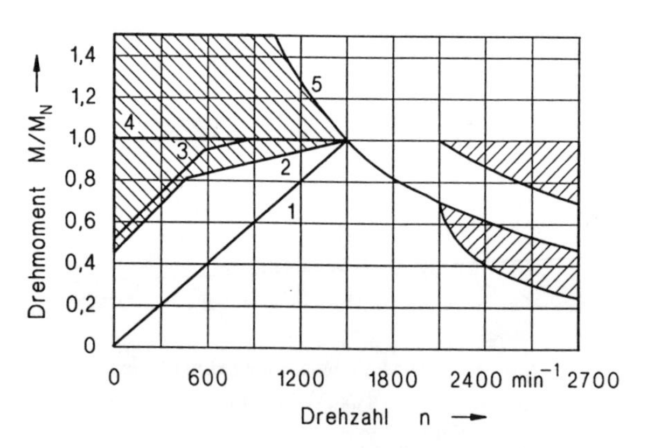

Bild 6-13. Zulässige Belastbarkeit eines Motors mit Frequenzumrichter, nach [6-47].

1 Wellenleistung; 2 Drehmomentkennlinie für Dauerbetrieb mit Eigenbelüftung;
3 wie 2 bei Aussetzbetrieb S 3 ED 25 %; 4 wie 2 bei Fremdbelüftung;
5 +1,5fache Kurzzeitlast des Nennmomentes

Tabelle 6-11. Probleme und Nachteile beim Einsatz des Frequenzumrichters.

Applikationsproblem/-nachteil	Applikationshinweis
hohe Anschaffungskosten	Mehrmaschinenbetrieb, Kauf Antriebspaket, Markenauswahl nur so gut wie nötig
größerer Applikationsaufwand	Umrichterhersteller übernimmt mit Ventilatorhersteller z. T. Applikation
Durchfahren von Resonanzen der Maschine im Drehzahlregelbereich oder Betrieb in Resonanz führt zu – Schwingung von Bauteilen, – Schwingung des Rotorsystems, – Schwingung der Gesamtmaschine bis zu Maschinenschäden und bis zur Lärmemission lästiger Frequenzen sowie Anhebung des Gesamtlärmpegels	ausblendbare Frequenzen bei einigen Typen gestatten schnelles Durchfahren und keinen Betrieb im Resonanzbereich, Betrieb nur im nötigen Bereich, Bestellung von resonanzsicheren Ventilatoren im geforderten Regelbereich, Nachrüstung von Umrichtern in alten Anlagen, Resonanzsicherheit der Ventilatoren prüfen
Oberwellen mit relativ großer Amplitude im Motornetz bedingen – Schwingungsanregung in Maschine bei kritischen Frequenzen, – Maschinenanregung und Emission von akustisch lästigen Frequenzen, – Senkung des Umrichter-Motor-Wirkungsgrades, – elektromagnetische Störungen	Oberwellen im Motornetz können reduziert werden durch – Einkauf von Markenfirmengerät, – Einsatz von Dämpfungsdrosseln im Motornetz, – Wahl von Umrichter mit günstiger Taktfrequenz (rd. 7 kHz) (Low-Noise-Varianten)
schlechter Rundlauf im unteren Frequenzbereich $f_u = 1$ bis 5 Hz	Bestellung von Sondermodifikationen für niedrige Frequenzen, Einkauf von Markenfirmengerät
Oberwellen mit relativ großer Amplitude in der Netzrückwirkung zum Speisenetz führt zu – Netzverseuchung durch Überschreitung der zulässigen Oberwellenamplitude nach VDE 0160 [6-54] im Netz, – Störung von Meßgeräten und Computern im Ortsnetzbereich	Einsatz von Netzdrosseln, Trennung von Netz- und Steuerteil im Umrichter
vagabundierende magnetische Störungen im Umrichter- und Motornetz	Einsatz von geschirmten Motornetzkabeln bei Länge >5 m, Verlegung der Kabel max. 300 m in extra Kabelkanälen und Kabeltrassen nicht zusammen mit Signalkabeln, Signalkabel und Meßgeräte im Bereich gut abschirmen

chung vom Sinussignal und der Oberwellenamplituden gegenüber Messungen zum normalen Netzbetrieb des Motors (siehe Abschnitt 6.6) mit größeren Fehlern behaftet. Die Spannung kann mit speziellen Geräten noch brauchbar gemessen werden. Strommessungen sind unsicher und erfordern einen hohen gerätetechnischen Aufwand. Ein vom EVU geeichter Leistungszähler der Klasse 0,5 ist hier noch praktikabel.

Aber auch spezielle Meßgeräte für hohe Frequenzen können nicht die von DIN 24 163 geforderte Fehlergrenze von 1 % der Meßwerte bei Netzbetrieb einhalten. Voraussetzung für die Messung ist, daß die auftretenden Oberwellen ein bestimmtes Maß von maximal U/U_N = 5 % nicht überschreiten [6-54]. Ist dies nicht der Fall, muß die Sinusqualität des Stromes durch den Einsatz von Netzdrosseln verbessert werden.

Strommessungen zwischen Umrichter und Motor sind mit Dreheiseninstrumenten, Thermoumformern und speziellen Digitalmeßgeräten für die Praxis brauchbar. Aber die Spannung ist schwierig meßbar. Die nach [6-55] am Impulsanfang beim Umrichter auftretende Spannungsspitze bis zu 4 kV/μs (nach [6-56] sind 0,5 kV/μs zulässig) führt zur Meßwerksübersteuerung bzw. zum Anzeigenüberlauf bei Digitalgeräten.

Der Nachweis der elektrischen Leistung am Ventilator mit Strom- und Spannungsmessung ist mit genügender Genauigkeit nur im Nennpunkt des Motors, d. h. bei Nennstrom, Nennmoment und 50 Hz, möglich. Auch hier kann im Frequenzregelbereich die Forderung von DIN 24 163 mit ± 1,0 % nicht erfült werden. Zur Zeit arbeiten die Fachleute noch an einer praktikablen Meßmethode. Brauchbare Übersichtswerte sind, wie die Tabelle 6-12 an Hand von Meßwerten im Motornetz, d. h. zwischen dem Motor und dem Umrichter eines führenden Herstellers zeigt, mit ausgewählten Geräten möglich.

Tabelle 6-12. Meßwerte zwischen einem Motor und dem Umrichter eines führenden Herstellers.

Nr.	f Hz	I_1 A	I_2 A	I_3 A	U_4 V	U_5 V	Meß- bereich	Meß- größe	Typ	Klasse	Art
1	10	3,7	3,7	2,7	119,5	87,0	6 A	I_1	HL2A	0,5	Dreheisen
2	20	4,1	4,11	3,7	236,0	157,0	10 A	I_2	G1004	1,25	digital
3	30	4,27	4,37	4,3	320,0	227,0	10 A	I_3	Pk210	2,5	Stromzange
4	40	4,78	4,78	4,8	364,0	294,0	<600 V	U_4	EL20	0,2	elektrodyn.
5	50	5,95	5,98	5,99	416,0	–	<1000 V	U_5	G1004	1,0	digital

Die Qualität des Umrichters kann durch relativ einfache Messungen der Oberwellenhaltigkeit im Motornetz mit Stromwandler und Signalanalysegerät be-

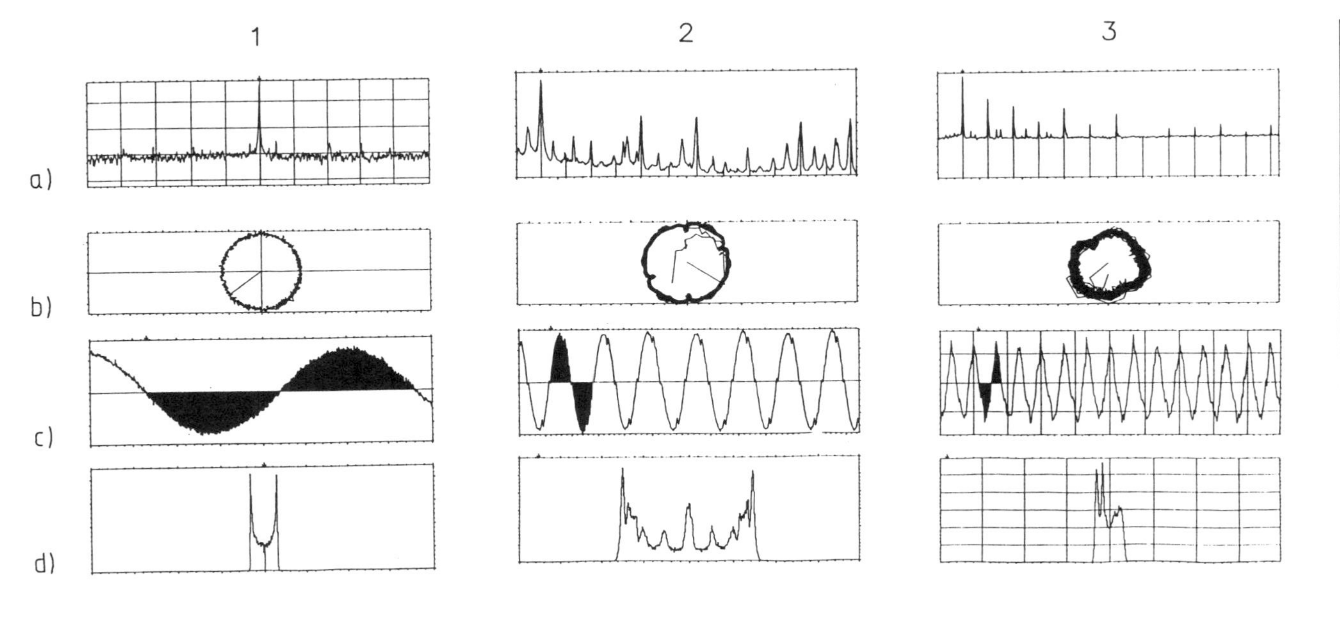

Bild 6-14. Spannungssignalanalyse mit Signalanalyse-Gerät B & K 2034 zwischen Umrichter und Motor an einem Ventilator mit D = 525 mm, n =1470 min^{-1} und 2,2 kW.
a) Frequenzspektrum von 0 bis 400 Hz mit logarithmischer Spannungsachse;
b) Nuyquist-Funktion des Spannungs-Zeit-Signales;
c) Zeitsignal der Spannung;
d) Verteilungsdichte der Amplitude.

1 Prüfgerät-Sinus bei 30 Hz gezoomt; 2 Umrichter PIV Reimers bei 30 Hz; 3 Umrichter minderer Qualität eines Wettbewerbers

stimmt und beurteilt werden. Schon die Darstellung dieses Signals auf einem Oszilloskop zeigt gut sichtbare Abweichungen zum Kreis. Genauere Vergleiche sind mit Laboranalysatoren möglich, mit denen auch das Verhältnis von Sinusamplitude und Gesamtsignal festgestellt werden kann. Bild 6-14 zeigt Funktionsplots aus der Analyse im Motornetz mit dem Schmalbandanalysator 2034 von Brüel&Kjaer (B&K) für gute Umrichter und Umrichter minderer Qualität im Vergleich zum idealen, gezoomten Sinussignal bei Motornetzfrequenz. Aus dem Verhältnis der Werte der Amplitude bei Regelfrequenz zum Totalwert über den Frequenzbereich kann der Oberwellenanteil abgeschätzt werden. Im Spektrum sind die in der Regel auftretenden 1.,3.,5.,7.,11.,13. und 15. Ordnungen der Frequenz sichtbar.

6.5.2 Spannungsstellung

Die Drehzahlregelung mit einfacher Spannungsstellung oder -regelung erfolgt im unteren Leistungsbereich bis 10 kW an Einphasen- und Dreiphasenmotoren als Alternative zum Frequenzumrichter als Spannungsteiler von Hand in Stufen mit Anzapfungen bzw. stufenlos mit einem Potentiometer. Leistungen bis 100 kW werden vorzugsweise mit Fremdkühlung und elektronischer Spannungsregelung ausgeführt, z. B. wie bei der ZETAVENT-Reihe von Ziehl-Abegg [6-47].

Wie im Bild 6-15 erkennbar, erzeugt ein Regelgerät mit Thyristorgleichrichtern nach dem Prinzip der Phasenanschnittsteuerung bei konstanter Frequenz eine Stellspannung. Diese ist im vorliegenden Fall mit einem Drehzahlregelkreis zur Laststabilisierung ausgestattet und kann, ähnlich wie beim Umrichter, mit analogen Prozeßsteuersignalen geregelt werden.

Bei der Spannungsabsenkung (Bild 6-16) tritt durch höhere Strombelastung im unteren Drehzahlbereich eine höhere thermische Motorbelastung auf. Deshalb können keine Normmotoren, sondern nur dafür ausgelegte Sondermotoren eingesetzt werden, deren Nenndrehzahl dafür zusätzlich abgesenkt wird. Für größere Leistungen ist außerdem eine Fremdbelüftung erforderlich.

Spannungsregler werden meist in der Klimatechnik angewendet, wo Wert auf günstiges Geräuschverhalten und gute elektromagnetische Verträglichkeit gelegt wird. Gegenüber der Frequenzstellung bestehen folgende Vorteile [6-57]:

- höhere Energieeinsparung im oberen Teillastbereich,
- geringere Oberwellen im Motornetz und in der Netzrückwirkung, damit niedrigere Funkstörgrade und weniger zusätzlicher Lärm- und Schwingungsemission durch Oberwellen,
- Erhöhung der Energieeinsparung im Teillastgebiet durch polumschaltbare Motoren,

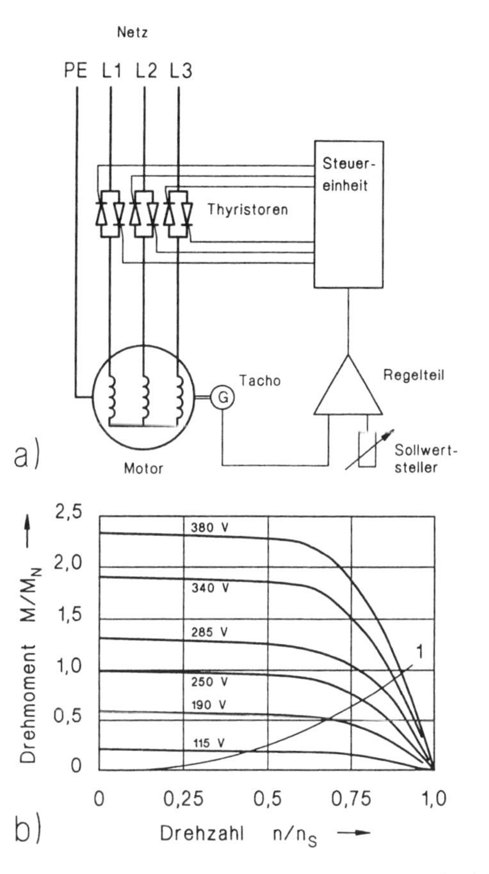

Bild 6-15. Spannungsregelung ZETAVENT, nach [6-47].
a) Prinzipschaltbild;
b) Drehmoment-Drehzahlkennlinie.

- Mehrmaschinenantrieb durch einen Regler.

Nachteile und Einsatzprobleme für Spannungsregler:

- höheres Kostenniveau der Sondermotoren gegenüber preiswerten Normmotoren,
- Drehzahlsteigerung und Überbelastung sind sehr begrenzt,
- größerer Platzbedarf für Motor- und Steuergerät,
- Kauf nur als Antriebspaket möglich, geringe Anbieterbreite, Normmotoren nicht einsetzbar.

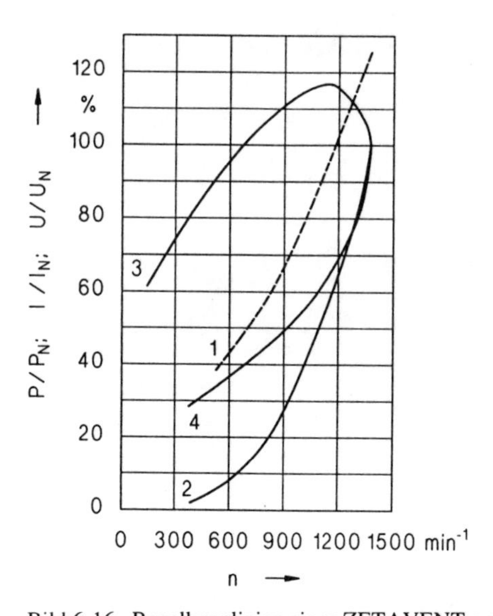

Bild 6-16. Regelkennlinien eines ZETAVENT-getriebenen Ventilatormotors, nach [6-58].

1 Leistungsaufnahme; 2 Wellenleistung; 3 Motor-Stromaufnahme; 4 Motorspannung

6.5.3 Elektronikmotor

Bereits einige Jahre im Werkzeugmaschinenbau angewendet, beginnt sich der elektronisch kommutierte Motor, Elektronik-Motor (EC-Motor) genannt, erst jetzt das Gebiet der geregelten Ventilatorenantriebe zu erschließen. Er zeichnet sich durch einen für Elektromotoren sehr hohen Wirkungsgrad bis 90 % beim $\cos \varphi \approx 1$ aus [6-58]. Damit ist er im unteren Leistungsbereich jedem Normmotor mit 77 bis 82 % Wirkungsgrad und jeder Frequenzumrichterregelung (77 bis 80 %) überlegen. Seine Vorteile entstehen durch die entfallende Magnetisierungsenergie, da das Magnetfeld mit Permanentmagneten erzeugt wird. In Abhängigkeit von deren Winkellage, die über einen Lagegeber erfaßt wird, wird ein elektronisch gesteuertes Drehfeld jeweils gegenüber in der Spule erzeugt. Über deren Kraftwirkung und Winkelversatz entsteht das Drehmoment. Die Dichte des Permanentmagnetfeldes bestimmt die Leistungsgrenze und ist durch die Qualität des Werkstoffes begrenzt. Das Antriebsverhalten ähnelt dem einer Gleichstrom-Nebenschluß-Maschine [6-58]. Derzeit werden nur Außenläufermotoren bis 3,5 kW angeboten. Diese Regelungsart, deren Einsatzvorteile und -nachteile denen des Frequenzumrichters ähneln, ist für die preiswerten Normmotoren nicht möglich.

6.6 Anschließen und Inbetriebnehmen des Ventilatormotors

Folgende Gesichtspunkte sind beim Anschluß und bei der Inbetriebnahme zu beachten:

- Vergleich der Netzspannung des Motors mit der des Netzes;
- Vergleich der Betriebsbedingungen der Anlage mit der Dokumentation, z. B. Bauform, Aufstellungshöhe, Umgebungstemperatur, Ausrichtung;
- Schaltungsart beachten, z. B. Polumschaltung;
- Sicherungsstromstärke nach Tabelle 6-9 überprüfen;
- bei Frequenzumrichterantrieb Leistungsreduzierung des Motors bei niedrigen Drehzahlen z. B. wegen der Kühlung des Motors und wegen der Länge der Motorzuleitung beachten,
- Prüfen der zulässigen Schaltungsart des Motors, wenn die Netzverhältnisse den Stern-Dreieck-Anlauf erfordern, falls ja, müssen die Brücken aus dem Motorklemmbrett entfernt sein;
- Kontrolle des Motoranschlusses, wie Leitungsquerschnitt und -länge, Strombelastbarkeit und Spannungsabfall, vorgeschaltete Sicherung und Schleifenwiderstand der elektrischen Anlage;
- Nachziehen der Anschlußverbindungen bei Alu-Kabeln nach ein bis zwei Tagen;
- Anzugsmomente nach [6-59] beachten, z. B. bei M 8 etwa 6 N·m;
- feindrähtige bzw. mehrdrähtige Leiter müssen beim Anschluß an den Motorklemmen durch Löten oder Pressen gegen das Abspleißen der einzelnen Leiter gesichert sein;
- Kontrolle des Mindestisolationswertes von 4 bis 5 MΩ bei 400 V Betriebsspannung und 25 °C mit einer Mindestmeßspannung von 500 V Gleichspannung;
- Luftabstände der Klemmverbindungen zwischen den Leitern 8 mm;
- Schutzleiter an der vorgesehenen Schutzleiteranschlußschraube,
- Leistungsreduzierung bei Aufstellung über 1000 m geodätischer Höhe;
- Schutzart (IP 54, IP 55, IP 56) und Dichtheit der Kabeleinführung gemäß Umgebungsbedingungen kontrollieren;
- Kontrolle der Drehrichtung entsprechend der Ventilatordrehrichtung (!);

- Kontrolle des Freilaufes des Laufzeuges, z. B. bei kleineren Maschinen durch Drehen mit der Hand;
- bei Schweranlauf von Radialventilatoren Drallregler bzw. Drosselklappen schließen, bei axialen Ventilatoren Bypass bzw. Druckseite öffnen;
- Anzeigen der Schutz- und Überwachungseinrichtungen mit den Projektdaten vergleichen;
- Kontrolle der Laufruhe;
- beim Einschalten Unbefugte fernhalten.

Beim *Anlassen der Motoren* dürfen die in den Tabellen 6-2, 6-4 und 6-7 angegebenen Werte nicht überschritten werden. Ist das nicht möglich, muß eines der Anlaß- und Regelverfahren der Tabelle 6-2 angewendet werden.

Das einfachste und billigste Anlaßverfahren ist die weit verbreitete Stern-Dreieck-Schaltung (Bild 6-17). Beim Anschluß an den Motor müssen die Brücken im Motorklemmkasten (siehe Bild 6-6) entfernt und die sechs Wicklungsenden einzeln mit den entsprechenden Kontakten des Schalters verbunden werden.

Besonders günstig für das Anlassen sind die im Abschnitt 6.4 beschriebenen elektronischen Regelverfahren, bei denen eine sogenannte Anfahrrampe eingestellt werden kann. Abgerüstete preiswerte Varianten dieser elektronischen Regelverfahren dienen als *Sanftanlasser*.

Bei allen Arbeiten an elektrischen Anlagen sollten die fünf Sicherheitsregeln nach VDE 0105 [6-29] beachtet werden:

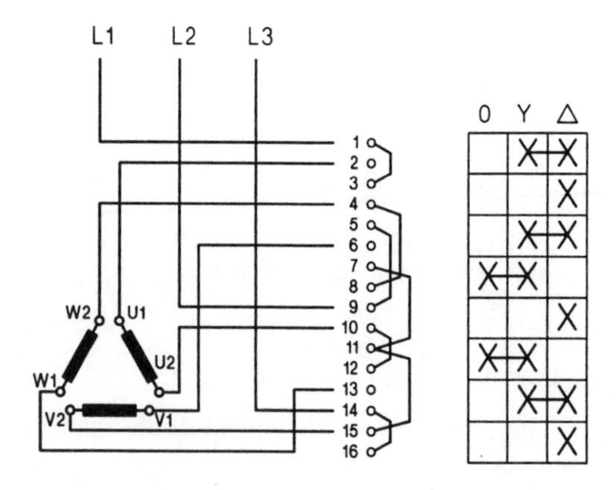

Bild 6-17. Handschalter für Stern-Dreieck-Schaltung zum Anlassen eines Motors.

1. Freischalten (spannungslos machen),
2. gegen Wiedereinschalten sichern,
3. Spannungsfreiheit feststellen,
4. Erden und Kurzschließen bei Anlagen über 1000 V,
5. benachbarte, aktive Teile abdecken.

Der Einsatz nicht qualifizierten Personals ist unzulässig [6-29]. Bei Unfällen und Bränden sind die zutreffenden Anleitungen und Merkblätter zu beachten [6-60] [6-61].

6.7 Leistungsmessungen an Motoren

Leistungsmessungen an Motoren [6-62] bis [6 67] dienen der Ermittlung seiner Kennwerte in Abhängigkeit von der Belastung. Sie werden auf standardgemäß ausgeführten Prüfständen vom Hersteller oder von neutralen Gutachterstellen, seltener vom Anwender durchgeführt. Die gemessenen Werte I, cos φ, P_1, η, n und der Schlupf s werden im Leistungsschaubild in Abhängigkeit von der abgegebenen Leistung P_2 am Wellenstumpf aufgetragen. Bild 6-7 zeigt z. B. das Leistungsschaubild für einen Motortyp, bei dem die dimensionsbehafteten Größen auf die Nenngrößen bezogen wurden.

Liegt für den Antriebsmotor des zu untersuchenden Ventilators keine Prüfstandsmessung vor, kann man das Leistungsschaubild des Herstellers für den betreffenden Typ verwenden, wobei Abweichungen bis zu 2 % möglich sind.

Oft sind Messungen auf Baustellen zum Nachweis der im Vertrag vereinbarten Parameter der Ventilatoranlagen oder zu deren optimalen Anpassung erforderlich. Hierzu ist die Bestimmung der Leistung P_2 am Motorwellenstumpf notwendig. In der Praxis sollten aus Kosten- und Zeitgründen zunächst erste, schnelle und einfache orientierende Messungen durchgeführt werden, da fachgerechte Leistungsmessungen wegen des Zeit- und Kostenaufwandes und der notwendigen Fachkenntnis nicht immer möglich sind.

Wichtigste Meßgröße ist der Strom I_M. Ist dieser bekannt, wird die am Wellenstumpf des Motors abgegebene Leistung P_2 aus dem vom Motorhersteller mitgelieferten Kennfeld direkt abgelesen bzw. aus einem dimensionslosen Typenkennfeld analog Bild 6-8 durch Division mit den Nenndaten I_N und P_N des Typenschildes einfach berechnet. Liegt das Kennfeld nicht vor, kann, wenn die Leistung vom Nennpunkt abweicht, die aufgenommene Motorleistung P_1 mit der Beziehung

$$P_1 = I_M \cdot U_M \sqrt{3} \cdot \cos\varphi \quad \text{in W} \tag{6.15}$$

berechnet werden, wobei der cos φ-Wert dem Bild 6-7, der Tabelle 6-7 bzw. leistungs- und drehzahlbezogen der Tabelle 6-9 entnommen wird.

Fehlen zur Ermittlung von P_2 die o. g. Motorunterlagen, hilft in erster Näherung eine Kennlinie $P_2 = f(P_1)$, die man sich mit den Daten des Typenschildes vom Motor konstruieren kann. Bild 6-18 zeigt eine solche Kennlinie für eine 5,5-kW-Maschine mit 1440 $\min^{-1}$. Mit den Typenschilddaten $I_N = 12$ A, $U_N = 380$ V und $\cos\varphi = 0{,}85$ ergibt sich nach Gl. (6.15) für die zugeführte Leistung $P_{1,N} = 12 \cdot 380 \cdot 1{,}73 \cdot 0{,}85 = 6{,}7$ kW im Nennpunkt. Die Leistungskurve beginnt bei einer Leerlaufleistung $P_{1,L}$ von 10 % und geht dann etwa in der im Bild 6-18 gezeigten Form bei etwa 1 kW in eine annähernde Gerade über, die im Wertepaar 6,7/5,5 endet.

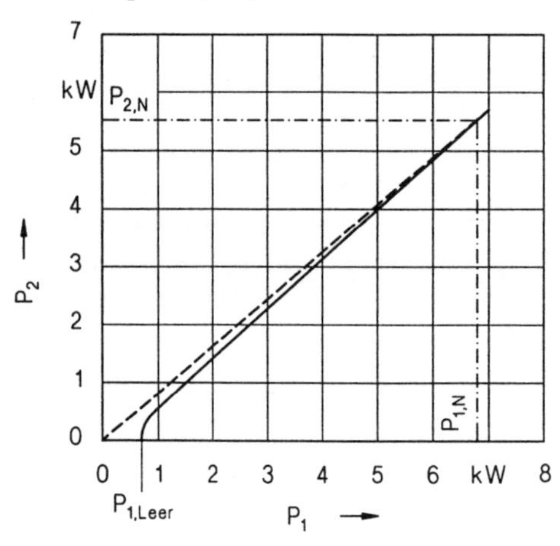

Bild 6-18. Angenäherte Kennlinie $P_2 = f(P_1)$ eines Motors älteren Typs.

Kleinere Ströme bis etwa 30 A können ganz einfach mit preiswerten *Einschraubamperemetern* gemessen werden, die sich direkt in der Einschraubfassung befinden. Die Genauigkeit liegt bei 2 bis 3 %. Diese Arbeiten können von unterwiesenem Personal durchgeführt werden.

Einfach in der Anwendung sind auch *Stromzangen* mit Speicherung des gemessenen Wertes für verschiedene Meßbereiche bis 1000 A. Die Lage des einzelnen Leiters in der Zange kann beliebig sein, jedoch muß letztere während der Messung fest geschlossen sein. Mögliche Anlegestellen sind

- vor und nach der Sicherung, den Schaltgeräten bzw. den Wärmerelais,
- am Anschlußpunkt des Motorkabels in der Niederspannungsverteilung bzw.
- im Klemmenkasten des Motors.

Aufwendiger sind *Zangen-Wattmeter*, die aber bereits den cos φ während der Messung berücksichtigen. Sie arbeiten ähnlich wie die Stromzange, wobei zur Leistungsermittlung zusätzlich die Leiter-Erde-Spannung des zu messenden Leiters mit den mitgelieferten Isolierklemmen abgegriffen werden muß. Die Messung mit dem Zangen-Wattmeter entspricht der Einwattmetermethode. Bei der Auswertung muß deshalb bei Drehstrommotoren eine Addition der einzelnen Phasen vorgenommen bzw. in erster Näherung der Wert einer Phase mal drei genommen werden.

Bei der Benutzung eines der üblichen Wirkverbrauchzähler (Kilowattstunden-Drehstromzähler) sollte man wenigstens 5 bis 10 Umdrehungen der Ankerscheibe stoppen, damit der Zählerfehler von 2 % nicht durch subjektiven Einfluß weiter vergrößert wird. Der Meßwert sollte dabei mindestens 20 % der Zählerleistung betragen, wobei Auslastungen bis 200 % bei der angegebenen Genauigkeit möglich sind. Wird die Zählerkonstante c_Z in Umdrehungen je kWh angegeben, dann ergibt sich die Leistung zu

$$P_1 = \frac{3600\,U}{t \cdot c_Z}\, c_I \cdot c_U \text{ in W} \qquad (6.16)$$

mit U Anzahl der Umdrehungen, t gestoppte Zeit in s und den Konstanten c_I bzw. c_U von evtl. vorhandenen außerhalb des Zählers befindlichen Strom- bzw. Spannungswandlern.

Zur genaueren Bestimmung der Eingangsleistung P_1 an Ventilatorenmotoren ist die *Dreiwattmeter-Methode* der Standard sowohl bei Prüfstandsmessungen als auch auf der Baustelle. Bei symmetrischer Belastung des Drehstromnetzes durch den Motor, wie es in der Praxis im allgemeinen der Fall ist, kann man mit nur zwei gleichen Wattmetern sowohl die Leistung P_1 als auch den cos φ ermitteln. Beim Einsatz dieser Schaltung, auch Aronschaltung genannt, *vor elektronischen* Stelleinrichtungen, z. B. vor Frequenzumrichtern (siehe Abschnitt 6.4), können allerdings Fehler bis 10 % auftreten. Hierfür werden Kilowattstunden-Drehstromzähler empfohlen [6-69], wobei mit maximalen Fehlern bis 5 % zu rechnen ist.

Die Leistungsmessung zwischen Umrichter und Motor ist wegen der Spannungsspitzen und Oberwellen noch umstritten. Eine Verbesserung scheint durch den Einsatz von Sinusfiltern zwischen Umrichter und Motor möglich, die zum Schutz des Motors und zum Nachrüsten u. a. auch älterer (Spezial-) Motoren zunehmend Anwendung finden.

Die Strommessung mit z. B. Dreheisenmeßgeräten, Thermoumformern und Stromzangen bzw. mit geeigneten Digitalmeßgeräten ergibt für die Praxis brauchbare Werte. Die bei größeren Strömen notwendigen Wandler haben hier keinen Einfluß.

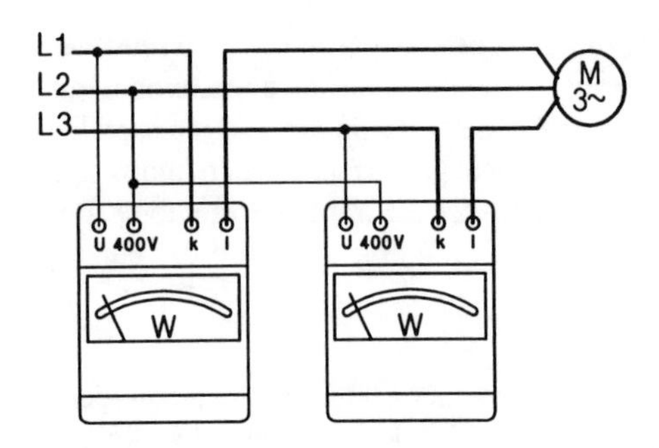

Bild 6-19. Grundschaltbild der Zweiwattmeter-Methode.

Bei der Schaltung der Zweiwattmeter-Methode (Bild 6-19) müssen die Stromspulen auf den gleichen Leiter geschaltet werden. Zwischen den Leitern liegen die Spannungsspulen, wobei ein Ende derselben immer auf dem nicht zu messenden Leiter liegt. Schlägt ein Wattmeter negativ aus, muß, wenn cos φ noch größer als 0,5 ist, die Spannungsspule umgepolt werden. Wegen der induktiven Belastung des Motors kommt es in Abhängigkeit des cos φ zu unterschiedlichen Ausschlägen der zwei Wattmeter. Sind a_1 und a_2 die Ausschläge der zwei Wattmeter, so ergibt sich mit a_1 als größerem Ausschlag

$$\tan\varphi = \sqrt{3}\,\frac{a_1 - a_2}{a_1 + a_2} \text{ und } \cos\varphi = \frac{1}{\sqrt{1+\tan^2\varphi}}. \qquad (6.17)$$

Damit ist die dem Motor zugeführte Leistung

$$P_1 = a_1 + a_2 \quad \text{in W}, \qquad (6.18)$$

oder wenn mit Vorwiderständen für die Spannungspfade bzw. mit Stromwandlern gearbeitet wird, wobei k_U und k_I die entsprechenden Faktoren sind:

$$P_1 = (a_1 \pm a_2)\,k_U \cdot k_I \quad \text{in W}. \qquad (6.19)$$

Das Minuszeichen gilt für cos φ < 0,5 in der Nähe des Leerlaufes. Zum Beispiel wurde an einem 11-kW-Motor mit einer Nennleistung von $P_2 = 11$ kW mit $n = 965\ \text{min}^{-1}$ gemessen:

$a_1 = 30{,}2$; $a_2 = 12{,}7$; $k_U = 60$; $k_I = 25/5$;
$P_1 = 42{,}9 \cdot 60 \cdot 5 = 12870$ W;

$$\tan\varphi = \sqrt{3}\,\frac{17{,}5}{42{,}9} = 0{,}7057 \text{ bzw. } \cos\varphi \approx 0{,}82.$$

Bei den *analogen* Meßgeräten ist der Meßfehler auf den Skalenendwert des Gerätes bezogen. Daher sollte zur Begrenzung des Fehlers der Meßwert im letzten Drittel des Meßbereiches liegen (siehe Bild 6-20). Nach DIN 24 163 ist bei Messungen von Ventilatoren auf dem Prüfstand für die elektrische Messung mit fertig geschalteten Leistungsmessern mindestens die Klasse 1,0 zu verwenden [6-68].

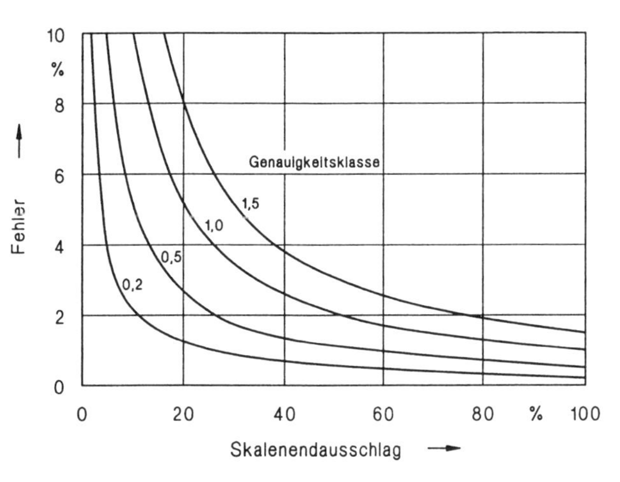

Bild 6-20. Fehlerdiagramm von analogen Meßgeräten der verschiedenen Genauigkeitsklassen.

Bei der sich zunehmend durchsetzenden *Digitalmeßtechnik* setzt sich der Meßfehler aus dem Quantisierungsfehler und dem Grundfehler des A/D-Wandlers zusammen. Der Quantisierungsfehler ergibt sich aus der Auflösung des A/D-Wandlers und dem Anzeigebereich und wird in (mindest 1) Digit angegeben. Der Grundfehler des A/D-Wandlers wird meist in Prozent auf den tatsächlichen Wert bezogen. Zum Beispiel beträgt nach [6-67] bei einer Angabe von ±(0,5 % + 1 Digit) auf einem Digitalmeßgerät mit einem Meßbereich von 200 V der maximale relative Fehler ± 0,55 % bei 200 V und nur ± 10,5 % bei 1 V (!).

Werden Keilriementriebe eingesetzt, können deren Verluste in erster Näherung nach Tabelle 6-13 abgeschätzt werden.

Tabelle 6-13. Angenäherte Keilriemenverluste in Abhängigkeit von der Antriebsleistung.

P_2 in kW	1	3	10	50	200
P_{VK} in %	15	8	6	4	2,5

Das Meßprotokoll sollte folgendes enthalten:

1. Betrieb,
2. Prüfer,
3. Prüfraum,
4. Prüfling,
5. Datum,
6. Unterschriften,
7. Meßaufgabe mit Skizze des Prüflings bzw. der Anlage,
8. Benutzte Meßgeräte (Meßbereich, Genauigkeitsklasse, Gerätenummer), Nachweis der Eichung,
9. Prinzipskizze des Meßaufbaues bzw. der Meßanordnung,
10. Uhrzeit (Beginn und Ende der Messung, im Bedarfsfalle Aufnahme der Meßwerte in Abhängigkeit von der Uhrzeit),
11. Temperatur, Luftdruck, Luftfeuchtigkeit,
12. Meßwerte, gegebenenfalls bereits Berechnungen und Meßergebnisse,
13. Hinweise, Bemerkungen, Schlußfolgerungen.

Bei den Arbeiten sind die zutreffenden Arbeitsschutzvorschriften [6-70] [6-71] (siehe auch Abschnitt 6.5) zu beachten.

7 Regelung und Anpassung

Bisher wurde bei den Betrachtungen von einem einzigen Betriebspunkt des Ventilators ausgegangen. Häufig ist es erforderlich, daß der Ventilator entsprechend den Anforderungen der Anlage in mehreren Betriebspunkten oder in einem Regelbereich arbeiten muß. Die Betriebspunkte bzw. bestimmte Regelbereiche für $\dot{V}$ und oder Δp_t müssen vertraglich vereinbart werden.

Man spricht von Regelung, wenn die Veränderungen der Kennwerte $\dot{V}$ und Δp_t kurzfristig und häufig, sowie ohne größere Eingriffe in den Ventilator vorgenommen werden.

Unter Anpassung soll eine längerfristige, nicht zu häufige, aber auch nicht zu bauaufwendige Nachstellung bzw. Neueinstellung der Kenngrößen $\dot{V}$ und Δp_t verstanden werden.

Da in den vorhergehenden und den folgenden Abschnitten zwangsläufig schon viel über Regelung ausgesagt wird (z. B. Abschnitt 5.4 Regelkennfelder, Abschnitt 6.5 Drehzahlregelung), soll hier nur eine kurze Zusammenstellung der wesentlichen Eigenschaften der Regelungs- und Anpassungsmethoden folgen.

7.1 Regelung

Die *Regelung* kann in Stufen oder kontinuierlich erfolgen. Ein Vergleich des energetischen und des akustischen Verhaltens der verschiedenen Regelungsarten kann aus den Bildern 7-1 und 7-2 entnommen werden. Bei der Auswahl der richtigen Regelungsart spielen vor allem der Regelungsbereich und die Zeitdauer des beabsichtigten Teillastbetriebes eine Rolle.

Der Regelbereich stellt entweder einen bestimmten Abschnitt der Anlagenkennlinie dar (wenn diese konstant bleibt), der durchfahren wird, oder einen Bereich verschiedener Anlagenkennlinien.

In den meisten Fällen ist die Anlagenkennlinie eine quadratische Parabel $\Delta p_t = C_1 \cdot \dot{V}^2$ (bei turbulenten Rohrwiderständen). In einigen Fällen kann die Anlagenkennlinie auch in der Form $\Delta p_t = C_2 = \text{konst.}$ (z. B. Ausblasen unter Wasser), $\Delta p_t = C_3 \cdot \dot{V}$ (laminare Durchströmung von Filtern) oder als Kombination auftreten.

Eine weitere Möglichkeit besteht darin, daß die Anlagenkennlinie sich ständig verändert, z. B. bei Verschmutzung von Filtern, und die Regelung einen konstanten Volumenstrom sichern muß.

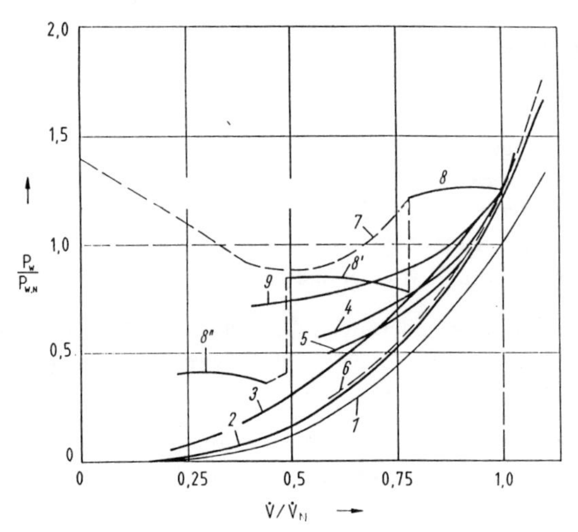

Bild 7-1. Energetischer Vergleich verschiedener Regelungsarten.

1 nutzbare Förderleistung (η = 1); 2 Drehzahlregelung ($\eta \approx$ konst.); 3 hydraulische Kupplung zur Drehzahlregelung ($\eta \sim n$); 4 Drallregelung beim Axialventilator mit $\psi_A = 0{,}4$; 5 dito mit $\psi_A = 0{,}8$; 6 Laufschaufelverstellung; 7 Drosselung; 8 Drosselung mit Teilabschaltung bei drei parallel arbeitenden Ventilatoren; 8' ein Ventilator abgeschaltet; 8" zwei Ventilatoren abgeschaltet; 9 Drallregelung beim Radialventilator

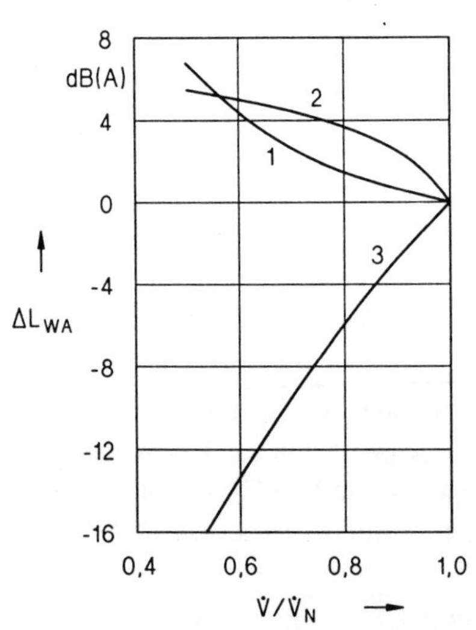

Bild 7-2. Akustischer Vergleich verschiedener Regelungsarten.

1 Drosselregelung; 2 Drallregelung; 3 Drehzahlregelung

Bei der *Drosselregelung* wird der Anlagenwiderstand erhöht, der Betriebspunkt des Ventilators verschiebt sich auf der Ventilatorkennlinie nach links (Bild 7-3). Der Drosselwirkungsgrad wird bestimmt durch die folgende Beziehung

$$\eta_{Dr} = \eta_2 \frac{\Delta p_{t,3}}{\Delta p_{t,2}} = \eta_2 \frac{\Delta p_{t,2} - \Delta p_{Dr}}{\Delta p_{t,2}} = \eta_2 \left(1 - \frac{\Delta p_{Dr}}{\Delta p_{t,2}}\right).$$

Vor- und Nachteile:

- einfach und billig;
- hohe Verluste im Teillastgebiet (Drosselverluste) (Bilder 7-1 und 7-3);
- steigender Schalleistungspegel entsprechend der Ventilatorkennlinie links und rechts vom Bestpunkt, bei Axialventilator ohne Stabilisator ist Drosselregelung verboten (Pumpgebiet).

Anwendungsgebiete:

- bei Radialventilatoren mit vorwärts gekrümmten Laufschaufeln (Drosselverlust gering, da die Druck- und die Leistungsaufnahmekennlinien stark nach links fallen);
- in elektrisch beheizten Anlagen;
- bei sehr geringen Leistungen;
- bei geringem Regelbereich;
- wenn selten im Teillastbetrieb gefahren wird.

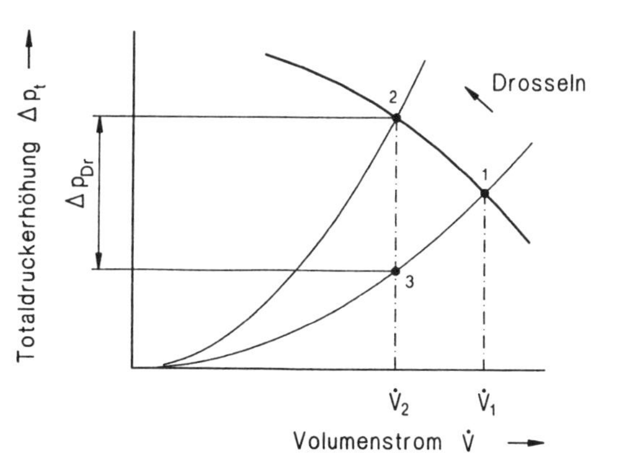

Bild 7-3. Kennlinienverlauf bei Drosselregelung.

Bei der *Drallregelung* wird durch Verstellen von feststehenden Vorleitschaufeln eines Axial- oder Flachdrallreglers Mitdrall erzeugt. Dadurch wird gemäß der Euler-Gleichung die Druckerhöhung um das Glied $\rho \cdot u_1 \cdot c_{u,1}$ reduziert. Die Geschwindigkeitsdreiecke werden so beeinflußt, daß Δc_u und c_m kleiner werden.

Vor- und Nachteile:

- es entsteht ein kontinuierliches Kennlinienfeld, womit fast alle Regelanforderungen abgedeckt werden (Bilder 5-38 und 5-39);
- Verluste durch schräge Laufschaufel- und Vorleitschaufel-Anströmung im Teillastgebiet sind noch beträchtlich, aber geringer als bei der Drosselregelung;
- das akustische Verhalten ist schlecht (Bilder 5-38 und 7-2);
- höherer Anschaffungsaufwand als bei der Drosselregelung;
- bei Radial- und Axialventilatoren anwendbar;
- robust, zuverlässig und wartungsarm;
- nicht bis zum Volumenstrom null regelbar.

Anwendungsgebiete:

- bei Radial- und Axialventilatoren größerer Leistung;
- bei nicht zu großem Regelbereich;
- bei nicht zu großer Regelhäufigkeit.

Entsprechend den Ähnlichkeitsgesetzen ändern sich bei der *Drehzahlregelung* für jeden Kennlinienpunkt

$$\dot{V} \sim n, \Delta p_t \sim n^2 \text{ und } P_L \sim n^3.$$

Die Regelung ist stufenweise oder kontinuierlich über Elektromotor (Spannungsregelung, Frequenzumrichter, Polumschaltung, (siehe auch Abschnitt 6.5), Strömungskupplung oder verstellbare Keilriemenscheiben möglich.

Vor- und Nachteile:

- es entsteht ein kontinuierliches Kennlinienfeld (Bild 5-40);
- energetisch am Ventilator optimal, Wirkungsgrade ändern sich nur geringfügig durch Reynoldszahl-Einfluß, aber Verluste im Antrieb wirken auch schon bei geringem Regelbereich;
- Schalleistungspegel ist optimal, sinkt entsprechend dem Produkt Luftleistung mal Totaldruckdifferenz nach (Gl. 10.6) bzw. $\Delta L_W \approx 55 \cdot \lg (n_2/n_1)$, niedrigere Drehzahlen wirken günstig auf A-bewerteten Pegel (!);
- Verringerung der Schwingschnelle (Erhöhung der Laufruhe) und Verringerung des mechanisch erzeugten Lärms;

- erhöhter Anschaffungsaufwand (Frequenzumrichter, Strömungskupplung);
- durch polumschaltbare Motoren Stufenregelung mit optimalem Wirkungsgrad;
- Resonanzschwingungs-Frequenzen von Ventilator- und Anlagenteilen werden durchfahren und müssen beachtet werden;
- bei der Strömungskupplung ist der Teillastwirkungsgrad gleich dem Drehzahlverhältnis;
- Volumenstrom bis nahe an null heran regelbar.

Anwendungsgebiete:

- Frequenzumrichter ≥ 5 kW universell einsetzbar, es gibt zunehmend preiswerte Angebote;
- polumschaltbare Drehstrommotoren sind in allen Leistungsbereichen anwendbar;
- Spannungsregelung bei kleinen Leistungen von Einphasen-Wechselstrommotoren;
- Strömungskupplung bei großen Leistungen und geringem Regelbereich sowie z. B. bei Fahrzeug-Kühlventilatoren.

Bei der *Laufschaufelverstellung im Betrieb* werden durch mechanische oder hydraulische Verstellung des Gitterwinkels der Laufschaufeln die Geschwindigkeitsdreiecke beeinflußt und Δc_u und c_m reduziert, wenn die Schaufeln zugedreht werden.

Vor- und Nachteile:

- es entsteht ein kontinuierliches Kennlinienfeld (Bild 5-41);
- sehr gutes energetisches Verhalten;
- gutes akustisches Verhalten (Bild 7-4);
- Preis und Wartungskosten sind hoch;
- nur bei Axialventilatoren anwendbar.

Anwendungsgebiete:

- bei Axialüberdruckventilatoren in Kraftwerken, Windkanälen, bei der Grubenbewetterung, Tunnelbelüftung und in Klimaanlagen größerer Leistung.

Bei der *Bypass-Regelung* wird durch Öffnen einer Bypass-Leitung (Verbindung zwischen Saug- und Druckseite des Ventilators) die Anlagen-Kennlinie in Richtung geringeren Widerstandes verändert; der Ventilator fördert mehr, aber der nutzbare Volumenstrom wird um $\Delta\dot{V}$ geringer (Bild 7-5).

Vor- und Nachteile:

- Antriebsleistung im Teillastgebiet ist unnötig hoch, da der Bypass-Volumenstrom nutzlos gefördert wird;

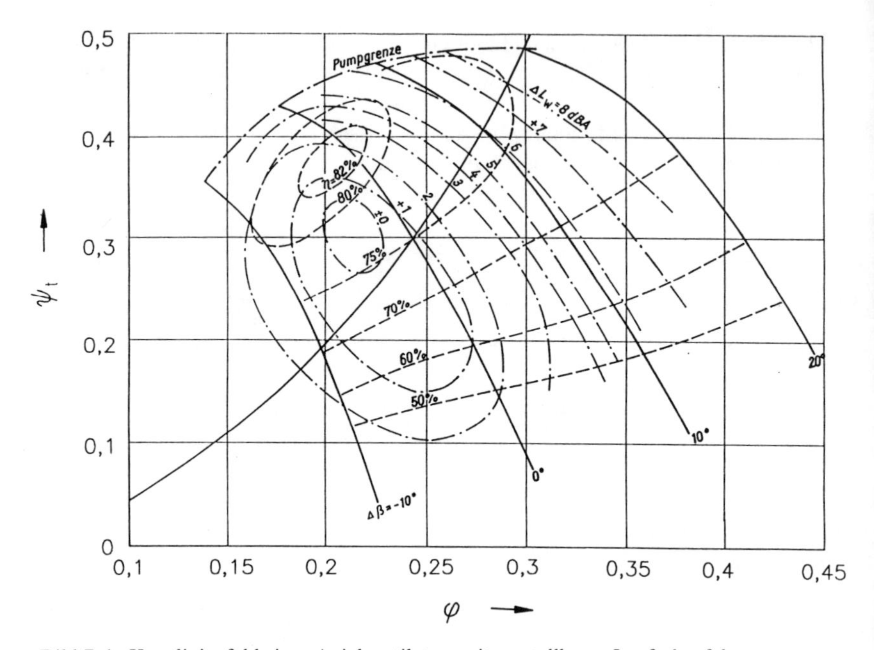

Bild 7-4. Kennlinienfeld eines Axialventilators mit verstellbaren Laufschaufeln.

- bei vorwärts gekrümmten Radialschaufeln bzw. bei Axialventilatoren im instabilen Gebiet geringe Wirkung der Volumenstrom-Regelung, evtl. sogar Erhöhung des Volumenstromes, aber man gelangt aus dem Pumpgebiet heraus.

Anwendungsgebiete:

- bei Ventilatoren relativ selten, als nachträglicher Einbau in vorhandene Anlage;
- als Maßnahme zur Umgehung des Pumpgebietes;
- für geringe Regelbereiche.

Durch die *Abschaltregelung* bei Parallel- oder Hintereinanderschaltung von mehreren Ventilatoren reduziert sich die resultierende Kennlinie der Ventilatorgruppe entsprechend den Gesetzmäßigkeiten der Parallel- und Hintereinanderschaltung (siehe Abschnitt 5.3).

Vor- und Nachteile:

- nur stufenweise Regelung möglich;
- energetisch optimal, mit anderen Regelarten koppelbar;

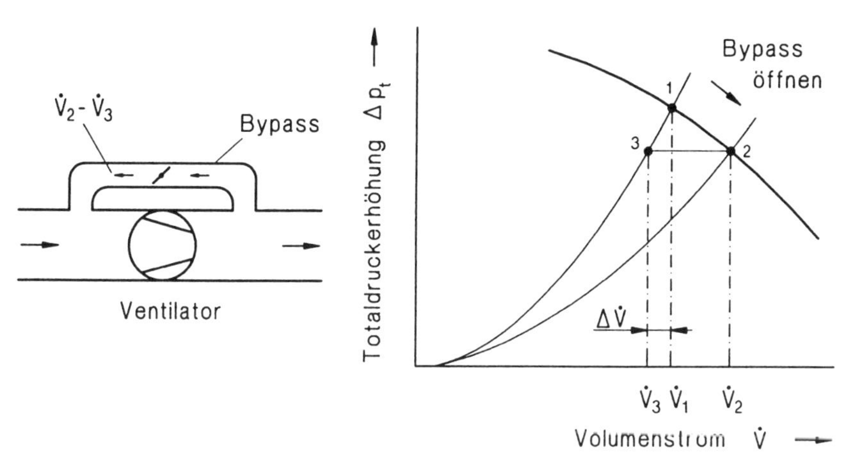

Bild 7-5. Bypass-Regelung.

- akustisch günstig;
- abgeschaltete Ventilatoren können Strömungshindernis bilden (durchströmte abgeschaltete Ventilatoren nicht abbremsen!).

Anwendungsgebiete:

- in Anlagen, in denen parallel- oder hintereinander geschaltete Ventilatoren arbeiten;
- in Kühlanlagen mit genügender Speicherwirkung.

7.2 Anpassung

Zur Anpassung der Kennwerte können im Prinzip die zur Regelung genannten Methoden verwendet werden. Wenn von vornherein keine Regelung vorgesehen war, sind einige dieser Methoden unrentabel. Im folgenden werden die wesentlichsten in der Praxis angewendeten Anpassungsarten beschrieben.

Die *Änderung der Drehzahl* geschieht durch

- Änderung des Übersetzungsverhältnisses von Keilriementrieben,
- Einsatz eines anderen Elektromotors,
- Einsatz eines Frequenzumrichters.

Vor- und Nachteile:

- energetisch und akustisch vorteilhaft besonders dann, wenn der Betriebspunkt im Optimalbereich des Ventilators liegt;

- Schwingungs- und Akustik-Resonanzen beachten;
- Antriebsleistung umrechnen, evtl. Neudimensionierung des Antriebsmotors;
- Aufwand kann erheblich werden.

Die *Verstellung des Laufschaufelwinkels im Stillstand* (Bild 7-4) hat folgende Vor- und Nachteile:

- Bauaufwand gering;
- energetisch vorteilhaft;
- Laufrad muß zugänglich sein;
- nur bei speziellen Axialventilatoren mit einstellbaren Laufschaufeln möglich.

Die *Veränderung der Laufschaufelzahl* (Bild 5-37) hat folgende Vor- und Nachteile:

- energetisch und akustisch vorteilhaft;
- nur bei Axialventilatoren mit abnehmbaren Laufschaufeln möglich.

Die *Veränderung des Laufrades* (Laufrad abdrehen oder austauschen) ist von besonderem Vorteil, wenn die Anlagenkennlinie vom Optimalbereich des Ventilators entfernt verläuft. Es entstehen folgende Vor- und Nachteile:

- energetisch und akustisch vorteilhaft;
- vorzugsweise bei Radialventilatoren anwendbar.

8 Auswahl von Varianten

8.1 Auswahlkriterien

Die Vielfalt von Ventilatorarten und -typen geht bereits aus den vorhergehenden Abschnitten hervor. Dies spiegelt sich auch in einer großen Anzahl von Herstellern und Typenprogrammen wider. Der Besteller eines Ventilators kann sich bei Serienventilatoren an Hand von Katalogen den Hersteller und den Typ selbst auswählen. Handelt es sich aber um einen größeren Ventilator oder um einen Ventilator, der an ein neu zu entwickelndes Gerät exakt anzupassen ist, wird eine detailliertere Anfrage und eine persönliche Beratung mit einem oder mehreren Herstellern erforderlich sein, um ein optimales Angebot zu erhalten.

Das Hauptkriterium bei der Ventilatorauswahl ist die Erfüllung der Kenngrößen mit vertretbaren Abmessungen und einer vernünftigen Drehzahl. Theoretisch können die Kenngrößen mit jedem Typ verwirklicht werden (siehe Ab-

Tabelle 8-1. Wichtige Kriterien zur Ventilatorauswahl.

- Erfüllung der Kenngrößen $\dot{V}$, Δp_t oder Δp_{fa}, ρ_1
- hoher Wirkungsgrad bzw. geringe Antriebsleistung
- niedriges Geräusch
- kleines Bauvolumen bzw. kleine Grundfläche
- geringe Masse
- höchste Zuverlässigkeit (geringe Umfangsgeschwindigkeit)
- Kennlinienverhalten entsprechend Einsatz (stabile Kennlinie, Leistungsmaximum)
- hohe Laufruhe (geringe Umfangsgeschwindigkeit)
- optimale Regelung (hinsichtlich Energie, Regelbereich, Akustik, Zuverlässigkeit, Preis)
- Eintritts- und Austrittsgeschwindigkeit nicht zu hoch, an Anlage angepaßt
- minimaler Verschleiß und kein Anhaften bei Staub (flache bzw. steile Radialschaufelwinkel, evtl. auf Axialventilator verzichten)
- Lage und Form der Anschlußquerschnitte angepaßt an Anlage (Radial-, Axial-, Querstromventilator)
- hohe Lebensdauer bei geringer Wartung, vor allem bei speziellen mechanischen Beanspruchungen (z. B. Schiffbau, Bahn, Kfz)
- Materialart und Oberflächenschutz entsprechend Förder- bzw. Umgebungsmedium
- konstruktive Sicherheit bei hohen und tiefen Temperaturen (Motorkühlung, Lagerschmierung)
- Funkensicherheit bei Förderung explosibler Gasgemische
- Antriebsart (Elektromotor direkt, Zwischenwelle, Keilriemen)
- niedrige technologische Kosten bzw. niedriger Preis
- kurze Lieferzeiten (Orientierung auf Standardtypen)

schnitt 8.3). Zur richtigen Entscheidung müssen weitere Kriterien geprüft werden. Die wichtigsten sind in Tabelle 8-1 zusammengestellt. Für jeden Bedarfsfall unterliegen die einzelnen Forderungen einer unterschiedlichen Wichtung. Bei dem einen oder anderen Kriterium können Abstriche gemacht oder erhöhte Forderungen erhoben werden. Zum Beispiel kann ein extrem kleines Bauvolumen gefordert werden. Dafür müssen aber Verschlechterungen beim Energieverbrauch und beim Schalleistungspegel in Kauf genommen werden.

Da sich zahlreiche Unternehmen auf die Herstellung von Ventilatoren für ganz spezielle Prozesse oder Branchen spezialisiert haben, wird ein Angebot von diesen Betrieben eine Optimierung der Kriterien für den vorgesehenen Einsatzfall bereits weitgehend berücksichtigen.

Die primäre Aufgabe zur Ventilatorauswahl besteht darin, festzustellen, welcher Ventilator die Kenngrößen mit welcher Baugröße und mit welcher Drehzahl erfüllt.

8.2 Auswahl aus vorhandenen Kennfeldern

Bei Serienventilatoren existieren meistens Kataloge, in denen die $\dot{V}-\Delta p_t$-Kennlinien aller Typengrößen dargestellt sind. Diese Kennlinien sind in der Regel auf eine Bezugsdichte $\rho_1 = 1{,}2\ \mathrm{kg/m^3}$ bezogen. Der Besteller möchte die Daten $\rho_{1,B}$, $\Delta p_{t,B}$ und $\dot{V}_{1,B}$ verwirklicht haben.

Stimmt die Dichte $\rho_{1,B}$ des Bestellpunktes mit der Bezugsdichte ρ_1 des Kennlinienfeldes überein, kann der Bestellpunkt B mit den Bestelldaten $\Delta p_{t,B}$ und $\dot{V}_{1,B}$ direkt in das Kennlinienfeld eingetragen werden (Bild 8-1). Man prüft, ob der Punkt in der Nähe eines Wirkungsgradmaximums liegt. Ist dies nicht der Fall, sind andere Kennlinienfelder zu untersuchen, bis eine optimale Lage dieses Punktes gefunden wurde. Nur mit einer solchen Typenreihe ist dann eine minimale Leistungsaufnahme garantiert.

In manchen Fällen wird bewußt auf das Wirkungsgradoptimum verzichtet, um z. B. eine minimale Baugröße und einen niedrigen Anschaffungspreis zu erzielen oder um einen Regelbereich oder eine spätere Anlagenwiderstandsänderung zu berücksichtigen.

In der Regel wird der Punkt zwischen zwei Kennlinien liegen. Damit muß man entscheiden, ob man etwas niedrigere oder etwas höhere Kenngrößen entsprechend den Punkten B_1 oder B_2 haben will bzw. durch Korrekturen an der Anlage erreichen kann und wählt dementsprechend den Typ mit der Kennlinie 1 oder 2 aus. Der Typ 2 mit den höheren Kenngrößen benötigt dann eine etwas

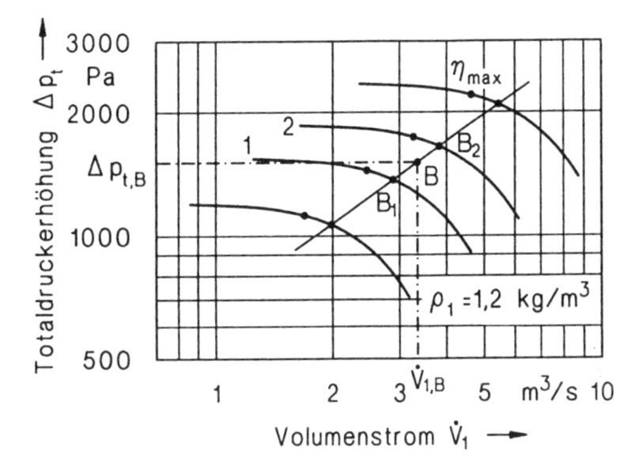

Bild 8-1. Kennlinienfeld zur Ventilatorauswahl bei $\rho_{1,B} = \rho_1$.

höhere Antriebsleistung, als sich ursprünglich aus dem Bestellpunkt B ergeben hat ($P_L \sim \Delta p_{t,B2} \cdot \dot{V}_{1,B2}$).

Der Typ 1 mit den niedrigeren Kenngrößen erfordert eine entsprechend niedrigere Antriebsleistung.

Bei großen Leistungen oder bei sehr genau an die Anlage oder das Gerät anzupassenden Ventilatoren wird der Hersteller durch Variation genormter aerodynamischer Typen einen Ventilator anbieten, dessen Kennlinie genau durch den geforderten Auslegungspunkt geht. Dies wird bei Radialventilatoren oft durch geringfügige Variation der Laufradbreite oder des Laufraddurchmessers und bei Axialventilatoren durch Variation des Laufschaufelwinkels erreicht.

Weicht die Bestelldichte $\rho_{1,B}$ von der Bezugsdichte ρ_1 des Kennlinienfeldes ab, so muß man einen virtuellen Betriebspunkt B' ermitteln, den der auszuwählende Ventilator bei der Bezugsdichte $\rho_1 = 1{,}2$ kg/m³ erreichen würde.

Für die Ventilatorauswahl im Kennlinienfeld für $\rho_1 = 1{,}2$ kg/m³ (Bild 8-2) wird dieser Betriebspunkt B' verwendet. Dabei ist

$$\dot{V}_{1,B'} = \dot{V}_{1,B},$$

$$\Delta p_{t,B'} = (\Delta p_{t,B} / \rho_{1,B})\ 1{,}2$$

mit $\rho_{1,B'} = \rho_1 = 1{,}2$ kg/m³. Der wirkliche Betriebspunkt B bei der Bestelldichte $\rho_{1,B}$ wird dann von dem ausgewählten Ventilator erreicht. Die Leistungsaufnahme erfolgt entsprechend den tatsächlichen Bestelldaten gemäß

$$P_L = \Delta p_{t,B} \cdot \dot{V}_{1,B} / \eta_{t,L}.$$

Bei der Auswahl von Ventilatoren für Gase mit oft wechselnder Dichte empfiehlt es sich, Kennfelder zu benutzen, bei denen der Quotient $Y_t = \Delta p_t / \rho_1$ über dem Volumenstrom aufgetragen ist.

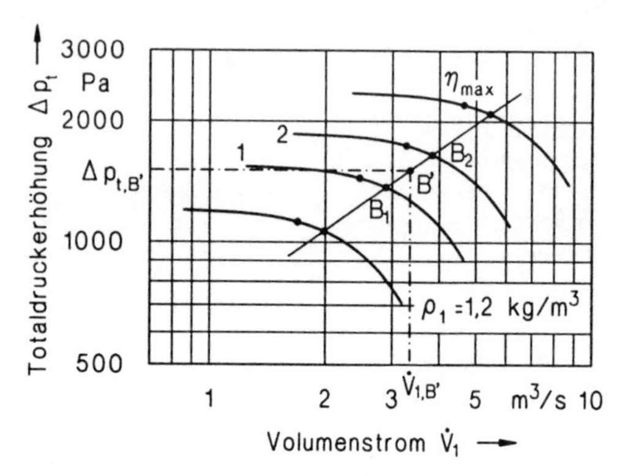

Bild 8-2. Kennlinienfeld zur Ventilatorauswahl bei $\rho_{1,B} \neq \rho_1$.

8.3 Auswahl mit dimensionslosen Kennlinien

Bei großen Ventilatoren oder speziellen Anpassungen sollte bei der Auswahl und Dimensionierung von den dimensionslosen Kenngrößen ausgegangen werden, die durch Modellmessungen gewonnen wurden. Es steht in der Regel eine Fülle von dimensionslosen Kennlinien und Kennfeldern für die einzelnen Typen zur Verfügung. Der Auslegungspunkt A kann beliebig ausgewählt werden. Meistens wird ein Punkt in der Nähe des maximalen Wirkungsgrades angestrebt (Bild 8-3). Als Ursprungswerte dienen wiederum die Bestellwerte

$$\dot{V}_{1,B},\ \Delta p_{t,B} \text{ und } \rho_{1,B}.$$

Theoretisch können diese Werte durch jeden Ventilatortyp, ja sogar jeden beliebigen Kennlinienpunkt φ, ψ_t, dem ein bestimmter Wirkungsgrad η_t zugeordnet ist, verwirklicht werden. Allerdings wird man sehen, daß viele Typen, wenn sie zu schnell- oder langsamläufig sind, extreme Laufraddurchmesser oder Drehzahlen erfordern und damit nicht verwendbar sind.

Zweckmäßig ist es, bei der Dimensionierung ähnlich wie in [5-6] zu verfahren. Aus den Grundgleichungen

$$\varphi = \frac{4\,\dot{V}}{\pi \cdot D^2 \cdot u_2} \quad \text{und} \quad \psi_t = \frac{\Delta p_t}{\frac{\rho_1}{2}\,u_2^2},$$

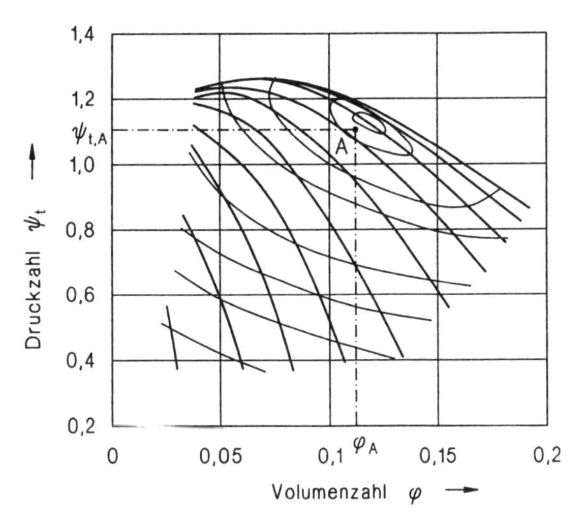

Bild 8-3. Kennlinienfeld zur Festlegung eines Auslegungspunktes.

$$\delta = \frac{\psi_t^{1/4}}{\varphi^{1/2}} \quad \text{und} \quad \sigma = \frac{\varphi^{1/2}}{\psi_t^{3/4}}$$

mit $u_2 = \pi \cdot n \cdot D$ ergeben sich bei Vorgabe eines ψ_t-φ-Punktes eines gewählten Ventilatortypes die Dimensionierungsgleichungen (8.1) für den Laufraddurchmesser D und (8.2) für die Drehzahl n:

$$D = \delta \frac{\dot{V}_1^{1/2}}{\left(\frac{\Delta p_t}{\rho_1}\right)^{1/4}} \sqrt[4]{\frac{8}{\pi^2}} = \delta \cdot 0,94885 \frac{\dot{V}_1^{1/2}}{\left(\frac{\Delta p_t}{\rho_1}\right)^{1/4}} = \delta \cdot d_N \tag{8.1}$$

und

$$n = \sigma \frac{\left(\frac{\Delta p_t}{\rho_1}\right)^{3/4}}{\dot{V}_1^{1/2}} \frac{1}{\sqrt[4]{2\pi^2}} = \sigma \cdot 0,4744 \frac{\left(\frac{\Delta p_t}{\rho_1}\right)^{3/4}}{\dot{V}_1^{1/2}} = \sigma \cdot n_N. \tag{8.2}$$

Für einen Bestellpunkt können mit den Werten $\dot{V}_{1,B}$, $\Delta p_{t,B}$ (oder $\Delta p_{fa,B}$) und $\rho_{1,B}$ die für ein durchströmtes Netz eindeutig bestimmten Werte, auch Netzkennwerte genannt,

$$d_N = 0{,}94885 \frac{\dot{V}_{1,B}^{1/2}}{\left(\frac{\Delta p_{t,B}}{\rho_{1,B}}\right)^{1/4}} \tag{8.3}$$

und

$$n_N = 0{,}4744 \frac{\left(\frac{\Delta p_{t,B}}{\rho_{1,B}}\right)^{3/4}}{\dot{V}_{1,B}^{1/2}} \tag{8.4}$$

ermittelt werden. In den Gln. (8.1) und (8.3) ergibt sich für D und d_N direkt die Einheit m, wenn $\dot{V}_1$ in m³/s, Δp_t in Pa und ρ_1 in kg/m³ eingesetzt werden. Bei den Gln. (8.2) und (8.4) ergibt sich für n und n_N zunächst die Einheit 1/s. Ingenieure, die häufig Ventilatordimensionierungen durchführen, werden sich die Konstanten in den Gln. (8.2) und (8.4) durch Erweiterung mit 60 s/min entsprechend umformen.

Die Werte δ und σ können von jedem verfügbaren Ventilatortyp für verschiedene, beliebige Auslegungspunkte $\psi_{t,A}/\varphi_A$ berechnet werden. Damit können für jeden Ventilatortyp der

Laufraddurchmesser $D = \delta_A \cdot d_N$
und die Drehzahl $n = \sigma_A \cdot n_N$

ermittelt werden. In den Tabellen 8-2 bis 8-4 sind drei Bedarfsfälle mit unterschiedlichen Bestelldaten gegeben. Es wird gezeigt, wie mit den drei in der Schnelläufigkeit sehr verschiedenen Ventilatortypen 1, 2 und 3 die Bedarfsfälle erfüllt werden können.

Den angeführten Beispielen kann entnommen werden, daß jeder Bedarfsfall bezüglich der Erfüllung der Leistungsdaten von jedem Ventilatortyp erreicht werden kann. Bei genauer Betrachtung sieht man, daß z. B. für den Bedarfsfall 1 sinnvoll nur der Ventilatortyp 1, das ist ein extrem langsamläufiger Radialventilator mit einem Durchmesserverhältnis von $d_0/D = 0{,}2$, in Betracht kommen kann. Ein Hochleistungs-Radialventilator mit einem Durchmesserverhältnis von etwa 0,66 und einer mittleren Schnellaufzahl σ oder gar ein Axialventilator ohne Leitrad mit sehr hoher Schnellaufzahl würden unsinnig kleine Laufraddurchmesser und extrem hohe Drehzahlen ergeben.

Beim Bedarfsfall 2 erkennt man, daß nur der Ventilatortyp 2 und beim Bedarfsfall 3 nur der Ventilatortyp 3 mit vernünftigen Größenordnungen von Laufraddurchmesser D und Drehzahl n verwendet werden können. Damit wird sichtbar, daß eine große Anzahl von Typen mit unterschiedlicher Schnelläufigkeit

Tabelle 8-2. Bedarfsfall 1.
$\dot{V}_{1,B} = 0{,}4\ m^3/s$; $\Delta p_{t,B} = 9120$ Pa; $\rho_{1,B} = 1{,}2\ kg/m^3$.
$d_N = 0{,}06427$ m; $n_N = 36\,633\ min^{-1}$.

Ventilatortyp	$\psi_{t,A}$	φ_A	δ_A	σ_A	D m	n min^{-1}
1	1,03	0,0065	12,495	0,0789	0,803	2 890
2	0,9	0,2	2,178	0,484	0,14	17 730
3	0,14	0,21	1,335	2,002	0,086	73 339

Tabelle 8-3. Bedarfsfall 2.
$\Delta p_{t,B} = 3120$ Pa; $\dot{V}_{1,B} = 11{,}93\ m^3/s$; $\rho_{1,B} = 1{,}2\ kg/m^3$.
$d_N = 0{,}4589$ m; $n_N = 3000\ min^{-1}$.

Ventilatortyp	$\psi_{t,A}$	φ_A	δ_A	σ_A	D m	n min^{-1}
1	1,03	0,0065	12,495	0,0789	5,734	236,7
2	0,9	0,2	2,178	0,484	1	1452
3	0,14	0,21	1,335	2,002	0,613	6006

Tabelle 8-4. Bedarfsfall 3.
$\Delta p_{t,B} = 120$ Pa; $\dot{V}_{1,B} = 1{,}57\ m^3/s$; $\rho_{1,B} = 1{,}2\ kg/m^3$.
$d_N = 0{,}3759$ m; $n_N = 718{,}37\ min^{-1}$.

Ventilatortyp	$\psi_{t,A}$	φ_A	δ_A	σ_A	D m	n min^{-1}
1	1,03	0,0065	12,495	0,0789	4,697	56,7
2	0,9	0,2	2,178	0,484	0,819	347,7
3	0,14	0,21	1,335	2,002	0,502	1438

notwendig ist, um alle in der Praxis vorkommenden Kombinationen von $\dot{V}_1$, Δp_t und ρ_1 mit technisch und ökonomisch sinnvollen Ventilatoren abzudecken. Der Bereich handelsüblicher Ventilatoren ist aus dem ψ_t-φ-Diagramm (Bild 5-42) zu ersehen, dessen Grenzen etwa bei $\sigma = 0{,}063$ bis 2 und $\delta = 1{,}25$ bis 16 liegen.

Um bei der Auslegung genormte Durchmesser oder Drehzahlen zu erhalten, können diese vorgegeben werden:

Vorgabe von $\dot{V}_1$, Δp_t, ρ_1 und n

In diesem Fall können d_N und n_N nach den Gln. (8.3) und (8.4) berechnet werden. Damit ist $\sigma = n/n_N$ eindeutig vorgegeben. Im ψ_t-φ -Diagramm können entlang der σ = konst.-Linie Schnittpunkte mit den ψ_t-φ-Kennlinien unterschiedlicher Typen als Auslegungspunkte gesucht werden. Für jeden Schnittpunkt können ψ_t, φ und δ festgestellt und der Raddurchmesser aus $D = \delta \cdot d_N$ ermittelt werden.

Vorgabe von $\dot{V}_1$, Δp_t, ρ_1 und D

d_N und n_N werden mit Hilfe der Gln. (8.3) und (8.4) berechnet. Danach wird $\delta = D/d_N$ bestimmt. Im ψ_t-φ-Diagramm können entlang der δ = konst.-Linie Schnittpunkte mit den ψ_t-φ-Kennlinien als Auslegungspunkte gesucht werden. Für jeden Schnittpunkt können ψ_t, φ und σ festgestellt und jeweils die zugehörige Drehzahl aus $n = \sigma \cdot n_N$ ermittelt werden.

Vorgabe von $\dot{V}_1$, Δp_t, ρ_1, D und n

Bei diesem Extremfall können alle Daten, wie d_N, n_N, ψ_t, φ, σ und δ, berechnet werden. Im allgemeinen wird der damit festliegende ψ_t-φ-Punkt mit dem begrenzten Typenprogramm eines Lieferbetriebes nicht sofort getroffen. Es muß dann ein neuer Typ entwickelt oder ein vorhandener variiert werden. Hinweise dazu wurden bereits im Abschnitt 8.2 gegeben.

In der Praxis kann hin und wieder der Fall beobachtet werden, daß eine Ausschreibung für einen Ventilator eines ganz bestimmten Fabrikates, die eher einem Angebot dieser Firma ähnelt, als Anfrage für einen weiteren Ventilatorhersteller verwendet wird. Damit liegen meist alle eben genannten Daten sowie weitere Details fest, und dem zweiten Ventilatorhersteller bleibt praktisch gar keine Chance, ein anderes Angebot aus seinem eigenen Erzeugnissortiment vorzulegen, da der Anfragende ein in allen Details gleiches Angebot entsprechend dem ersten Fabrikat erwartet.

Im Interesse einer wettbewerbsträchtigen Angebotsvielfalt empfehlen die Verfasser, daß bei einer Anfrage die notwendigen Bestelldaten mit den möglichen Freiheitsgraden übermittelt werden. Anders ausgedrückt: Eine Ausschreibung sollte im Prinzip die Bestelldaten umfassen, die bei den Ventilatorherstellern in den Bestellisten enthalten sind und sich an die Technischen Lieferbedingungen für Ventilatoren [5-14] anlehnen. Nur dann kann der Besteller optimale Angebote erwarten.

9 Kennlinienstabilisierung

Bei Axialventilatoren mit mittleren bis hohen Liefer- und Druckzahlen, also großen Strömungsumlenkungen im Laufradgitter, ist eine ausgeprägte Abreißgrenze der Druck-Volumenstrom-Kennlinie links vom Kennlinienscheitelpunkt zu beobachten. Bei weiterer Drosselung fällt der Druck bis zu einem relativen Minimum (Kennliniensattelpunkt) ab, um bei kleinen Lieferzahlen wieder anzusteigen (Bild 9-1). Dabei ist eine mehr oder weniger starke Hystereseerscheinung vorhanden, d. h., der Kennliniensprung verläuft unterschiedlich, wenn die Anlagendrosselung vergrößert oder verkleinert wird.

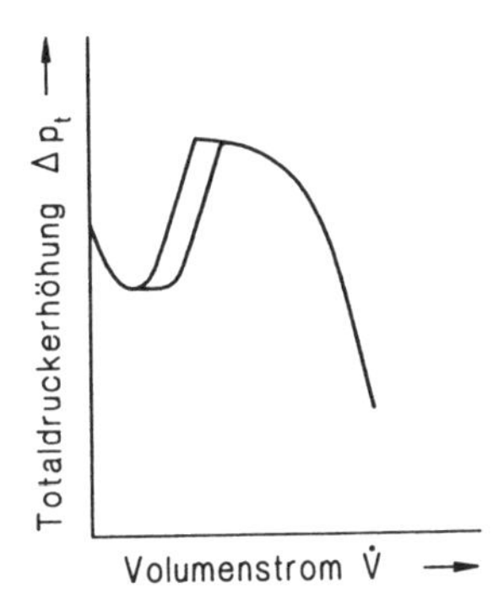

Bild 9-1. Instabile Kennlinie eines Axialventilators.

Dieses Kennliniengebiet wird als instabiler Bereich oder Pumpgebiet bezeichnet. In diesem Bereich darf ein Ventilator nicht betrieben werden, da hier übermäßige Pulsationen in der Strömung und starke mechanische Schwingungen an Bauteilen auftreten, die ihrerseits zu starken Geräuschen führen. In angeschlossenen Rohrleitungen oder Räumen können Pumperscheinungen auftreten, wobei sich der Betriebspunkt des Ventilators periodisch und sprunghaft verändert.

Der Kennlinienabriß steht im Zusammenhang mit der Bildung umlaufender Abrißzonen in den Laufschaufelkanälen (rotating stall). Nahe dem Radaußendurchmesser ist für diesen Kennlinienbereich eine pulsierende Rückströmung im äußeren Bereich der Laufschaufel zu beobachten, z. B. durch Fädchenversuch. Das zurückgeblasene Fördermedium weist dabei eine Geschwindigkeitskomponente in Richtung der Raddrehung auf. Wenn das Medium erneut zum Rad gelangt, erfährt es auf Grund seines in Raddrehrichtung gerichteten Vordralles nur eine geringe Energieübertragung.

Die Hersteller von Axialventilatoren konnten in der Vergangenheit die Axialventilatoren nur in einem genügend großen Sicherheitsabstand rechts vom Kennlinienscheitelpunkt auslegen. Da das Wirkungsgradmaximum meistens nahe am Scheitelpunkt liegt, konnte es aber häufig gar nicht genutzt werden.

Auch Radialventilatoren werden von dieser Erscheinung nicht verschont. Hier betrifft es vor allem Laufräder mit steilen bis zu vorwärts gekrümmten Beschaufelungen, die statistisch betrachtet in geringerem Maß eingesetzt werden. Außerdem ist die Intensität der Pulsationen und Schwingungen geringer als bei Axialventilatoren. Bei hohen Leistungen kann es jedoch zu starken Schwingungen am Spiralgehäuse und anderen Bauteilen kommen, vor allem dann, wenn diese Teile zusätzlich in Resonanz geraten (siehe auch Abschnitt 11).

Seit Jahrzehnten befaßten sich zahlreiche Autoren mit der Aufgabe der Stabilisierung der Ventilatoren. Von besonderem Interesse war es, den Parallelbetrieb und den Anfahrvorgang von Axialventilatoren mit im Betrieb verstellbaren Laufschaufeln bzw. mit Drallregelung regelungstechnisch sicher zu beherrschen und nicht in das instabile Gebiet zu geraten [9-1] bis [9-3]. Erst seit etwa zwei Jahrzehnten gibt es befriedigende, ökonomisch vertretbare und zuverlässige Lösungen bei Axialventilatoren. Auf dem Gebiet der Radialventilatoren, wo es offenbar bisher nicht so zwingend erschien, liegt noch Nachholebedarf vor.

Eine Art der Sicherung gegenüber dem Pumpgebiet besteht darin, mit Hilfe einer Überwachungsvorrichtung dafür zu sorgen, daß Axialventilatoren nicht im instabilen Gebiet betrieben werden. Dabei kann das notwendige Warnsignal dann gegeben werden, wenn das instabile Gebiet bereits erreicht wurde oder kurz zuvor, wenn eine bestimmte Grenzkurve überschritten wurde.

Als erfolgreiche Maßnahme zum Umgehen des Pumpgebietes wird das Zudrehen der Laufschaufeln angewendet. Hierbei wird die Tatsache genutzt, daß bei geringeren Laufschaufelwinkeln im Fall konstanter Anlagenkennlinie der Abstand zum Abrißgebiet größer wird (Bild 7-4). Dabei wird natürlich der Volumenstrom verringert, und es muß zügig der Fehler beseitigt werden, der zum hohen Anlagenwiderstand führte. Auch durch Öffnen eines Bypasses läßt sich vorübergehend der Betrieb im instabilen Gebiet vermeiden.

Beim drallgeregelten Axialventilator wird der Abstand zum Abrißgebiet geringer, wenn der Drallregler geschlossen wird (Bild 5-38), und es entsteht die Gefahr, daß man beim Regeln hineingerät.

Neben der Überwachungs- und regelungstechnischen Methode existiert eine große Anzahl strömungsmechanischer Lösungen, mit deren Hilfe direkt am Ventilator ohne meß- und regeltechnische Einrichtungen die instabile Arbeitsweise des Axialventilators und ihre Folgen vermieden werden können. Zahlreiche Hersteller liefern seit Jahren Axialventilatoren mit Stabilisatoren, die nur unwesentlich höhere Herstellungskosten verursachen und die z. T. gar keinen oder nur einen geringen Wirkungsgradabfall von 1 bis 2 % im Bestpunkt hervorrufen.

Das Ziel von Stabilisierungsmaßnahmen ist die Druckerhöhung im Kennlinienbereich links der Abrißgrenze durch verstärkte Energiezufuhr. Dazu müssen das rückströmende Medium geordnet und die Drallkomponente der Geschwindigkeit weitgehend beseitigt werden. Hierzu dienen Maßnahmen unmittelbar vor dem Laufrad.

In [9-4] werden einige Stabilisierungsmaßnahmen mit unterschiedlich starker Wirkung beschrieben.

Von *Murai* und *Narasaka* [9-5] werden konzentrische Ringe vor dem Laufrad einer Axialpumpe mit und ohne Gleichrichterblechen zwischen Ring und Ge-

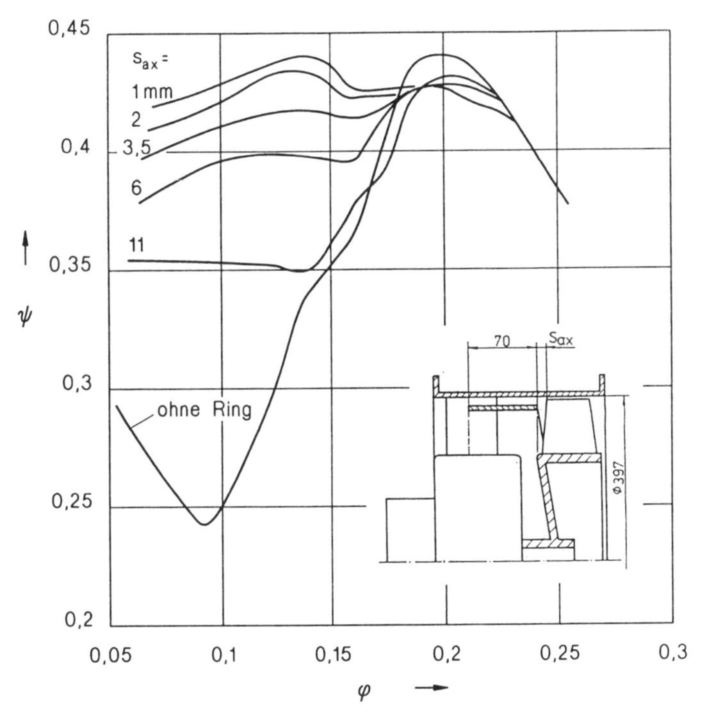

Bild 9-2. Stabilisierung mit konzentrischem Ring.

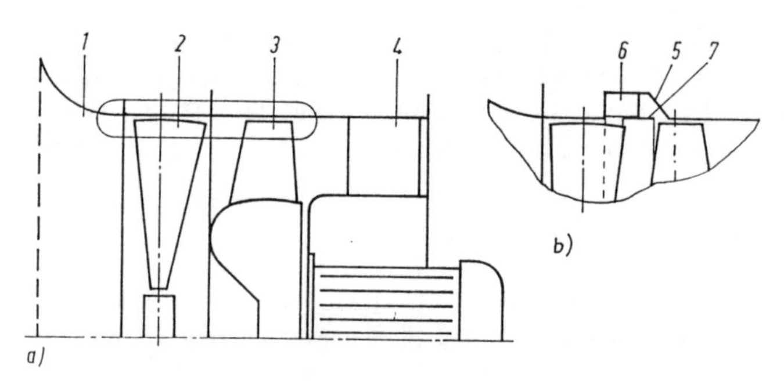

Bild 9-3. Konstruktionsschema des Iwanow-Stabilisators.
a) ohne Stabilisator;
b) mit Stabilisator.

1 Ansaugdüse; 2 Drallregler; 3 Laufrad; 4 Nachleitrad; 5 Umführungskanal mit Gleichrichterschaufeln 6 und Zylinderring 7 zur Kennlinienstabilisierung

häusewand angeordnet. Mit langen Ringen (bis 1mal Raddurchmesser) oder mit kürzeren Ringen und Gleichrichterblechen wird die Stabilisierung erreicht. Der Ring wird vor dem Laufrad einer Beschaufelung mit festem Vorleitrad angeordnet (Bild 9-2) [9-6]. Indem der Ring in den Bereich der Vorleitschaufeln hineingezogen wird, wirken die Vorleitschaufeln als Mitdrallbeseitiger. Mit engem Abstand zwischen Ring und Laufrad wird eine gute Stabilisierung erreicht.

Für Axialventilatoren mit Nachleitrad hat sich der Stabilisator von *Iwanow* als sehr wirkungsvoll gezeigt [9-7] bis [9-9].

Bild 9-3b zeigt das konstruktive Schema. Es betrifft den äußeren Teil des Drallreglers und des Laufrades. Im Teilbild a), welches den Ventilator ohne Stabilisator zeigt, ist der Bereich gekennzeichnet, der für den Fall der Stabilisierung durch die Anordnung b) ersetzt wird. Bei starker Drosselung durch die Anlage wird das im äußeren Laufschaufelbereich zurückströmende Medium durch den Umführungskanal 5 über die Gleichrichterschaufeln 6 vor dem Zylinderring 7 wieder drallfrei in die Hauptströmung zugeführt.

Bild 9-4 zeigt die Auswirkung des Stabilisators auf die Kennlinien eines Axialventilators mit meridianbeschleunigter Strömung und mit Drallregler. Diese Ventilatorenart wird u. a. als Hauptgrubenlüfter und als Dampfkesselsaugzug eingesetzt.

In einen zweistufigen Axialventilator mit verstellbarem Zwischenleitapparat wurden zwei Stabilisatoren eingebaut. Bild 9-5 zeigt das Kennlinienfeld für

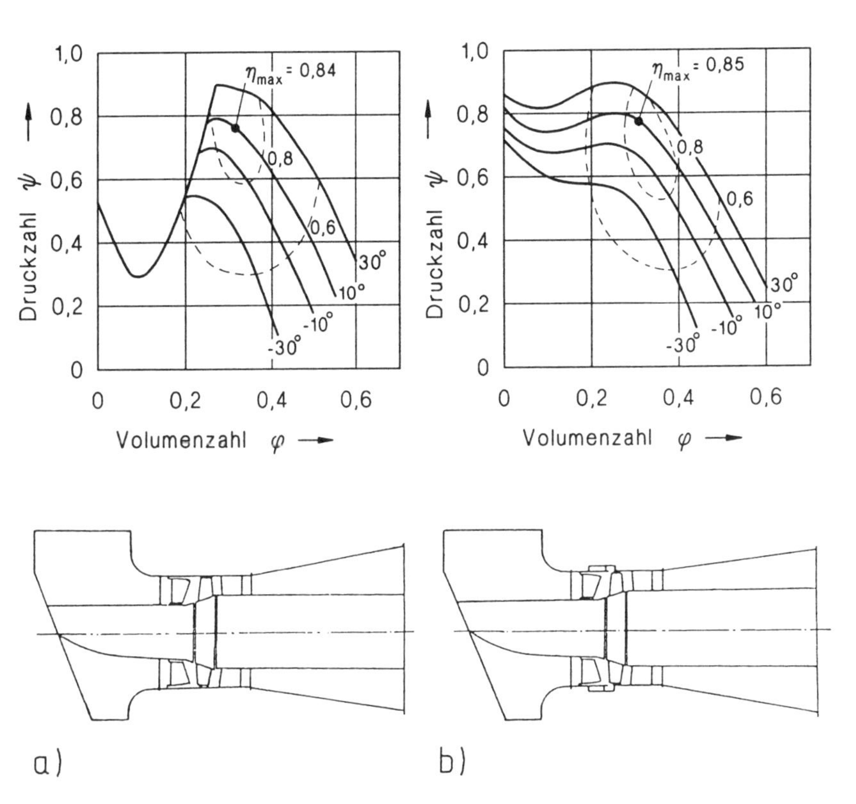

Bild 9-4. Meridianbeschleunigter Axialventilator.
a) ohne Stabilisator;
b) mit Stabilisator.

eine Laufschaufelstellung. Dieser Ventilator arbeitet zuverlässig in der Reinraumtechnik.

In beiden Fällen haben die Kennlinien einen stabilen Verlauf. Die unangenehmen Begleiterscheinungen des Pumpgebietes sind verschwunden. Es wurde festgestellt, daß bei Kennlinienfeldern mit unterschiedlichen Laufschaufel- oder Drallreglerschaufelwinkeln die höher gelegenen Kennlinien, z. B. für große Laufschaufelwinkel, etwas tiefer liegende Kennliniensattel im Vergleich zu den niedriger gelegenen Kennlinien haben, bei denen der Sattel immer geringer wird und fast verschwindet.

Eine weitere Stabilisatorvariante wird bei einem frei ansaugenden Axialventilator mit Nachleitapparat und niedriger Druckzahl ($\psi < 0,25$) angewendet [9-10],

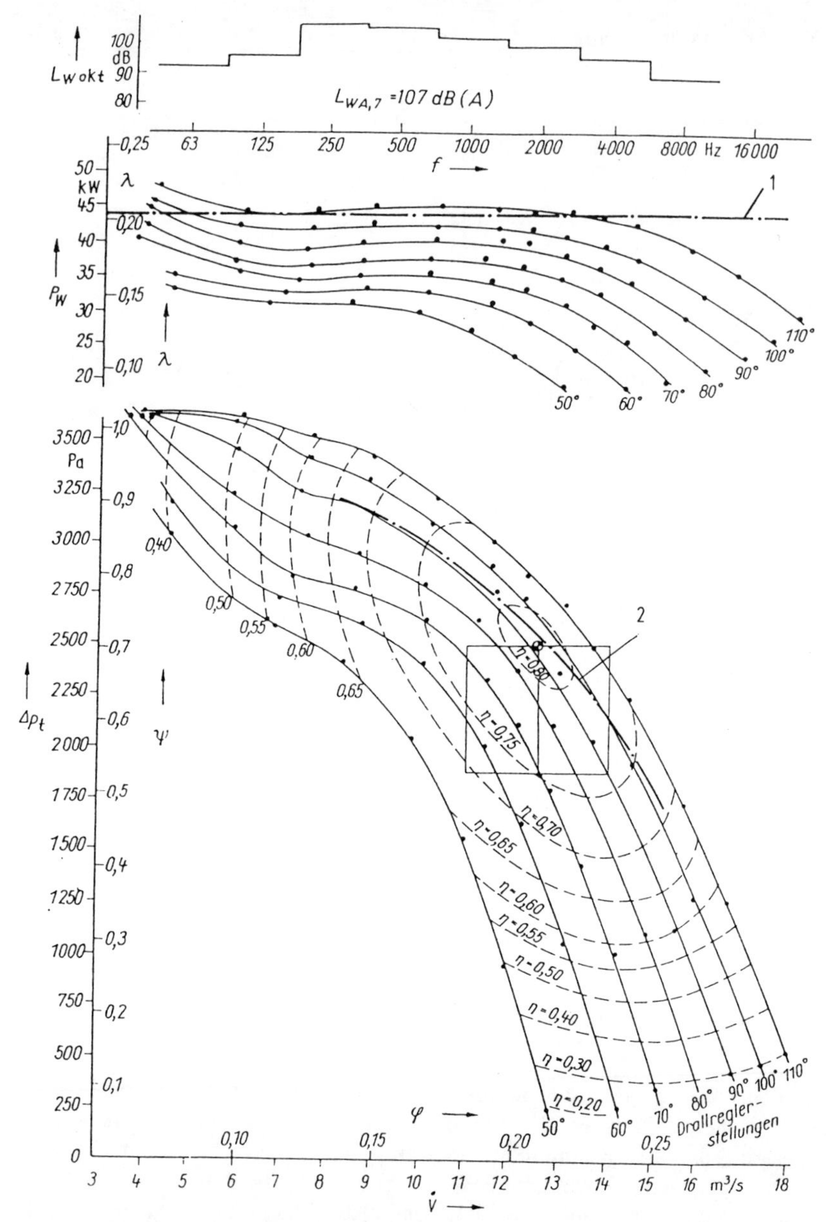

Bild 9-5. Kennlinienfeld eines zweistufigen Axialventilators der Turbowerke Meißen mit zwei Stabilisatoren (siehe Bild 12-16) für $\rho = 1{,}2\ kg/m^3$, $n = 1470\ min^{-1}$, $Re = 5 \cdot 10^6$, $P_{N,Mot} = 22$ kW je Stufe, aus [9-12].

1 Motornennleistung; 2 Lastgrenzlinie des Motors der 2. Stufe (Motoren sind ungleich belastet)

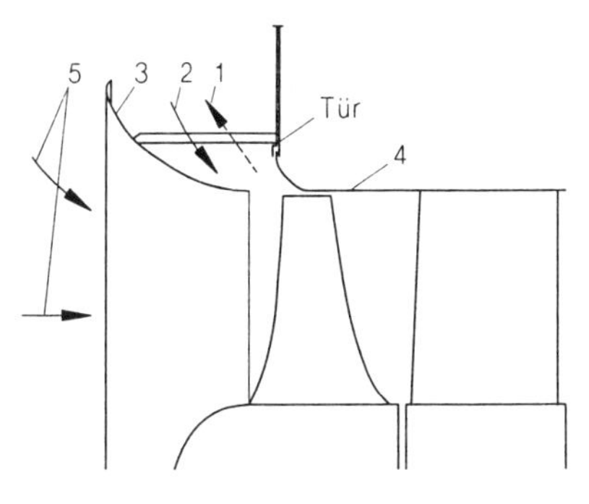

Bild 9-6. Strömungsmechanischer Stabilisator in Kurzbauweise, nach [9-10].

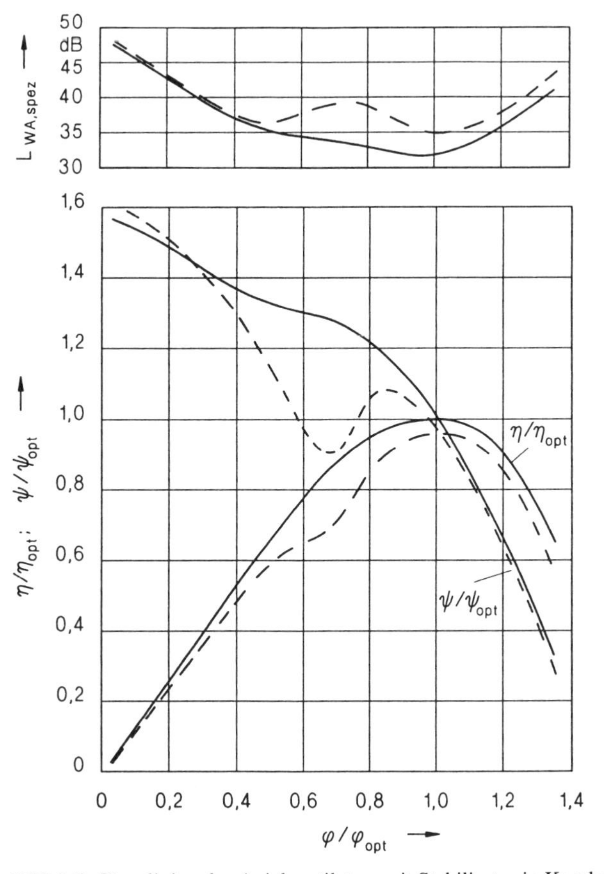

Bild 9-7. Kennlinien des Axialventilators mit Stabilisator in Kurzbauweise nach Bild 9-6.

der in eine Tür eingebaut ist (Bild 9-6). Die Konstruktion zeichnet sich durch eine axial kurze Bauweise aus. Das rückströmende Medium strömt hier durch einen Spalt zwischen Düse 3 und Laufradgehäuse 4 nach außen (Pfeil 1), wo sich der Drall auflöst und die gesunde Zuströmung 5 zur Düse nicht mehr berührt wird. Im normalen Drosselzustand, also z. B. im Bestpunkt, strömt ein geringer Teil (Pfeil 2) durch den düsenförmig ausgebildeten Spalt ins Laufrad, wodurch der Wirkungsgrad sogar geringfügig verbessert wird. Dieser Ventilator wurde in landwirtschaftlichen Trocken- und Belüftungsanlagen für Futter und Erntegüter eingesetzt, wo die Gefahr, ins Pumpgebiet zu geraten, nie ganz auszuschließen war [9-11]. Aus den Kennlinien gemäß Bild 9-7 (gestrichelt: ohne Stabilisierung, volle Linien: mit Stabilisierung) ist der Zusammenhang zwischen aerodynamischer und akustischer Verbesserung zu ersehen.

Bild 9-8 zeigt eine andere Version des hier beschriebenen Kurzstabilisators. Sie wird bei einem frei ansaugenden Axialventilator angewendet der nicht in eine Tür eingebaut ist.

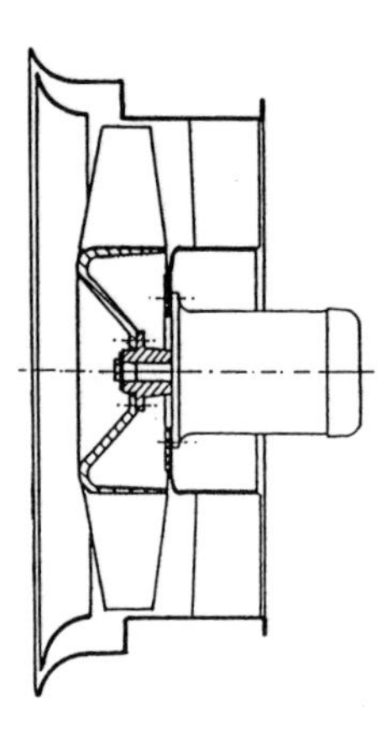

Bild 9-8. Stabilisator bei frei ansaugendem Axialventilator ohne Tür.

Aus Bild 9-9 wird deutlich, daß sich der optimale Arbeitsbereich OAB bei einem Ventilator mit Stabilisator grundsätzlich auf ein Gebiet links und rechts vom maximalen Wirkungsgrad verteilen kann, in dem ein mittlerer Wirkungsgrad von 0,98 η_{max} erreicht wird. Ohne Stabilisator müßte man sich auf ein Gebiet rechts von η_{max} beschränken und könnte nur einen mittleren Wirkungsgrad von 0,91 η_{max} wirklich ausnutzen. Der mögliche Arbeitsbereich MAB, in dem noch ein vertretbarer Wirkungsgrad vorhanden ist, verdoppelt sich in etwa

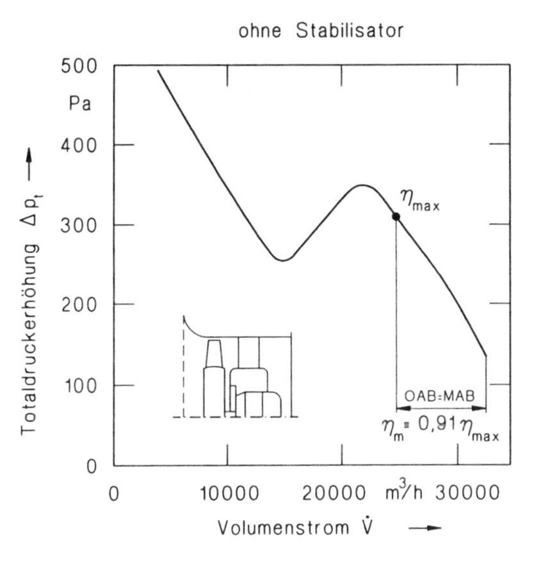

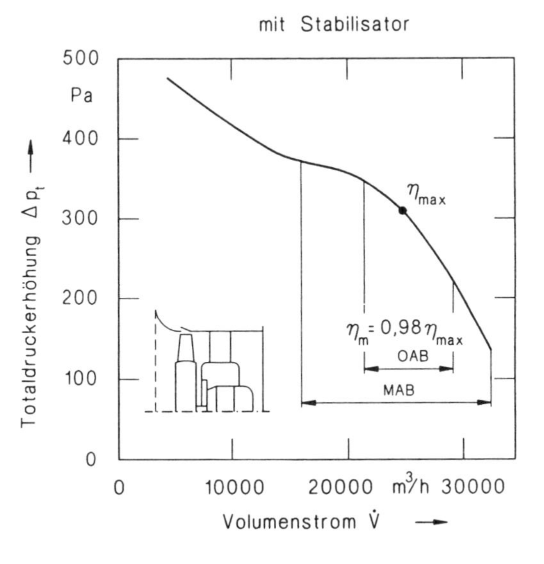

Bild 9-9. Vergleich der Kennlinien und mittleren Wirkungsgrade bei Anwendung des Stabilisators.

durch den Stabilisator. Der Stabilisator erreicht also in der Praxis eine enorme energetische Verbesserung, da bedenkenlos das Gebiet um den maximalen Wirkungsgrad genutzt werden kann.

Die Kennlinien-Stabilisatoren haben den Axialventilator wesentlich zuverlässiger gemacht und sichern ihm dadurch neue Einsatzgebiete.

10 Ventilatorenakustik

Ventilatoren sind wegen ihrer Leistungsbreite überall zu finden, ob mit wenigen Watt Antriebsleistung im Haartrockner oder mit mehreren Megawatt im Großkraftwerk. Gemeinsam ist allen, daß sie Geräusche emittieren, die so intensiv sein können, daß sie die Gesundheit gefährden oder die einfach lästig sind. Die Vielfalt der Ventilatoren hinsichtlich ihrer Bauarten, Bauformen und Leistungsgrößen findet man auch in dem unterschiedlichen Geräusch der Ventilatoren wieder, das vom leisen Rauschen des Kühlventilators im PC bis zum Orkanbrausen am Ansaug eines Hauptgrubenventilators reicht. Dabei unterscheidet sich der Geräuschcharakter eines Radialventilators deutlich von dem eines Axialventilators. Während beim Radialventilator Geräuschanteile bei tiefen und mittleren Frequenzen im Frequenzspektrum dominieren, sind es beim Axialventilator die Anteile bei mittleren und höheren Frequenzen.

Die Ventilatorenakustik ist ein spezielles Gebiet der Strömungsakustik und hat das Ziel, an Hand von konstruktiven und arerodynamischen Kenngrößen das Lärmverhalten von Ventilatoren im voraus zu bestimmen und zu beeinflussen.

Für den Einsatz von Ventilatoren in der Praxis ist die Kenntnis der Geräuschkenngrößen nach Abschnitt 4.5 unerläßlich.

10.1 Geräuschspektrum des Ventilators

Der Akustiker beschreibt die Schallausbreitung mit Hilfe der homogenen Wellengleichung. In der Strömungsakustik, besonders bei der Beschreibung von Strahllärm, muß der Quellbereich in die Wellengleichung einbezogen werden. Zur Lösung dieser inhomogenen Wellengleichung benutzt *Lighthill* [10-1] im Quellgebiet drei Terme:

- die zeitliche Änderung des Massenflusses,
- ein Feld von Wechselkräften und
- ein Feld von Wechselspannungen und -drücken in der freien Strömung.

Die Interpretation der für das Quellgebiet erhaltenen Integralgleichung sagt aus, daß der Schalldruck außerhalb des Quellgebietes durch *drei Typen von Elementarstrahlern* hervorgebracht wird. Erstens durch *Monopolquellen*, die durch die zeitliche Änderung des Massenzuflusses- und -abflusses in einem Volumen und durch eine im Volumen eingebettete Berandung gegeben sind. Zweitens durch *Dipolquellen*, die durch Wechselkräfte in einem Volumen und durch Wechselkräfte an der inneren Berandung des Volumens gegeben sind.

Drittens durch *Quadrupolquellen*, die durch Wechselspannungen und -drücke in einem Volumen gegeben sind [10-2].

Die *Monopolquelle* ersetzt eine durch zeitlich veränderlichen Massenfluß gekennzeichnete reale Schallquelle (atmende Kugel). Dieser Quellentyp ist beim Ventilator durch die Verdrängungswirkung der Laufradschaufeln infolge ihrer endlichen Dicke gegeben.

Die *Dipolquelle* wird zur Beschreibung der Wechselkräfte verwendet, die durch Oberflächen der Laufradschaufeln auf die Strömung wirken oder durch die Strömung auf den Oberflächen der Leitschaufeln und dem Ventilatorgehäuse hervorgerufen werden. Wegen des Impulsaustausches zwischen dem strömenden Fluid und den Leitschaufeln bzw. zwischen den Laufradschaufeln und dem strömenden Fluid sind Dipolstrahler die dominierenden Schallquellen am Ventilator.

Die *Quadrupolstrahler* werden durch Änderungen der Schubspannungen im Fluid produziert, wie sie vor allem in der Vermischungszone von Düsenstrahlen auftreten. Quadrupolstrahler sind bei Ventilatoren ohne Bedeutung.

Die Modellstrahler kann man beim Ventilator nach Bild 10-1 ordnen.

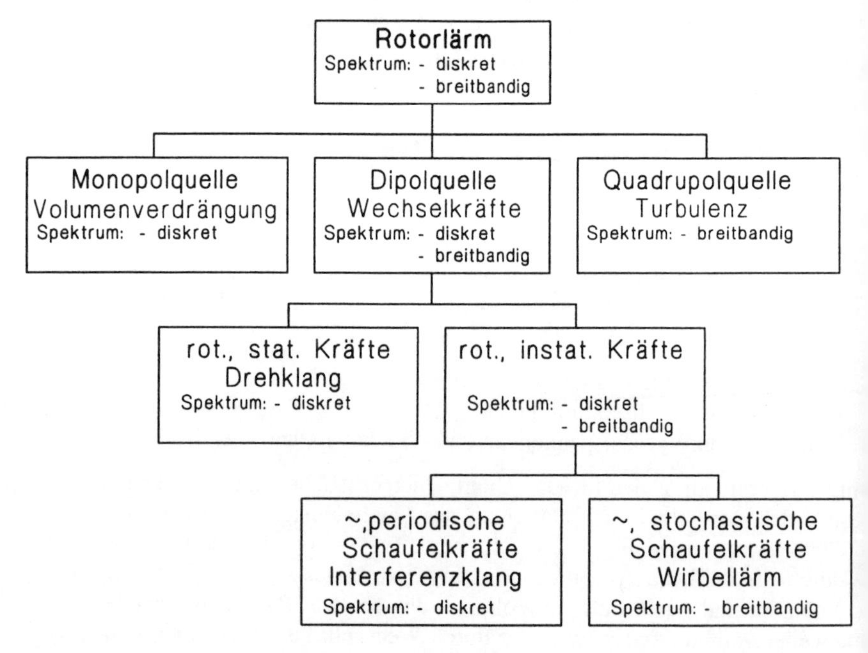

Bild 10-1. Ordnungsprinzip strömungsmechanischer Geräuschquellen, nach [10-2].

Die Integrallösungen der inhomogenen Wellengleichung können in der Form von Potenzgesetzen für die strömungsakustischen Vorgänge benutzt werden.

Die Schallintensität des Monopol-Quellgliedes folgt der Gesetzmäßigkeit

$$I_M \sim \frac{1}{r^2} \frac{\rho_0}{a_0} c^4 \cdot l^2 \tag{10.1a}$$

bzw. durch Einführung der Mach-Zahl $Ma = c/a_0$

$$I_M \sim \frac{1}{r^2} \rho_0 \cdot c^3 \cdot l^2 \cdot Ma\,. \tag{10.1b}$$

Für das Dipol-Quellglied wird

$$I_D \sim \frac{1}{r^2} \frac{\rho_0}{a_0^3} c^6 \cdot l^2 \tag{10.2a}$$

bzw.

$$I_D \sim \frac{1}{r^2} \rho_0 \cdot c^3 \cdot l^2 \cdot Ma^3\,. \tag{10.2b}$$

Für das Quadrupol-Quellglied folgt

$$I_Q \sim \frac{1}{r^2} \frac{\rho_0}{a_0^5} c^8 \cdot l^2 \tag{10.3a}$$

bzw.

$$I_Q \sim \frac{1}{r^2} \rho_0 \cdot c^3 \cdot l^2 \cdot Ma^5. \tag{10.3b}$$

Das Geräuschspektrum eines Ventilators wird in seiner Zusammensetzung durch die Anteile der Modellstrahler bestimmt. Analysiert man es mit Hilfe eines Frequenzanalysators, dann findet man bei genügend kleiner Bandbreite Spektren wie z. B. im Bild 10-2. Es ist üblich, daß von den Ventilatorherstellern das Geräuschspektrum als Oktavbandspektrum mitgeteilt wird. Wird es als Terzbandspektrum angegeben, d. h., eine Oktavbandbreite ist in drei Terzbänder aufgelöst, dann ist der Drehklang meist sehr deutlich im Spektrum bei der Terzmittenfrequenz f_{Terz} zu erkennen, die in der Nähe der Drehklangfrequenz nach Gl. (10.4) liegt.

Das Geräuschspektrum eines Ventilators enthält

- das über der Frequenz sichelförmig verlaufende Breitbandgeräusch, den *Wirbellärm,* der durch die ohne Strömungsablösung arbeitende Laufradschaufel erzeugt wird. Der Schall entsteht durch die auf der Schaufeloberfläche bei der Umströmung angreifenden Luftkräfte. Läßt man andere Geräuschquellen

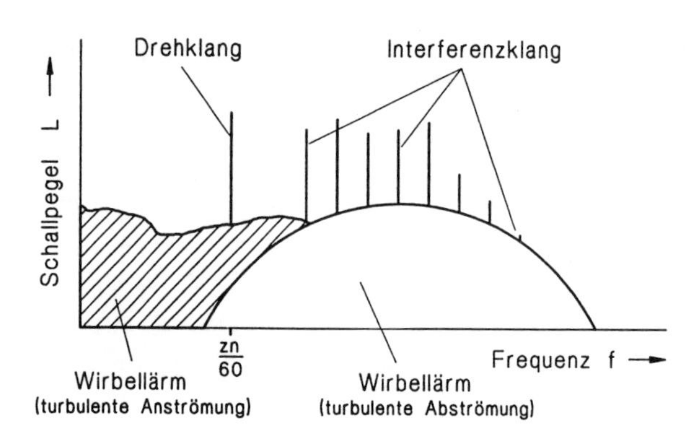

Bild 10-2. Schematisches Rotorlärmspektrum, nach [10-4].

außer acht, kann der Wirbellärm als der minimal erreichbare Schallemissionswert angesehen werden [10-3];

- ein regellos verlaufendes, niederfrequentes Breitbandspektrum, das vom Turbulenzgrad der Zuströmung abhängt. Durch unsymmetrische Zuströmung, z. B. durch einen dem Ventilator vorangestellten Rohrkrümmer entstanden, werden diese Geräuschanteile deutlich erhöht [10-4];
- diskrete Frequenzkomponenten, hervorgerufen durch rotierende, periodisch instationäre Schaufelkräfte, die durch die Drehzahl des Ventilatorlaufrades bestimmt sind. Die Anzahl der Laufradschaufeln und der Leitschaufeln bestimmt die Frequenz der Interferenztöne. Diese werden vom Strömungsprofil, das zwischen dem Ventilatorlaufrad und den Leitschaufeln (z. B. Drallregler, Leitgitter) auftritt, beeinflußt [10-5]. Mit kleiner werdendem Abstand zwischen benachbarten Schaufelgittern steigt die Intensität dieser Interferenztöne an [10-6];
- immer eine diskrete Frequenz, den *Drehklang*, der durch das umlaufende Druckfeld der rotierenden, stationären Schaufelkräfte entsteht. Die Frequenz des Drehklangs ist

$$f_z = i \cdot z \frac{n}{60} \quad \text{in Hz,} \tag{10.4}$$

wobei z die Schaufelzahl, n die Drehzahl des Laufrades und i = 1; 2; 3 ... die Ordnung der Harmonischen des Drehklangs sind.

An der Geräuschentstehung im Ventilator sind hauptsächlich Dipolquellen beteiligt. Deshalb ist die Schalleistung des Ventilators annähernd der 6. Potenz einer charakteristischen Geschwindigkeit, z. B. der Laufradumfangsgeschwindigkeit u_2, proportional. In erster grober Näherung ist

$$L_W \approx 55 \lg u_2 \text{ in dB.} \qquad (10.5a)$$

Mit dieser Formel können Pegeländerungen abgeschätzt werden:

$$L^* - L = 55 (\lg u^* - \lg u) = 55 \lg (u^*/u) \text{ dB} \qquad (10.5b)$$

mit dem Pegel L* nach der Änderung der Umfangsgeschwindigkeit des gleichen oder geometrisch ähnlichen Ventilators.

Abweichungen zur 6. Potenz entstehen durch Einflüsse, die nachfolgend beschrieben werden.

Durch lokale Strömungsablösung, die im Ventilatorlaufrad von einer Schaufel zur benachbarten überspringt (rotating stall), entstehen Frequenzkomponenten, die kein ganzzahliges Verhältnis zur Laufraddrehzahl haben. Je nachdem, ob die Strömungsablösungen an der Druckseite oder der Saugseite der Schaufel auftreten, ist die Winkelgeschwindigkeit der Ablösezone im Laufrad größer oder kleiner als die Winkelgeschwindigkeit der Schaufeln.

Neben den durch strömungsmechanische Schallquellen verursachten Geräuschen enthält das Geräuschspektrum des Ventilators auch Anteile, die von mechanischen Geräuschquellen verursacht werden. Das sind vor allem Kraftwirkungen auf die Ventilatorkonstruktion infolge der im Laufrad und dem Antrieb vorhandenen unausgeglichenen Massenkräfte (Unwucht) und Stoßfolgen, herrührend von schadhaften Wälzlagern. Diese Kräfte regen die Ventilatorbauteile, wie Motorböcke und Ventilatorgehäuse, zu Schwingungen und Körperschall an, und die verhältnismäßig großen Oberflächen der Ventilatorbauteile strahlen diese Schall- und Schwingungsenergie in die Umgebung als Luftschall ab. In [10-7] wurde dieses Verhalten eines Radialventilators untersucht und festgestellt, daß der Anteil der mechanischen Anregung durch den Motor gleich groß oder kleiner als der Anteil der Wechseldrücke am Gehäuseschalleistungspegel ist. Bis zu einer Frequenz von etwa 300 Hz ist das Ventilatorgehäuse mehr Schallquelle als Schallkapsel. Durch körperschallisolierte Befestigung des Motors bzw. des Antriebs wird eine Lärmminderung erreicht.

10.2 Abschätzen der Geräuschemission

Die Schalleistung eines Ventilators läßt sich nur näherungsweise aus seinen spezifischen Größen, wie Drehzahl, Antriebsleistung, Volumenstrom, sowie Totaldruckerhöhung, abschätzen.

In erster grober Näherung ist der Schalleistungspegel L_W mit der Nennleistung P_N des Antriebsmotors

$$L_{WA} \approx 90 + 10\ \lg\left(\frac{P_N}{1\ kW}\right)\ \text{in dB(A)}\,. \qquad (10.5c)$$

Eine bessere Näherung als mit den Gln. (10.5a) und (10.5c) ist möglich, wenn die Umfangsgeschwindigkeit u_2 bekannt ist.

Madison und *Graham* [10-8] veröffentlichten im Jahr 1958 Ventilatorschallgesetze, nach denen die eintretende Veränderung des Ventilatorschalleistungspegels bei Veränderung der Ventilatorkenngrößen und -baugrößen besser bestimmt werden kann. Der Volumenstrom, die Druckerhöhung und die Drehzahl des Ventilators haben den größten Einfluß auf die im Ventilator aerodynamisch erzeugte Schalleistung und auf die Verteilung der Schallenergie im Frequenzspektrum. Um eine geometrisch ähnliche Baureihe von Ventilatoren zu kennzeichnen, wurde erstmals der spezifische Schalleistungspegel für den äquivalenten Arbeitspunkt des Ventilators verwendet. Als spezifischer Schalleistungspegel $L_{W,spez}$ wird der Schalleistungspegel in dB oder auch dB(A) bezeichnet, den ein aerodynamisch vergleichbarer Ventilator aus einer Ventilatorbaureihe mit dem Volumenstrom $\dot{V}_0 = 1\ m^3/s$ und der Totaldruckerhöhung $\Delta p_{t,0} = 1\ N/m^2$ erzeugt. Der Schalleistungspegel L_W des Ventilators mit dem Volumenstrom $\dot{V}$ und der Totaldruckerhöhung Δp_t berechnet sich dann nach

$$L_W = L_{W,spez} + 10\ \lg\left(\dot{V} \cdot \Delta p_t^2\right)\ \text{in dB}. \qquad (10.6)$$

Setzt man in Gl. (10.6) für die Klammerwerte die entsprechenden Ausdrücke mit den dimensionslosen Kennzahlen Volumenzahl und Druckzahl (siehe Abschnitt 5) ein, so ergibt sich die Gleichung

$$L_{W,II} = L_{W,I} + 70\ \lg\left(\frac{D_{II}}{D_I}\right) + 50\ \lg\left(\frac{n_{II}}{n_I}\right)\ \text{in dB}, \qquad (10.7)$$

mit der die Umrechnung des Schalleistungspegels auf eine ähnliche Baugröße bzw. eine andere Laufraddrehzahl erfolgen kann [10-8]. Dabei kennzeichnet der Index I die Daten des Ausgangsventilators und der Index II die Daten des anderen Ventilators aus der gleichen Baureihe. Dabei wurde der Term $20\ \lg\ (\rho_{II}/\rho_I)$ vernachlässigt.

Hat man den Gesamtschalleistungspegel L_W in dB, kann durch Korrekturpegel für jede Oktavmittenfrequenz f_{Okt} das Frequenzspektrum des Ventilatorgeräusches berechnet werden. Es gilt

$$L_{W,Okt} = L_W + \Delta L_{Okt}. \qquad (10.8)$$

Ausgehend von den Potenzgesetzen der Strömungsakustik leitete *Hardy* [10-9] verallgemeinerte Frequenzspektren für unterschiedliche Ventilatoren ab. Auch er weist auf die Abhängigkeit der Ventilatorschalleistung von der 6. Potenz der Strömungsgeschwindigkeit hin, weil die dominierenden Schallquellen im Ventilator Dipolcharakter tragen. So können die von einem Ventilator bekannten Oktavschalleistungspegel zum spezifischen Schalleistungspegel umgerechnet werden:

$$L_{spez} = L_{W,Okt} - 10 \lg\left(c^5 \cdot n \cdot b \cdot D^2\right) dB. \tag{10.9}$$

Dabei bedeuten c charakteristische Strömungsgeschwindigkeit, n Laufraddrehzahl je Sekunde, b Laufrad- bzw. Schaufelbreite am Laufradaußendurchmesser D.

Diese Größen sind mit entsprechenden Bezugsgrößen unter dem Logarithmus dimensionlos zu machen. Trägt man die mit Gl. (10.9) gefundenen spezifischen Schalleistungspegel über der Strouhal-Zahl

$$Sh = \frac{f \cdot D}{c} \tag{10.10}$$

auf, dann ordnen sich die Meßwerte in einem schmalen Band ein. Wird an Stelle der charakteristischen Strömungsgeschwindigkeit c die Umfangsgeschwindigkeit u_2 verwendet, so erkennt man bei der Strouhal-Zahl Sh = z/π die Frequenzkomponente des Drehklangs.

Durch dimensionsanalytische Betrachtungen gelangte *Grünewald* [10-10] zu ähnlichen Beziehungen. In den Jahren von 1960 bis heute sind umfangreiche Untersuchungen durchgeführt worden, um die Zuverlässigkeit der Vorausberechnung des Ventilatorgeräusches zu erhöhen [10-11]. Im Ergebnis der Untersuchungen ist bemerkenswert, daß sich fast alle relevanten Einflußgrößen, die an der Geräuschentstehung beteiligt sind, nach dem Geräuschgesetz von *Madison* [10-8] ausdrücken lassen. Die Vergleiche von systematisch durchgeführten Meßreihen mit den von verschiedenen Autoren vorgeschlagenen Berechnungsgleichungen zeigen, daß die Abweichungen zwischen Vorausberechnung und Messung im Bereich von ± 4 dB liegen. Zur Abschätzung der vom Ventilator emittierten Schalleistung genügt Gl. (10.6) auch heutigen Anforderungen.

Die Genauigkeit der Abschätzung hängt von der Genauigkeit des spezifischen Schalleistungspegels $L_{W,spez}$, der aus Messungen bestimmt wird, und vom Umfang einer Ventilatorbaureihe ab. Umfaßt die Baureihe einen Re-Zahl-Bereich von mehr als einer Zehnerpotenz, ist mit einem deutlichen Einfluß der Re-Zahl auf den spezifischen Schalleistungspegel zu rechnen [10-6].

Zur schnellen Abschätzung des Schalleistungspegels von Ventilatoren dient Bild 10-3, worin für den üblicherweise vorkommenden Leistungsbereich der Ventilatoren der zweite Summand von Gl. (10.6) dargestellt ist. Der spezifische A-Schalleistungspegel $L_{W,spez,A}$ für die Laufraddrehzahl $n = 2900\ min^{-1}$ kann näherungsweise über der Durchmesserzahl

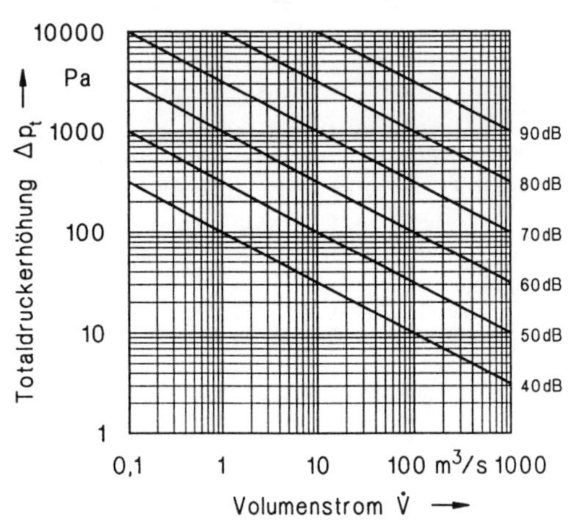

Bild 10-3. Luftleistungspegel.

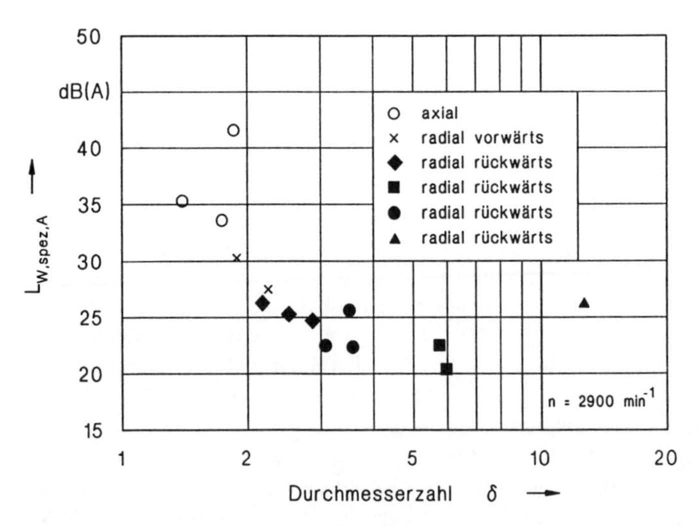

Bild 10-4. Spezifischer A-Schalleistungspegel $L_{W,spez,A}$ bei $n = 2900\ min^{-1}$.

$$\delta = \psi^{0,25} \cdot \varphi^{-0,5} \tag{10.11}$$

für die verschiedenen Ventilatortypen aus dem Bild 10-4 entnommen und daraus mit Gl. (10.6) ein A-bewerteter Schalleistungspegel berechnet werden.

Gl. (10.6) kann ebenso für die Berechnung des Frequenzspektrums aus vorhandenen Spektren des spezifischen Bandschalleistungspegels $L_{W,spez,Okt}$ oder $L_{W,spez,Terz}$ in dB verwendet werden. Die an verschiedenen Ventilatoren einer Baureihe gewonnenen Werte des spezifischen Schalleistungspegels können auch über der mit der Ventilatordrehzahl normierten Mittenfrequenz

$$\bar{f} = f_m \frac{60}{n} \quad \text{in Hz} \tag{10.12}$$

aufgetragen werden. Bild 10-5 zeigt als Beispiel eine solche Darstellung für eine Baureihe von Axialventilatoren mit Nachleitrad.

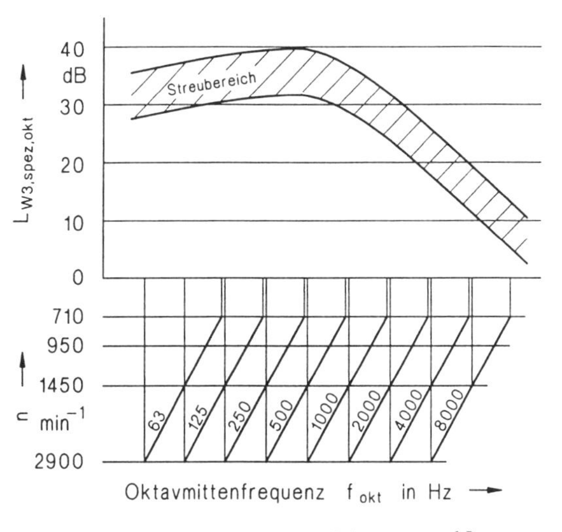

Bild 10-5. Spezifischer Oktavschalleistungspegel $L_{W3,spez,okt}$.

10.3 Geräuschemission und Kanalsystem

Schallquellen sind im allgemeinen kompakt und teilen die von ihnen produzierte Schwingungsenergie über die Gehäusewände an das umgebende Fluid mit. Typisch für derartiges Abstrahlverhalten sind z. B. Getriebe, bei denen die durch den Zahneingriff entstehenden Kraftänderungen zum Gehäuse als Körperschall transportiert und von dort als Luftschall abgestrahlt werden.

Beim Ventilator entsteht der Schall hauptsächlich durch die Wechselwirkungen zwischen Strömung und den Oberflächen der Berandung des durchströmten Bauteiles. Um die Schallenergie zu transportieren, muß das energiereichere Teilchen das benachbarte energieärmere Teilchen antreiben und dieses aus seiner Ruhelage verschieben. Abhängig von seiner Trägheit setzt dieses Teilchen dem Bewegungsvorgang einen Widerstand entgegen, der in der Akustik als Strahlungswiderstand oder -impedanz bezeichnet wird. Im allgemeinen ist die Impedanz eine komplexe Größe und setzt sich aus einem Realteil und einem Imaginärteil zusammen. Schließt man eine Quelle Q an ein Leitungssystem L an, dann ist die an das Leitungssystem übertragene Energiemenge davon abhängig, wie hoch der Eingangswiderstand des Leitungssystems und der Innenwiderstand der Quelle sind. Stimmen beide überein, ist die Leitung an die Quelle angepaßt, und es wird die maximal mögliche Energie je Zeiteinheit, also Leistung, in das Leitungssystem übertragen.

Ist eine Leitung nicht angepaßt, wird ein Teil der Energie zur Quelle reflektiert. In der Leitung bilden sich stehende Wellen durch Überlagerung der von der Quelle abgehenden Welle und der an der Reflexionsstelle reflektierten Welle aus. Liegt die reflektierende Ebene am Anfang des Leitungssystems, dann wird weniger Schallenergie in das Leitungssystem emittiert als beim angepaßten Leitungssystem. Auch der Innenwiderstand des freiansaugenden oder freiausblasenden Ventilators ist nicht an die Lastimpedanz der Umgebung angepaßt, so daß sich die Frequenzspektren der Schalleistungspegel eines Ventilators je nach Einbau voneinander unterscheiden (Bild 10-6).

Der in das Leitungssystem übertragene Schalleistungspegel L_W berechnet sich aus der in ein angepaßtes Leitungssystem emittierten Schalleistung $L_{W,\rho a}$, der Quellimpedanz des Ventilators $Z_0 = R_0 + j \cdot X_0$ und der akustischen Lastimpedanz des Leitungssystems $Z_L = R_L + j \cdot X_L$ nach [10-12]

$$L_W = L_{W,\rho a} + 10 \lg \left[\frac{R_L \cdot S}{\rho \cdot a} \frac{\left(\frac{R_L \cdot S}{\rho \cdot a} + R_Q\right)^2 + \left(X_Q\right)^2}{\left(R_L + R_Q\right)^2 + \left(X_L + X_Q\right)^2} \right] \text{in dB.} \quad (10.13)$$

Die Eingangsimpedanz der meisten Bauelemente in lufttechnischen Anlagen und Rohrleitungssystemen, die die Lastimpedanz für den Ventilator sein kann, ist komplex. So wirkt ein Rohrkrümmer oder Kniekanal akustisch als Tiefpaß, d. h. Schallwellen tiefer Frequenzen werden durchgelassen, während die oberhalb der Grenzfrequenz f_{gr} erheblich gedämpft werden. Von *Cremer* [10-13]

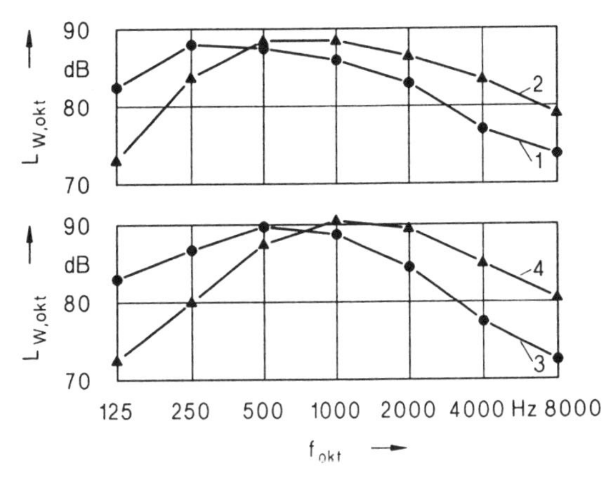

Bild 10-6. Einfluß des angeschlossenen Leitungssystems auf den Schalleistungspegel.

1 Ansaug-Kanalschalleistungspegel L_{W3}; 2 Freiansaug-Schalleistungspegel L_{W5}; 3 Ausblas-Kanalschalleistungspegel L_{W4}; 4 Freiausblas-Schalleistungspegel L_{W6}

wurden das Verhalten des Ventilators als Black box unter Verwendung der Vierpoltheorie untersucht und die erheblichen Einflüsse der angeschlossenen Lastimpedanzen und der Quellimpedanz auf die emittierte Schalleistung gezeigt. Aerodynamische und akustische Messungen an einem Axialventilator mit unterschiedlichem Kanalsystem zeigen vor allem im unteren und mittleren Frequenzbereich erhebliche Abhängigkeit der emittierten Schalleistung vom Kanalsystem. Letztendlich hat dieses Verhalten des Ventilators als Schallquelle zu den spezifischen Meßverfahren zur Bestimmung der Ventilatorschalleistungspegel geführt [4-13].

Rohrleitungsstücke mit offenem Ende wirken als Luftresonatoren und sind vor allem als Lastimpedanz zu beachten. Messungen an Abgasschloten nach Venturiwäschern zeigen, daß besonders tonale Komponenten bei tiefen Frequenzen durch Einsetzen von Resonanzschwingungen der Gassäule im Schlot zu erheblichen Schallemissionen überhöht werden. Diese tonalen Frequenzkomponenten treten deutlich hervor, wenn die Länge eines Kanalabschnittes mit dem Vielfachen der Viertelwellenlänge der Drehklangfrequenz $\lambda = a/f_z$ übereinstimmt.

Hervorgerufen durch die Lastimpedanz der an eine Kanalmündung angrenzenden großen akustischen Masse der Umgebungsluft tritt an jeder Kanalöffnung mehr oder weniger deutlich die Mündungsreflexionsdämpfung oder Kanalendreflexion auf. Nach [10-14] kann die Kanalendreflexion ΔL abgeschätzt werden nach

$$\Delta L = 10\ \lg\left(1 + \frac{784\ \Omega}{S}\frac{1}{f^2}\right)\ \text{in dB.} \qquad (10.14)$$

Dabei bedeuten S Öffnungsfläche des Kanals in m^2, f Frequenz in Hz und Ω Raumwinkel.

Endet der Kanal mitten im freien Raum, in einer Wandfläche, in einer Raumkante oder in einer Raumecke, dann nimmt der Raumwinkel Ω den Wert 4 π, 2 π, π oder π/2 an. Bild 10-7 zeigt den Verlauf der Kanalendreflexion über dem Produkt $f \cdot \sqrt{S}$.

Der nicht zu vernachlässigende Einfluß der Lastimpedanz des Kanalsystems auf die vom Ventilator emittierte Schalleistung führt dazu, daß die Messung des Schalldruckpegels bei aerodynamisch und konstruktiv gleichen Ventilatoren an unterschiedlichen lufttechnischen Anlagen meist unterschiedliche Werte

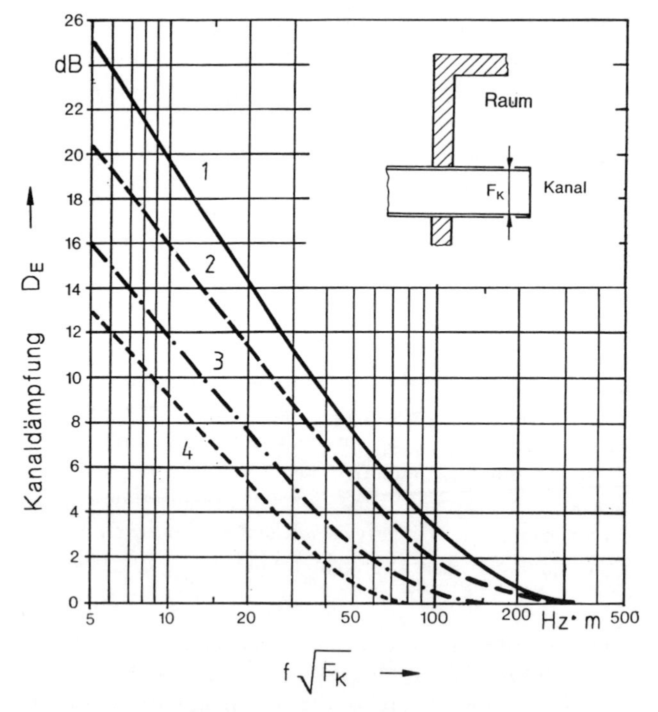

Bild 10-7. Kanalendreflexion, aus VDI 2081.

1 Raummitte; 2 Wandfläche; 3 Raumkante; 4 Raumecke

ergibt. Deshalb ist die Bestimmung der Schalleistung von Ventilatoren nur an genau nach Vorschrift errichteten und geprüften Meßkanälen möglich. Diese Kanäle müssen durch geeignete konstruktive Gestaltung akustisch reflexionsarm abgeschlossen sein. An den Übergangsebenen dieser Prüfkanäle zu den aerodynamischen Meßkanälen werden die Schallwellen im interessierenden Frequenzbereich nicht reflektiert und verfälschen damit nicht das Meßergebnis [4-16].

10.4 Geräuschemission und Leistungsparameter

Die in der Meßtechnik und Bewertung der Geräuschemissionen verwendete A-Bewertungskurve ist frequenzfest, so daß damit alle Geräuschereignisse wie durch ein Fenster betrachtet werden. Je niedriger der A bewertete Schalleistungspegel L_{WA} eines Ventilators gegenüber einem leistungsgleichen anderen Ventilator ist, desto geringer ist der Aufwand für Schallschutzmaßnahmen wie Schalldämpfer oder Kapseln. Aus den aerodynamischen Gesetzen ist bekannt, daß für ein vorgegebenes Wertepaar Volumenstrom/Totaldruckerhöhung verschiedene Ventilatoren eingesetzt werden können. Aus Kostengründen wird meist ein kleiner Ventilator mit hoher Drehzahl gewählt, ohne zu bedenken, daß ein solcher Ventilator einen größeren A-bewerteten Schalleistungspegel als ein vergleichbarer Ventilator gleicher Luftleistung, aber geringerer Drehzahl hat. Durch die hohen Drehzahlen treten die Geräuschquellen Drehklang und Interferenztöne im mittleren Frequenzbereich oberhalb 400 Hz bis etwa 2 kHz auf, in dem die A-Bewertungskurve nur kleine Werte der Schallpegelkorrekturen hat. Mit der Verringerung der Drehzahl bei gleichzeitiger Vergrößerung des Laufraddurchmessers werden die Leistungsparameter beibehalten, aber die maximalen Pegel im Frequenzspektrum zu niedrigeren Frequenzen verschoben. Die bei tieferen Frequenzen höheren Schallpegelkorrekturen der A-Bewertungskurve verringern den A-bewerteten Schalleistungspegel je nach Umfang der nach unten durchgeführten Drehzahlverschiebungen.

Häufig gestattet es die Praxis des Anlagenbetriebes, daß die Drehzahl des Ventilators zur Verringerung des Volumenstromes zeitweise abgesenkt werden kann. Das ist z. B. der Fall bei Belüftungsanlagen zum Trocknen landwirtschaftlicher Schüttgüter mit Außenluft. Da man nachts einen erheblichen Anteil feuchter Luft in das Trockengut einbläst, ist es sowohl aus akustischer als auch trocknungstechnischer Sicht ein großer Vorteil, die Drehzahl nachts zu verringern. Nach [10-15] ergibt die Halbierung der Drehzahl zwar eine Halbierung des Volumenstromes, aber auch eine Reduzierung des A-bewerteten Schallpegels um 13 dB(A)! Der aufmerksame Leser wird bei der Nachrechnung mit Gl. (10.7) den Wert von 15 dB erhalten. Solche Unterschiede können auftreten, wenn z. B. das Frequenzspektrum bzw. Resonanzprobleme nicht berücksichtigt werden.

Über der aerodynamischen Kennlinie durchläuft sowohl der Schalleistungspegel als auch der spezifische Schalleistungspegel nahe des Betriebspunktes mit dem maximalen Ventilatorwirkungsgrad ein Minimum. Bild 10-8 zeigt die Pegelveränderung über dem Volumenstrom für verschiedene Schnellaufzahlen σ [10-15].

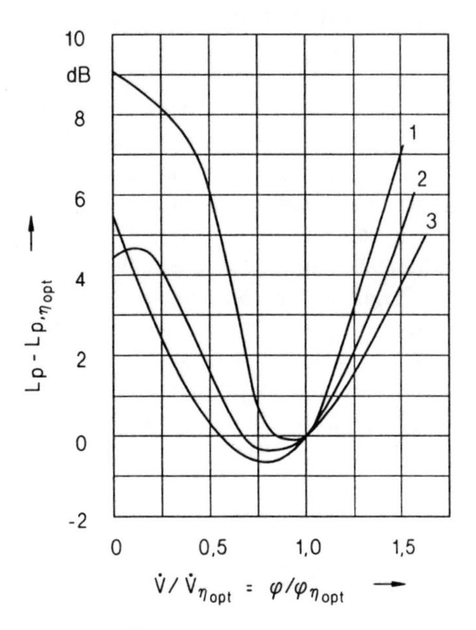

Bild 10-8. Änderung des Schalldruckpegels bei Drosselung für verschiedene Schnellaufzahlen, nach [10-15].

1 σ = 0,572; 2 σ = 0,233; 3 σ = 0,1

Wird vor dem Ventilator ein Drallregler eingebaut, erhält man für jede Winkelstellung des Drallreglers eine Ventilatorkennlinie und damit auch für den Verlauf des Schalleistungspegels ein breites Kennlinienfeld. Bewegt man sich aus dem Bereich des maximalen Wirkungsgrades heraus, dann nimmt der Schalleistungspegel zu. Bild 5-38 zeigt, daß bei der im wesentlichen nur nach unten möglichen Drallregelung der Schalleistungspegel zunächst sogar ansteigt, während er bei der Drehzahlregelung nach Gl. (10.7) stark abfällt. Das Spektrum verschiebt sich außerdem nach links, was günstig für die A-Bewertung ist.

Beim Einsatz des Ventilators in einer lufttechnischen Anlage, die durch ihre Kanäle und Einbauten, wie Wärmeübertrager, Filter u. ä., auch größere Speichervolumina enthält, können erhebliche Resonanzschwingungen und damit tieffrequente Geräuschanteile auftreten. *Carolus* [10-22] teilt die aerodynamischen Kennlinien der Ventilatoren nach dem Verlauf ihres Gradienten $\partial(\Delta p)/\partial\dot{V}$ ein. Eine Kennlinie mit nur negativen Gradienten, also monoton fallend, besitzt nur stabile Betriebspunkte, während auf einer Kennlinie mit wechselndem Vorzeichen des Gradienten, also einem Wendepunkt, instabile Betriebspunkte auftreten. Sind im Verlauf der Kennlinie Hysteresebereiche vorhanden, wird der Betriebspunkt in diesem Bereich instabil. Der Ventilator arbeitet instationär mit erhöhter Geräuschemission und Laufruhe.

10.5 Konstruktionseinflüsse auf die Geräuschemission

Schon bei der Herstellung von Ventilatoren nach ein und derselben Zeichnung findet man bei den Messungen im Rahmen der Qualitätssicherung nicht selten deutliche Abweichungen beim Schalleistungspegel, besonders aber bei den tonalen Frequenzkomponenten. In [10-6] wird die Auswirkung des Abstandes der Leitschaufeln bei einem Axialventilator mit Vorleitrad zur Eintrittskante der Laufradschaufeln gezeigt. Dieser Abstand sollte nicht kleiner gewählt werden als

$$x = 0{,}05\ (2\ b_0 + b_1), \tag{10.15}$$

wenn b_0 die Schaufeltiefe der Vorleitschaufeln und b_1 die der Laufradschaufeln ist.

Bei Radialventilatoren wird die tonale Frequenzkomponente des Drehklangs durch den Abstand der Gehäusezunge zu dem Laufradaußendurchmesser beeinflußt. Untersuchungen von *Leidel* [10-16] haben ergeben, daß für Zungenabstände $\Delta\ r < 0{,}06\ D$ der Drehklang und seine Harmonischen stark ansteigen, wogegen der Wirbellärm nahezu unbeeinflußt vom Zungenabstand bleibt. Versuche an Radialventilatoren mit Zungeneintrittskanten, die gegenüber der Laufschaufelaustrittskante schräggestellt sind, haben zwar immer zu einer Verringerung der Schallemission geführt, waren aber auch mit einer Einbuße beim Wirkungsgrad verbunden [10-17] [10-18].

Bei Axialventilatoren ohne Leitschaufeln wird der Antriebsmotor durch Streben befestigt. Liegen diese Streben stromauf vor dem Laufrad, dann bewegen sich die Laufradschaufeln durch den Strömungsnachlauf dieser Streben. Dadurch werden an den Laufradschaufeln periodische Luftkraftänderungen nach Richtung und Größe erzeugt, die die tonale Frequenzkomponente des Drehklanges und seine Harmonischen beeinflussen. Bild 10-9 zeigt für zwei Querschnittsprofile der Motorhaltestreben die Erhöhung des Schalleistungspegels im Terzband, das den Drehklang umfaßt, über dem Abstand zum Laufradeintritt.

Wie in [10-4] beschrieben, verursacht eine stark turbulente Zuströmung zum Ventilatorlaufrad gegenüber turbulenzarmer Zuströmung eine Erhöhung der Geräuschemission. Versuche mit Einlaufdüsen verschiedener Krümmungsradien vor dem Ventilatorlaufrad zeigten, daß mit kleiner werdendem Krümmungsradius der A-bewertete Schalleistungspegel ansteigt (Bild 10-10).

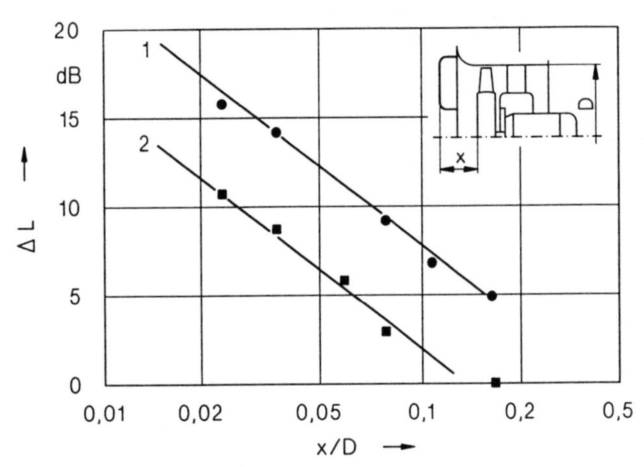

Bild 10-9. Drehklangerhöhung durch Streben im Zulauf.

1 vier Streben mit 0,04 D Durchmesser; 2 vier Flacheisen mit 0,01 D x 0,1 D

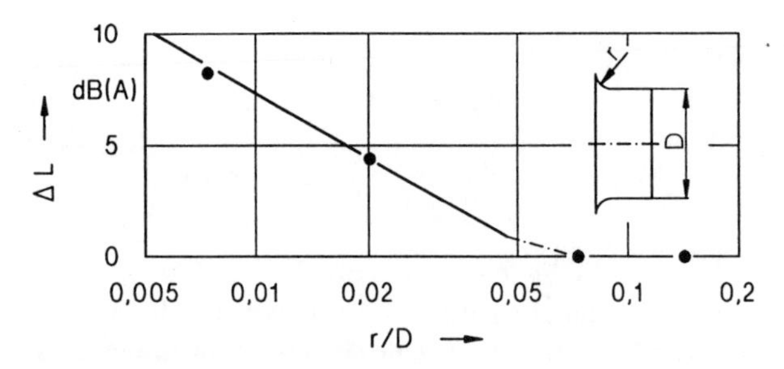

Bild 10-10. Einfluß des Einlaufradius.

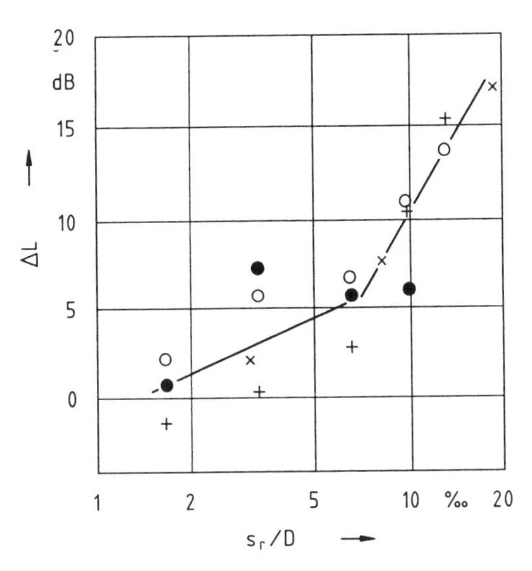

Bild 10-11. Einfluß des Radialspaltes auf die Schalldruckpegel eines Axialventilators, nach [10-20].

Axialventilatoren reagieren mit einer Erhöhung der Geräuschemission bis zu 10 dB bei den tonalen Frequenzkomponenten des Drehklangs, wenn vor dem Laufrad die Zuströmfläche, z. B. durch Motoranschlußkästen oder Fremdkörper auf dem Schutzgitter (Laub, Verschmutzung), teilweise verdeckt wird.

Der Radialspalt zwischen dem Laufrad und dem Gehäuse eines Axialventilators beeinflußt ebenfalls die Geräuschemission. Während *Stütz* [10-19] bei einem axialen Niederdruckventilator bei Änderung des Radialspaltes in einem schmalen Bereich keine Veränderung der akustischen Größen feststellte, wurde bei einem Axialventilator mit Vorleitrad bei kleiner Drosselzahl φ^2/ψ eine deutliche Zunahme des spezifischen Schalleistungspegels gefunden (Bild 10-11) [10-20].

Die Schaufeln des Laufrades und des Leitrades beeinflussen sich gegenseitig. Je nach dem Verhältnis z_0/z_1 entstehen die tonalen Frequenzkomponenten des Drehklangs und der Interferenztöne mit unterschiedlicher Intensität. *Nêmec* [10-5] hat den Einfluß verschiedener Schaufelzahlverhältnisse untersucht und aus akustischen Gründen Verhältnisse z_0/z_1 = 1/1; 1/2; 2/3 usw. als ungünstig ausgewiesen. Untersuchungen an einem Axialventilator mit $z_0 = 9$ Laufschaufeln und $z_1 = 9$ bis 16 Vorleitschaufeln haben gezeigt, daß die Anzahl der Vorleitschaufeln nicht nur die aerodynamischen Kenngrößen, sondern auch die Geräuschemission beeinflußt [10-21]. Das Terzspektrum mit den niedrigsten

Schalleistungspegeln der tonalen Frequenzkomponenten wurde für die Schaufelzahlkombination 9/11 gefunden. Der Ventilator mit dem Schaufelzahlverhältnis 9/9 zeigt zwar eine ausgeprägte tonale Frequenzkomponente des Drehklangs (Bild 10-12), aber auch die niedrigsten Pegel für den Wirbellärm gegenüber den Ventilatoren mit $z_l > 9$.

Konstruktive Details können die Geräuschemission eines Ventilators erheblich beeinflussen. Beim Einbau von Ventilatoren in Maschinen und Geräte ist es demzufolge sinnvoll, entsprechende Voruntersuchungen zur Zu- und Abströmung beim Laufrad und zum Druckverlust durchzuführen, bevor der Ventilatortyp, die Bauform und -größe endgültig festgelegt werden.

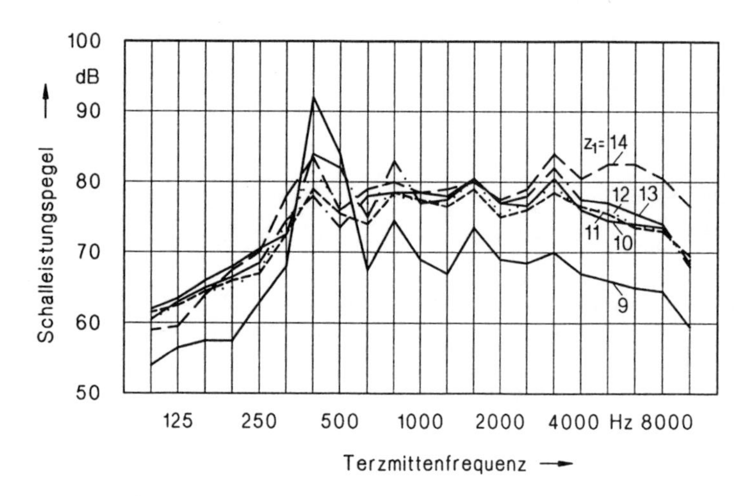

Bild 10-12. Axialventilator mit Vorleitrad.

z_0 9 Laufschaufeln; z_l Leitschaufelzahl

10.6 Schallschutz bei Ventilatoren

Eine der wirkungsvollsten Maßnahmen zur Begrenzung der Geräuschemission durch Ventilatoren ist die exakte Auslegung und Auswahl des Ventilatortyps. Dabei sollten folgende Gesichtspunkte beachtet werden:

– Sind Geräte- bzw. Anlagenverluste minimiert?

- Liegt der geforderte Betriebspunkt in der Nähe des Kennlinienbereiches mit dem maximalen Wirkungsgrad?
- Ist der aus der Vielzahl der Typen mit unterschiedlicher Drehzahl, Baugröße oder Bauform gewählte Ventilator akustisch günstig?
- Wird durch den Betrieb des Ventilators ein geforderter Immissionsrichtwert ggf. überschritten? Wenn ja, um wieviel dB?

Die aufgeworfenen Fragen folgen aus dem strömungsakustischen Verhalten der Ventilatoren. In der Praxis ist häufig zu beobachten, daß durch die Unsicherheit in den Angaben zum Verlustwiderstand einzelner Anlagenkomponenten oder der vorgesehenen Einbausituation der in der Ausschreibung angegebene Arbeitspunkt zu einem überdimensionierten Ventilator führt. Dazu kommt, daß ein geforderter Betriebspunkt meist mit verschiedenen Ventilatoren erreicht werden kann. Der nicht benötigte Volumenstrom wird dann oft mit einer Drosselklappe oder einer ungünstigen Drallreglerstellung „weggedrosselt". Dieser Ventilator arbeitet nicht in seinem Bestpunkt und strahlt einen wesentlich höheren Schalleistungspegel ab als unvermeidbar. Aus dieser Erfahrung werden notwendige Schalldämpfer ebenfalls überdimensioniert, um „auf der sicheren Seite" zu liegen. Längere oder engere Kulissenschalldämpfer haben einen erheblichen Druckverlust, der vom Ventilator mit aufgebracht werden muß. Bild 10-13 zeigt den Verlauf des Druckverlustbeiwertes ζ von üblichen Kulissenschalldämpfern über dem Verhältnis der Kulissendicke d zur Systembreite $B = d + 2\ h$ [10-23]. Mit enger werdendem Abstand der Kulissen zueinander nimmt zwar die Einfügungsdämpfung des Kulissenschalldämpfers zu, aber auch der Druckverlust steigt.

Der Aufwand bei Absorptionsschalldämpfern ist, um gleiche Dämpfung zu erreichen, bei niedrigen Frequenzen wesentlich höher als bei mittleren und hohen Frequenzen. Grundlage für die Beurteilung der Lärmimmissionen an Wohngebäuden oder anderen Aufenthaltsorten von Menschen, z. B. Arbeitsplätzen, ist immer der A-bewertete Schalldruckpegel am Immissionsnachweisort. Berechnet man für die typischen Frequenzspektren des Radialventilators und des Axialventilators die für Kulissenschalldämpfer bei einer Kulissendicke von 200 mm notwendige Schalldämpferlänge (Bild 10-14), die für eine bestimmte Einfügungsdämpfung D_e in dB(A) notwendig ist, dann schneidet der Axialventilator hinsichtlich des Schalldämpferaufwandes erheblich besser ab, obwohl Axialventilatoren im allgemeinen bei gleichem Druck und gleichem Volumenstrom bis 10 dB höhere Schalleistungspegel erzeugen als Radialventilatoren. Der Grund ist, daß bei den Radialventilatoren die Pegel zu den niedrigen Frequenzen hin ansteigen, während die Schalldämpfercharakteristik im wesentlichen dem Axialventilatorspektrum entspricht.

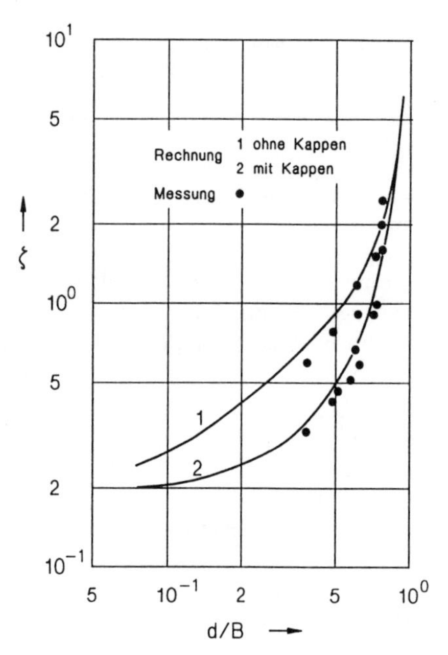

Bild 10-13. Druckverlustbeiwert von Kulissenschalldämpfern.
d Kulissendicke; B Kulissendicke plus Kanalweite

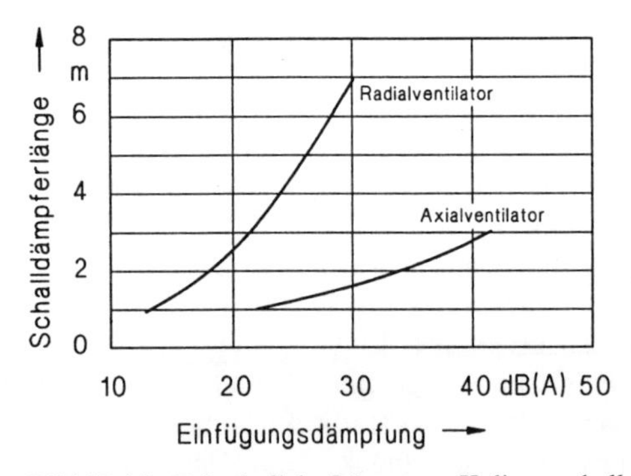

Bild 10-14. Erforderliche Länge von Kulissenschalldämpfern.

Der erhebliche Aufwand und der zusätzliche Druckverlust des Schalldämpfers legen es nahe, den Schalldämpfer in den Ventilator einzubeziehen. Untersuchungen [10-24] zur Wirkung schallabsorbierend ausgekleideter Gehäuse von

Axialventilatoren ergaben, daß sich solche Gehäuse wie klassische Absorptionsschalldämpfer verhalten und wenig zusätzliche Dämpfungseffekte hervorbringen. Im Bereich des Laufrades und der Leitschaufeln angebracht, verursachen diese Auskleidungen eine deutliche Wirkungsgradabnahme. Setzt man an Stelle eines oft bei Axialventilatoren zur Druckumsetzung verwendeten glatten Diffusors einen als Absorptionsschalldämpfer ausgebildeten Diffusor ein, dann wird auf der Ausblasseite bei unbedeutender Verschlechterung des Ventilatorwirkungsgrades eine Verminderung des A-bewerteten Schalleistungspegels bis 9 dB erzielt [10-26]. Dabei wurden die Ergebnisse mit einer deutlichen Absen-

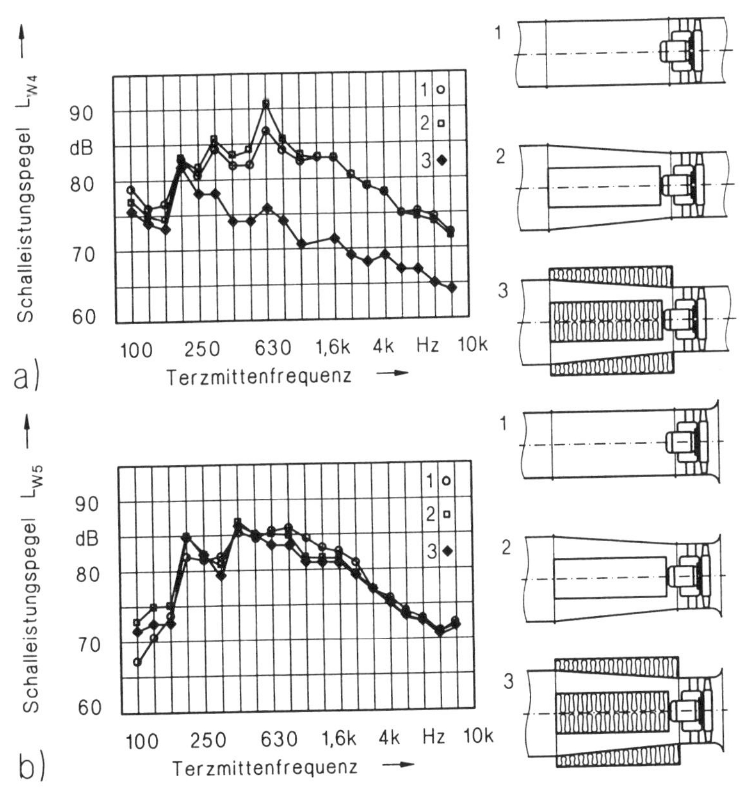

Bild 10-15. Axialventilator mit schallabsorbierendem Kurzdiffusor.
a) Ausblas-Kanalschalleistungspegel;
b) Freiansaug-Schalleistungspegel.
1 glattes Rohr; 2 glatter Kurzdiffusor mit Kern;
3 schallabsorbierender Kurzdiffusor

kung des Drehklanges vor allem dann erzielt, wenn auch der Diffusorkern schallabsorbierend ausgekleidet war (Bild 10-15). Die Geräuschemission des Wirbellärms auf der Saugseite des Ventilators ändert sich gegenüber dem glatten Diffusor nur unbedeutend. Auf der Druckseite jedoch nimmt die Drehklangkomponente mit schallabsorbierendem Kurzdiffusor um etwa 6 dB ab. Ein schallabsorbierender Kern hat nur geringe Wirkung.

Bei Axialventilatoren am Anfang eines Kanalsystems oder bei freiansaugenden Radialventilatoren haben sich Scheibenschalldämpfer bewährt, deren axiale Erstreckung gering ist und die sich radial zur Achsrichtung ausdehnen. Für die Abmessungen der schallabsorbierend ausgekleideten Scheiben mit $b/D \geq 2{,}5$ und dem Zwischenabstand $a/D \geq 0{,}2$ erhält man die im Bild 10-16 gezeigten Schallpegelverminderungen. Mit diesen Verhältnissen wird die Kennlinie des Ventilators nicht nennenswert beeinflußt [10-27].

Versuche zur Lärmminderung bei Radialventilatoren mit schallabsorbierender Auskleidung eines Radialventilatorgehäuses [10-25] ergaben, daß handelsübliche Rohrschalldämpfer unmittelbar an den Anschlußflanschen des Ventilators besser dämpfen. Wie schon beim Axialventilator festgestellt wurde, verringert

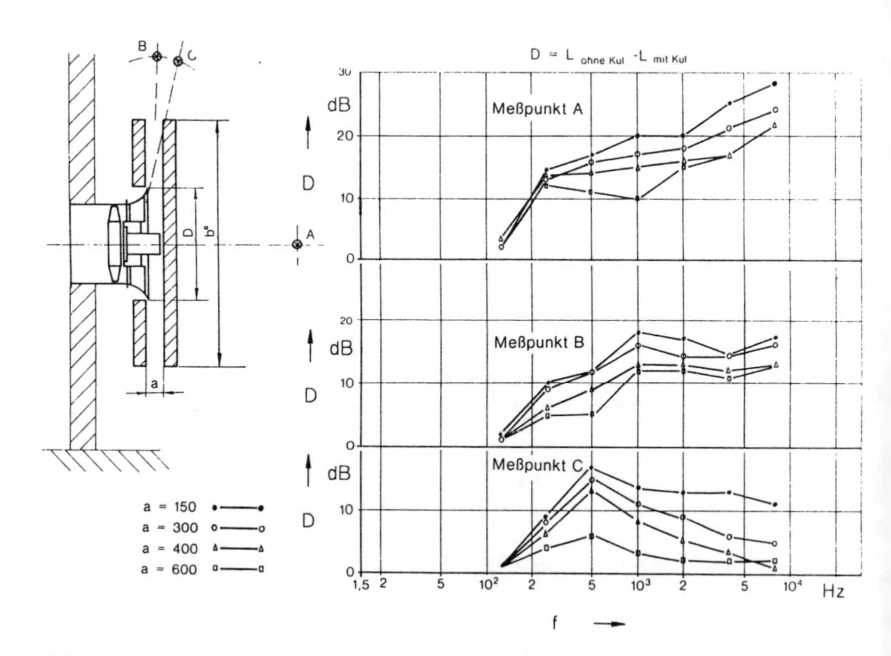

Bild 10-16. Schallpegelminderung durch radiale Scheibenschalldämpfer.

die Anwesenheit der absorbierenden Auskleidung im Laufradbereich deutlich den Wirkungsgrad des Ventilators.

Weitere Untersuchungen [10-28] zeigen den Vorteil von integrierten Schallabsorptionselementen im Ansaug und im Ausblas von Ventilatoren.

Eine Hilfe bei der akustischen Auslegung von raumlufttechnischen Anlagen ist die VDI-Richtlinie 2081, in der z. B. Werte für die Geräuscherzeugung von Rohrleitungsabzweigen, aber auch über deren Pegelsenkungen angegeben sind [10-29].

In [10-30] wird auf die Bedeutung der Energiekosten der Schalldämpfer in lufttechnischen Anlagen hingewiesen und deutlich gemacht, daß der durch den Druckverlust der Schalldämpfer verursachte ständige Energieaufwand erheblich die Betriebskosten beeinflußt. Durch Minimierung der Anlagenverluste unter Berücksichtigung der Laufzeiten der Anlage und durch sorgfältige Ventilator- und Schalldämpferauswahl können bei Einhaltung der vorgeschriebenen Immissionsrichtwerte die Gesamtkosten klein gehalten werden.

11 Zuverlässigkeit

Moderne Produktionsprozesse (Zementindustrie, Hüttenindustrie, Kraftwerke, Textilverarbeitung usw.) sind technologisch so aufgebaut, daß ein entsprechender Luft- oder Gasaustausch die Voraussetzung zum Funktionieren des Prozesses ist. Außer bei reiner Be- und Entlüftung werden Ventilatoren kaum noch als Einzweckmaschinen eingesetzt. Sie sind in einem Prozeß eingebunden, in dem Wärme, Staub, Feuchte und Gase zu transportieren sind, wobei hohe Festigkeits- und Schwingungsbelastungen des Ventilators beherrscht werden müssen. Daher nimmt die Zuverlässigkeit der Ventilatoren einen sehr hohen Stellenwert ein.

Die Zuverlässigkeit ist ein wichtiger Teilbereich der Qualitätssicherung. Sie beginnt bei der Anbahnung von Verträgen und endet mit der Lieferung eines Ventilators, der die Forderungen des Anwenders gemäß Vertrag erfüllen muß. Das betrifft beim Ventilator das sichere Erreichen der projektierten und vom Betreiber problemlos einregelbaren strömungstechnischen Parameter, aber auch die energetischen und die umwelttechnischen Daten. Zur Qualitätssicherung gibt es umfangreiche nationale und internationale Untersuchungen und Normen [11-1] bis [11-4] mit Hinweisen auf weitere Normen, die sich spezifisch in den Qualitätssicherungshandbüchern der Ventilatorenhersteller niederschlagen. Derjenige Anwender ist gut beraten, der die Möglichkeiten dieser Qualitätssicherungssysteme, beginnend bei der Projektierung, nutzt.

11.1 Aerodynamische Bauabweichungen

Großventilatoren werden infolge der großen Leistungen aerodynamisch optimal an die jeweilige Anlage angepaßt. Das zieht kleine Stückzahlen und damit eine individuelle und vorzugsweise handwerkliche Fertigung nach sich, z. B. durch die Umformtechnik, Schweißtechnologie sowie der Urformtechnik, z. B. Gießen, seltener der GFK-Technologie (GFK = Glasfaserverstärkte Kunststoffe). Die meisten Ventilatoren werden als Blechkonstruktionen ausgeführt. Bei den *kleinen Ventilatoren* sind wegen der Vielzahl der Produzenten die Stückzahlen ebenfalls oft relativ gering, sieht man von einigen Einzwecklüftern, z. B. in Kunststoff für die leichte Lufttechnik und als Kühllüfter, ab.

Schweißkonstruktionen weisen naturgemäß gewisse Abweichungen hinsichtlich der konstruktiv vorgegebenen Geometrie (Schweißverzug) und der Festigkeit auf [11-5]. Die Bilder 11-1 bis 11-3 zeigen Teilergebnisse von Untersuchungen über die Abhängigkeit der strömungstechnischen Parameter von An-

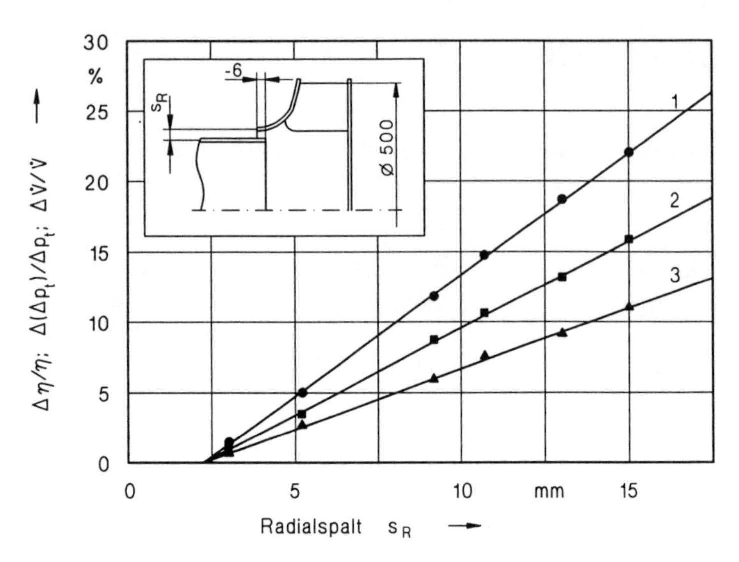

Bild 11-1. Verluste beim Radialspalt von Radialrädern [11-6] [11-7].

1 Wirkungsgrad; 2 Druckdifferenz; 3 Volumenstrom

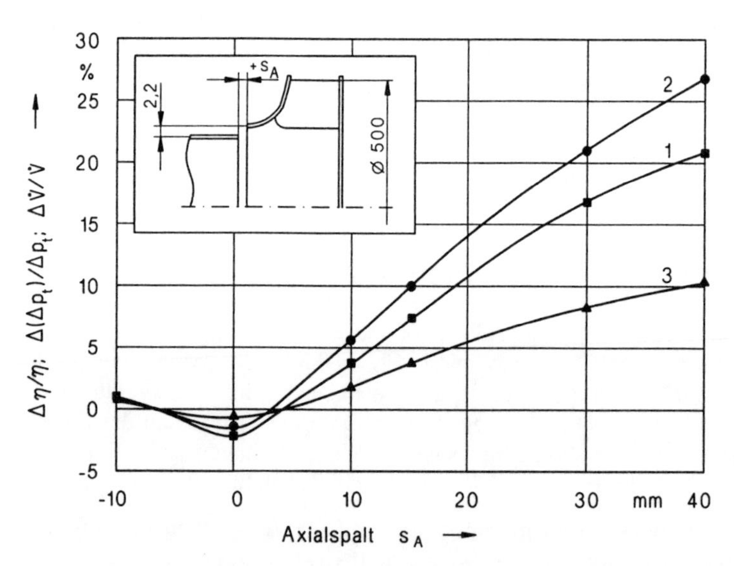

Bild 11-2. Verluste beim Axialspalt von Radialrädern [11-6] [11-7].

1 Druckdifferenz; 2 Wirkungsgrad; 3 Volumenstrom

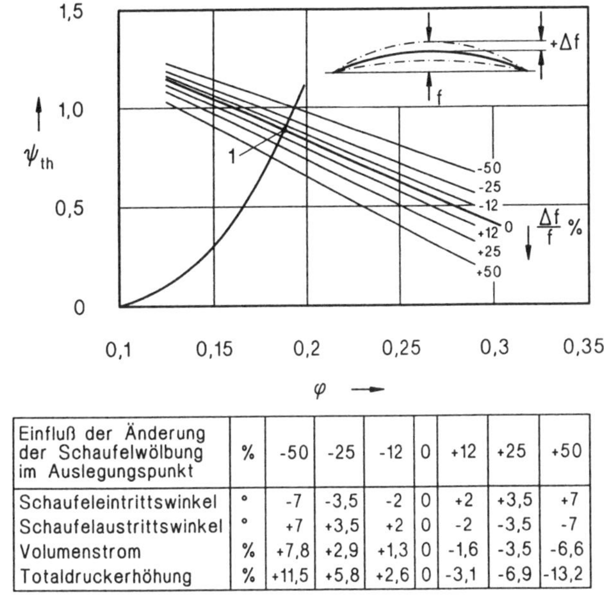

Einfluß der Änderung der Schaufelwölbung im Auslegungspunkt	%	-50	-25	-12	0	+12	+25	+50
Schaufeleintrittswinkel	°	-7	-3,5	-2	0	+2	+3,5	+7
Schaufelaustrittswinkel	°	+7	+3,5	+2	0	-2	-3,5	-7
Volumenstrom	%	+7,8	+2,9	+1,3	0	-1,6	-3,5	-6,6
Totaldruckerhöhung	%	+11,5	+5,8	+2,6	0	-3,1	-6,9	-13,2

Bild 11-3. Einfluß von Fehlern bei der Profilwölbung auf die Aerodynamik [11-9].

1 Auslegungs- bzw. Optimalpunkt

saugspalt- sowie Gitterwinkeländerungen bei Nieder- und Mitteldruck-Radialventilatoren [11-6] bis [11-10]. Die Nachrechnung der Profiländerungen [11-11] ergab eine gute Übereinstimmung mit den Meßwerten.

11.2 Mechanische Zuverlässigkeit

Die mechanische Zuverlässigkeit von Ventilatoren ist definiert durch deren ständige Betriebsbereitschaft sowie deren gefahrloses und sicheres Betreiben in definierten Arbeitsbereichen innerhalb bestimmter Wartungszeiträume (Tabelle 11-1). Neben der technischen Zuverlässsigkeit der Maschine ist zum zuverlässigen Betrieb der Mensch als Betreiber oder Kontrollorgan ein ebenso wichtiges Glied in der Zuverlässigkeitsstrecke. Qualifiziertes und gut geschultes und mit dem jeweiligen Produktionsprozeß vertrautes Fachpersonal ist dazu unabdingbar.

Tabelle 11-1. Wartungsbedingte Baugruppen am Ventilator.

Ventilatorbauteile und Baugruppen		Zubehörbauteile und Baugruppen	
Ansaugkasten bzw. -krümmer	3	Antriebsmotor bzw. -turbine	1*, 4
Ansaugdüse	3	Verstellantrieb für Drallregler und Drosselklappen, Leiteinrichtung	1*
Gehäuse	3	Kompensator	3
Laufrad	3	Keilriementrieb	1, 2
Antriebswelle	3	Brems- und Feststelleinrichtung	2
Wellen-Gehäuse-Abdichtung	1*, 2	Trudelantrieb	1
Vor-, Zwischen- oder Nachleiteinrichtungen	1, 3	Ölumlauf-Schmiereinrichtung	1*
Lagerung	1, 2, 4	Schwingungsisolatoren	4
Kupplung	1*, 2		
Diffusor	3		
Grund- und/oder Schwingrahmen	4		

1 zu wartende Baugruppe nach Wartungsvorschrift; 1* bedingt zu wartende Baugruppen nach Wartungsvorschrift, z. B. Motorlagernachschmierfrist aller 4 Jahre oder jährliche Überprüfung der Wellenabdichtung; 2 Verschleißteile infolge Abnutzung während des Betriebes; 3 prozeßbedingte Verschleißteile infolge Förderung schleißender Stäube oder erodierender Gase; 4 prozeßbedingte dynamische Zusatzbelastung infolge Verschleiß oder Anbackung (Unwucht)

11.2.1 Statische Belastungen

Von Maschinen mit Rotoren geht bei Schadensfällen infolge der großen Massenkräfte eine besondere Gefahr für die Maschine und ihre Umgebung aus. Der Rotor muß deshalb bei der Projektierung (Planung, Konstruktion, Berechnung) hinsichtlich der Fertigungsgenauigkeit sowie der Sicherung seiner Qualität besonders beachtet werden.

Unter Betriebsbedingungen treten bei zusätzlichen Staubanbackungen noch ein örtlicher Festigkeitsabfall und eine zusätzliche dynamische Lagerbelastung auf (Tabelle 11-2). So können beispielsweise bei der Zementherstellung Zyklonverstopfungen vorkommen, die u. U. Temperaturüberhöhungen von mehr als 200 K auslösen. Dadurch wird der Rotor des Ofenabgasventilators und speziell das Laufrad in Verbindung mit Staubanbackungen und/oder Verschleiß überhöhten Belastungen ausgesetzt.

Tabelle 11-2. Einfluß einiger Einsatzbereiche auf die Zuverlässigkeit.

Einsatzbereich	Vorwiegende Beanspruchung	Auswirkung auf den Ventilator
mobiler Betrieb bei Einbau in Schiffen, Waggons, Loks, Kfz, Dieselkompressoren usw.	dynamische Belastungen des gesamten Ventilators	Schlingerbeanspruchung, Schwingungen, Stoßerregungen
Zementanlagen, Ofenabgasventilatoren (Heißgasventilatoren), Mühlenabgasventilatoren	Unwuchten infolge von Staubanbackung, Temperatureinwirkung, Verschleiß an tragenden Bauteilen	erhöhte Lagerbelastung, Festigkeitsabfall infolge Materialabtragung und zusätzlicher Temperatur- und Massebelastung
Kraftwerksanlagen, Saugzüge, Rezirkulationsventilatoren	Unwuchten infolge von Temperatur- und Staubeinwirkung sowie Verschleiß	erhöhte Lagerbelastung sowie Festigkeitsabfall infolge Materialabtragung und Temperatureinwirkung
Hüttenindustrie, Konverterabgas- und Sinterabgasventilatoren	Unwuchten infolge von Verschleiß, Erosion und Temperatur	erhöhte Lagerbelastung, Festigkeitsabfall durch Materialabtragung
Kühltürme, Kühlturmventilatoren für Naßkühltürme	Tropfenschlagerosion mit örtlicher Auswaschung, Eisanbackung	Festigkeitsabfall an den Laufschaufeln infolge Materialabtragung, Schaufelschwingungen durch Anbackung
Bergwerksindustrie	Erosion (Kali), Druckstoßbelastung bei Explosion von Methangas oder Kohlenstaub	Festigkeitsabfall infolge Erosion, Gehäusebelastung auf Druckstoßbanspruchung
Ventilatoren in Dünnblechausführung (Normalausführung) im normalen Klimabereich mit hoher Schalthäufigkeit	Einschaltstoß regt alle Eigenfrequenzen des Rotors an	örtliche Festigkeitsüberbeanspruchung mit Materialermüdung an den Schaufeln
Ventilatoren für Kohlenstaubförderung und anderer explosiver Gase	Explosionsdruckbeanspruchung infolge Staub- bzw. Gasexplosion	Druckstoßbelastung des Gehäuses und der Wellendichtung
Ventilatoren für Einsatz mit stark ändernden Anlagenkennlinien bis $\dot{V} = 0$	instabiler Ventilatorbetrieb mit aeromechanischer Schwingungsanregung	dynamische Belastungen des gesamten Ventilators und der Anlage

Zur Sicherung gegen statische Überlastungen werden *Schleuderprüfungen* mit 30 % höheren Drehzahlen über der geplanten Betriebsdrehzahl durchgeführt [11-12], die gleichzeitig evtl. Unzulänglichkeiten der Fertigung, wie Schweiß-, Guß- und Materialfehler, aufdecken. Bei hochbelasteten Ventilatoren werden

Schweißverbindungen an Laufrädern und Antriebswellen zerstörungsfrei geprüft (Vollnähte mit Ultraschall bzw. röntgenologisch und Kehlnähte mit Magnetfluten und Farbdiffusion). Eine exakte Radiallaufradberechnung auf zulässige Rotationsbelastung ist sehr aufwendig und läßt - durch nicht erfaßbare Schweißeigenspannungen - zwischen Rechnung und Schleuderexperiment oftmals Differenzen erkennen. Auch bei Laufrädern gleicher Ausführung wurden Festigkeitsdifferenzen festgestellt, die, umgerechnet auf die zulässige Drehzahl, bis zu 15 % derselben ausmachten.

Axiale Laufräder sind bezüglich der statischen Belastbarkeit sicherer zu berechnen. Sie reagieren aber erheblich empfindlicher bei dynamischer und da besonders bei aerodynamischer Belastung.

Radiale Ventilatorräder sind als Schweißkonstruktion mit einfachen Blechschaufeln bei Anwendung von höherfestem Baustahl ohne Vor- oder Nachbehandlung schweißbar und bei richtiger Dimensionierung relativ hoch belastbar.

Umfangsgeschwindigkeiten von $u_2 = 250$ m/s sind möglich [11-13]. Bei Verwendung höherfester Stähle, z. B. der Stahlgruppe 1.8905 (NAXTRA), sind entsprechend der Festigkeitssteigerung gegenüber dem Baustahl St 460 höhere Belastungen erreichbar, aber das Schweißen erfordert eine besondere Wärmebehandlung, um innere und äußere Spannungsrisse zu vermeiden. Eine weitere Möglichkeit ist die Erhöhung der Gestaltfestigkeit, z. B. durch profilierte Hohlschaufeln.

> Achtung! *Drehzahlerhöhungen* durch den Anwender gegenüber der projektierten Drehzahl (z. B. für eine Volumenstromerhöhung) sind nur nach Rücksprache mit dem Ventilatorhersteller möglich. Gemäß der Beziehung $F = m \cdot r \cdot \omega^2$ steigt die Festigkeitsbeanspruchung des Rotors mit dem Quadrat des Drehzahlverhältnisses und die Leistung mit der 3. Potenz.

11.2.2 Dynamische Belastungen

Hohe dynamische Belastungen entstehen durch Resonanz der Eigenschwingungen der Bauteile mit der Erregerfrequenz durch die Drehzahl und deren höheren Ordnungen. Die *Schwingungssicherheit* des Rotors oder der Laufschaufeln, der Laufradkalotte bei Axiallüftern und der Raddecke bei Radialventilatoren kann durch die Schleuderprüfungen nicht nachgewiesen werden. Gezielte rechnergestützte experimentelle Untersuchungen über die Erfassung der Bauteileigenschwingformen und -eigenfrequenzen sowie deren Dämpfungsverhalten liefern die zuverlässigsten Ergebnisse (Bild 11-4). Theoretische Vorausberechnungen der Eigenfrequenz scheitern bei Blechschweißkonstruktionen oftmals an der ungenauen Erfassung der Einspannsteifigkeiten. Praktische Vergleichs-

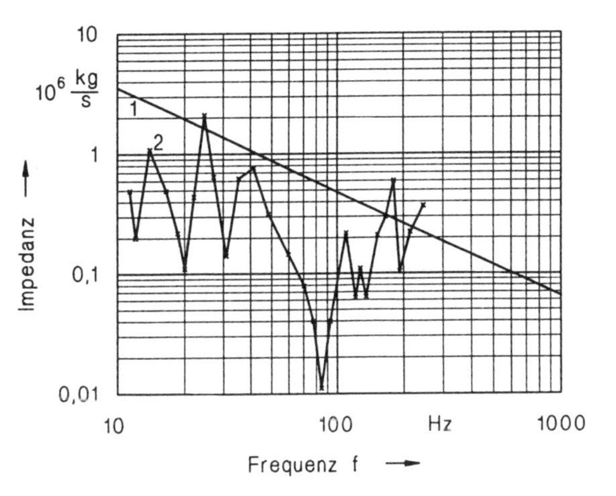

Bild 11-4. Impedanzverlauf eines Lagerbockes [11-36].

1 fest aufgespannt; 2 mit teilweise lockeren Schrauben aufgespannt

untersuchungen zeigten bei manueller Schweißtechnik an Axiallaufschaufeln einen Streubereich von ± 10 % in der Bauteileigenfrequenz und ± 5 % beim Einsatz von Schweißautomaten. Die Differenzen zwischen Rechnung und Vergleichsmessung sind erheblich größer.

Wegen der mitschwingenden Nabenkalotte sind Axiallaufräder in Stahlblech-Schweißkonstruktion als Mehrmassenschwinger zu betrachten. Bei gleichen Schaufel- und Einspannsteifigkeiten sind unterschiedliche Eigenfrequenzen und Schwingmoden zu erwarten. Bei hochbelasteten Laufrädern wird deshalb jede Schaufel einzeln geprüft. Zum Verstimmen der Schaufeln werden durch Abtragen oder Anbringen von Zusatzmassen am Schaufelaußenradius die erforderlichen Biegegrundfrequenzen eingestellt, wobei letzere noch den Vorteil einer gleichzeitig wirkenden Schwingungstilgung hat. Veränderungen der Einspannsteifigkeit sind meist zu aufwendig.

Bei Alu-Gußrädern ist wegen der hohen Dämpfung nicht diese starke Beeinflussung der Kalotte auf die Schaufel gegeben.

Gelenkig gelagert eingespannte Axiallaufschaufeln sind gegen Schwingungsbruch erheblich sicherer und können genauer berechnet werden [11-14] bis [11-16]. So wurde z. B. ein Axialventilator mit D =1,8 m, d_N/D = 0,5 mit rotationsgeschäumten Polyurethan-Hartschaumschaufeln etwa fünf Jahre lang mit u_2 = 95 m/s problemlos betrieben.

Außer den Rotoren können auch andere Bauteile beim Versagen kritische Situationen erzeugen, z. B. der Ausfall einer Durchgangsdichtung zwischen Welle und Gehäuse gegen explosive oder toxische Gase oder die mangelnde Gehäusefestigkeit bei Druckstoßbeanspruchung durch Explosion von z. B. Kohlenstaub-Luft-Gemischen (siehe hierzu auch Abschnitt 13.2).

Gemesssen an der Bedeutung für den zuverlässigen Anlagenbetrieb fehlen bei Ventilatoren verbindliche Projektierungs- und Berechnungsgrundlagen auf der Basis von Lastannahmen sowie verbindliche Nachweispflichten. Bis 1989 waren in der DDR die Standards [11-12] [11-17] bis [11-21] verbindlich. Eine Ausnahme bildet beim Kernkraftwerkeinsatz die Nachweispflicht auf Erdbebensicherheit [11-22], die Einsatzbedingungen im Schiffbau [11-23] [11-24] und die Auswirkungen der dynamischen Belastungen [11-25] bis [11-27].

In einigen Industriezweigen, z. B. im Flugzeugbau, Schiffbau, Waggonbau und im Bauwesen, gibt es nationale und internationale Berechnungsvorschriften und Vorschriften für den Funktionsnachweis. Im Ventilatorenbau geschah und geschieht das, außer mit den oben genannten Ausnahmen, meist individuell zwischen Auftragnehmer und Auftraggeber oder wird gar nicht geregelt.

Die *Lebensdauer* einzelner Bauteile oder Baugruppen [11-28] bis [11-30] hängt objektiv von der Beanspruchungsart und dem Beanspruchungsgrad und subjektiv von den zur Auslegung zugrunde gelegten Lastannahmen ab (Bild 11-5). Lebensdauerbetrachtungen sind zu unterscheiden in solche mit technisch bedingter Abnutzung (z. B. Verschleiß an Keilriemen, Wälzlagern, Kupplungsbolzen oder Dichtlippen der Wellenabdichtung), also solche mit begrenzter Lebensdauer, und in solche infolge prozeßbedingten Verschleißes (z. B. Laufradverschleiß durch Erosion oder schleißenden Staub, wie er bei Rezirkulationsventilatoren im Kraftwerk oder bei Mühlenabgasen bei der Zementherstellung gegeben ist) (Tabellen 11-1 und 11-2).

Dynamische Belastungen sind in der Vorausberechnung mit Unsicherheiten behaftet, bestimmen aber entscheidend den sicheren Einsatz eines Bauteiles oder einer Baugruppe mit und prägen damit die Zuverlässigkeit der Maschine [11-30]. Zwei Beispiele sollen dies unterstreichen.

Bei zunächst unproblematischen Einsatzbereichen entstanden Schäden an radialen Dünnblechventilatoren, die im Normalklima arbeiteten. Ursache: hohe Schalthäufigkeit. Neben der Schaufelschweißnaht im Bereich der Aufhärtungszone rissen die Schaufeln infolge Materialermüdung ein. Gleiche Ventilatoren liefen bei anderer Betriebsweise jahrzehntelang problemlos.

Radialventilatoren mit langzeitlich hohen Temperaturschwankungen zeigten Risse in der Tragscheibe im Laufschaufelbereich, obwohl noch Sicherheit

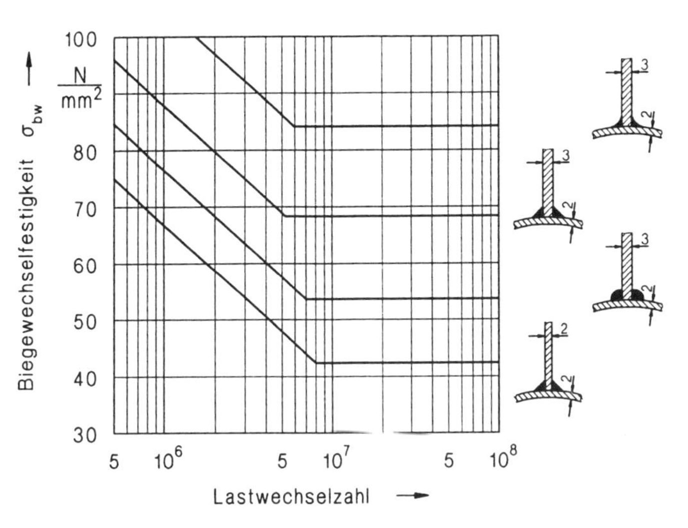

Bild 11-5. Einfluß der Schweißnahtform auf die Dauerfestigkeit [11-49].

gegenüber der Fließgrenze vorhanden war. Der Grund war der ständige Temperaturwechsel, der wie eine tieffrequente Schwellbelastung wirkte, was in Verbindung mit der statischen Spannung zur Materialüberdehnung führte. Derartige zu erwartende Belastungen sollten deshalb schon im Projektierungsstadium vom Anwender genannt und vom Hersteller geprüft werden.

Zwei weitere Verursacher für die Beeinträchtigung des Ventilatorbetriebes sind die Rotorschwingungen und die aeromechanische Schwingungsanregung.

Die *Rotorschwingungen*, hervorgerufen durch Rotorunwucht, Resonanznähe, Ausrichtfehler und Lagerverspannung, beeinflussen die Zuverlässigkeit von Rotorwelle, Lager und bei starrer Ventilatoraufstellung auch die des Fundamentes (Tabelle 11-3). Im letztgenannten Fall werden auch noch die Lagerung des Antriebsmotors und bei evtl. zwischengeschaltetem Getriebe auch dessen Lager in Mitleidenschaft gezogen. Die Lager - in der Mehrzahl Wälzlager - sind im allgemeinen bei rotierenden Maschinen die am stärksten belastete Baugruppe. In einer Analyse von Ausfällen bei Elektromotoren wurden 70 bis 80 % Lagerausfälle und 15 bis 25 % Wicklungsausfälle festgestellt [11-31] (Tabelle 11-4). Nach Auskunft der Wälzlagerindustrie erreichen etwa 50 % der Lager die 5fache rechnerische Lebensdauer T_{eff90}.

New South Wales Institute of Technology für Wälzlager-Schmiermittel-Systeme veröffentlichte folgende Lager-Ausfallstatistik [11-62]:

- Schmierstoffmangel, -verunreinigung 40%,
- Härtefehler 20 %,
- Einbaufehler 20 %,
- Ermüdung 15 %,
- ungeklärte Ausfälle 5 %.

Die Wälzlagerhersteller geben in den Katalogen Berechnungshinweise zur Ermittlung der Lebensdauer [11-32]. Die Vorausbestimmung der Lebensdauer bedingt eine Wartungsplanung, die in Frage gestellt ist, wenn die der Berechnung zugrunde gelegten Lastannahmen für die dynamische Belastung z. B. durch Unwuchtvergrößerung überschritten werden.

Tabelle 11-3. Elastomechanische Schwingungsanregungen.

Ursachen	Auswirkungen	Abhilfe
Unwucht	drehzahlharmonische Schwingungen (1; 3; 5;...) an der Lagerung und am Fundament	eventuelle Staubanbackung beseitigen, Rotor nachwuchten, Drehzahl absenken
Ausrichtfehler	drehzahlharmonische Schwingungen (1.-3.) an der Lagerung	Ausrichten der Kupplung, Ausrichten der Lagerung
Verspannung des Lagers	drehzahlharmonische Schwingungen (1.-3.) an den Lagern	Ausrichten der Lagerung, Beseitigung der Verspannung und Ovalität der Wälzlagereinspannung
Resonanznähe des Rotors	drehzahlharmonische Schwingungen (1;3; 5; 7; ...) an den Lagern und am Fundament	Veränderung der Wellensteifigkeit durch dickere Welle, Lagersteifigkeit vergrößern, Drehzahl verändern
Subharmonische Schwingungen	drehzahlharmonische Schwingungen mit Bruchteilen (1/2; 1/3; 1/4; ...) der Drehzahlen	Nachwuchten des Rotors, Vergrößern der Wellensteifigkeit,Vergrößern der Lagersteifigkeit (Verringern des Lagerspieles, Nachziehen der Lagerschrauben)

Tabelle 11-4. Ausfallstatistik bei Motoren infolge Lagerschadens [11-31].

Schadensursache	Motoren	
	> 50 kW	< 50 kW
Verschleiß	55 %	90 %
Ankerunwucht	25 %	–
Masseschluß	10 %	–
Schwingungen	10 %	–
sonstige	–	10 %

Bei temperaturbelasteten Ventilatoren muß sich die Antriebswelle ausdehnen können, um eine zusätzliche axiale Druckbelastung zu vermeiden. Das kann entweder durch Verschieben des Wälzlagers im Stehlagergehäuse (Loslager) oder des gesamten Auflagers gewährleistet werden. Mit Axialdruckbelastung ist eine Verringerung der Rotor-Biegeeigenfrequenz verbunden [11-33], was u. U. zu kritischen Biegeschwingungen (siehe auch Abschnitt 15) und damit zu erhöhten Lagerbelastungen mit möglichen Lagerschäden und zur Gefährdung der Welle führt.

Die auf die Lager wirkenden Kräfte sind u. a. abhängig von der Aufstellungsart. Auf Isolatoren tief abgestimmt gelagerte Ventilatoren sind nicht nur umweltfreundlich, sondern haben durch die Schwingungsisolierung noch den Vorteil der geringeren dynamischen Lagerbelastung gegenüber der starren Aufstellung. Bei gleicher Unwuchtkraft $U \cdot \omega^2 = F_U = P_{dyn}$ wird die Schwingungsenergie $A_1 = v^2 \cdot m/2$ bei starrer Lagerung auf kurzem Weg mit großer Lagerkraft und bei elastischer Lagerung die Energie A_2 auf langem Weg mit kleiner Lagerkraft abgebaut (Bild 11-6).

Bei Maschinenaufstellung auf Betonfundamenten, die ihrerseits elastisch gelagert sind, kann diese Lagerentlastung infolge der Massenträgheit des Fundamentes nicht eintreten. Durch die Schwingungsisolierung des Ventilators wird in Abhängigkeit vom Abstimmungsverhältnis der Drehfrequenz $\omega_{err} = \pi \cdot n_V/30$ (mit n_V als Ventilatordrehzahl) zur Eigenfrequenz $\omega_{eig} = \sqrt{c/m}$ das Fundament durch die dynamischen Kräfte P_{dyn} belastet:

$$P_{dyn} = \frac{U \cdot \omega_{err}^2}{1 - \frac{\omega_{err}^2}{\omega_{eig}^2}} = \frac{U \cdot \omega_{err}^2}{1 - \frac{\omega_{err}^2 \cdot m_V}{\sum c_{isol}}} \quad \text{in N} \qquad (11.1)$$

mit c_{iso} Federsteifigkeit der Isolatoren, m_V Ventilatormasse und U Unwucht.

Die in Abhängigkeit vom Abstimmungsverhältnis ω_{err} zu ω_{eig} auf das Fundament wirkenden dynamischen Kräfte im nachstehenden Beispiel zeigen, daß eine schwingungsisolierte Aufstellung in jedem Fall vorteilhaft ist, weil neben den oben genannten Vorteilen noch eine erheblich kostengünstigere Fundamentauslegung möglich ist.

Abstimmungsverhältnis	dynamische Fundamentbelastung P_{dyn} in %
starre Aufstellung	100
2	33
3	12,5
4	6,7

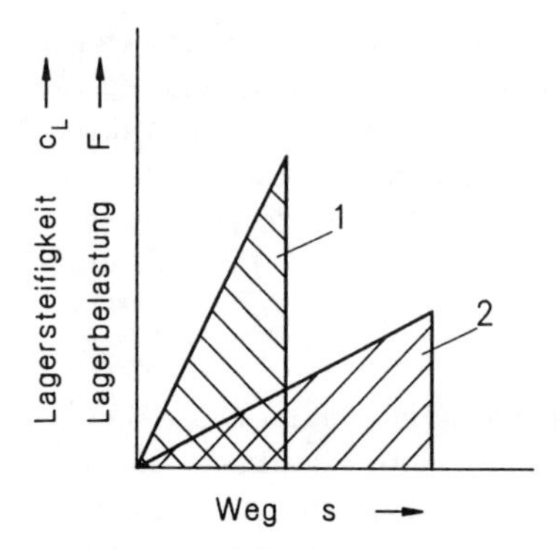

Bild 11-6. Starrer und elastischer Abbau der gleichen Schwingungsenergie (schraffierte Fläche) eines Läufers.

1 kurzer Schwingweg, große Kraft; 2 großer Schwingweg, kleine Kraft

11.2.3 Wälzlager und Schaufeln

Wälzlager werden nach genormten Berechnungsverfahren [11-32] und [11-34] dimensioniert. Die Lebensdauer L für das dynamisch beanspruchte Lager ist

$$L = (C/P)^p \text{ in } 10^6 \text{ Umdrehungen} \tag{11.2}$$

mit der dynamischen Tragzahl C als Tabellenwert des Lagerherstellers, der Lagerbelastung P in kN und dem Exponenten p = 3 für Kugellager bzw. 10/3 für Tonnenlager. Die Lebensdauer in Stunden ist

$$L_h = L \cdot 10^6 / f \tag{11.3}$$

mit der Drehfrequenz f in s^{-1}. Bei gleichzeitiger axialer und radialer Belastung ergibt sich eine äquivalente Lagerbelastung $P_{äqu}$ zu

$$P_{äqu} = F_r \cdot X + F_a \cdot Y \tag{11.5}$$

mit der Radiallast F_r und der Axiallast F_a. X und Y sind Tabellenwerte der Lagerhersteller. Diese Belastung trifft z. B. für alle thermisch belasteten doppelflutigen und zweiseitig gelagerten radialen Ventilatoren und Axialventilatoren zu.

In Großventilatoren werden oft Pendelrollenlager eingebaut. Nach [11-32] wird für die Belastungsgruppe Ventilatoren die dynamische Äquivalentlast mit einem Zusatzfaktor f_z berechnet:

$$P_{äqu} = f_z \cdot F_r \cdot X + F_a \cdot Y. \tag{11.5}$$

Untersuchungen [11-35] und [11-36] ergaben, daß die mit den empfohlenen Zusatzfaktoren in der Größenordnung 0,5 für Frischlüfter und 0,8 für Saugzüge ausgelegten Ventilatorenlager nicht die errechnete Lebensdauer erreichten. Mit der Einführung eines Sicherheitszuschlages in der Form $(1 + f_z)$ für die äquivalente Lagerbelastung

$$P^*_{äqu} = (1 + f_z)\,(F_r \cdot X + F_a \cdot Y) \text{ in kN.} \qquad (11.7)$$

wurden Lebensdauerzeiten $L = C/P^*_{äqu}$ erreicht, die den praktisch erzielten Werten entsprachen. Für Ventilatoren mit starken Unwuchten (bei Verschleiß oder starker Staubanbackung z. B. im Zementanlagenbau) wird der Sicherheitsfaktor $f_z = 1{,}0$ bis 1,5 empfohlen.

Mit Hilfe der Lagerdiagnose können durch Schwingungs- und Lagertemperaturüberwachung Lagerschäden im Vorfeld der Zerstörung erkannt werden (siehe auch Abschnitt 11.4). Bei der Überwachung werden die lagersignifikanten Daten durch eine entsprechende Meßtechnik angezeigt, registriert und als Vorwarnung Hinweise auf Unregelmäßigkeiten am Lager oder über beginnende Lagerüberlastung bzw. -schädigung gegeben [11-37] bis [11-39]. Die nächste Stufe ist der Alarm, der evtl. zum Abschalten führt (siehe auch Abschnitte 11.3 bis 11.5).

Um die dynamischen Lagerbelastungen bei prozeßbedingtem Verschleiß und/oder Staubanbackung zu minimieren, gibt es mehrere Möglichkeiten. Man kann z. B. verschleißarme Schaufelgitterformen und verschleißzähen Stahl verwenden oder die Verschleißteile aufpanzern (Laufrad). Anbackungen können nur durch eine geeignete Schaufelgitterform in Verbindung mit der Gestaltung des Überganges zum Laufrad eingeschränkt werden (siehe Abschnitt 13.3).

Aeromechanisch angeregte Schwingungen können besonders bei Axialventilatoren zu Schaufelschäden führen [11-40] bis [11-44]. Bei Radialventilatoren wird vor allem das Gehäuse angeregt, was Auswirkungen auf Nebenanlagen sowie das Lockern von Befestigungsschrauben zur Folge haben kann (Tabelle 11-5).

Im instabilen Arbeitsbereich (Pumpen), bei rotating stall (umlaufender Strömungsabriß an den Schaufeln des Laufrades) und bei Störstellen stromauf zum Ventilator (Bilder 11-7 und 11-8) treten Schwingungsanregungen auf. Die ersten beiden Bereiche sollten im Dauerbetrieb vermieden werden. Sie können auch bei Parallelbetrieb wirken. Diese Anregungsmechanismen sind besonders gefährlich für die Axialschaufel, wenn Resonanz niedrigerer Erregerordnungen mit den Schaufeleigenfrequenzen und steil ansteigende Volumenstrom-Druck-Kennlinien mit deutlicher Instabilitätsgrenze gegeben sind (Bild 11-9).

Tabelle 11-5. Aeromechanische Schwingungsanregung.

Anregungsart	beanspruchte Baugruppen		
	Axialventilator	Bild	Radialventilator
instabiler Betrieb „Pumpen"	Laufschaufeln, Leitschaufeln, Anlage	11-9	Gehäuse, Anlage
rotating stall Pulsationsfrequenz: $f_D \pm \Delta f_D$	Laufschaufeln		Laufrad
Strömungsabreißen an Vorleiteinrichtungen	Laufschaufeln, Leitschaufeln		Laufrad, Leitschaufeln, Gehäuse
Strömungsschatten im Stromaufbetrieb	Laufschaufeln, Leitschaufeln	11-7 11-8	Leitschaufeln
Gassäulenschwingungen (Schwingfrequenzen im Sekundenbereich)	Rotor, Rotorlagerung, Anlage		Rotor, Rotorlagerung, Anlage

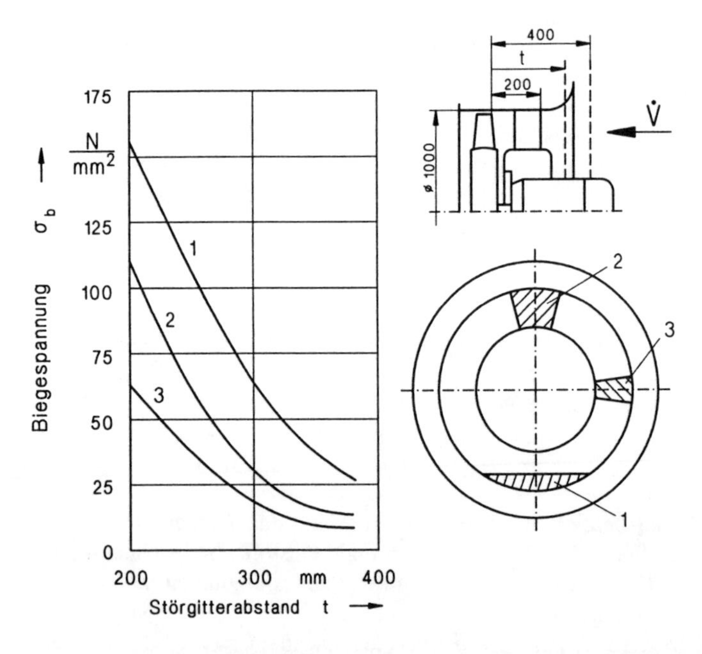

Bild 11-7. Einfluß von stromauf befindlichen Störstellen auf die Schwingungen von axialen Laufschaufeln für unterschiedliche Störstellenabstände zum Laufrad.

1 Störstelle mit breitem Einzelstoß; 2 mit 30°-Einzelstoß; 3 mit 15°-Einzelstoß

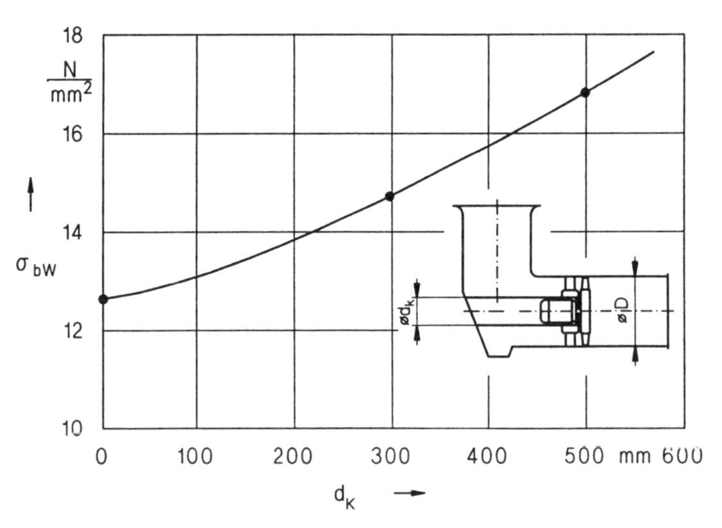

Bild 11-8. Einfluß des Nachlaufes eines Wellenmantelrohres auf die Schwingungen rotierender Axialschaufeln mit ν = 0,5 und D = 1 m bei 1460 min^{-1}.

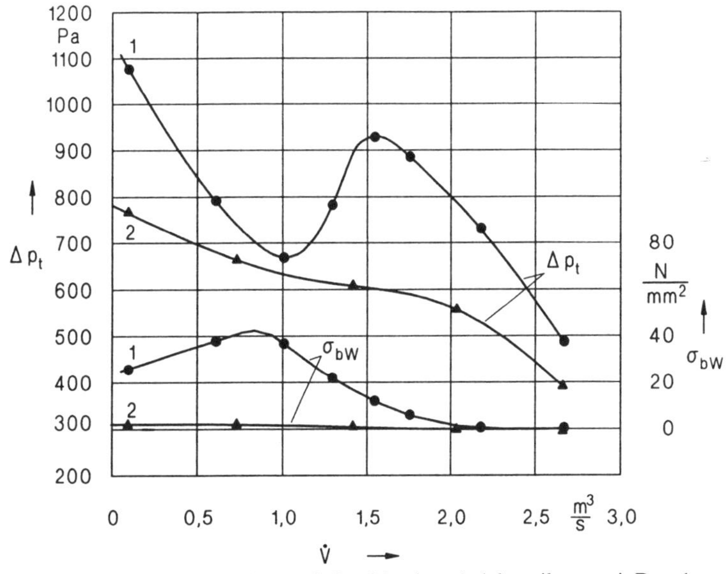

Bild 11-9. Schwingungen der Laufschaufeln eines Axialventilators mit D = 1 m und ν = 0,5 in Abhängigkeit vom aerodynamischen Kennlinienverlauf.

1 Schaufeln aufgedreht mit stark ausgeprägtem Pumpgebiet;
2 Schaufeln zugedreht mit schwach ausgeprägtem Pumpgebiet

Auf Grund der vielen Einflüsse auf die Ventilatoren und damit deren Zuverlässigkeit sollten bei der Bestellung eines Ventilators neben den aerodynamischen, energetischen und Umweltdaten alle anderen einwirkenden Faktoren genannt werden, z. B. Industriezweig, Einsatzbereich, Einsatzort, Betriebsweise, äußere Einflüsse, geplanter Einbauzustand, Anlagenkennlinie und mit Kennlinienabweichung, wenn vorhanden (Tabelle 11-6).

Tabelle 11-6. Ergänzende Kundendaten zur Bestellung von Ventilatoren für einen zuverlässigen Betrieb (Beispiele).

	Beispiel 1	Beispiel 2
Industriezweig	Zementindustrie	Schiffbau
Einsatzort	Äthiopien	Frachtschiff
Einsatzbereich	Ofenabgasventilator	Ventilator zur Laderaumbelüftung frei ansaugend auf Zwischendeck
Betriebsweise	Dauerbetrieb, drehzahlregelbar, von $\dot{V}$ = 0,5 bis 1,0 $\dot{V}_{max}$, Klinkerstaub 50 g/m^3	Zwei Ventilatoren belüften über ein zentrales Luftverteilungssystem den Laderaum
äußere Einflüsse	1500 m Höhe, -20 °C bis +40 °C	Salzwasseratmosphäre, Schlinger- und Schwingungsbelastung
geplanter Einbauzustand	starre Ventilatoraufstellung auf einem Betonfundament im Freien	Parallelbetrieb sowie Einzelbetrieb mit anlagenbedingt unterschiedlicher Luftzuführung, je nach Laderaumfüllung
Anlagenkennlinie	Anlagenkennlinie mit quadratischem Verlauf kreuzt dieVentilatorkennlinie bei p = 0,8 Δp_{max}	Die Anlagenkennlinie erstreckt sich über die gesamten Ventilatorkennlinien

11.3 Zur Maschinendiagnose an Prozeßventilatoren

Die Maschinendiagnose stellt Schäden oder Störungen während des Betriebes im wesentlichen mit den Methoden der Schwingungsmeßtechnik fest. Wichtige Gebiete sind dabei die Lagerdiagnose und die Betriebsüberwachung. Beispielsweise hatten 1990 die Schwingungsmeßgeräte einen Anteil von 76 % des Marktes der Zustandsüberwachungstechnik [11-45].

Bei der Diagnose der Schwingungen müssen negativ wirkende Faktoren, Eigenschwingungen und Schwingungsanregungen von außen klar unterschieden werden (Tabellen 11-3 und 11-5). Aussichtsreich sind die Diagnosen, bei denen das Ergebnis entweder in Form einer kontinuierlichen Betriebsüberwachung mehrerer Parameter vorliegt oder durch mehrere, möglichst unterschiedliche, aber vergleichbare Einzelmessungen gewonnen wurde. Alle im Zusammenhang auftretenden Fakten sollten vor Ort für die Auswertung und die späteren Trendvergleiche sofort festgehalten werden, selbst wenn sie im Moment unbedeutend erscheinen.

11.3.1 Diagnosestrategie und Untersuchungsschritte

Schwingungsprobleme treten während der gesamten Maschinenlaufzeit besonders dann auf, wenn die garantierten Einsatzgrenzen überschritten werden (Badewannenkurve: vom Frühausfall über die normative Nutzungsdauer bis zum Ermüdungsausfall).

Die jeweils zweckmäßige Diagnosestrategie hängt von der Anlage mit dem vorherrschenden Betriebsregime, der geforderten Verfügbarkeit, dem Automatisierungsgrad, der personellen und technischen Kapazität und von den damit verbundenen Kosten ab.

In Abhängigkeit von der Meßtechnik und der personellen Voraussetzungen sind folgende Strategien möglich:

- kurzzeitiger Einsatz von Experten mit speziellen Kenntnissen, Erfahrungen, universellen Meßgeräten (Off-line-Betrieb);
- Dauer- bzw. Betriebsüberwachung durch Anlagenbediener mit spezifischen Überwachungsmeßgeräten (On-line-Betrieb).

Bei jeder systematischen Untersuchung des Ventilators auf Schwingungsursachen sollte von außen nach innen vorgegangen werden, d. h., es wird von der allgemeinen Erfassung des Betriebs- und Belastungszustandes des Ventilators ausgegangen. Das beginnt mit der optischen, körperschallakustischen und taktilen (durch Fingerauflegen) Zustandsbeurteilung (Tabelle 11-7). Auch wenn diese Schritte banal erscheinen, kann damit eine Arbeitsrichtung (1. Näherung) bestimmt und können spätere Meßfehler eingegrenzt werden. Die kritischen Bereiche hoher Intensität der Werte von Schwingweg und Schwinggeschwindigkeit sind bei harmonischen Schwingungen frequenzabhängig.

11.3.2 Messung und Beurteilung der Schwingintensität

Für die Zustandsbewertung einer Schwingung können folgende Werte (Bild 11-10), deren Bezeichnung in englischer Sprache üblich ist, herangezogen werden (Tabelle 11-7):

- Spitzenwert (Peak) als höchste Pegelspitze des Signales, $x(\text{Peak}) \equiv x_{max}(t)$;

Tabelle 11-7. Beschreibung der Schwingintensitätskennwerte.

Schwingweg s in µm, sichtbare Schwingungsauslenkung oder Klappern an Teilen. Kritisch: Infraschwingung von f = 5 bis 10 Hz; Meßbereich f = 5 bis 400 Hz. Überschlagswert meßbar mit optischen Meßkeilen. Verwendet wird der s_{max}-Wert nach [11-52] [11-56].
Schwinggeschwindigkeit v in mm/s, verkörpert Energieinhalt, eingesetzt zur Zustandsbeurteilung. Überschlagswert: stehende 1 DM-Münze entspricht v < 2,5 mm/s. Taktil fühlbare Maschinenschwingung im Bereich 10 bis 1000 Hz; praktisch verwendet wird der Effektivwert (RMS).
Schwingbeschleunigung a in m/s^2, als Körperschall hörbarer Schwingungsteil im maschinenkritischen Frequenzbereich von 1000 bis 20 000 Hz. Überschlagswert: aufgelegte Stahlkugel springt, wenn a > 9,81 m/s^2; der Effektivwert kennzeichnet den Lagerzustand: das Lagergrundgeräusch durch die Grundrauheit überlagert mit Spitzenwertimpulsen durch einzelne Lagerfehler; Meßbereich 100 Hz bis 4 bis 16 kHz (obere Grenze: Aufnehmerankoppelungsresonanz).

- Effektivwert (RMS), Fläche unter dem Sinussignal, wobei
  $x(RMS) = \pm\frac{1}{n} \sum_{i=1}^{n} x_i^2$ der Energieinhalt einer allgemeinen Schwingung ist,
  $x(RMS) \approx \frac{1}{\sqrt{2}} x\,(Peak)$ für die einfache Sinusschwingung (z. B. für Kalibriersignale) gilt;
- x(Crest) = x(Peak)/x(RMS), der Scheitel- oder Crestwert, das Verhältnis vom Spitzen- zum Effektivwert (siehe Abschnitt 11.4).

Die Summenpegel der Schwingkennwerte, z. B. die Laufruhe nach Tabelle 4-7 [11-25] [11-26], können mit einfachen integrierenden oder effektivwertbildenden Schwingungsmessern erfaßt werden, die vor der Messung kalibriert wurden.

Die Rotorunwucht ist durch die Kombination der Faktoren nach Tabelle 4-5 die Hauptschwingungsanregung an Ventilatoren [11-27] [11-62]. Durch die Abmessungen und die Gestaltung der Rotoren können diese beim Auswuchten unter Betriebsbedingungen bzw. im Ventilator nicht immer als starr (zur Rotoreigenschwingung mit ausreichendem Resonanzabstand) angesehen werden. Betriebliche Faktoren, z. B. Temperaturschwankungen und Staub, können die Geometrie des Rades verändern. Ferner können die Wahl der Meßebene (Standard radseitiges Lager), der Auswuchtebene (Standard Radboden), deren Zuordnungen beim Mehrebenenwuchten, der Meßrichtung (Standard waagerecht), des Winkels der Testmassen und der betriebsgerechten Rotortemperatur und Rotordrehzahl die Wuchtqualität beeinflussen.

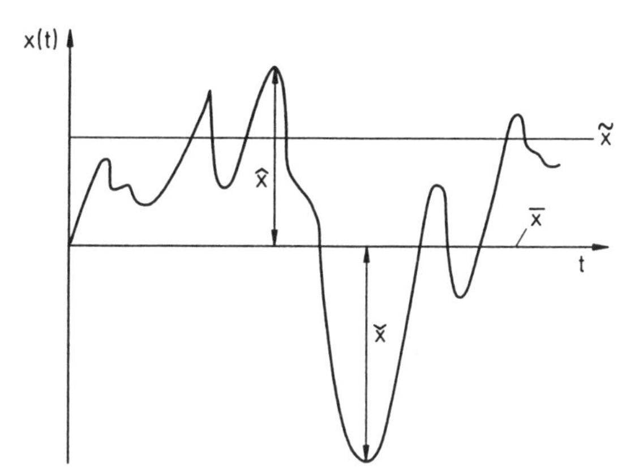

Bild 11-10. Kenngrößen einer Schwingung im Zeitbereich.

Als untere erreichbare Grenze der Restunwuchtschwingung gilt der Schwinggeschwindigkeitswert von etwa 1 mm/s.

Selbst bei fein ausgewuchteten Läufern, bei denen zunächst keine Anregung durch die Unwucht feststellbar ist, kann die Resonanz eines anderen Bauteiles mit der einfachen oder vielfachen der Rotorumlauffrequenz vorliegen. Hierfür genügt bereits eine geringe Anregung, beispielsweise die der Restunwucht.

Außer der Erregung durch die Unwucht der Rotoren vom Ventilator und der Antriebseinheiten können der Kupplungs- oder Wellenversatz nach Lage- und Winkelfluchtung hintereinander geschalteter Wellen eine ähnlich wirkende Schwingungsursache sein. Sie kann einfach mit Hilfe einer Meßuhr (besser als Haarlineal und Fühllehre) erfaßt und durch Beilagen beseitigt werden. Eine effektive und genauere Meßmethode für die Fluchtung von Wellensträngen ist das Laserausrichtverfahren nach [11-46]. Allgemeiner Grenzwert des Fehlers der Winkel- und Versatzfluchtung an der Kupplung ist $< 0{,}1$ mm mit größeren Werten bei langsam drehenden Wellen.

Beim Abtouren können durch Ordnungsnachlaufanalysen (Summenpegel) weitere Resonanzen mit Eigenschwingungen bestimmt werden, die unterhalb der Drehfrequenz auftreten. Durch seine Restunwucht wird mit dem abtourenden Rotor jede durchlaufene Frequenz kurzzeitig angeregt und synchron zur Drehzahl die Amplitude gemessen. Bild 11-11 zeigt die Nachlaufanalyse eines Ventilators mit deutlicher Resonanzstelle bei $n = 1840\ \text{min}^{-1}$. Diese muß bei Drehzahlregelung aus dem Regelbereich ausgeblendet werden. Sichtbar ist ebenfalls die Eigenfrequenz des schwingungsisolierten Gesamtsystems bei $125\ \text{min}^{-1}$.

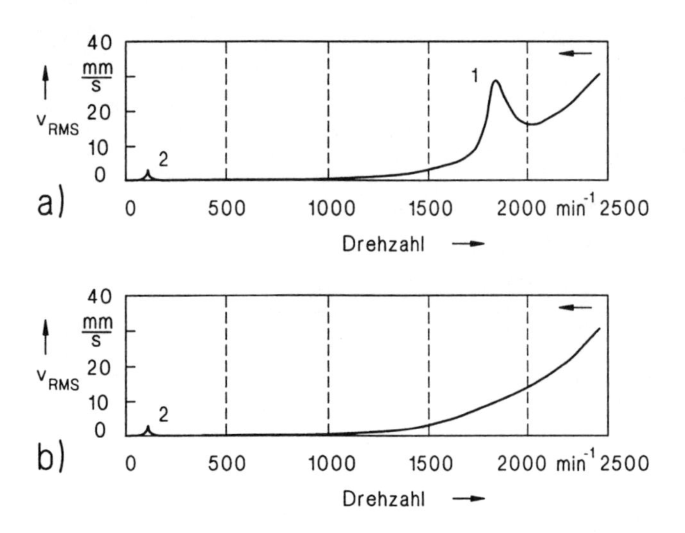

Bild 11-11. In senkrechter Richtung gemessene Nachlaufkurve der Schwingschnelle eines drehzahlgeregelten direktgetriebenen Radialventilators.
a) mit Resonanz;
b) ohne Resonanz.

1 mit auszublendender Resonanzfrequenz der Rotorlagerung;
2 Resonanz des Gesamtsystems auf den Isolatoren

11.3.3 Ermittlung von Bauteileigenfrequenzen

Bei allen Eigenschwingungsanalysen ist auf eine betriebsgerechte Befestigung und Einspannung zu achten. Die Einspannung ist die entscheidende Randbedingung für die Bestimmung der Eigenfrequenz mittels Rechnung und Experiment. Zur Eigenschwingung neigen folgende Bauteile: Axiallaufschaufeln, Axialnabenkalotten, einseitig gelagerte Leitschaufeln, Raddecken, Tragscheiben und Gehäuseseitenwände von Radialventilatoren, Wellen und Schwingrahmen.

Die Analyse von Eigenschwingungen (Moden) einzelner Bauteile erfordert aufwendige Meß- und Auswerteverfahren, die mit universellen Schwingungsmeßgeräten möglich sind. Ohne aufwendige Meßtechnik kann beispielsweise die Eigenfrequenz bei Laufschaufeln oder Raddecken über einen x-y-Vergleich im Oszilloskop eines im Schwingungsmeßgerät verstärkten Antwortsignales (Anregung durch Anschlagen von Hand) mit einem durchstimmbaren Sinusgeneratorsignal bestimmt werden. Im Oszilloskop entsteht bei einfacher Frequenzübereinstimmung ein Kreis. Bei ganzzahlig gerade geteilter oder vielfacher Übereinstimmung ergeben sich stehende oder liegende Lissajou-Figuren.

Die Eigenschwingungsanalyse (Frequenz, Schwingungsform und -amplitude, Phasenlage, Dämpfung, Steifigkeit) kann mit der Amplitudenmessung bei Gleitsinusanregung oder durch Modalanalysesysteme erfolgen [11-63]. Die Frequenzanalyse ist heute mit sehr schmalbandig arbeitenden Echtzeit-Frequenzanalysatoren sehr gut frequenzselektiv möglich.

Die manuell durchstimmbare oder automatische Gleitsinusanregung wird mit einem elastisch aufgehängten elektrodynamischen Schwingungserreger durchgeführt. Über die elastische Bauteilankopplung wird bei vorhandenen Bauteileigenfrequenzen eine meßbare Resonanzüberhöhung im Antwortsignal des Bauteils erzeugt.

Bei der Eigenfrequenzbestimmung rotierender Bauteile muß dic Flichkraftwirkung berücksichtigt werden. Messungen im rotierenden System erfolgen beispielsweise mit Dehnmeßstreifenaufnehmern über Schleifring- oder Drahtlosübertrager und sind jetzt auch mit Laserschnelleaufnehmern direkt möglich [11-47].

Durch Aufzeichnung von Amplitudenwerten an verschiedenen Meßpunkten eines gleichmäßigen Meßgitters über das Bauteil kann bei den Eigenschwingungen die Schwingform ermittelt werden.

Mit Modalanalysesystemen können gleichzeitig mehrere Eigenschwingungen mit Eigenfrequenz, Schwingform, Amplitude und Phasenlage ermittelt werden. Bei entsprechender Softwareunterstützung (beispielsweise mit dem Starsystem von Brüel & Kjaer [11-48]) kann, ausgehend von einer aufgezeichneten Messung, eine Änderung der Eigenschwingung im Rechner vorherbestimmt und nach Auswahl einer Optimalvariante dann praktisch realisiert werden.

Eigenfrequenzen der Axialschaufeln großer Laufräder vor allem in Schweißkonstruktion sollen nach [11-49] oberhalb des 15fachen der Rotorumlauffrequenz (15. Erregerordnung) und außerhalb der Erregerordnung des Vielfachen der Vorleitschaufelzahl liegen (Bild 11-12). Sind die Eigenfrequenzen kleiner als das 15fache der Umlauffrequenz, darf die Eigenfrequenz nicht mit dem Ein- bis Zehnfachen der Umlauffrequenz zusammenfallen. Die Arbeitspunkte P sollten möglichst in der Mitte zwischen den Schnittpunkten der Kurven von der Eigenfrequenz und der Erregerordnungen liegen. Ist das nicht möglich, sollten sie außerhalb folgender Toleranzen der Resonanzdrehzahlen n_{res} liegen:

k	2	3	4	5	6
$(n - n_{res}) \cdot 100/n$ in %	± 15	± 8	± 6	± 5	± 4

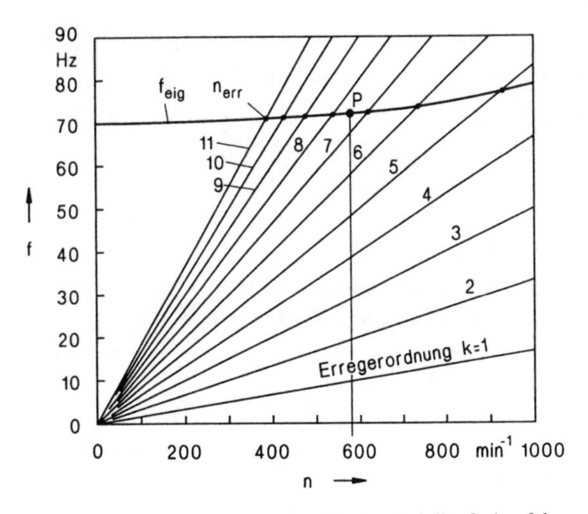

Bild 11-12. Resonanzdiagramm für eine Axiallaufschaufel.

P Arbeitspunkt; k Erregerordnung; n_{err} Resonanzschnittpunkte zwischen Eigenfrequenz f_{eig} und Erregerordnung k

Bei der Drehzahlregelung müssen diese Eigenfrequenzen immer über der 11. Erregerordnung liegen, um Schwingungsbruch zu vermeiden.

11.4 Zur Lagerdiagnose

Wichtigste Diagnoseobjekte am Ventilator sind die Wälz- oder Gleitlager. Wegen ihrer geringen Kosten werden hauptsächlich Wälzlager eingesetzt, auf die deshalb im folgenden vorwiegend eingegangen wird. Obwohl das Wälzlager im Mittel durch stärkere Misch- und Festkörperreibung eine geringere Lebensdauer aufweist, wird es wegen seiner Robustheit weniger überwacht. Mit der Einführung der kostensenkenden, zustandsabhängigen Instandhaltung wird zur Abwendung einer Schadenseskalation zunehmend die Dauerüberwachung, Fristenüberwachung oder Expertendiagnose bei der Lagerdiagnose eingesetzt.

Die Schadensfolgekosten durch langen Stillstand und Ausfall und hohen Reparaturaufwand übersteigen vor allem bei stochastischem Ausfall wesentlich die Anschaffungs- und Durchführungskosten der Diagnosetechnik bei großen Maschinen und Anlagenwerten.

Die Überwachung der Ölstation und -versorgung führt bei gut und störungsfrei geschmierten Gleitlagern zu einer höheren Lebensdauer gegenüber Wälzlagern. Für die Überwachung der Gleitlager stehen mit der s_{max}-Schwingweg-Überwachung der Wellenschwingung nach [11-25] [11-50] bis [11-52] gute Überwachungsmöglichkeiten zur Verfügung. Von allen namhaften Herstellern von Überwachungstechnik werden zusätzlich Wellenbahn-Überwachungen und Frequenzanalyseprogramme angeboten.

11.4.1 Stufenweise Diagnose an Wälzlagern

Die belastungsgerechte Auslegung, die belastungsgerechten Passungssitze, die fehlerfreie Montage und die ausreichende Schmierung sind Voraussetzungen, um die berechnete Lagerlebensdauer zu erreichen.

Derzeit steht kein einzelnes Diagnoseverfahren für Wälzlager zur Verfügung, mit dem allein und mit ausreichend hoher Sicherheit die Lagerzustände im Betrieb diagnostiziert werden können. Es sollten daher mehrere Verfahren eingesetzt werden, um die gewünschte Aussagesicherheit zu erreichen. Für das Planen der Instandsetzung [11-53] und das Senken des Restbetriebsrisikos ist dabei wichtig, daß Schäden im Frühstadium erkannt und Aussagen über Schadensort, -art und -umfang gemacht werden. Die Prognose der Restnutzungsdauer gestaltet sich noch schwieriger. Sie ist nur mit großem Restrisiko, ausgehend vom Zustand, an Hand von Erfahrungswerten möglich. Ein sicheres Diagnoseergebnis ist, bedingt durch mögliche unkalkulierbare Schadensentwicklungen wie spontane Störungen oder Fehlerausbrüche, nicht möglich. Innenring- und Wälzkörperschäden können plötzlich stark zunehmen und zu Ausfällen führen. Die Wahrscheinlichkeit des richtigen Diagnoseergebnisses ist vom Entwicklungsstand der Hard- und Software abhängig. Einige Verfechter und Gerätehersteller von Einzelverfahren behaupten, Diagnoseerfolge über 90 % erreicht zu haben. Dem kann auf Grund vorhandener Erfahrungen und der Tatsache, daß jedes Verfahren nur bestimmte Schädigungsarten erfaßt, nicht zugestimmt werden. Die Schadensarten sind vielgestaltig, und ihr Auftreten wird in der Literatur mit unterschiedlicher Häufigkeit angeführt, z. B. wie in Tabelle 11-8 nach [11-54] für Elektromotoren.

Folgende allgemeine Analyseschritte sind für die *Expertendiagnose* empfehlenswert:

- Beurteilung der Rotor- und Lagerbelastung und des Betriebszustandes der Anlage;
- Begutachtung des Laufzustandes des Lagers mit einfachen Mitteln, z. B. Sichtprüfung, Fühlen der Vibration und der Temperatur, akustisch durch Körperschallübertragung mit Stethoskop (Schraubenzieher);
- Ermittlung des Temperaturverlaufes am Lager;

Tabelle 11-8. Lagerschadenshäufigkeiten an Motorenlagern [11-54].
Motoren < 50 kW, Einsatzkategorie I.

Schadensart	Anteil in %
Ausbrüche Lauffläche	18,7
Deformation Käfig	15,1
Umlaufen des Lagers	14,2
Festgefahren	14,2
Kugeleindrücke	10,7
Freßerscheinungen	9,8
Korrosion	6,3
Heißlauf	5,3
Lagerringbruch	4,4
Käfigbruch	1,8

- Messung des Effektivwertes der Schwinggeschwindigkeit, damit Bewertung der Laufgüte der Maschine nach Tabelle 4-7;
- Frequenzanalyse der Schwingschnelle im Frequenzbereich 3 bis 400 Hz bei der Umlauffrequenz f_n (zur Beurteilung der Unwucht) und bei höheren Vielfachen von f_n (Erregerordnung mit Oberschwingungen) wie im Bild 11-13;
- falls möglich, mechanische Prüfung im Kurzstillstand von radialem Spiel im Wälzlager und zwischen Außenring und Lagergehäuse nach der Demontage des Lagerdeckels; Fluchtungsfehler der Wellen, Rundlauf der Lagerzapfen der Wellen.

11.4.2 Spezielle Diagnoseverfahren an Wälzlagern

Die Schwingbeschleunigung gestattet die allgemeine Beurteilung der Lagerlaufgüte. Dafür ist der Trendvergleich mit den vorhergehenden Zuständen zweckmäßig [11-53]. Die Beschleunigungswerte hängen aber auch von der Drehzahl und von der statischen und dynamischen Belastung ab. Da sie in großen Pegelbereichen liegen und sich ändern können, scheidet die Bewertung von Absolutwerten der Beschleunigung aus. Bewährt hat sich für das Bewerten von Laufbahnschäden der Verlauf des dimensionslosen Scheitelfaktors als Verhältnis vom Spitzen- zum Effektivwert, auch Crestfaktor genannt (Bild 11-14). Er wächst von einem Anfangswert (etwa 3) bei einem mittleren Schadensausmaß auf 5 bis 10 und fällt danach wieder ab. Er resultiert aus dem Anstieg des Spitzenwertes vom Beginn des Schadens, abhängig von der Schadenstiefe in der Laufbahn und dem Anstieg des Effektivwertes mit dem Schadensumfang.

Zur Schadens- und Zustandsbeurteilung werden die in Tabelle 11-9 aufgeführten, in Geräte implementierten Diagnoseverfahren eingesetzt.

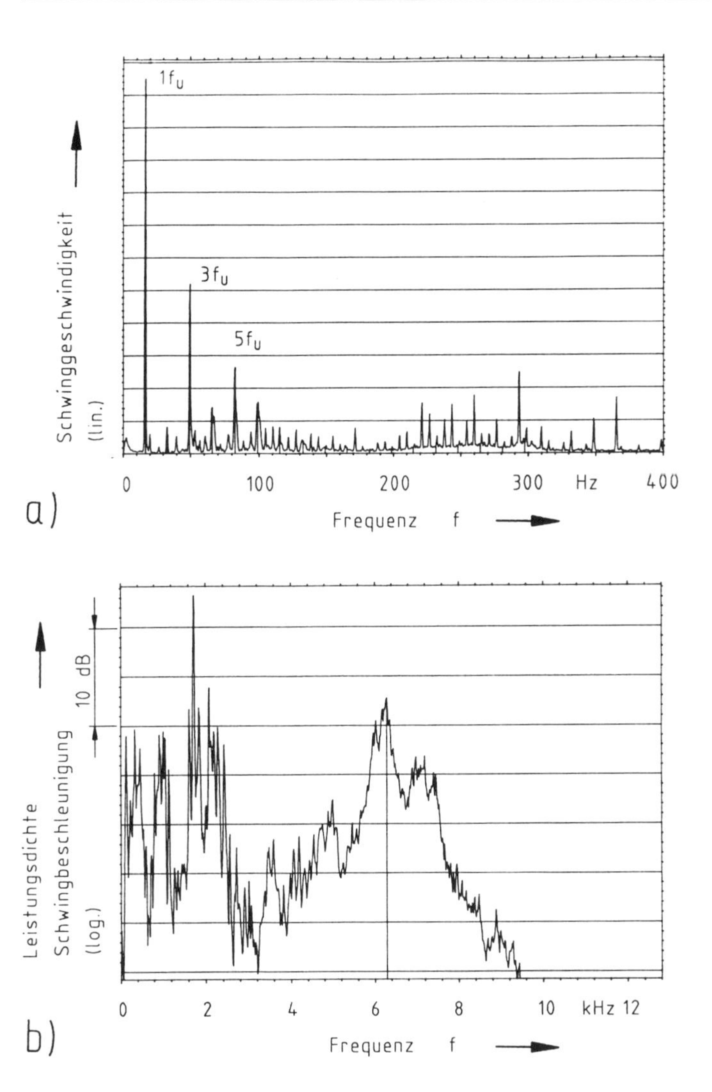

Bild 11-13. Frequenzspektren am Wälzlager.

a) Autospektrum der Schwinggeschwindigkeit bis 50 Hz mit 1. bis 5. Ordnung von $f_n = n \cdot 6{,}226$ Hz;

b) Leistungsdichtespektrum der Schwingbeschleunigung mit Aufnehmerresonanz bei 6,3 kHz bei Haftmagnetankopplung;

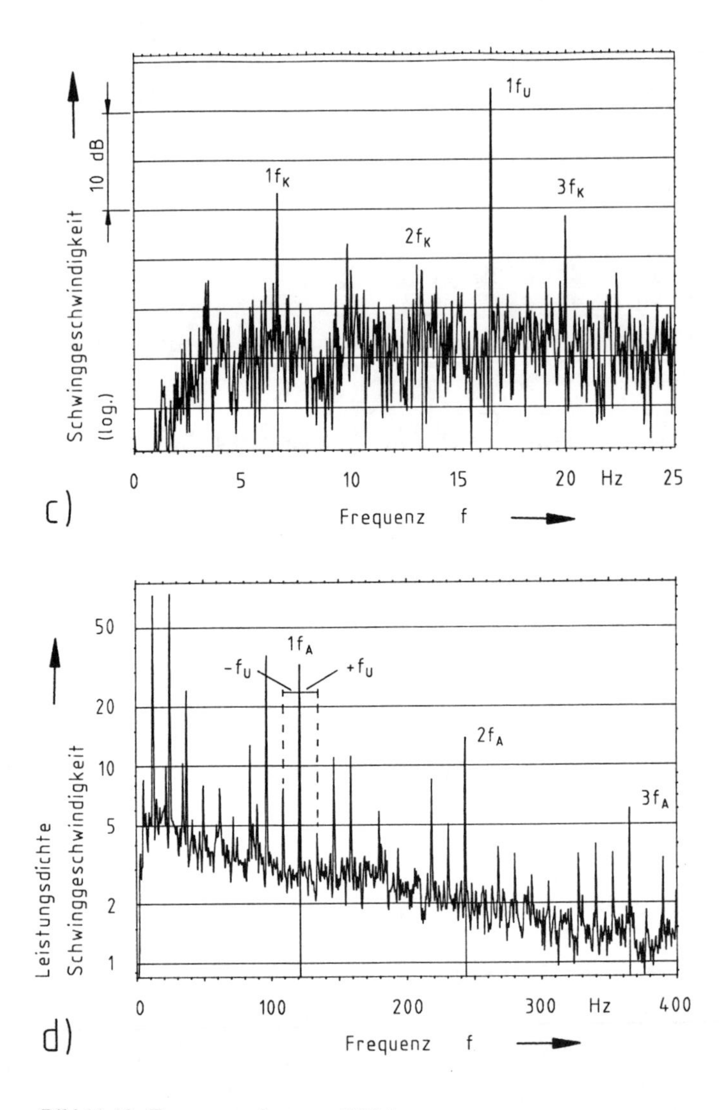

Bild 11-13. Frequenzspektren am Wälzlager.

c) Hüllkurvenspektrum der Schwingbeschleunigung bis 400 Hz bei einem beginnenden Innenringschaden mit Pegelspitzen der 1. bis 3. Ordnung f_I = 121,67 Hz mit Drehzahlseitenbändern 1. bis 3. Ordnung;

d) Hüllkurvenspektrum der Schwingbeschleunigung bis 25 Hz mit Pegelspitzen bei f_n = 16,531 Hz und der Käfigumlauffrequenz f_k = 6,656 Hz 1. bis 3. Ordnung.

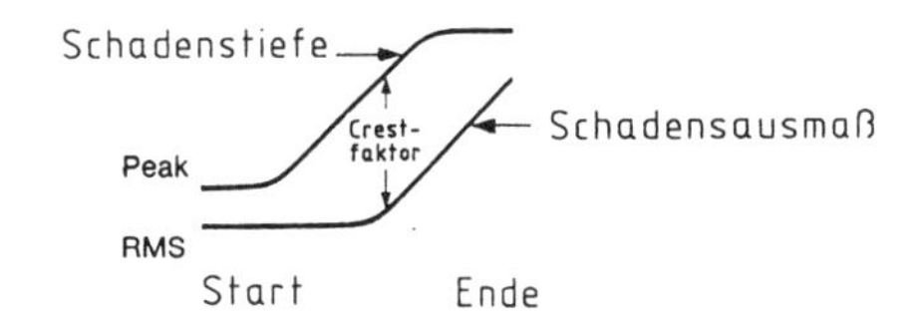

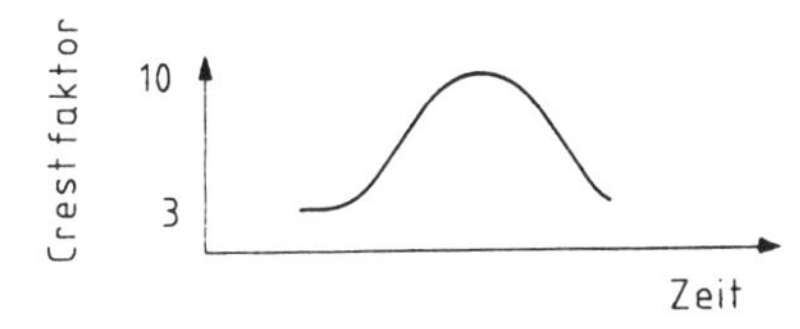

Bild 11-14. Verlauf des Scheitelfaktors (Crestfaktor) der Schwingbeschleunigung über der Lebensdauer eines Wälzlagers.

Tabelle 11-9. Diagnosekenngrößen und -verfahren für Wälzlager.

Kenngröße/Verfahren	Quelle	Erläuterung/Aussagegehalt/Anwendung
K-Faktor als RBP(t) oder K(t)	[11-56]	normiertes Produkt der Beschleunigung/ zur allgemeinen Dauerüberwachung
Frequenzspektrenvergleich a(t)	[11-53]	zeigt schadensabhängige Frequenzbänder/unterstützt andere Verfahren, Bild 11-12
Hüllkurve $a_H(t)$	[11-63] [11-58] [11-57] [11-60]	bauteilspezifische Dreh-, Umlauf-, und Überrollfrequenzen ermittelbar (Bild 11-13)/ praktischste Schadensortanalyse
Stoßimpulsmethode SPM = Shock-Pulse-Method	[11-61]	Impulsbewertung der Stoßgeschwindigkeit/ derzeit beste Schadensumfangbewertung
Amplitudenverteilungsdichte	[11-60]	Vergleich zur Normalverteilung eines guten Lagerlaufes/ spezielle Zustandsbewertung
Kurtosismethode	[11-47]	Wahrscheinlichkeitsdichtefunktion $p_a(t)$ in Frequenzbändern/ spezielle aufwendige Dauerüberwachung
Schwingimpulsenergie (Spike-Energy-Method)	[11-56]	ähnlich SPM
Ultraschalldiagnose		Direktmessung bauteilspezifischer Stöße/ aufwendige Schadensortbestimmung

Wird die Lagerdiagnose bei Drehzahlregelung durchgeführt, muß drehzahlbezogen ausgewertet werden.

Nach den derzeitigen Meßerfahrungen der Verfasser an zweireihigen Pendelrollenlagern hat sich die Kombination von SPM-Methode und Hüllkurvenanalyse als erfolgreiche und praktikable Methode erwiesen, die auch ohne Trendwerte angewendet werden kann.

11.5 Zur Überwachung und Regelung

Die Auswahl und die Gestaltung der Überwachung des Ventilators erfolgen nach folgenden anlagenbestimmten Kriterien und maschinentechnischen Erfordernissen des jeweiligen Ventilators:

- hohe Verfügbarkeit, z. B. durch Mehrfachgeber,
- Schutzfunktion für Bediener, Anlagen und Aggregate,
- Automatisierung durch Fern- statt Vorortanzeige; Verbindung zu den Regel- und Stellgliedern,
- Überwachung durch Anzeige der Grenzwertüberschreitung oder Abschaltung,
- Austauschbarkeit, z. B. Geberwechsel während des Betriebes, maximal ein Kurzstillstand.

Die dafür erforderliche Meßkette zur Fernüberwachung ist im Liefervertrag mit Spezifikation und Liefergrenze genau und detailliert festzulegen. Sie besteht aus folgenden Bestandteilen:

- vorbereitete Meßstelle (Bohrungsdurchmesser, Gewinde),
- Meßfühler (siehe unten genannte Meßstellenliste),
- Meßumformer (Eingangs-, Ausgangssignalanpassung, Gehäuse),
- Signalübertragung (Stecker, Kabellängen),
- Anzeige- bzw. Registriergeräte (Bauart) mit Relais- Grenzwertausgängen und Schnittstelle zur Anlagensteuerung (Schnittstellentyp).

Die vielen Varianten, eine Überwachung auszuführen und die dabei auftretende interdisziplinäre fachliche Bandbreite, z. B. im Maschinenbau (Was messen?), Temperatur-, Strömungs-, Schwingungsmeßtechnik (Wie messen?), Regelungstechnik und Elektronik (Wie verknüpfen und verarbeiten?) schaffen manche Probleme. Die Tabelle 11-10 soll bei der Entscheidung helfen, welcher Meßfühler und welche Überwachungsgröße jeweils zweckmäßig ist.

Tabelle 11-11 gibt einen Überblick über die Wirkprinzipien der wichtigsten Meßfühler. Im folgenden Beispiel eines am häufigsten eingesetzten Tempera-

Tabelle 11-10. Einsatzfälle der Meßfühler am Ventilator.

Meßgeber, -größe, -ort	Einsatz
Winkelgeber:	
– Winkelstellung Drallregler im Stellantrieb	als Druck-Volumenstrom-proportionaler Wert
Endschalter:	
– Endstellungen Drallregler am Stellhebel	standardgemäß, wenn Schaltbedingung für Freischaltung; radial zu, axial auf
– Stellung Anhalte-, oder Feststellbremse am Bremsgestänge	standardgemäß als Anfahrbedingung, wenn Bremse vorhanden
Temperaturgeber:	
– Lagertemperaturen des Rotorlagers am Außenring	Mindestlagerüberwachung, besonders wichtig bei heißen Medien
– dito am Motor	bei direkt angetriebenen Ventilatoren
– Wicklungstemperaturen in Motorständerspulen	für hohe Verfügbarkeit und hohe Motorbe- und -auslastungen
– Förderstromtemperatur	Anlagensteuerung bei höherer Temperatur
– Öltemperatur	bei Ölumlaufschmierung
– Temperatur Kühlwasser für Ölkreislauf	wassergekühlte Ölumlaufschmierung mit Absperrventil und aufgestellt im Freien
Schwingungsgeber:	
– Schwinggeschwindigkeit an Lagerstellen der Ventilatoren oder Motoren	Laufruheüberwachung bei Unwuchtgefahr an Zwischenwelle bei Direktantrieb
– Schwingbeschleunigung	Vorzugslösung für Wälzlagerzustandsüberwachung
– Lagerzustandsgrößen an Gleit- und Wälzlagern	bei hoher Verfügbarkeit und mehreren Ventilatoren in einem System
– relative oder absolute Wellenschwingung an der Ventilatorwelle	zur Gleitlagerungsüberwachung und bei Unwuchtgefahr
– Drehzahl der Welle	bei Drehzahlregelung, zur Stillstandskontrolle und Drehrichtungsanzeige oder als Funktionsanzeige
– Motornetzfrequenz	bei Umrichterbetrieb für Drehzahl
– Motornennstrom über Stromwandler	Funktionsanzeige Ventilator, und bei hoher Motorbe-, -auslastung zur Überwachung und bei steilen Leistungskennlinien
Druckgeber:	
– Ansaug-, Ausblas-, Differenzdrükke im Fluid	höhere Anforderungen an Genauigkeit der Δp-$\dot{V}$-Anlagensteuerung
– Öldruck im Schmierkreislauf Motor-, Rotorlager	Mindestüberwachung bei Ölumlaufschmierung
sonstige Geber:	
– Ölförderstrom	für hohe Verfügbarkeit bei Ölumlauf
– Ölstand im Ölvorrat	zwingend bei Ölbehälterheizung
– Sperrgasdruck an Wellendichtung	für Sperrgaswellendichtung giftiger und aggressiver Fördermedien
– an Wellendichtung Gasdetektoren	bei Förderung gefährlicher Medien

Tabelle 11-11. Wirkprinzipien der wichtigsten Meßfühler.

Meßgröße/Geber	Geberprinzip	Gebertyp	Signal	Meßbereich
Temperaturfühler	Thermoelement Widerstand	Ni-Cr-Ni-Element Pt-100-Element	A	0 bis 110 °C
Vorortgeber:	Stockthermometer			
Endschalter	induktiv Kontakt	Näherungsinitiator Hebelschalter	B	High-Low-Pegel auf/zu
Vorortgeber:	Winkel-, Längenskale			
Drehzahl	induktiv Lichtimpuls	Näherungsinitiator optischer Sensor	B, A	0 bis 6000 min^{-1}
Vorortgeber:	Tachometer			
Schwingungsgeber:				
Schwingweg	induktiv	Wellenschwingungsgeber	A	0 bis 120 µm
Schwingschnelle	piezo	Laufruhegeber	A	0 bis 20 mm/s
Beschleunigung	piezo	Beschleunigungssensor	A	0 bis 200 m/s^2

A: Analoggeber, z. B. 4 bis 20 mA; B: Binärgeber, 0/1, H/L.

turgebers für die Lagertemperatur erkennt man die Vielseitigkeit der Gestaltungsmerkmale eines Gebers:

Kabelausgang mit Hartingstecker oder Klemmkopf; 1fach- bis 3fach-Thermofühler mit Klemmstück oder Federandrückung an den Lageraußenring, mit eingebautem Meßumformer im Klemmkopf, oder mit verkabeltem Meßumformer im Separatgehäuse mit 2-Leiter- bis 4-Leiterschaltung des Meßwiderstandes in Brückenkompensationsschaltung.

Die elektrischen Daten der Geber sind vom Regelsystem abhängig:

Versorgungsspannung im großen Bereich möglich, z. B. 24 bis 48 V DC; Widerstand zur Drahtbruchüberwachung, z. B. 47 kΩ; Mindestschaltstrom der Binärgeber zwischen 5 bis 15 mA; Geberprinzip, z. B. induktiv; Signalart analog oder digital; Mehrfachgeber 1 bis 3; 2- bis 4-Leitertechnik der Meßschaltung; Gehäusetyp; Schutzgrad (z. B. IP 44); Einbauart; Arbeits- oder Ruhestromprinzip; galvanische Trennung; Signalausgang als Stromsignal (0 bis 20 mA oder 4 bis 20 mA) oder als Spannungsignal (0 bis 5 V oder bis 10 V).

Die Stellglieder am Ventilator sind in breiten Sortimenten verfügbar und werden nach verschiedenen Auslegungskriterien mit den Lieferanten ausgewählt:

- elektrohydraulischer Antrieb für Rotorbremse (Bremskraft nach Rotorträgheitsmoment, Bremsfläche und Abbremszeit);

- elektrischer oder pneumatischer Stellantrieb für Drallregler und Drosselklappen (Reibungs- und aerodynamische Kräfte);
- Magnetventile, z. B. für Kühlmedium bei gekühlten Ölkreisläufen;
- Ölförderpumpe (Ölmenge, Öldruck, Schmierfilmdicke);
- Motoranlasser (Hochlaufzeit, Anfahrmoment).

Für die Spezifizierung des Stellantriebes ergeben sich aus den konstruktiven Abmaßen des Drallreglers und dem Befestigungsort des Stellantriebes der Stellweg- und der Stellwinkel, die Stellrichtung, die Anbaurichtung und Länge der Stellhebel (mehrere Löcher für Gelenkbolzen zur Grobeinstellung) und der Stellstange (Feineinstellung durch Stellgewinde an Gelenkbuchse). Beispielsweise führt cin umgedreht eingebauter Drallregler zur Verschiebung der Ventilatorkennlinie und zum ansteigenden Motorstrom beim Schließen (!) des Drallreglers. Die Stellkräfte ergeben sich aus den Reibkräften (Spielmaße, Klemmkräfte, Lagerreibung im Stellmechanismus) und den aerodynamischen, kennlinienabhängigen Kräften des Volumenstromes auf die Drallreglerschaufeln. Die Reibkräfte können sich durch Temperaturänderungen im Betrieb, durch Verschleiß und Anbackungen in den Drehpunkten während des Betriebes weiter erhöhen, was Sicherheitszuschläge und Wartungssorgfalt erforderlich macht. Im Öffnungspunkt der Drallreglerschaufeln ergeben sich aus Richtungsumkehrung, Losreißkräften und hoher Pressung Maximalstellkräfte. Anschläge sollen das Rückwärtsstellen der Drallreglerschaufeln gewährleisten. Durch Kürzen der Schaufeln an den Spitzen entsteht im Drallregler ein freier Querschnitt für Restluftmengen.

Wichtig für die Dauerfunktion ist die Regelhäufigkeit vom nur Auf-Zu-Betrieb bis zur Stetigregelung. Wird aus jeder Änderung der Steuergröße ständig verstellt, ergibt sich ein starker Verschleiß. Hiergegen sollte eine Stellschwelle (Stellen ab einer bestimmten Wertänderung) oder eine geeignete Zeitgliedverzögerung zwischen Stellgröße und Stellbefehl eingeschleift werden. Durch steife Schwingrahmen und gute Laufruhe der Maschine sind für den Stellantrieb gefährliche Schwingungsbelastungen abzuwenden.

Zweckmäßigerweise sollten bei umfangreicheren Überwachungen Datenblätter zwischen Lieferant, Projektant, Installateur, Betreiber und Instandhalter als Verständigungsgrundlage dienen:

- Verbraucherliste:
  Kraftwerkkennzeichungssystem KKS-Nr., Verbrauchertyp, Lieferant, Hersteller, Nennleistung, Nennstrom, Schaltbarkeit, Arbeits- oder Ruhestromprinzip, Betriebsspannung, Betrieb an sicherer Schiene;

- Meßstellenliste: Meßstelle, Meßgröße, Ausgangsgrößen, KKS-Nr., Gebertyp, Speisespannung, Lieferant, Hersteller, Schaltwerte, Auslösefunktion, Meßbereich, Fühleranzahl;
- R-I-Schema für Rohrleitungen und Armaturen, KKS-Schema für Meßstellen;
- verfahrenstechnisches Schema für Freigabeschaltung, Anfahren, Regelabfahren, Notabschaltung, Betriebsregelung;
- Klemmenpläne, Datenblätter, Schaltschemata der Meßstellen, Verbraucher;
- Inbetriebnahmevorschrift, Bedienungsanleitung.

Für die meisten Meßaufgaben werden ganze Meßketten in großer Breite angeboten; komplette Syteme zur Überwachung an Ventilatoren gibt es jedoch derzeit noch nicht. Sie sind damit immer wieder Einzelstücke und zwischen Einkäufer, Verkäufer und Konstrukteur für den Einsatzfall neu zusammenzustellen.

12 Ventilatoren in der Lufttechnik

Ventilatoren werden in zahlreichen Geräten und Anlagen der Wirtschaft eingesetzt. Entsprechend den spezifischen Anforderungen wurden spezielle Typen auf die Einsatzgebiete zugeschnitten. Mitunter kann die richtige Auswahl der Ventilatoren nicht getroffen werden, weil vorhandene konstruktive Ausführungen unbekannt sind. Die Auswahl wird aber in der Praxis dadurch erleichtert, daß sich eine Reihe von Ventilatorherstellern im Lauf der Zeit auf Ventilatoren für spezielle Branchen bzw. deren Prozesse spezialisiert hat. Auch sind in manchen Branchen, z. B. im Kraftwerksanlagen- und dem Bergbau, gemessen an der Bedeutung der Ventilatoren für ihre Branche entsprechende Fachleute tätig.

Die wesentlichsten Anwendungsgebiete von Ventilatoren können der folgenden Aufstellung der Grundprozesse und Branchen entnommen werden:

- Zu- oder Abfuhr von Wärme:
  Kühlen von Verbrennungsmotoren, Elektromaschinen und elektronischen Geräten, bei Kühlschränken, Kühltruhen, Gefrieranlagen, Einbau in Klimablöcke und -geräte, Heizlüfter, Luftschleieranlagen, Kühltürme, Abwärmenutzung usw.;
- Zu- oder Abfuhr von Feuchtigkeit und Dämpfen:
  Trocknen von Holz, Erntegütern, Absaugen von Lösungsmitteldämpfen in Farbgebungsanlagen, von schädlichen Dämpfen, Absaugen aus Küchen, Einbau in Sprühgeräte, Befeuchtungsanlagen usw.;
- Zu- oder Abfuhr von festen Partikeln:
  Staub, Späne, Fasern, Schnitzel, Flocken, Entstaubungsanlagen in Brikettfabriken, Gießereien und der Keramikindustrie, Holz- und Papierverarbeitung usw., Grenzfall: pneumatischer Transport;
- Zufuhr von Frischluft und Abfuhr der Abgase:
  Verbrennungsprozesse, chemische Prozesse, z. B. Kessel und Öfen in der Metallurgie und bei der Energiegewinnung;
- Zufuhr von Frischluft und Abfuhr der verbrauchten Luft:
  Klima- und Belüftungsanlagen für Menschen und Tiere, Dach-, Wandring- und Fensterventilatoren;
- Erzeugen von Druckpolstern:
  Papierindustrie, Druckereien, Textilindustrie, Traglufthallen;
- Erzeugen von Strahlen zur Luftbewegung:
  Tunnelbelüftung, örtliche Bewetterung im Bergbau, Menschenkühlventilatoren, z. B. Tisch- und Deckenventilatoren.

Die genannten Arbeitsprozesse können einzeln oder miteinander gekoppelt auftreten; die meisten sind ohne Ventilator nicht möglich.

In einigen der genannten Prozesse steckt bezüglich des Einsatzes von Ventilatoren ein großes *Energiesparpotential*. So hat z. B. eine Arbeitsgruppe, bestehend aus sieben Ventilatorenproduzenten und vier Herstellern von Klimazentralen, den Bestand von Ventilatoren in deutschen raumlufttechnischen Anlagen (RLT-Anlagen) analysiert [12-1]. Dabei wurde festgestellt, daß rund 5000 MW Antriebsleistung für mehr als 2,2 Mio. Ventilatoren allein in RLT-Anlagen mit einer Jahresarbeit von etwa 15 Mio. MWh gebraucht werden. In der DDR waren ca. 15 % der installierten Kraftwerksleistung von 24 000 MW für alle Ventilatoren einschließlich Eigenbedarf der Kraftwerke ermittelt worden [12-2].

Bei Klimaanlagen entfallen 20 % auf Heiz-, 30 % auf Kälte- und 50 % auf Förderenergie [12-3]. Bei den Kühlgeräten für die digitalen Vermittlungsstellen verbrauchen die Ventilatoren 81 % des Gesamtenergiebedarfes [12-4].

Jährlich werden in Deutschland, von Kleinventilatoren abgesehen, 80 000 bis 100 000 Radialventilatoren und etwa 40 000 Axialventilatoren installiert. Von ihnen sind nur 4 bis 5 % zum Austausch älterer und energieverschwendender Ventilatoren vorgesehen, während es in den USA rd. 50 % sind [12-1].

Nicht nur die zunehmenden Energiepreise, sondern auch die Verantwortung der Ingenieure für die Umwelt (umweltbelastende Elektroenergieerzeugung, Lärm, Wärmemüll) sollten zum Umdenken zwingen und nicht mehr zur Auswahl kurzfristig zwar billiger, aber langfristig teurer und belastender Lösungen führen. Eine energetische Analyse zur Anlage sollte bereits abgestimmt mit dem 1. Konzept des Architekten vorliegen, weil verlustarme Anlagen hinsichtlich der Streckenführung und des Platzbedarfes anspruchsvoll sind. Nicht selten muß der Ventilator hohe, wegen Platzmangels erforderliche Geschwindigkeiten mit überhöhter Antriebsleistung kompensieren.

Der Ventilator sollte so gewählt werden, daß er im Bereich hohen Wirkungsgrades läuft und dem Bedarf entsprechend regelbar ist. Günstige Gestaltungen des Gehäuses bzw. des Gehäuseausblases seitens des Ventilatorherstellers sollten auf hohe Einbau- und Gerätewirkungsgrade [12-5], günstige Akustik und eine optimale Zuströmung zu den folgenden Luftbehandlungs-Baueinheiten führen.

Um die Umweltbelastungen und finanziellen Aufwendungen durch die landeseigenen, energetisch unwirtschaftlich arbeitenden TGA-Anlagen des Landes Baden-Württemberg zu senken, sollen laut Landesregierung alte, energetisch unwirtschaftliche TGA-Anlagen unter Einbeziehung eines Umweltbonus modernisiert werden, der dabei finanzielle Mehraufwendungen bis zu 25 % über den technisch dafür unbedingt notwendigen Mindeststandard zuläßt [12-6]. In einer Broschüre über heiztechnische Anlagen der Zentralstelle für Bedarfsmessung und wirtschaftliches Bauen, Stuttgart, wurde ein „grundsätzliches Verbot des Einsatzes von Ventilatoren mit vorwärtsgekrümmten Schaufeln bei Neuanlagen" ausgesprochen [12-7]. Weiter sollen die Luftgeschwindigkeiten in Geräten und Anlagen in Abhängigkeit von der Jahresbetriebszeit begrenzt werden mit folgenden maximalen Druckverlusten für die Einbauten: Grobfilter $\leq$ 50 Pa, Feinstaubfilter $\leq$ 100 Pa, Lufterhitzer $\leq$ 60 Pa und Wärmeübertrager $\leq$ 85 Pa.

In den folgenden Abschnitten werden Beispiele im oben genannten Sinn behandelt.

12.1 Ventilatoren in Geräten und Anlagen

Die Praxis zeigt, daß bei allen vier in [12-8] angegebenen grundsätzlichen Einbauarten der Ventilatoren die *Saugseite* im wesentlichen unproblematisch ist, weil wegen der z. T. stark beschleunigten Strömung bis zum Laufradansaug genügend Spielraum für strömungstechnisch günstige und unterschiedliche Gestaltungsmöglichkeiten ist. Trotzdem kann man im Verlauf der Strömung vor dem Ventilator eine Reihe von Fehlern (Bild 5-49) beobachten, die u. a. zu einem ungleichmäßigen Geschwindigkeitsprofil im Ansaug führen und sich damit energetisch und akustisch, teilweise auch schwingungstechnisch, besonders ungünstig auswirken:

- Beschleunigen bereits in der Rohrleitung, anschließend mit hoher Geschwindigkeit kurz vor dem Ventilator umlenken,
- störende Einbauten im Ansaugbereich des Ventilators,
- vor dem Ansaug verzögern,
- zu enger Abstand zu einer Wand.

Störungen im Ansaug führen nicht nur zu einer Verschlechterung der Laufradströmung, sondern degradieren den Ventilator akustisch zur Lochsirene (siehe auch Abschnitt 10). Aus diesen Gründen ist Vorsicht bei der Anwendung von Drallreglern geboten, die durch die im zunehmenden Maß kostengünstigen elektronischen Drehzahlregler ersetzt werden sollten.

Die meisten und schwerwiegendsten Fehler sind jedoch stromab vom Ventilator zu beobachten. Durch die hohe Leistungsdichte, die Forderung nach geringem Platzaufwand und geringen Kosten sind die Austrittsgeschwindigkeiten meist wesentlich höher als in der anschließenden Rohrleitung oder gar im Gerät. Der Anteil des mittleren dynamischen Druckes im Ausblas an der Totaldruckdifferenz beträgt bei Axialventilatoren im Punkt maximalen Wirkungsgrades etwa 15 %, wenn der Axialstufe bereits ein Stoßdiffusor von 2 bis 2,5 D nachgeschaltet ist. Bei den Radialventilatoren für die Lufttechnik sind es nur 5 bis 6 %. Bei schweren Radialventilatoren können es bis 14 % sein.

Wird mit 8 bis 12 m/s in der Rohrleitung gearbeitet, entsprechen diesen Geschwindigkeiten im Δp_t-$\dot{V}$-Diagramm etwa die Druckwerte 300 bis 1200 Pa bei den axialen bzw. 800 bis 3800 Pa bei den radialen Ventilatoren. Braucht der Anwender größere Druckdifferenzen, so muß er höhere Austrittsgeschwindigkeiten akzeptieren und verstärkt verlustbehaftet verzögern.

Verzögerte Strömungen hinter dem Ventilator

Einrichtungen in einer Rohrleitung zur Verzögerung einer Strömung werden Diffusoren genannt (Bild 4-9), in denen dynamischer Druck in statischen Druck verwandelt wird. Die technologisch einfachste Lösung ist der Carnotsche Stoßdiffusor (Bild 4-10), bei dem in Abhängigkeit vom Verhältnis der Eintritts- zur Austrittsfläche durch einen Impulsaustausch zwischen dem langsamen und dem schnellen Fluid ein Teil der dynamischen Energie in Druck umgesetzt wird (Bild 4-12).

Will man einen Diffusor nach Bild 4-9 einsetzen, muß vorher dafür gesorgt werden, daß die Zuströmung gleichmäßig ist. Merke: Grenzschichten können nur einen relativ geringen Druckanstieg überwinden, sonst lösen sie ab! Muß ein Diffusor zusätzlich noch einen Druckanstieg infolge eines Impulsaustausches überwinden, löst die Strömung noch eher ab als bei ungestörter Zuströmung. Hinter Radialventilatoren gibt es meist ein ungleichmäßiges Geschwindigkeitsprofil. Extrem sind die Verhältnisse hinter Axialventilatoren mit einem großen Nabenverhältnis d/D. Deshalb wird der Totaldruck immer mit 2 bis 2,5 D Abstand hinter der Axialstufe gemessen und in den Katalogen so angegeben. Erst danach sollte man Diffusoren einsetzen, es sei denn, man arbeitet mit Ringdiffusoren. Diese sollten als (auch strömungstechnisch) passendes Zubehör vom Ventilatorhersteller angeboten werden, wobei die Druckverluste des Zubehörs in der aerodynamischen Rechnung berücksichtigt werden müssen.

Der Strömungstechniker definiert den Diffusorwirkungsgrad als Verhältnis des gemessenen statischen Druckrückgewinnes der reibungsbehafteten Strömung zum Druckrückgewinn nach *Bernoulli* bei reibungsfreier Strömung [12-9]:

$$\eta_D = \frac{p_{st,2} - p_{st,1}}{\frac{\rho}{2}\left(c_1^2 - c_2^2\right)} = \frac{p_{st,2} - p_{st,1}}{\frac{\rho}{2}c_1^2\left[1 - \left(\frac{A_1}{A_2}\right)^2\right]} . \qquad (12.1a)$$

Bei stark ungleichmäßiger Strömung sollten die örtlichen Energiewerte über der Fläche gemittelt werden:

$$p_{st} = \frac{1}{\dot{V}} \int_A p_{st} \cdot c \cdot dA \approx \sum_{i=1}^{k} p_{st,k} \cdot c_k \cdot \Delta A_k.$$

Setzt man die Gln. (4.24b) und (4.25a) in Gl. (12.1) ein, so erhält man

$$\eta_D = 1 - \frac{\zeta}{1 - \left(\frac{A_1}{A_2}\right)^2}. \tag{12.1b}$$

Zum Beispiel folgt mit dem Verlustbeiwert für den Carnotschen Stoßdiffusor aus Gl. (4.25b) dessen Diffusorwirkungsgrad

$$\eta_{D,C} = 1 - \frac{1 - \frac{A_1}{A_2}}{1 + \frac{A_1}{A_2}}. \tag{12.2}$$

Des weiteren wird mit Diffusorwirkungsgraden gearbeitet, die die Umsetzung des dynamischen Druckes $\rho \cdot c_1^2/2$ am Eintritt in die statische Druckerhöhung im Diffusor beschreiben. Befindet sich der Diffusor am Ende einer Anlage oder bläst er frei in einen größeren Raum, z. B. in den großen Querschnitt eines lufttechnischen Gerätes, so spricht man vom Enddiffusor und definiert für diesen den unteren Wirkungsgrad

$$\eta_u = \frac{p_2 - p_1}{\frac{\rho}{2} c_1^2} = \eta_D \left[1 - \left(\frac{A_1}{A_2}\right)^2\right]. \tag{12.3}$$

Für einen Übergangsdiffusor lautet der obere Wirkungsgrad

$$\eta_o = \frac{p_2 - p_1}{\frac{\rho}{2} c_1^2} + \left(\frac{c_2}{c_1}\right)^2 = \eta_u + \left(\frac{A_1}{A_2}\right)^2. \tag{12.4}$$

Bild 12-1 aus [12-9] zeigt, wie stark bei geordneter Zuströmung (!) bereits nach maximal 4° der Wirkungsgrad von geraden Kegeldiffusoren bei steigendem Erweiterungswinkel abnimmt. Dabei wurde die η_u-Skala mit Gl. (12.3) berechnet. Bei einem Übergangsdiffusor, bei dem sich ein Auslauf in Form eines Rohres anschließt, ist der Wirkungsgrad höher. Hier erfolgt im nachfolgenden ähnlich wie im Carnotschen Stoßdiffusor noch ein Impulsaustausch des zum Teil abgelösten und stark unterschiedlichen Geschwindigkeitsprofiles mit dem damit verbundenen Druckanstieg.

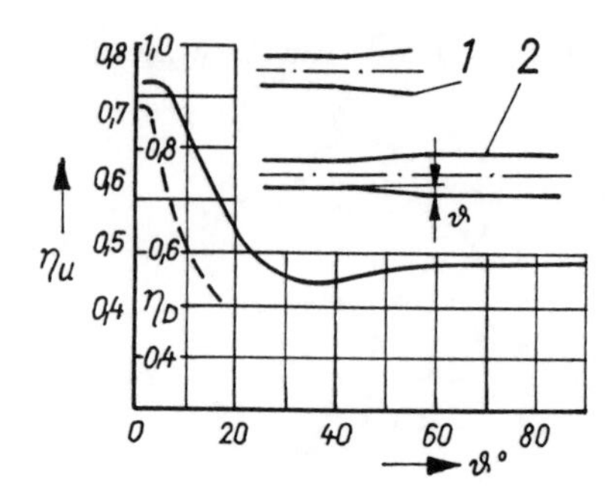

Bild 12-1. Abnahme des Wirkungsgrades von Kegeldiffusoren mit dem Erweiterungswinkel ϑ, aus [12-9].

1 - - - - ohne Auslauf; 2 —— mit Auslauf;
$Re_D = 2 \cdot 10^5$; $F_2/F_1 = 2,34$

Eine praktische Hilfe für den Anwender, der sich für den Einsatz eines Diffusors entscheiden muß, ist das Diagramm im Bild 12-2, das nach Messungen [12-10] gezeichnet wurde. Die strichpunktierten Linien verbinden die Punkte optimalen Wirkungsgrades für eine gegebene Länge bzw. für eine gegebene Erweiterung des Diffusors.

Stärkere Erweiterungen und eine relativ gleichmäßige Verteilung der Strömung bei geringer Lauflänge erreicht man mit Multidiffusoren (Bild 12-3). Diese, nachträglich in Diffusoren mit abgelöster Strömung eingebracht, bringen die Strömung wieder zum Anliegen [12-9].

Wird ein Diffusor mit einer Drallströmung beaufschlagt, so wäre wegen der Radialkräfte eine Verbesserung des Wirkungsgrades zu erwarten. Aber das Gegenteil ist der Fall. Wie Messungen belegen, fällt der untere Wirkungsgrad mit zunehmendem Drall ab [12-11].

Radialdiffusoren (Bild 12-4) sind besonders günstig, wenn ihre Funktion zugleich mit der eines Schalldämpfers verknüpft wird (analog Bild 10-15), indem beide Plattenseiten bedämpft werden [10-28]. Die geschickte Lösung der Aufgabe, für das Ende einer Anlage einen Radialventilator mit hohem η_{fa} zu schaffen, ist der Dachventilator der Fa. Mietzsch (Bild 3-17) aus [12-12]. Durch die Integration eines Radialdiffusors konnte ein η_{fa} von 0,77 erreicht werden.

Schließlich sind noch Kreisringdiffusoren erwähnenswert, die etwa dem Ausschnitt aus einem Multidiffusor (Bild 12-3) entsprechen. Sie werden hinter Axialstufen eingesetzt (z. B. Bild 12-16) und sind ebenfalls gut geeignet als

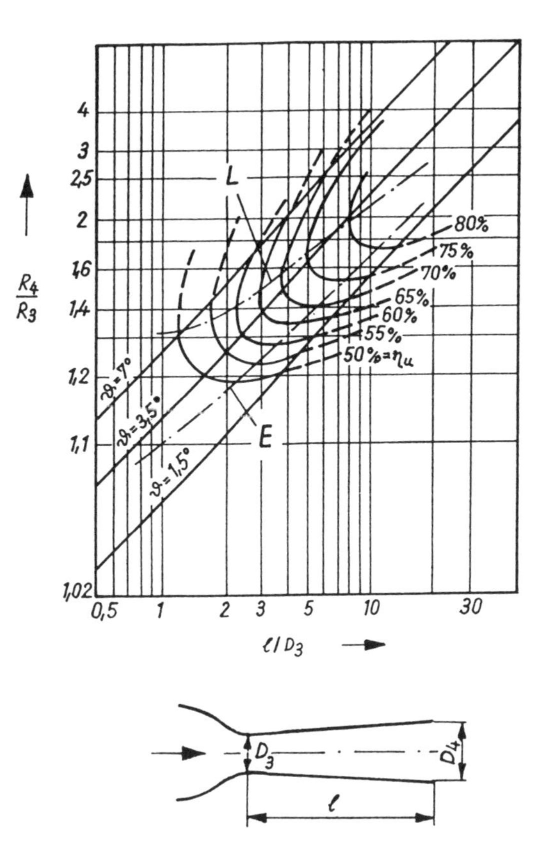

Bild 12-2. Diffusorwirkungsgrad η_u, aus [12-9].

E Optimum für gegebene Erweiterung; L Optimum für gegebene Länge

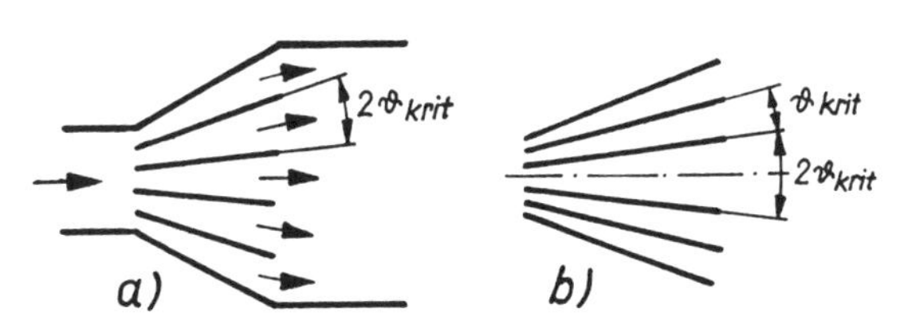

Bild 12-3. Multidiffusoren, aus [12-9].
a) eben;
b) rotationssymmetrisch

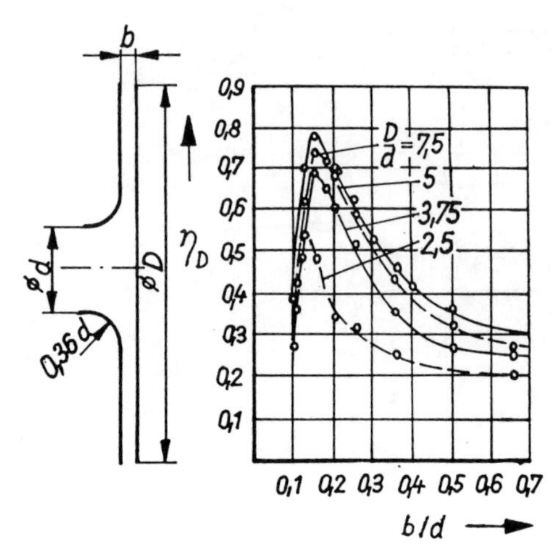

Bild 12-4. Radialdiffusor, aus [12-9].

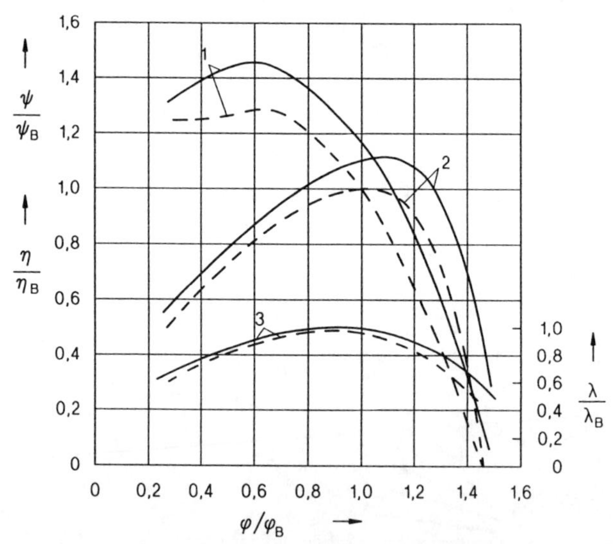

Bild 12-5. Verbesserung der Kennzahlen ψ_{fa} und η_{fa} an einem frei laufenden Radialrad mit stark rückwärts gekrümmten Schaufeln und einem rotierenden Multi-Radialdiffusor.

- - - - ohne Multidiffusor; —— mit Multidiffusor;

Index B: Volumenzahl mit Diffusor, bezogen auf die φ-Werte ohne Diffusor bei η_{max} mit $\varphi/\varphi_B = 1$; 1 ψ_{fa} ; 2 η_{fa} ; 3 λ

Schalldämpfer (Bild 10-15), wenn sowohl der Nabenkörper als auch die Außenwand mit schalldämpfendem Material ausgekleidet werden [10-28].

Mitrotierende Radialdiffusoren entstehen durch eine Verlängerung der Trag- und der Deckscheibe eines Radialventilatorlaufrades. Sie sind bei spezifischen Langsamläufern lange bekannt [12-13] und wurden inzwischen wieder mit Erfolg bei Prozeßventilatoren in der Zementindustrie angewendet [12-14]. Mit ihnen können stärkere Verzögerungen erreicht werden, weil durch den Fliehkrafteffekt das verzögerte Grenzschichtmaterial nach außen geschleudert wird und somit die Grenzschicht relativ dünn bleibt, so daß sie nicht so leicht ablösen kann.

Die Verknüpfung eines breiten, freilaufenden Radialrades mit großem Reaktionsgrad, angewendet als Ventilatoreneinschub VRA in einer Klimagerätereihe [12-12], mit einem umlaufenden Radialdiffusor nach dem Multidiffusorenprinzip (Bild 3-3b) [12-15] brachte eine Verbesserung in weiten Bereichen des Wirkungsgrades frei ausblasend um 11 %, der Druckzahl frei ausblasend um 18 % und der Volumenzahl von 7 % des frei laufenden Rades (Bild 12-5) sowie eine Senkung des Schalldruckpegels von 5 bis 7 dB im Bereich von 200 Hz bis 10 kHz (Bild 12-6).

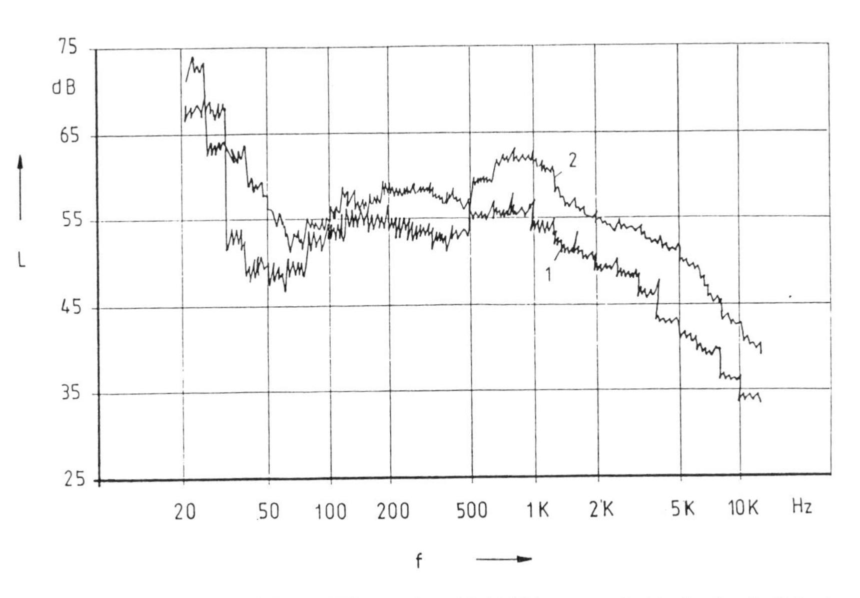

Bild 12-6. Schallpegelvergleich bei Einsatz eines Multidiffusors am frei laufenden Radialrad.

1 mit Multidiffusor; 2 ohne Multidiffusor

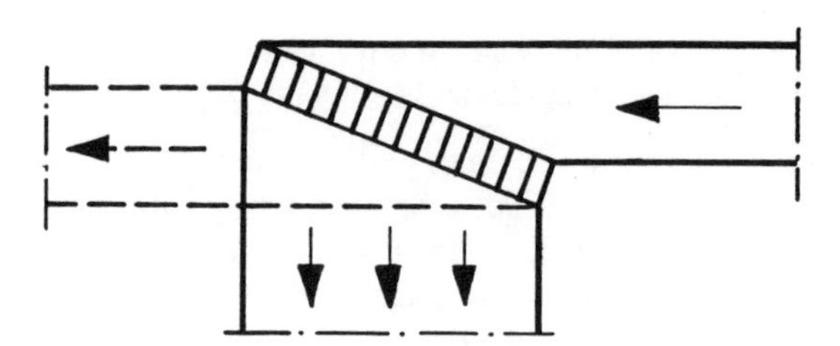

Bild 12-7. Starke Verzögerung in einer Kanalumlenkung unter Nutzung der Verluste eines Bauteiles.

Bild 12-7 zeigt eine einfache Lösung des Problems, eine Strömung umzulenken und gleichzeitig stark zu verzögern. Anstelle der manchmal üblichen Siebe wird hier ein Wärmeübertrager oder Filter eingesetzt. Zusätzliche Vorteile: gleichmäßige Beaufschlagung des WÜ, relativ gleichmäßige Abströmung in Abhängigkeit vom Druckverlust des WÜ.

Im zunehmendem Maß werden die Funktionen der Luftbehandlung, wie Fördern, Filtern, Heizen, Kühlen und Entfeuchten der Luft, in Geräten zusammengefaßt. *Hönmann* [12-16] wies bereits 1974 darauf hin, daß der Einbau kompletter Ventilatoren in die Geräte mit Nachteilen verbunden ist. Er schlug deshalb frei laufende Räder in eckigen Gehäusen als sogenannte *Quadrovent-Ventilatoren* vor, die etwa 70 % Wirkungsgrad frei ausblasend brachten.

Eigene Messungen im Jahr 1989 an Ventilatorsektionen mit Trommelläufern ergaben infolge der Versperrung immer noch Einbauwirkungsgrade um 50 %. Eine 1991 durchgeführte kritische Betrachtung [12-17] zeigte ähnliche Ergebnisse. Inzwischen wurde von der deutschen Industrie besonders im Zusammenhang mit den Postgeräten reagiert [12-1, Titelfoto]. Bild 12-8 zeigt den Einbau eines Radialrades mit umlaufendem Multidiffusor nach [12-15], eingebaut etwa nach [12-16]. Bei der axial abströmenden Variante wurde ein Wirkungsgrad frei ausblasend von 0,74, bei der radialen von 0,77 und mit diesen Werten eine spezifische Drehzahl von $n_q = 93\ \text{min}^{-1}$ erreicht. Die Verfasser schätzen ein, daß bei dieser ersten Lösung durch konsequente Anwendung aller aerodynamischen und technologischen Möglichkeiten weitere Verbesserungen möglich sind, besonders hinsichtlich der Laufradbreite, der Schaufelform durch Anpassung an die meridionale Durchströmung und durch Verbesserung der Festigkeit (Profilierung), aber auch hinsichtlich der Gestaltung des rotierenden Diffusors.

Kritischer sind die Verhältnisse beim Einbau von Axialventilatoren. Hier sind Fehlauslegungen möglich, bei denen der Austrittsverlust die Größenordnung der vom Anwender geforderten Totaldruckdifferenz erreichen kann. So wollte ein Anwender seine Wirbelschicht-Trocknungsanlage mit einem Regenerator

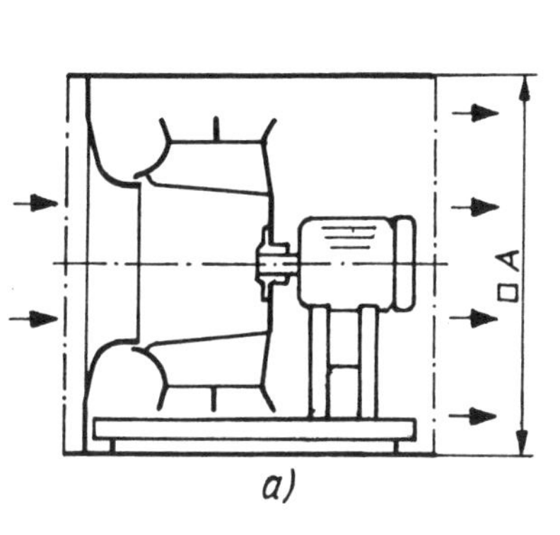

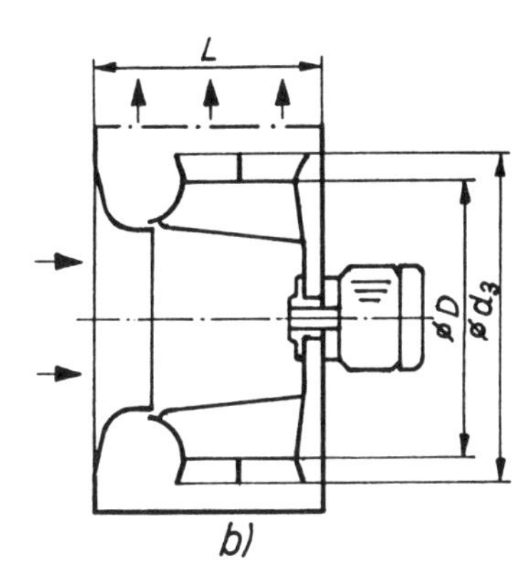

Bild 12-8. Rotierender Multiradialdiffusor am Radialrad nach [12-15] der Turbowerke Meißen in einem lufttechnischen Gerät.
a) axiale Abströmung;
b) radiale Abströmung.

$d_3/D = 1{,}2$; $A_{min}/D = 1{,}65$; $L/D = 1{,}06$

ausrüsten, um einen Teil der Abluftwärme zurückzugewinnen. Hierzu mußte beim Volumenstrom von 40 000 m^3/h eine Totaldruckdifferenz von 830 Pa aufgebracht werden. Hierfür wurde aus dem Kennfeld im Bild 12-9 der Ventilator LANN 800/63 mit +15° Schaufelwinkelverstellung und n = 1450 min^{-1} ausgewählt. Der Einbau des Ventilators erfolgte gemäß Variante A im Bild 12-10 in die Wand einer Filterkammer. Das Erschrecken des Projektanten war groß, als der Ventilator keine Wirkung zeigte, indem er keine Druckerhöhung brachte. Der Grund war die hohe mittlere Austrittsgeschwindigkeit aus seinem Ringraum, deren dynamischer Druck etwa der Totaldruckerhöhung entsprach. Der nachgeschaltete Diffusor war aus den genannten Gründen natürlich wirkungslos. Bei der Variante B wird mit dem Carnot-Diffusor, mit dem die eingezeichneten Ventilatorkennlinien gemessen werden, bereits eine verwertbare Druckdifferenz von 650 bis 700 Pa erreicht. Wegen des Dauerbetriebes wurde schließlich auf die Variante C mit dem nutzbaren Druck von 730 Pa umgerüstet.

Das gleiche Problem besteht natürlich beim Einbau von Axialventilatoren in Geräten. Um bei hohen Druckdifferenzen den Austrittsverlust und die Baulänge klein zu halten, sollte man entweder mehrstufig bauen (siehe Abschnitt 12.2) oder wie in den USA das Multi-fan-System anwenden. Bei diesem werden vom Geräteventilator nur die Verluste des Zentralgerätes aufgebracht, während dezentrale und günstig in die Leitung einfügbare Ventilatoren (wenig

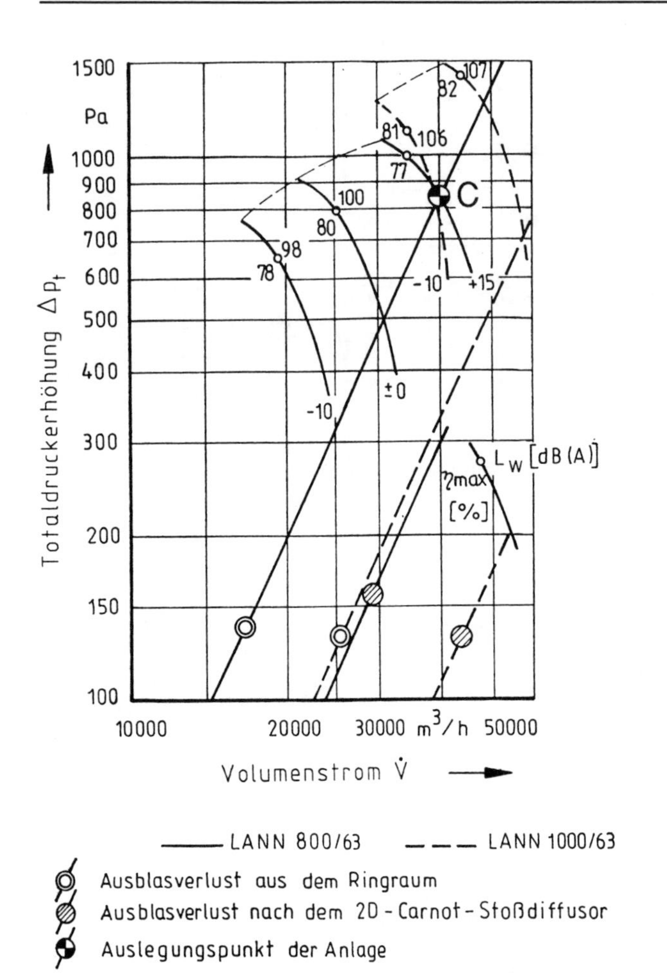

Bild 12-9. Kennfelder zweier Axialventilatoren mit verstellbaren Schaufeln und D = 800 und 1000 mm der Turbowerke Meißen.

Austrittsverlust) bei Bedarf für die verschiedenen Verbraucher zugeschaltet werden. Zum Beispiel sorgt bei Klimaanlagen eine kleine Druckreserve des Geräteventilators für ein leichtes Spülen der leeren Räume.

Axialventilatoren zum Einbau in Geräte sollten bei geringen Platzverhältnissen immer vom Ventilatorfachmann eingepaßt werden. Bild 12-11 zeigt eine solche Lösung in einer Textiltrockenmaschine.

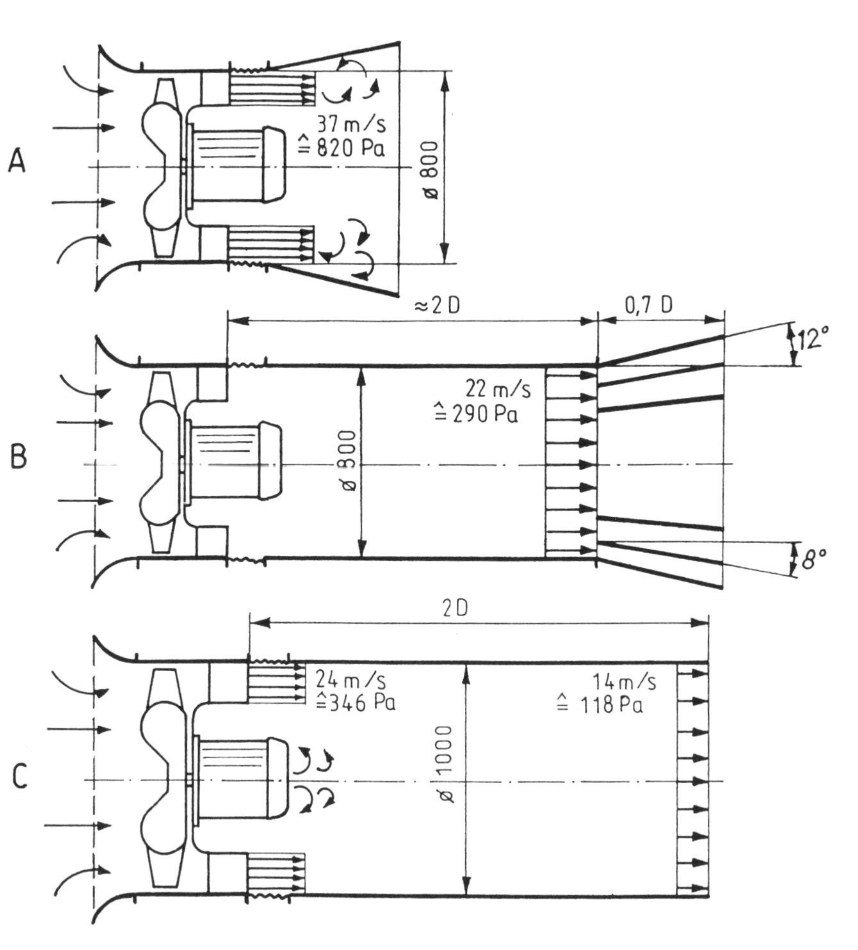

Bild 12-10. Frei ansaugende Axialventilatoren, in eine Kammer ausblasend.

Daß eine Anlage nicht unbedingt durch Veränderungen am Ventilator verbessert werden kann, zeigt folgendes Beispiel aus jüngster Zeit. Für eine Tiefgarage mit drei Etagen waren zur Entlüftung drei Brandgasventilatoren (Bild 12-12) mit je 70 000 m^3/h vorgesehen. Diese saugen aus der Garage über Kulissenschalldämpfer in einen großen Raum. Die Luft gelangt dann über Jalousieklappen in den Ventilator und wieder über Kulissenschalldämpfer ins Freie. Konnten bei geringer Belegung der Garage und bei Betrieb nur eines Ventilators ein Volumenstrom von 70 000 m^3/h gemessen werden, wurden bei

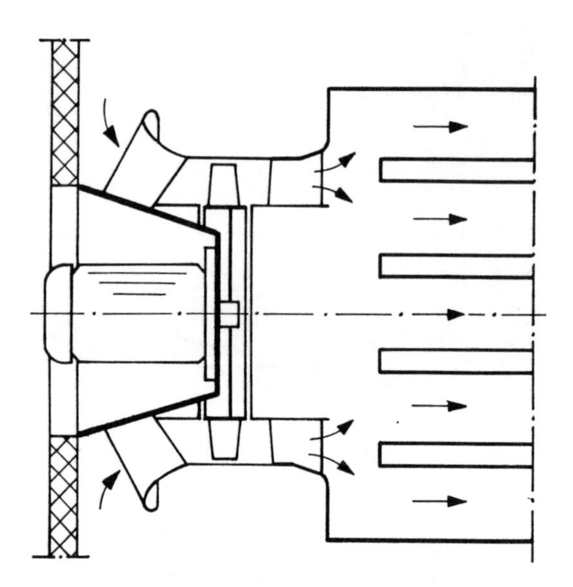

Bild 12-11. Sonderkonstruktion eines Einbauaxialventilators mit Vor- und Nachleitapparat für hohe Temperaturen in einer Textilmaschine.

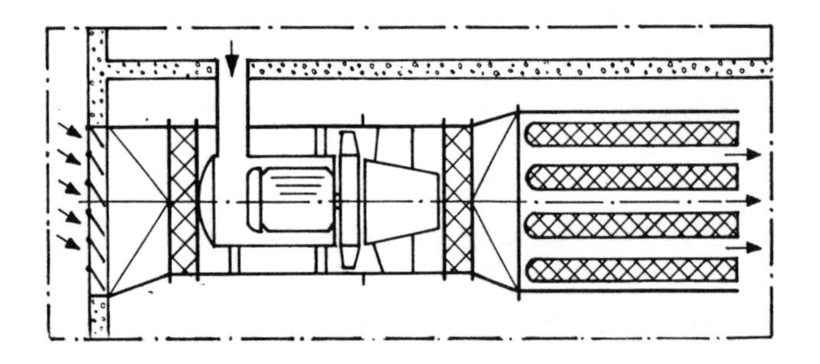

Bild 12-12. Brandgasventilator zur Entlüftung einer Tiefgarage.

Vollbetrieb mit drei Ventilatoren nur noch etwa 140 000 m^3/h anstatt der vorgeschriebenen 210 000 m^3/h durchgesetzt. Deshalb mußte ein Parkdeck gesperrt werden. Zeitraubende Versuche mit unterschiedlichen Ventilatorrädern blieben erfolglos. Untersuchungen an der Anlage durch die Verfasser ergaben, daß die Druckverluste zu groß waren: Die Luft verließ die Schalldämpfer mit einer Geschwindigkeit bis zu 20 m/s, und die zugeschalteten Ventilatoren zwei und drei arbeiteten im Pumpgebiet. Erst durch Verringerung der Anzahl der

Kulissengassen auf die Hälfte, indem die Kulissen hintereinander geschaltet wurden, führten dann sogar zu einem Volumenstrom größer als 210 000 m^3/h. Die vom Anlagenbauer vermutete Vergrößerung der Schallabstrahlung trat nicht ein, obwohl die obige Lösung nicht im Schalldämpfer-Computerprogramm war. Das Gegenteil trat ein, weil die Ventilatoren aus dem Pumpbereich herauskamen.

12.2 Ventilatoren in der Reinraumtechnik

In der Reinraumtechnik werden Ventilatoren eingesetzt zur

- Klimatisierung und Sicherung der Reinheit des Reinen Raumes und zur
- Absaugung aggressiver Gase am technologischen Arbeitsplatz.

Zur Klimatisierung werden meist zwei Luftbehandlungskreisläufe unterschieden: Im Sekundärkreis wird die Frischluft (Außenluft), die in der Regel mit Umluft gemischt wird, mit Klimablöcken klimatechnisch aufbereitet. Der Primärkreis dient zur unmittelbaren Versorgung der Reinen Räume, indem die Umluft umgewälzt und über Feinstfilter gereinigt wird. Ständig wird aufbereitete Zuluft eingespeist und Fortluft abgeleitet.

Die zum Einsatz kommenden Ventilatoren können als

- separat aufgestellte Ventilatoren,
- Einbauventilatoren in Klimablöcken [12-20] [12-23] (Bild 12-13),
- Einbauventilatoren in zentralen Umluftgeräten oder
- dezentrale Ventilator-Filter-Einheiten [12-18]

ausgeführt sein.

Zur Abführung der Abgase an der technologischen Einheit werden Kunststoff-Radialventilatoren, z. B. aus PVC, verwendet.

An die Ventilatoren, die für Reine Räume der Reinheitsklassen 10, 1 und reiner zum Einsatz kommen, werden besondere technische Forderungen gestellt [12-21], z. B.

- kontinuierliche Regelung (z. B. durch Drehzahl-, Drall- oder Laufschaufelregelung) [12-19];
- diskontinuierliche feinstufige Nachstellung der Leistungsdaten bei steigendem Druckverlust der Filterstufen (z. B. durch Einstellen des Laufschaufelwinkels);

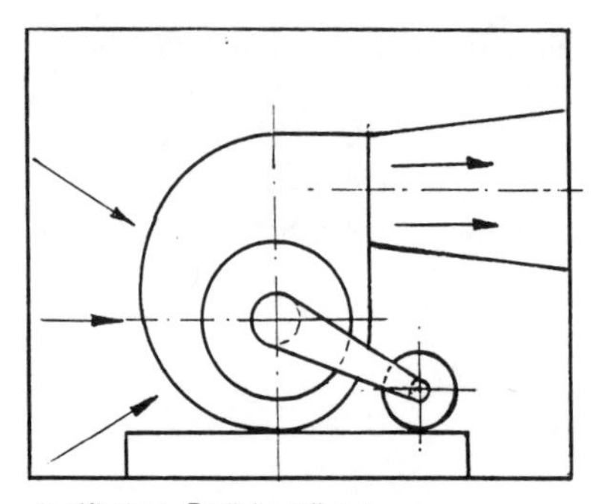

zweiflutiger Radialventilator

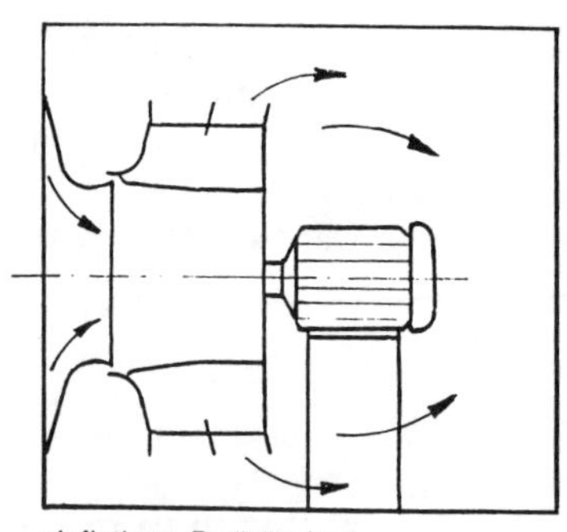

einflutiges Radiallaufrad
frei ausblasend

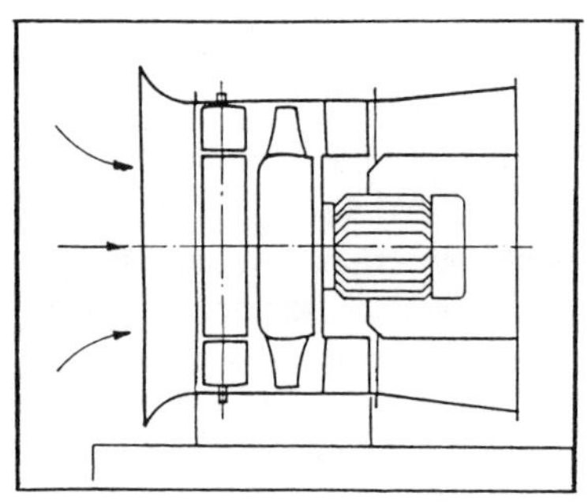

Multifan-System:
einstufiger Axialventilator
im Klimablock

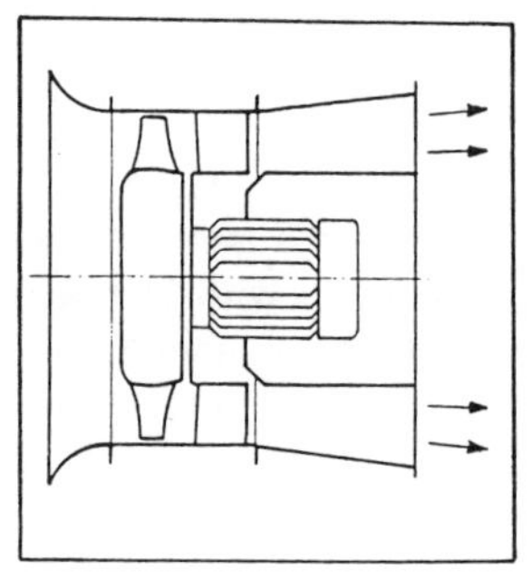

dezentral weitere
Axialventilatoren

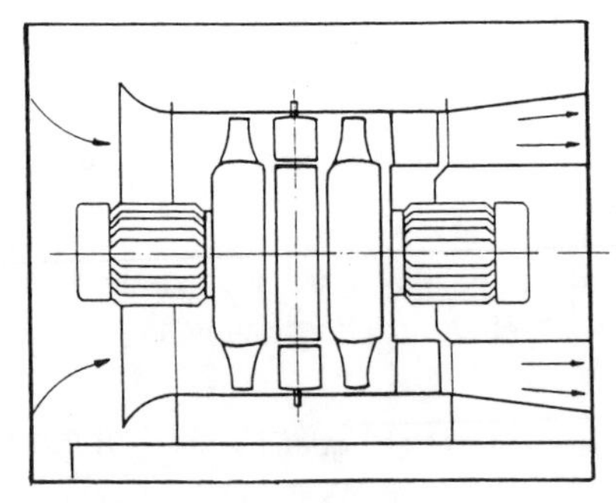

zweistufiger Axialventilator

Bild 12-13. Einbauvarianten von Ventilatoren in Klimablocksektionen.

- diskontinuierliche Regelung für ein spezielles Reinraumregime (z. B. durch polumschaltbare Motoren);
- minimaler Energieverbrauch, da Dauerbetrieb;
- hohe Abriebfestigkeit des Ventilators einschließlich Zubehör;
- maximale Laufruhe (Schwinggeschwindigkeit $v_{eff} < 2{,}8$ mm/s, Wuchtgüteklasse Q 2,5), schwingungsisolierte Aufstellung [12-19] [12-22];
- stabile und steile Druck-Volumenstrom-Kennlinie (bei Axialventilatoren z. B. durch Strömungsstabilisator) [12-19] [12-23];
- minimaler Schalleistungspegel, keine Resonanzeffekte in den angeschlossenen Kanälen;
- hohe Zuverlässigkeit und Lebensdauer;
- Wartungsfreundlichkeit.

Die Forderungen treten mit unterschiedlicher Wichtung, in unterschiedlicher Kombination und z. T. sehr strengen quantitativen Maßstäben auf.

Der Leistungsbereich der Ventilatoren für die Reinraumtechnik kann in etwa mit $\dot{V} = 0{,}5$ bis $20\ m^3/s$ und $\Delta p_t = 1000$ bis 2500 Pa bei $\rho = 1{,}2\ kg/m^3$ angegeben werden (Bild 12-14) [12-23].

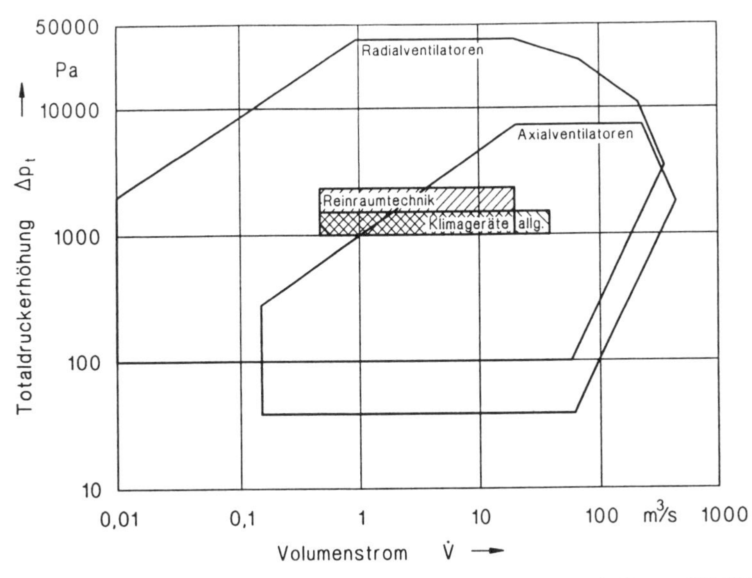

Bild 12-14. Leistungsbereich der Ventilatoren für die Reinraumtechnik, aus [12-19].

Beispielsweise werden folgende Ventilatortypen eingesetzt:

- einseitig saugende Radialventilatoren,
- zweiseitig saugende Radialventilatoren mit Keilriementrieb,
- einseitig saugende Radiallaufräder ohne Spiralgehäuse,
- einstufige Axialventilatoren mit Laufschaufeln, die im Stillstand oder im Lauf verstellbar sind und/oder mit Drallregler und Diffusor (Kennlinienfeld im Bild 12-15) [12-20],
- zweistufige Axialventilatoren mit zwei Antriebsmotoren (Bild 12-16), verstellbaren Lauf- und Leitschaufeln und Diffusor, bis zu $\Delta p_t = 2500$ Pa.

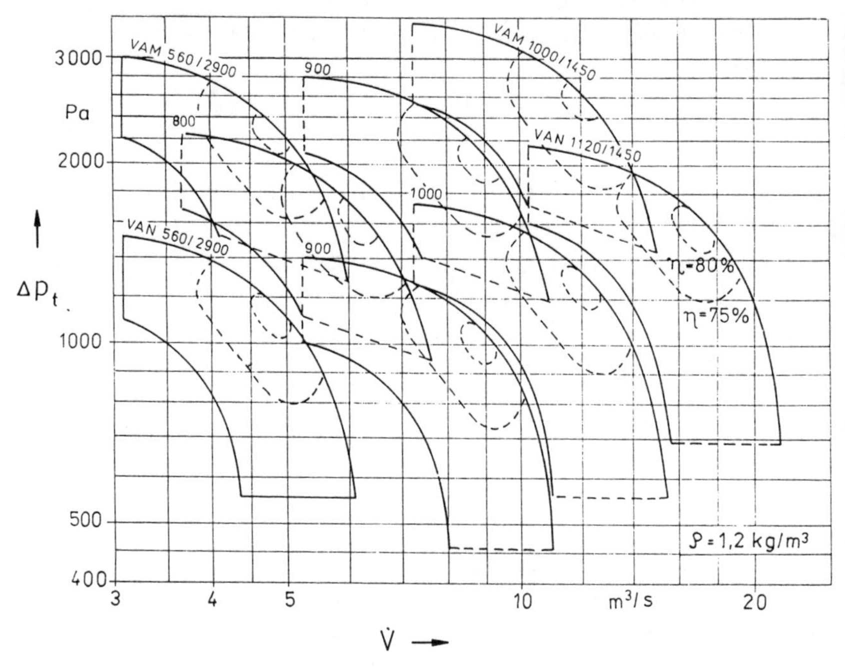

Bild 12-15. Kennlinienfeld von Axialventilatoren für die Reinraumtechnik, aus [12-20].

VAM zweistufige Axialventilatoren mit zwei Motoren;
VAN einstufige Axialventilatoren

12.3 Strahlventilatoren

Zur Aufrechterhaltung der Luftqualität in Straßen- oder Eisenbahntunneln erweist sich in vielen Fällen die Belüftungsmethode mit Strahlventilatoren (Jet-

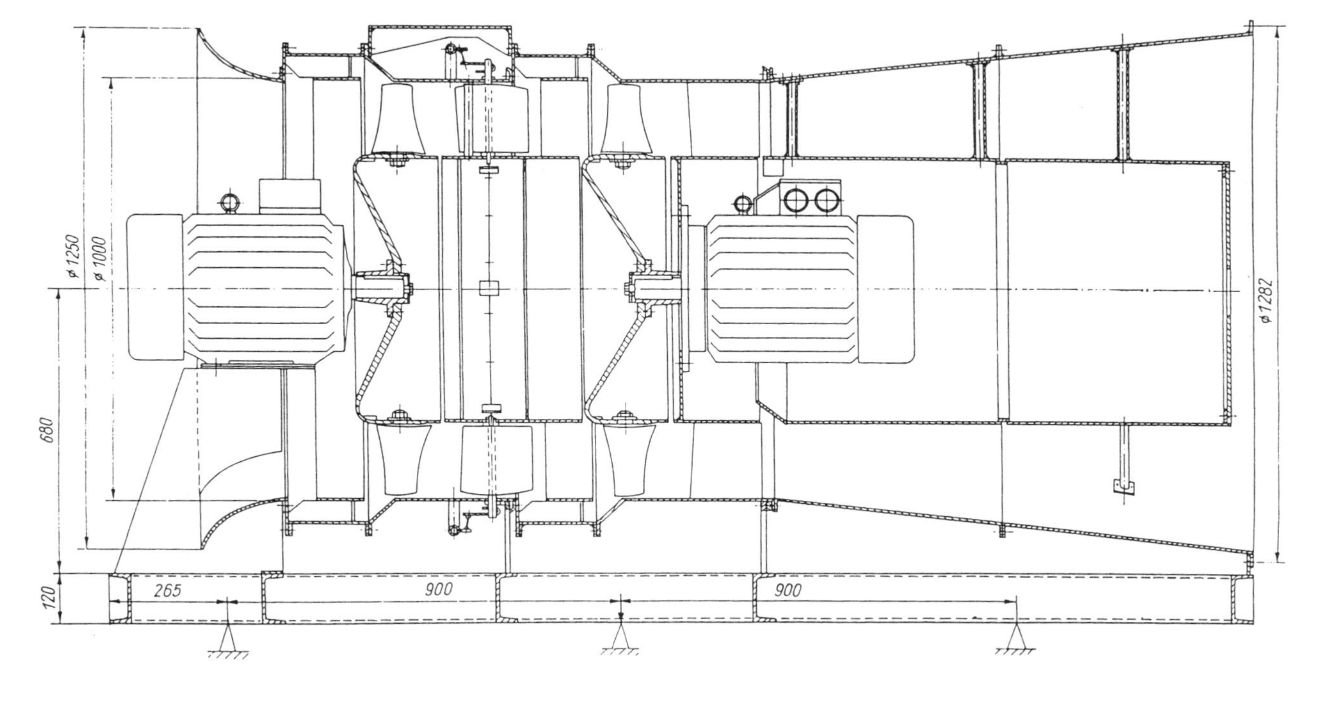

Bild 12-16. Schnittbild des zweistufigen Axialventilators VAM 1000 mit Direktantrieb.

fans) als vorteilhaft. Diese auch als Tunnelventilatoren bekannten Ventilatoren haben gegenüber anderen Typen ganz besondere Aufgaben und Eigenschaften. Sie werden im Bereich der Tunneldecke aufgehängt und dienen zur Beschleunigung der Luft. Meist sind sie mit saug- und druckseitigen Rohrschalldämpfern ausgerüstet (Bild 12-17).

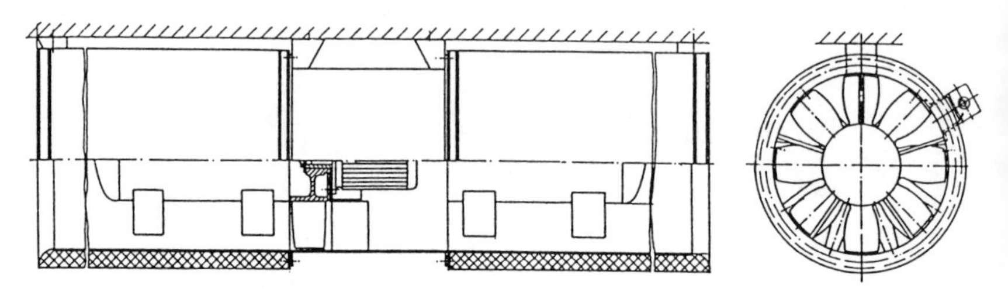

Bild 12-17. Strahlventilator mit saug- und druckseitigem Schalldämpfer.

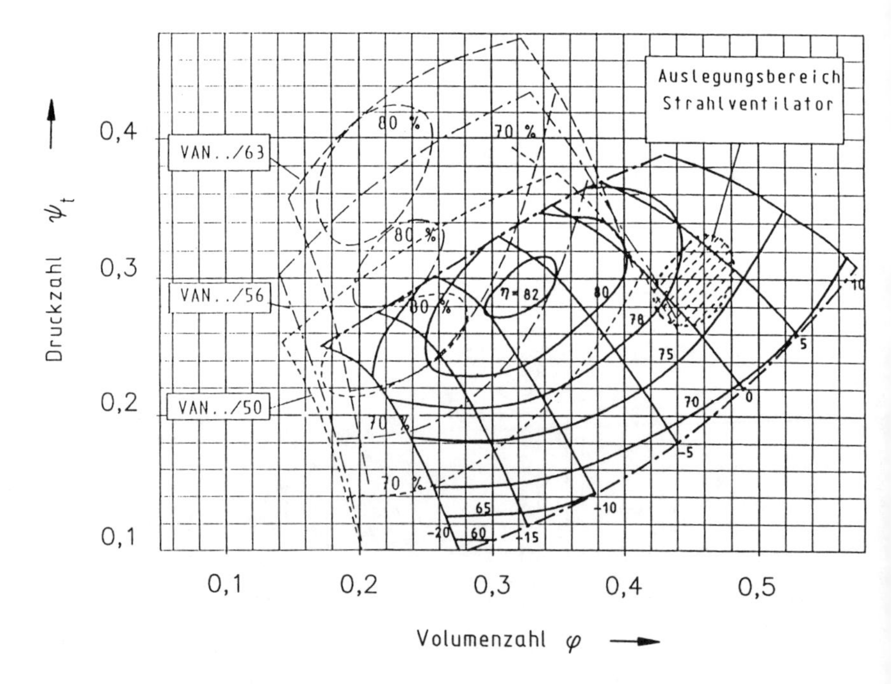

Bild 12-18. Kennfeld eines Strahlventilators im Vergleich zu üblichen Ventilatoren.

Als Bewertungsmaßstab wird der bei freier Aufhängung des Ventilators erzeugte Strahlschub genommen, der auch als Rückstoßkraft am Ventilatorgehäuse gemessen werden kann. Die Totaldruckerhöhung spielt dabei keine Rolle, wird aber bei den folgenden Betrachtungen als Vergleichsgröße zu den normalen Ventilatoren verwendet. Die Beschaufelung eines Strahlventilators wird für sehr geringen bzw. verschwindenden statischen Gegendruck ausgelegt. Das Kennfeld einer solchen Beschaufelung wird im Bild 12-18 mit Beschaufelungen verglichen, die für einen höheren Anlagenwiderstand ausgelegt sind.

Um den Ventilator der wechselnden Verkehrslage anzupassen, wird teilweise die Umkehrbarkeit der Förderrichtung mittels Drehrichtungsumkehr gefordert. An die Beschaufelung eines solchen Ventilators sind Symmetrieforderungen gestellt, die die erreichbaren aerodynamischen Kenndaten einschränken (z. B. Leitstützen nur axial gerichtet, Leit- und Laufschaufeln ohne Wölbung). Häufig werden hier Axialventilatoren ohne Leitapparat eingesetzt. Bild 12-19 zeigt das Kennfeld eines in der Förderrichtung reversierbaren Axialventilators mit symmetrischer Beschaufelung.

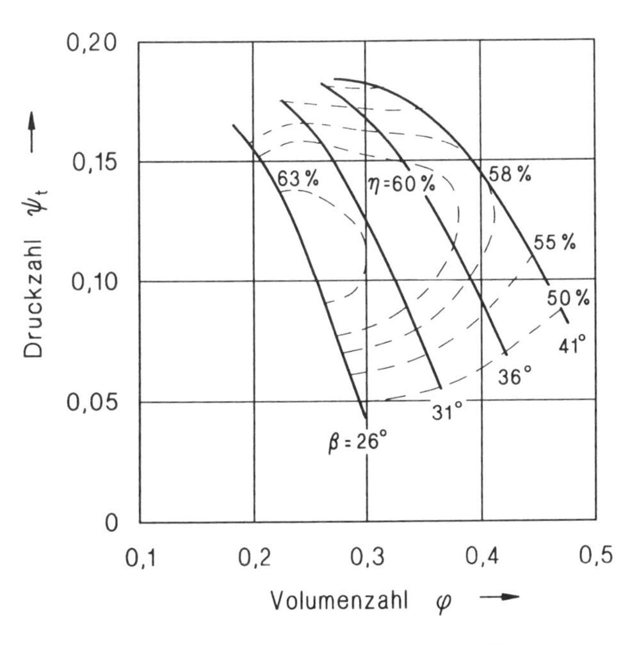

Bild 12-19. Kennfeld eines reversierbaren Strahlventilators.

Meßanordnung: druckseitiger Prüfstand; Druckmessung an Rohrwand nach Gleichrichter bei L = 5 D; nur druckseitige Leitbleche mit Vorflügel

Als Mindestkenngrößen eines Strahlventilators werden in [12-24] vorgeschlagen:

- Volumenstrom,
- Schub (vorwärts und rückwärts, wenn reversierbar),
- aufgenommene Motorleistung,
- maximaler Schalleistungspegel frei ansaugend und frei ausblasend,
- maximale saug- und druckseitige Schwinggeschwindigkeit.

Es kann auch der Schalldruckpegel in 3 oder 10 m Abstand unter 45° und außer dem Gesamtpegel auch noch der Oktavpegel vereinbart werden. Die Toleranzen werden für diese Daten als Summe der Meßunsicherheiten, Bautoleranzen und Abweichungen von der genauen geometrischen Ähnlichkeit verstanden und wie folgt vorgeschlagen:

Volumenstrom	- 3 %,
Schub	- 5 % (beides unabhängig voneinander gemessen),
Aufgenommene Motorleistung	+ 7,5 %,
Schallpegel	Meßunsicherheit entsprechend Normen über Schallmessung, zuzüglich 2 dB für Bautoleranzen.

Die Laufräder sind gemäß dem Standardentwurf mit dem 1,3fachen der Nennumfangsgeschwindigkeit zu schleudern.

Zum Messen des Volumenstromes werden zwei Methoden, mit kurzer Anschlußleitung gemäß Bild 12-20 und mit Kammer vorgeschlagen. Für die Messung des Schubes gibt es fünf Meßvorschläge für den Ventilator in hängender und aufgestützter Lage. Bild 12-21 zeigt eine Variante. Folgende Kennziffern werden in [12-24] empfohlen:

Der Schubkoeffizient

$$K_{SR} = \frac{2\,S}{A_R \cdot \rho_1 \cdot u_2^2}$$

mit dem berechneten Schub S in N, der Ringfläche A_R des Axialventilators, der Dichte ρ_1 des Fördermediums und der Umfangsgeschwindigkeit u_2 des Laufrades,

der Schubwirkungsgrad

$$\eta_{Sch} = \frac{S}{P_L}$$

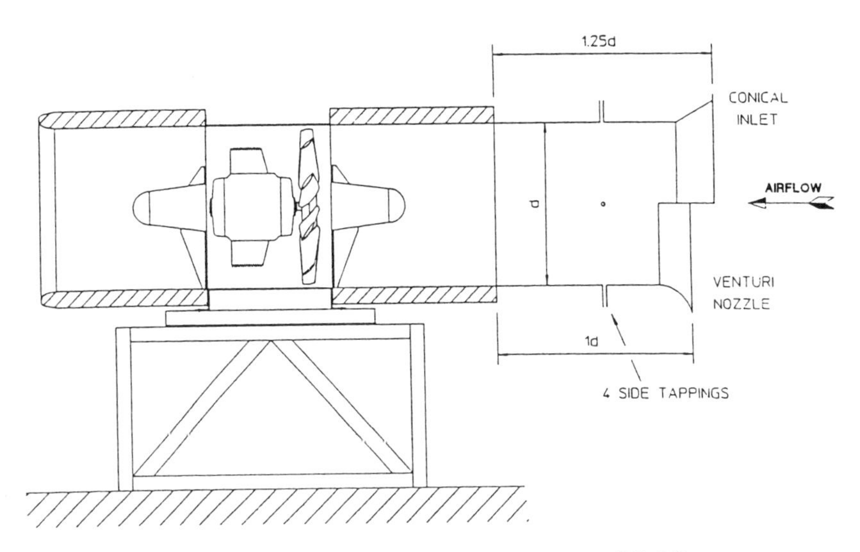

Bild 12-20. Volumenstrom-Meßmethode für Strahlventilatoren, aus [12-24].

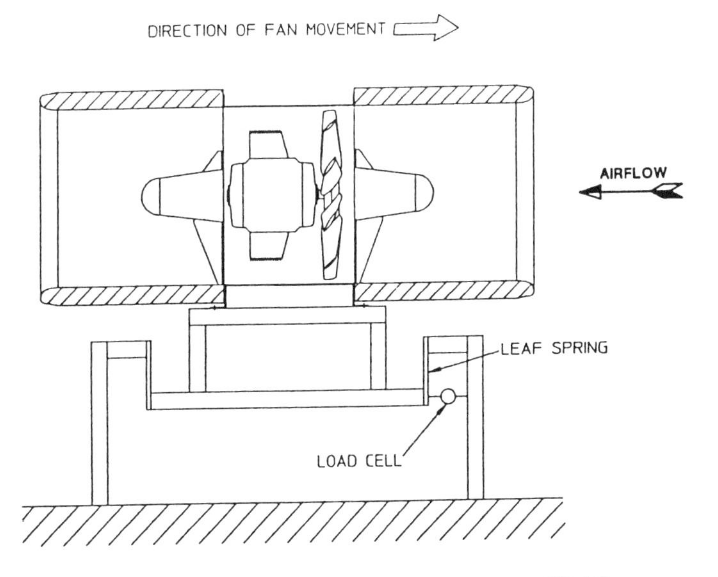

Bild 12-21. Schub-Meßmethode für Strahlventilatoren, aus [12-24].

mit der Laufradleistung P_L in W, (identisch mit P_W bei direkt getriebenen Ventilatoren).

Die Verfasser schlagen vor, einen dimensionslosen Schubbeiwert analog zur Druckzahldefinition auf die volle Kreisfläche zu beziehen:

$$K_S = \frac{S}{\frac{D^2 \cdot \pi}{4} \frac{\rho_1}{2} u_2^2}. \tag{12.5}$$

Im Bereich der Laufschaufeleinstellung -10° bis +5°entsprechend Bild 12-18 werden in der Anordnung mit beiderseitigem Schalldämpfer Schubbeiwerte im Bereich von 0,3 bis 0,5 erreicht.

Der als Beurteilungskenngröße oft angegebene Schubwirkungsgrad η_{Sch} eignet sich nicht zur Beurteilung der aerodynamischen Qualität. Es ist leicht zu erkennen, daß geometrisch ähnliche Ventilatoren, die sich nur in Baugröße und Drehzahl unterscheiden, recht unterschiedliche Daten des η_{Sch} aufweisen. Eine Erhöhung der Drehzahl auf das 2fache steigert die Schubkraft auf das 4fache und die Leistung auf das 8fache, senkt also den Wert von η_{Sch} auf das 0,5fache.

Zur aerodynamischen Beurteilung unterschiedlich ausgelegter Ventilatormodelle für diesen Einsatzfall wird ein Strahlerzeugungs-Wirkungsgrad η_{Str} vorgeschlagen. Zur Definition eines Wirkungsgrades wird die in einem idealisierten Strahl gleicher Schubgröße enthaltene Strömungsleistung P_{id} auf die tatsächliche Laufradleistung P_L des Ventilators bezogen. Der idealisierte Strahl füllt den vollen Rohrquerschnitt mit dem Ventilator-Nenndurchmesser D gleichmäßig aus, und sein statischer Druck im Ausblasquerschnitt ist gleich dem Umgebungsdruck. Mit der gedachten Strahlgeschwindigkeit c_{id} als Hilfsgröße werden Strahlleistung und Standschubkraft mit Hilfe des Impulssatzes nach Gl. (4.23) formuliert. Mit der aus dem gemessenen Standschub S

$$S = \rho_1 \cdot c_{id}^2 \frac{D^2 \cdot \pi}{4}$$

berechneten ideellen Strahlgeschwindigkeit c_{id} ergibt sich die ideelle Strahlleistung

$$P_{id} = \frac{\rho_1}{2} c_{id}^2 \cdot \dot{V}_1 = \frac{\rho_1}{2} c_{id}^3 \frac{D^2 \cdot \pi}{4}.$$

Damit wird der Strahlerzeugungswirkungsgrad

$$\eta_{Str} = \frac{P_{id}}{P_L} = \frac{\frac{D^2 \cdot \pi}{4} c_{id} \frac{\rho_1}{2} c_{id}^2}{P_L} = \frac{S^{1,5}}{P_L \cdot D \cdot \sqrt{\rho_1 \cdot \pi}} \tag{12.6}$$

mit

$$c_{id} = \sqrt{\frac{S}{\rho_1 \frac{D^2 \cdot \pi}{4}}} .$$

Aus Gl. (12.6) ist ersichtlich, daß der Wirkungsgrad mit einer Leistung gebildet wird, die aus einem ideellen Volumenstrom und einem dynamischen Druck entsteht. Der Strahlerzeugungswirkungsgrad nutzt im Gegensatz zum Wirkungsgrad frei ausblasend den dynamischen Druck, ist also eine Art dynamischer Wirkungsgrad.

Aus Gl. (12.6) ergibt sich durch Umformung folgender Ausdruck für den oft angegebenen Wert Schub je Leistung

$$\frac{S}{P_L} = \sqrt[3]{\frac{\eta_{Str}^2 \cdot D^2 \cdot \pi \cdot \rho_1}{P_L}} . \qquad (12.7)$$

Hieraus geht hervor, daß die Kenngröße Schub je Leistung nicht nur vom Wirkungsgrad bestimmt wird, sondern mit größerer Leistung bei gleicher Baugröße abnimmt. Dieser Wert ist damit kein alleiniges Maß zur Qualitätsbeurteilung. Die gemessenen maximalen Strahlwirkungsgrade erreichen Werte von $\eta_{Str} = 0{,}63$ bis 0,68.

13 Ventilatoren für besondere Beanspruchungen

Dieser Abschnitt befaßt sich mit Ventilatoren, die explosive Gase und Stäube fördern und die Feststoffe im Fluid hydraulisch transportieren. Unter besonderen Beanspruchungen werden die hohen *äußeren* mechanischen Beanspruchungen und/oder die hohen thermischen Belastungen verstanden. Schließlich werden Ventilatoren zur Förderung aggressiver Gase sowie der Einfluß äußerer Kräfte behandelt.

13.1 Ventilatoren für explosive Gase und Stäube

Der Explosionsschutz umfaßt Maßnahmen zur Ausschließung von Zündquellen an Ventilatoren, die in explosiven Medien aufgestellt sind oder diese fördern. Diese Medien sind Luftmischungen mit brennbaren Gasen, Dämpfen, Nebeln oder Stäuben. Für die Gestaltung von Ventilatoren gibt es umfangreiche Richtlinien für Gase und Stäube [13-1] bis [13-3] und Normen für elektrische Betriebsmittel [6-23] bis [6-27], [13-3] bis [13-7].

Beim Explosionsschutz wird in den gültigen nationalen und internationalen Normen im wesentlichen nach den Fachbegriffen *Explosionszone* (Wahrscheinlichkeit des Auftretens der explosiblen Medien), den *Explosionsgruppen* der Medien (Zünddurchschlagsvermögen), deren *Temperaturklassen* (Zündtemperaturen) und *den Zündschutzarten* (Antriebsmaschinenausführung) systematisiert.

Die *Explosionszone* [6-23] ist der Raum, der nach der Wahrscheinlichkeit des Auftretens von explosiven Medien im Volumenstrom und in der Umgebung des Ventilators in fünf Zonen eingestuft wird (Tabelle 13-1).

Bei den *Explosionsgruppen* erfolgt die Einordnung der Gase nach ihrem Zünddurchschlagsvermögen bei sicheren Spaltweiten, die im Versuch gefunden worden sind, und werden den *Temperaturklassen* zugeordnet (Tabelle 13-2). Bei diesen erfolgt die Einordnung der Medien nach °C mit der jeweils niedrigsten Zündtemperatur bei Gemischen [13-5] (Tabelle 13-3).

Mit den *Zündschutzarten* werden die Bauweise und die konstruktive Gestaltung der Maschine nach den in der Tabelle 13-4 angegebenen Richtlinien gekennzeichnet.

Bei den Motoren wird nach [13-7] außerdem die zulässige *Erwärmungszeit* t_e in Sekunden bei festgebremstem Läufer bis zur Erreichung der maximal zulässigen angegebenen Temperatur festgelegt (Tabelle 13-5).

Als Beispiel für die Temperaturbewertung der Antriebsmaschine wird die *Grenzübertemperatur* der Motorwicklung für die am häufigsten vorkommende Zündschutzart e (erhöhte Sicherheit) in der Tabelle 13-6 angegeben.

Tabelle 13-1. Explosionsschutzzonen nach [13-4].

Ex-Zone Gase	Dauer der Ex-Gefahr	wann Zündquellen vermeiden	Zündschutzart Motor EEX...	Forderung an Motor/Ventilator
0	ständig, langzeitig	selbst bei seltenen Störungen	kein Motoreinsatz	–/nur Absaugen
1	gelegentlich	auch bei häufigen Störungen	e, de, pe	mit geeigneter Zündschutzart/Hersteller zuständig
	häufig	dito	de, pe	dito
2	selten, kurzzeitig	im Normalbetrieb	e, de, pe	ohne oder mit Belüftung nach EN 50 014/ ohne
Ex-Zone Stäube	**Dauer der Gefahr**	**Motortyp**	**Forderung an Motor/Ventilator**	
10	häufig, langzeitig		besondere Zulassung erforderlich (PTB)/ Lüfter dito	
11	gelegentlich, kurzzeitig	Käfigläufer nach Katalog IP 44, üblich Isokl. B	Angabe der Oberflächentemperatur, wenn >80 °C/Ventilator nach [13-2]	

Tabelle 13-2. Explosionsgruppen der Gase, nach [13-4].

Ex-Gruppen	Temperaturklassen			
	T1	T2	T3	(T4 T5 T6)
I				
II				
IIA	Aceton	n-Butan	Kraftstoffe	
IIB	Stadtgas	Äthylen	Schwefelwasserstoff	
IIC	Wasserstoff	Acetylen		

Die möglichen und zu vermeidenden *Zündquellen am Ventilator* sind [13-8] bis [13-16] (Bild 13-1):

– heiße Oberflächen (Gehäuse), z. B. durch Heißlauf der Lager oder durch Anschleifen der Läufer,

Tabelle 13-3. Grenz-Oberflächentemperaturen und Zündtemperaturbereiche elektrischer Betriebsmittel.

Temperaturklassen	T1	T2	T3	T4	T5	T6
Grenz-Oberflächen-temperatur in °C	450	300	200	135	100	85
Zündtemperatur-bereich in °C	>450	450 bis 300	300 bis 200	200 bis 135	135 bis 100	100 bis 85

Tabelle 13-4. Zündschutzarten bei Motoren, nach [13-6].

Zündschutz-arten	Benennung	DIN EN Nummer	VDE 0170/ 0171/Teil 1
i	Eigensicherheit	50 020	7
e	erhöhte Sicherheit	50 019	6
d	druckfeste Kapselung	50 018	5
q	Sandkapselung	50 017	4
p	Überdruckkapselung	50 016	3
o	Ölkapselung	50 015	2
s	Sonderschutz	–	–

Tabelle 13-5. Erwärmungszeit von Drehstrom-Asynchronmotoren.

t_e-Zeit in s	28	19	12	7,8	6,2	5
I_A/I_N	2,5	3	4	5	6	>7

Tabelle 13-6. Grenzübertemperatur der Motorwicklung für die Zündschutzart „e" erhöhte Sicherheit (Hersteller- und typabhängig).

Isolierstoff-klasse	maximal zulässigeTemperatur, Normalausführung	Grenzübertemperatur	
		Normalausführung	erhöhte Sicherheit
A	105	60	50
E	120	75	65
B	130	80	70
F	155	100	90
H	180	125	115

- Reib-, Schleif- und Schlagfunken (Rotor, Gehäusedurchtritte),
- elektrostatische Entladungen (Aufladung durch Laufrad im partikelhaltigen Luftstrom) bei Kunststoffteilen oder Keilriemen, in elektrischen Betriebsmitteln bei Schleifringen, Kommutatoren oder durch Schaltfunken.

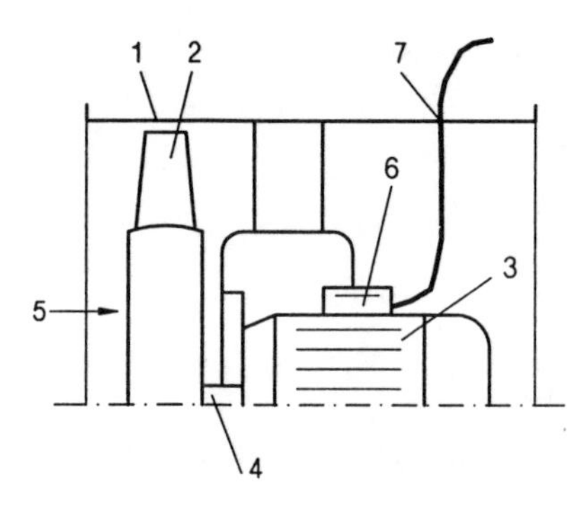

Bild 13-1. Zündquellen am Axialventilator.

1 Schleifgefahr Laufrad: Schleiffunken, heiße Oberfläche; 2 elektrostatische Entladung: Rotor, Stator; 3 Oberflächentemperatur Motor; 4 Schleifgefahr Wellendurchtritt; 5 eindringende Fremdkörper; 6 Funken und Erhitzen im Anschlußkasten; 7 Funken und Erhitzen im Kabeldurchtritt

Im folgenden Beispiel werden die Anforderungen an einen Ventilator behandelt, der für die am häufigsten vorkommende Zündgruppen IIA und IIB, die Temperaturklassen T1 bis T4 und für die Absaugung aus den Ex-Zonen 1 und 2 ausgeführt und für die wahlweise Aufstellung in der Exzone 1 oder 2 geeignet ist [13-1] [13-2]:

- Aufstellung: Exzone 1;
- Absaugung: aus Exzone 1;
- Ansaug- und Umgebungstemperatur: -20 bis +60 °C (Ausnahmen bis 135 °C);
- Austrittstemperatur des Fluids: maximal das 0,8fache der Zündtemperatur;
- kritische Drehzahl: Resonanzabstand 20 % von der Betriebsdrehzahl, schnelles Durchfahren, wenn überkritisch;
- maximale Drehzahl: 20 % unter Schleuder- bzw. Probelaufdrehzahl;
- Laufruhewerte: Schwingschnelle „brauchbar" nach VDI 2056, Gruppe G ≤ 2,8 mm/s, Gruppe T ≤ 4,5 mm/s;
- Laufradwuchten: Laufräder und Riemenscheiben ≤ Q 6,3 nach VDI 2060, beim Laufrad kein Verdrehen und Verschieben zulässig;
- Abrißgebiet: Betrieb im instabilen Kennlinienbereich unzulässig, Kennzeichnung in Kennlinie erforderlich;

- Lagerwechsel, -lebensdauer: > 40 000 h nach DIN 622 Teil 1, Oberflächentemperatur < 0,8fache Zündtemperatur;

- Spaltweiten: 2 < s < 20 mm und s < 1 % vom größten Berührungsdurchmesser; Spaltverkleinerungen < 10 % nach 24 h Probelauf;

- Werkstoffe:

  - Beständigkeit: beständig und geschützt gegen Förder- und Umgebungsmedium,
  - Flammprüfung: 30 s ohne anschließendes Weiterbrennen,
  - Werkstoffpaarungen nach Wertigkeit geordnet:
    a) Kunststoff-Kunststoff, b) Stahl-Kunststoff, c) Stahl-Kupfer, Stahl-Bronze, Stahl-Messing; d) nichtrostender Stahl-nichtrostender Stahl (aber nach [13-11] absolut zu vermeiden!), als besonders gunstige Paarung wird in [13-11] besonders für den Streif-schutz wegen der Erwärmung nur die Kombination Zinn (Zink)-Stahl empfohlen;

- Stoßprüfung auf Gesamtfestigkeit: keine Berührung von Teilen bei Prüfung nach DIN EN 50 014;

- Schutzgitter: auf Funktion und Zustand prüfbar, leitfähig verbunden, Schutzart IP 20, d. h. 12 mm Maschenweite;

- Keilriemen: elektrostatisch leitfähige Ausführung;

- Schutz vor elektrostatischer Aufladung:
  - alle Teile elektrostatisch erden,
  - außenliegende Kunststoffteile schützen durch Oberflächenwiderstand $< 10^9\ \Omega$ nach DIN 53 486 und VDE 303 Teil 8 im Normalklima, geeignete Gestaltung gegen Aufladung, leitfähige Maschenfläche,
  - Kunststoffteile sind bei zu erwartender Aufladung durch Verunreinigungen im Förderstrom unzulässig (!);

- Wellendichtung: Oberflächentemperatur maximal das 0,8fache der Zündtemperatur, möglichst berührungslos mit den o. g. Werkstoffpaarungen oder mit Graphit;

- Kupplungen: Gestaltung nach der PTB-Mitteilung 1-1982 (PTB Physikalisch-technische Bundesanstalt);

- Laufradfestigkeit: jedes Rad 3 min Schleuderprüfung bei 1,2facher Betriebsdrehzahl;

- elektrische Betriebsmittel: Auswahlumgebungstemperatur ist 40 °C, es gilt Elex V; Motor nicht im Förderstrom, wenn Ablagerungsgefahr.

Für Aufstellung und Absaugung in niedrigeren Exzonen (Zone 2 und niedriger) gelten entsprechend VDMA 24 169 [13-2] geringere Anforderungen. Ist die Exzone der Aufstellung niedriger als die Exzone der Absaugung, muß zusätzlich Gehäusedichtheit gewährleistet werden.

Die Aufstellung in Zone 0 ist unzulässsig; Absaugung aus Zone 0 erfordert Bauartzulassung nach [13-17] § 11a und nach [13-2], wobei dementsprechend höhere Forderungen gelten (z. B. kein Riementrieb).

Für Ventilatoren in durch Staub explosionsgefährdeter Zone 11 gelten analoge Forderungen wie für Gase der Zone 1. Es müssen jedoch geeignete Maßnahmen gegen Verschleiß, Anbackung und Ablagerung durch Staub getroffen werden (Panzerung, Einsatz von Staubrädern nach Abschnitt 13.1, entsprechende Strömungskonturen und Mindestströmungsgeschwindigkeiten > 20 m/s).

Motoreinsatz in Ex-Bereichen

Der Exschutz ist nach DIN VDE 0165 und 0170/171 und nach den EEx-Richtlinien der Berufsgenossenschaften auszuführen (siehe auch Abschnitt 6). Für den häufigsten Antrieb mit Drehstrom-Asynchronmotor ist in den Exzonen 1 und 2 die Zündschutzart „e" zulässig und wird am häufigsten eingesetzt. Zusätzlich können durch höhere Temperaturklassen (abhängig von der Zündtemperatur des explosionsgefährlichen Stoffes) und erhöhte Betriebsbelastung (hohe Schalthäufigkeit, Schweranlauf) andere Zündschutzarten erforderlich werden. Bei größeren Leistungen sind Zündschutzarten „d" und „p" günstiger und deshalb üblich.

Die Drehstrommotoren mit Zündschutzart „e" sind aus normalen oberflächengekühlten Katalogmotoren hervorgegangen (Schutzart IP 54), die nur zu 90 % ausgelastet werden. Sie sind gekennzeichnet durch

- Maschengitter am Lufteintritt < 12 mm,
- verdrehsichere Klemmen als Steckanschluß mit Lockerungsschutz,
- zugelassenes Klemmenbrett, besonderer Klemmenkasten mit Schutzleiterklemme und zusätzlich äußerer Erdungsklemme,
- Imprägnierharz der Wicklung zugelassen, PTB-Nr. auf Typenschild,
- Angabe der t_e-Zeit, Bescheinigungsnummer, Zündschutzart, Temperaturklasse und Ex-Zeichen auf Schild,
- Sonderwicklung.

Der Motorschutz muß durch Leistungsschalter (mehrere Schalter bei polumschaltbaren Motoren) gewährleistet werden, und innerhalb der t_e-Zeit muß dieser bei Motornennstrom auslösen. Zur Unterschreitung der Zündtemperaturen (Sicherheitsabstand etwa 10 bis 20 K) sind für Ständer und Läufer Grenztemperaturen in DIN 50 019 vorgeschrieben, die im extremen Störfall des festgebremsten Läufers im betriebswarmen Zustand in der t_e-Zeit eintreten. Die Grenztemperatur setzt sich aus Kühlmitteltemperatur (40 °C) und den Grenzübertemperaturen gemäß Tabelle 13-6 zusammen. Wichtig ist die Prüfung der Anlaufzeit, die kürzer als das 1,7fache der t_e-Zeit sein sollte.

Die Errichtung, Revision und Instandhaltung an explosionsgeschützten Anlagen in explosionsgefährdeten Bereichen erfordern eine ausreichende Qualifikation des Fachpersonals [13-19], die vom TÜV geprüft und bestätigt werden kann, und die Einhaltung der bekannten sicherheitstechnischen Regeln [13-20]. An diesen Anlagen ist aller drei Jahre eine Revision nach VDE 0165 vorgeschrieben.

Gegenüber der Aufsichtsbehörde tritt eine Haftung für denjenigen ein, der solche Anlagen zum ersten Mal in Betrieb setzt oder sie wesentlich ändert. Fahrlässige Unterlassungen sind dabei gemäß Elex V [13-18] §§ 9, 12, 13 und 17 strafbar. Nach deren § 17 und VDE 0165, Abschnitt 5.7, muß jede Explosion der Aufsichtsbehörde gemeldet werden. Die Notabschaltung der elektrischen Anlagen ist in und auch außerhalb des Exbereiches durch eine ausreichende Anzahl rot gekennzeichneter Schalter abzusichern.

Für frequenzumrichtergesteuerte Motoren muß für den jeweiligen Einsatzfall ein Exschutzgutachten bei der Physikalisch-technischen Bundesanstalt (PTB) eingeholt werden.

Tabelle 13-7 zeigt als Beispiel das Typenschild eines Motors in Ex-Ausführung der Schorch GmbH.

Tabelle 13-7. Erläuterung des Inhalts des Typenschildes eines ex-geschützten Motors.

3~ Mot IP55 36,0 kW S1	(Bauart, Schutzgrad, Leistung, Betriebsart)
380/660 V Δ/Y	(Nennspannung, Schaltung)
Th.Cl.B 1993 Nr.11300301/1	(Isolierstoffklassse, Prüf-Nr.)
Typ KE250M-AA014-2 IEC 250M IM33	(Bauform, Baugröße)
je nach Lager nach 4000 h/ 15 g Fett	(Schmierempfehlung)
DIN 51825 K3K LiSeife/Mineralöl	(Schmierstoff)
EExeIIT3 PTB Nr. Ex-91 00489	(E Konformität zur EN, Ex Explosionsschutz)
	(e Zündschutzart; II Explosionsgruppe)
	(T3 Temperaturklasse; PTB Zulassungsnummer)
t_e[s] T1...T2...T3 16 $I_A/I_N = 7{,}1$	(t_e Erwärmungszeit beim Stromverhältnis 7,1)
DIN VDE 0530 Teil 1 07/91	

13.2 Druckstoßfeste Ventilatoren

13.2.1 Anforderungen, Begriffe, Einsatzgebiete

Die druckstoßfeste Ausführung von Ventilatoren ist nicht zwingend, sondern nur anlagenabhängig mit der gleichzeitig explosionsgeschützten Ausführung verbunden. Sie muß in erster Linie nicht die Explosion vermeiden, sondern die Explosionsfolgen einschränken.

Die druckstoßfesten Ventilatoren sind nach [13-11] Behälter mit Rohrleitungen, die so gebaut sind, daß sie dem bei einer Explosion auftretenden Druckstoß standhalten. Sie dürfen nicht aufreißen, so daß keine Flammen nach außen gelangen und ein Gefahrenpotential bilden können. Sie sind also flammendicht zu gestalten. Sie können sich beim Druckstoß bleibend verformen, brauchen nicht weiterverwendungsfähig zu sein und müssen nicht zwingend weiterlaufen. Ausnahmen sind entsprechende Sonderfälle.

Druckstoßfestigkeit umfaßt in erster Linie die Festigkeit des Ventilatorengehäuses und die Aufnahme der Reaktionskräfte der Explosion. Die staub- oder gasdichte Ausführung von Ventilatoren ist hiervon zu unterscheiden, kann in Sonderfällen aber damit verbunden sein und betrifft in erster Linie Abdichtungsprobleme der Gehäuse und Rohrleitungen und deren Prüfung.

Klar davon zu trennen sind druckfeste Behälter oder Druckbehälter, die für einen ständigen oder maximal auftretenden Betriebsdruck nach den Druckbehältervorschriften [13-33] [13-25] ausgelegt sein müssen.

Haupteinsatzgebiet druckstoßfester Ventilatoren sind Prozeßventilatoren in Staubmahlanlagen, in Absauganlagen oder in Chemieanlagen. In diesem Einsatzgebiet sind meist größere Totaldruckerhöhungen erforderlich. Damit scheiden im allgemeinen die hinsichtlich ihrer Gehäuse günstigen Axialventilatoren aus. Es geht hier hauptsächlich um Radialventilatoren, die wegen ihrer großen ebenen und damit weniger stabilen Seitenwandflächen zu Festigkeitsproblemen führen können. Dagegen lasssen sich Axialventilatoren mit ihrer gleichmäßigen Flächenbelastung und hohen Gestaltfestigkeit durch entsprechende Rohrwanddicken und Stegringe leicht druckstoßfest gestalten.

13.2.2 Auslegung nach Anlagen- und Fluidkenngrößen

Wichtigste Auswahl- und Auslegungskenngröße ist der Entlastungsdruck oder reduzierte Explosionsdruck p_{red}. Dieser kennzeichnet den maximal zu erwarteten Explosionsdruck in einem druckentlasteten Raum oder Behälter [13-21] bis [13-24]. Er wird als Überdruck zum absoluten Vordruck im Ventilator in der Regel zwischen 0,025 und 0,1 bis maximal 0,3 bis 0,5 MPa betragen.

Die Hauptbeanspruchung des Ventilators entsteht durch die bei einer Explosion auftretende hohe Druckanstiegsgeschwindigkeit dp/dt, die bei Kohlenstaub beispielsweise bis 10 MPa/s ansteigen kann. Zur Sicherung der Anlage werden Entlastungseinrichtungen vorgesehen, die selbsttätig wirken, wenn ein betimmter Druck überschritten wird.

Da der Explosionsdruck bei staubbeladenen Medien von einer Vielzahl von Faktoren abhängt, wie Korngröße, Kornverteilung, Stauboberflächenstruktur, Turbulenz des Gemisches, Behälterform, Zündart, -ort, -zeitpunkt, -energie und Sauerstoffkonzentration, wurde dafür zur praktischen Handhabung nach [13-21] der K_{st}-Wert eingeführt. Er steht für die maximale Druckanstiegsgeschwindigkeit dp/dt in einem 1 m^3 großen Behälter.

In Behältern gilt nach [13-21] für diese Kenngrößen das kubische Gesetz

$$\left(\frac{dp}{dt}\right)_{max} \cdot \sqrt[3]{V} = \text{konst.} = K_{st} \text{ in bar} \cdot \text{m} \cdot \text{s}^{-1} \qquad (13.1)$$

mit 10 bar = 1 MPa. Die mediumabhängigen K_{st}-Werte werden in [13-21] in Nomogrammen dem Behältervolumen und der Druckentlastungsfläche zugeordnet. Dort wird je nach Höhe des K_{st}-Wertes in Staubexplosionsklassen eingeteilt. Für Staubkorngrößen unter 0,63 µm gilt für K_{st} bis 200 die Staubexplosionsklasse 1, für $K_{st} > 200$ bis 300 die Klasse 2 und für $K_{st} > 300$ die Klasse 3.

Zur Einordnung des jeweils vorliegenden Staubes kann nach [13-21] eine Vielzahl von Einrichtungen und Institutionen angefragt werden. Die Bestimmung erfolgt dort in einer genormten sogenannten Hartmann-Apparatur.

Je nach reduzierten Explosionsdruck p_{red}, Behältervolumen und K_{st}-Wert kann in einem Nomogramm in [13-21] die notwendige Druckentlastungsfläche abgelesen oder nach den dort genannten empirischen Formeln berechnet werden. Diese Flächen sind für Gase und Gas-Staub-Gemische nicht anwendbar, da hierfür größere Flächen nötig sind.

Die Druckstoßfestigkeit des Ventilators kann in Versuchen in mehreren, in [13-21] genannten Prüfanstalten nachgewiesen und attestiert werden. Die Typenvertreter sollten möglichst in analoger Anordnung und Baugröße bei den Prüfstellen untersucht werden. Bei diesen Versuchen kann allerdings eine Modellähnlichkeit im Prüfstand hinsichtlich des Explosionsverlaufes und seiner Bewertung nicht angewendet werden, sondern lediglich bezüglich der Festigkeitsgestaltung.

Versuche mit Ventilatoren der Turbowerke Meißen im Institut für Bergbausicherheit Freiberg (IfB) haben gezeigt [13-26] [13-27], daß für laufende Ventilatoren die Druckentlastungsflächen größer als bei einfach durchströmten Behältern sein müssen, die nach den herkömmlichen Berechnungsmethoden ausgelegt wurden [13-30] bis [13-32].

Ventilatoren sollten wegen der hohen Turbulenzgrade den Behältern mit homogenen Staubgemischen [13-21] zugeordnet werden. Ferner empfiehlt es sich, die Druckstoßfestigkeit bzw. die Entlastungsflächen bei Ventilatoren wegen einer Vielzahl von Einflußfaktoren mit höherer Sicherheit als bei einfach durchströmten Behältern auszulegen.

Bild 13-2 zeigt eine mögliche Versuchsanordnung nach [13-26] zur Prüfung von Ventilatoren auf Druckstoßfestigkeit.

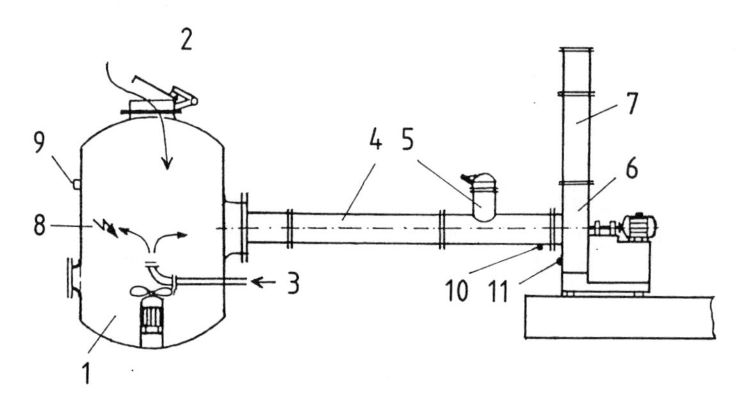

Bild 13-2. Versuchsstand für Druckstoßprüfungen an Radialventilatoren des Institutes für Bergbausicherheit Freiberg, aus [13-26].

1 Explosionsbehälter; 2 Druckentlastungsklappe; 3 Staubzuführung; 4 Ansaugrohrleitung d_N = 630; 5 Druckentlastungsstutzen mit Druckentlastungsklappe; 6 Radialventilator VRE 630 der Turbowerke Meißen; 7 Ausblasrohrleitung; 8 Zündinitial; 9 Druckmeßgeber; 10, 11 Druckmeßgeber

13.2.3 Besonderheiten druckstoßfester Ventilatoren in Anlagen

Die Druckentlastung der Ventilatorgehäuse ins Freie erfolgt über Rohrleitungen und Absperreinrichtungen aus Räumen vorzugsweise nach oben über das Dach, da im Freien nur in gefahrlose Bereiche entlastet werden darf. Bei der Ableitung ins Freie ist ein gefahrloser Austritt in Flammrichtung zu gewährleisten, wobei Staubaufwirbelung und Fortpflanzung der Explosion verhindert werden müssen und brennbare Materialien nicht vorhanden sein dürfen.

Druckentlastungseinrichtungen (DEE) sind Berstfolien, Druckentlastungsklappen mit Federandruck oder Fremdbetätigung und Explosionsscheiben mit Klemmprofil, für die nach [13-23] ein Prüfattest empfohlen wird. Der Ansprechdruck dieser Einrichtungen soll nach [13-21] mit einem Sicherheitsabstand von 0,01 MPa über dem Differenzdruck zwischen Medium und Umgebung liegen, wobei Verschmutzung, Korrosion und entsprechende Wartung beachtet werden müssen. Folien und Scheiben müssen gegen den Druckunterschied abgestützt sein, und Materialermüdung und Wärmebelastung sind zu beachten. Außerdem muß durch Sicherungen ein Wegfliegen dieser Einrichtungen vermieden werden.

Die Rohrstutzen zur DEE sollten annähernd in „Schußrichtung" der Rohrleitung angebracht werden, da bei rechtwinkliger Anordnung die Entlastungswirkung wesentlich gemindert wird. Die zwischengeschaltete Rohrleitung soll möglichst kurz, in der Regel unter 3 m, sein, da sonst die Wirkung der Entlastungsfläche u. U. bis zur Unwirksamkeit eingeschränkt wird. Deshalb empfiehlt [13-21] eine seitliche Anordnung unter entsprechenden sicherheitstechnischen Voraussetzungen, wenn die Ableitung nach oben zu lange Rohrstrecken erfordert. Ist das nicht möglich, muß die Entlastungsfläche oder die Druckstoßfestigkeit entsprechend den Auslegungsformeln nach [13-21] erhöht werden.

Die Rohrstrecke sollte vorzugsweise rund mit gleichem Flächenquerschnitt wie die DEE sein. Ist die Druckentlastung und Druckstoßfestigkeit nicht ausreichend möglich, muß durch andere Maßnahmen, z. B. durch Inertgas im Medium, die Sicherheit gewährleistet werden.

Eine weitere Möglichkeit stellen Rohrabsperreinrichtungen oder Schnellschlußschieber vor dem Ventilator mit Bypassumleitung und Druckimpulsauslösung dar. Die Druckentlastung ins Freie scheidet bei giftigen oder ätzenden Verbindungen nach [13-21] aus.

Explosionsverläufe in Anlagen hängen vom Zündort, vom Staubeintrag, von Behältergrößen und -anordnung, von den Rohrlängen und von der Strömungs- und Staubeintragsrichtung ab. Sie können in Anlagen einzeln fortlaufend oder intervallartig an einem Ort auftreten, weshalb mit mehreren Druckstößen und Belastungen am Ventilator gerechnet werden muß.

Ähnlich Bild 13-2 werden solche Anlagen als Behälter aufgefaßt, die mit Rohrleitungen verbunden sind. Die Explosionsausbreitung und der -verlauf sind in kubischen Behältern und in Rohrleitungen unterschiedlich. Bei langen Rohren kann es bei fortschreitender Beschleunigung der Druckwelle zu detonationsartigen Explosionen mit bis zu 30fachem Explosionsdruck [13-21] kommen. In Behältern mit Rohrverbindungen, wie beim Ventilator, kommt es zu höheren Explosionsdrücken als im Einzelbehälter. Rohre über 6 m Länge zwischen Behältern sollen deshalb an Krümmern und hochgelegenen Anlagenstellen druckentlastet werden. Beide mit einem Rohr verbundenen Behälter müssen entlastet und entsprechend dem Nomogramm in [13-21] mit größeren Flächen oder höherem reduzierten Explosionsdruck ausgelegt werden.

13.2.4 Hinweise zur druckstoßfesten Ventilatorgestaltung

Als Druckentlastungsfläche am Ventilatorgehäuse kann die Eintritts- oder die Austrittsfläche genommen werden. Sollte diese Fläche gemäß Nomogramm in [13-21] nicht ausreichen, sind zusätzliche Druckentlastungsflächen erforderlich. In [13-31] wird ein Beispiel der Berstfolie zwischen Gehäuse und Ansaugkasten gezeigt. Möglich ist auch die Anordnung von Druckentlastungsklappen in der Rohrleitung unmittelbar am Ventilator.

Um die Flammendichtheit an Flanschen und Gehäusedurchtritten zu gewährleisten, darf bei Staub eine medienabhängige Mindestspaltbreite nicht überschritten werden [13-26].

Der Ventilator muß im Grund- oder Schwingrahmen gegen horizontale Verschiebungen durch Reaktionskräfte, mit Abstützung entgegen der Schußrichtung, gesichert werden. Für die Abschätzung der Kräfte infolge der Impulswirkung wird in [13-21] ein Zuschlagsfaktor angegeben. Gleiches gilt für die Abstützung der Krafteinleitung über Laufrad, Welle Lagergehäuse und Lagerbock. Zusatzbauteile im Kanal, wie Drallregler und Drosseleinrichtungen, dürfen die Druckentlastung nicht behindern. Sämtliche Schweißverbindungen und andere Verbindungen sind gegen Aufreißen und Verschieben fest zu gestalten und abzustützen. Zündquellen sind ebenso wie Staubablagerungen als Zündquelle bei Staubförderung im Strömungskanal zu vermeiden [13-29]. Flansche und Krümmer sind wegen der dort auftretenden Reaktionskräfte hochbelastet.

Die Materialauswahl für druckstoßbelastete Teile erfolgt für die schlagartige Belastung nach [13-24], wobei die Werkstoffestigkeit bei derartig impulsartig beanspruchten Werkstoffen höher ausgenutzt werden kann. Je nach Anlagenbedingungen sollten Staubexplosionen, allgemeine Explosionsschutzprobleme, Ablagerung und Verschleiß mit betrachtet werden [13-23]. Reinigungsöffnungen im Gehäuse zur Inspektion und Beseitigung von Ablagerungen sind vorzusehen.

Alle Gehäuseteile und Verbindungen sind in die Festigkeitsüberlegungen einzubeziehen. Das Radiallaufrad braucht dabei wegen der relativ großen Ansaugfläche und Austrittsfläche nicht extra als Behälter betrachtet zu werden.

Die Wellenabdichtung muß meist nicht gesondert gestaltet werden, da einfache Labyrinthe oder Scheiben mit Spalten unter 1 bis 2 mm bei Staubexplosionen ausreichen [13-27]. Bei manchen Medien muß mit speziellen Wellendichtungen die Staub- bzw. Gasdichtheit gewährleistet werden.

Bild 13-3 zeigt Beispiele, wie Seitenwände durch Abstützungen festigkeitsgerecht gestaltet werden können. Für den Abbau der hohen Impulsenergie wird z. B. eine Sollverformungsstelle empfohlen [13-28].

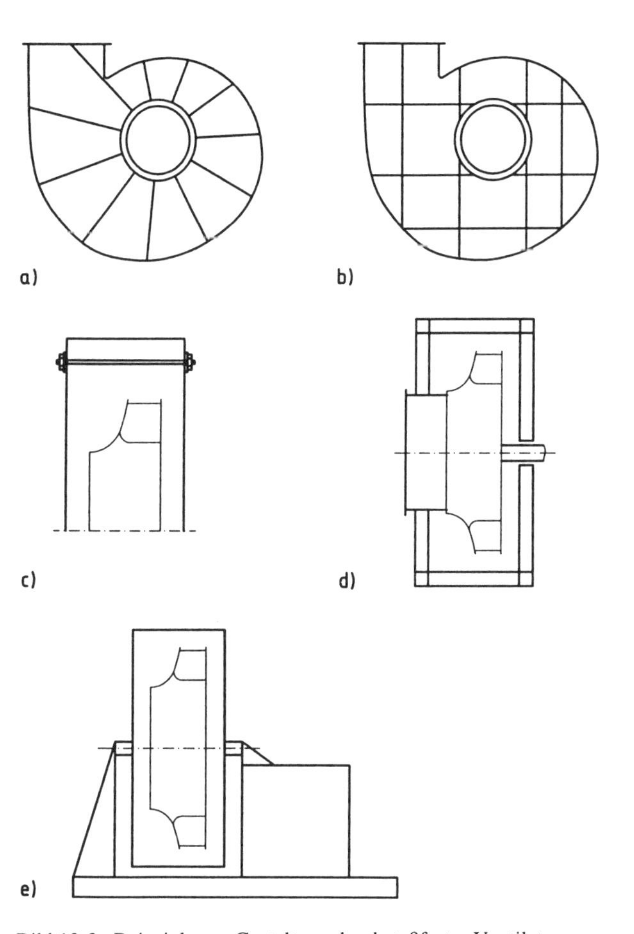

Bild 13-3. Beispiele zur Gestaltung druckstoßfester Ventilatoren.
a) sternförmige Seitenwandverrippung;
b) quaderförmig durchgehend verrippte Seitenwand;
c) Zuganker durch das Gehäuse zwischen den Seitenwandrippenkreuzen;
d) ringförmige Gehäuseumrippung mit biegesteifen Ecken;
e) beiderseitige Seitenwandabstützung auf Grundrahmen.

13.3 Ventilatoren für feststoffbeladene Gase

Der Begriff der Staubventilatoren ist in der Praxis weit verbreitet. Oft wird hierunter eine Ventilatorkonstruktion verstanden, die mit sogenannten offenen Radialrädern, ohne Deckscheibe und mit radial endenden Schaufeln ausgeführt ist. Im vorliegenden Abschnitt wird unter Staubventilatoren die gesamte Palette der Ventilatoren verstanden, die verunreinigte Luft fördern. Die Feststoffanteile (mitunter auch Flüssigkeitsbestandteile), die im Hauptluftstrom enthalten sind, erfahren unmittelbar Berührung bzw. Kontakt mit den Hauptbaugruppen des Ventilators und verursachen dort Erscheinungen, die bei ungenügender Berücksichtigung mitunter ganze Anlagenteile betriebsunfähig machen.

Vor der Behandlung der verschiedenen Wirkungen der Stäube im Ventilator werden einige nützliche Grundlagen aufbereitet, die den Staubtransport mittels Ventilatoren als ganzheitliches Anlagenproblem verstehen lassen.

13.3.1 Grundlagen des Staubtransportes

Die allgemeinen Anforderungen an Staubanlagen lauten, den Staub zu erfassen, ihn zu transportieren und gegebenenfalls wieder abzuscheiden. Die Begleiter-

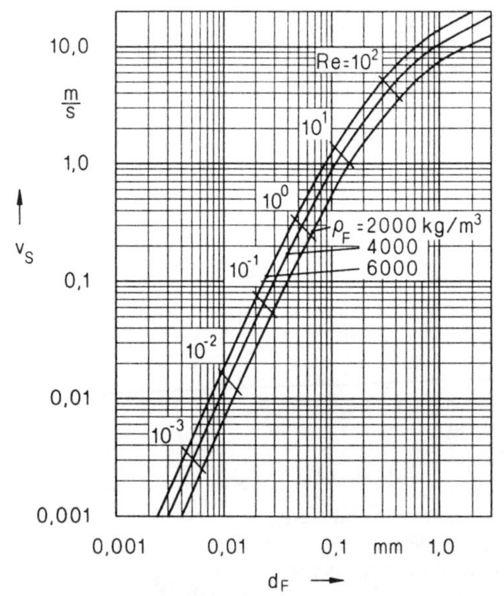

Bild 13-4. Sinkgeschwindigkeit v_s in Luft von kleinen Kugeln mit dem Durchmesser d_F und der Dichte ρ_F, aus [13-34].

scheinungen, die in der Praxis bei der Umsetzung dieser Anforderungen auftreten, sind Anhaftungen und/oder Verschleiß an Anlagebauteilen. Zur Abschätzung der Stauberfassungs- und Transportgeschwindigkeit ist die sogenannte Sinkgeschwindigkeit v_S von Staubteilchen von grundlegender Bedeutung. Bild (13-4) zeigt die Abhängigkeit der Sinkgeschwindigkeit v_S eines Staubkornes vom Durchmesser d_F bei verschiedenen Staubdichten ρ_F allgemeiner industrieller Stäube. Unter Sinkgeschwindigkeit versteht man die Endfallgeschwindigkeit eines Einzelkornes im Erdschwerefeld. Mit seinem Widerstandsbeiwert $c_{W,F}$ und ohne Berücksichtigung der Eigenrotation des Staubteilchens läßt sich v_S ermitteln zu

$$v_S = \sqrt{\frac{4}{3}\left(\frac{\rho_F}{\rho_L} - 1\right)\frac{g \cdot d_F}{c_{w,F}}}. \tag{13.2}$$

Es erscheint plausibel, daß z. B. ein Transport des Staubgutes senkrecht nach oben möglich sein muß, sobald die Gasgeschwindigkeit v_L des Trägergases die Sinkgeschwindigkeit v_S des Einzelkornes überschreitet (Bild 13-5, Fall c).

Bild 13-5 vermittelt die verschiedenen Zustände eines Staubkornes mit konstanter Sinkgeschwindigkeit im senkrechten Rohr (Fälle a, b, c). Im schrägen Rohr (Fall d) mit der Luftgeschwindigkeit v_L addieren sich diese vektoriell mit der Sinkgeschwindigkeit v_S zur Feststoffgeschwindigkeit v_F relativ zur Rohrwand. Das Feststoffteilchen fliegt auf die Rohrwand zu, wobei hinsichtlich des Anhaftens an der Rohrwand die Überlegungen hinsichtlich des Rutschwinkels β_R gelten (siehe Abschnitt 13.3.2).

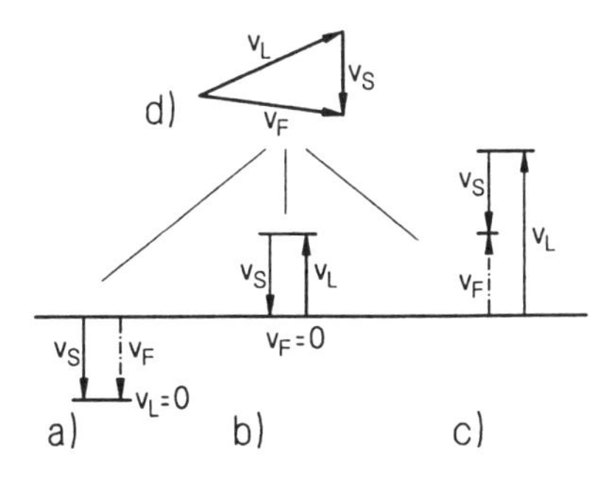

Bild 13-5. Geschwindigkeiten des heterogenen Massestromes.
a) Trägermittel ruht: $v_L = 0$;
b) Schwebezustand: $v_F = 0$;
c) Festkörpertransport;
d) Feststofftransport in schräg verlaufender Strömung.

Der beim Stofftransport durch die Förderleistung auftretende dimensionslose Druckverlust beträgt, wobei $\dot{m}_G = \dot{m}_L + \dot{m}_F$ ist

$$\frac{\Delta p}{\frac{\rho_L}{2} v_L^2 \cdot \frac{l}{D}} = \lambda_L + \frac{3}{2} \cdot c_{w,F} \cdot \varepsilon \frac{D}{d_F} \left(1 - \frac{V_F}{V_L}\right)^2 \qquad (13.3)$$

mit dem Volumenanteil des Staubes

$$\varepsilon = \frac{2}{3} N \frac{d_F^3}{D^2 \cdot l}. \qquad (13.4)$$

Hierin ist N Anzahl der Staubteile im Rohrvolumen, $c_{w,F}$ Widerstandsbeiwert des Staubteilchens und λ_L Reibungsbeiwert des nur vom Gas durchströmten Rohres.

Mit dem Mischungsverhältnis $\mu = m_F/m_L$ berechnet sich der Rohrreibungsbeiwert nach [13-34], S. 357, zu

$$\lambda_F = \frac{\Delta p}{\frac{\rho_L}{2} v_L^2 \frac{l}{D}} = \lambda_L (1 + \mu). \qquad (13.5)$$

Zwei wesentliche Aussagen sind aus beiden Gleichungen möglich:

1. Der Wirkungsgrad des Feststofftransportes wächst mit steigendem Verhältnis V_F/V_L.
2. Der Rohrreibungsbeiwert λ_F steigt mit dem Mischungsverhältnis μ.

Schließlich interessiert noch die Stopfgrenze des Feststofftransportes in Abhängigkeit vom Mischungsverhältnis μ und der Gasgeschwindigkeit v_L. Bild (13-6) zeigt schematisch diese Verhältnisse und vermittelt etwa die untere Grenzgeschwindigkeit v_L des Trägergases für den Stofftransport, jeweils im Minimum der Druckverlustkennlinien [13-35]. In der gleichen Literaturstelle wird auch auf die Unterschiedlichkeit der Druckverluste beim pneumatischen Feststofftransport ($\mu > 1$) hingewiesen.

In [13-36], S. 325, ist ein Überblick zu den günstigen Gasgeschwindigkeiten verschiedener verbal beschriebener Stäube gegeben. Demnach sind im Bereich 12 m/s < v_L < 25 m/s keine Ablagerungen in Anlageteilen zu befürchten, und der Verschleiß bleibt vertretbar.

13.3.2 Verschleiß und Anhaftung bei Staubventilatoren

Bei Staubtransportventilatoren treten in der Regel Mischungsverhältnisse $\mu \leq 0{,}5$ auf. Man spricht hier von hydraulischem Transport, bei dem das Teil-

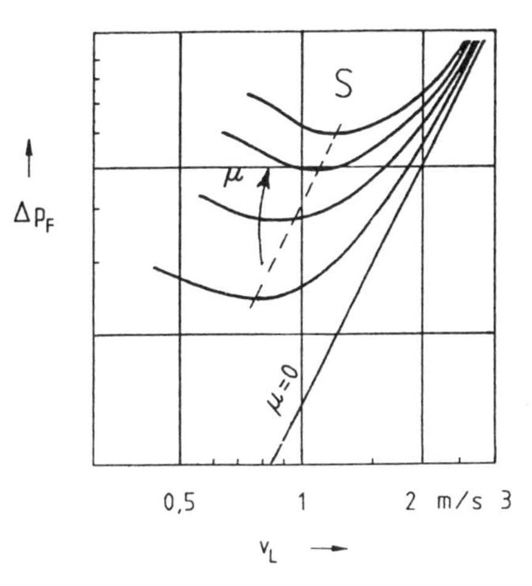

Bild 13-6. Schematische Darstellung der Anlagenkennlinien für den stoffbeladenen Massestrom mit unterschiedlichen Mischungsverhältnissen μ.

S Stopfgrenze

chen im Luftstrom schwebt. Anschaulich formuliert ist das der Fall, solange ein Einzelkorn mit dem Durchmesser d_F etwa 500 d_F allseitigen Abstand zum nächsten Einzelkorn im Gemischverband hat. Dann kann die Sinkgeschwindigkeit v_S nach Gl. (13.2) für den Transportfall ermittelt werden. Je geringer die Abstände der Staubteile untereinander sind ($\mu > 0{,}5$), um so eher werden die Besonderheiten der Druckverlustermittlungen für Schüttungen zu beachten sein.

Die sachgerechte Dimensionierung derartiger Ventilatoren kann nur auf der Grundlage bereitgestellter Druckverluste und Angabe der Stoffströme der Anlage geschehen, wie sie mit den vorgenannten Grundlagen erläutert wurden.

Die nach DIN 24 166 geforderten Angaben zu den Staubarten, wie Art, Zusammensetzung und Korngrößenverteilung, schleißend, klebend, anbackend oder hygroskopisch, ermöglichen eine gezielte Auswahl der Ventilatoren im Hinblick auf minimale Anhaftungen und Verschleiß, aber auch die Forderungen nach maximalem Wirkungsgrad zu erfüllen. Meist fehlen den Betreibern detaillierte spezifische Angaben über industrielle Stäube. Die Schwierigkeiten bei der Entscheidung über die Eignung von Radial- oder Axialgittern zur Feststofförderung liegen dann beim Ventilatorproduzenten. Sie sind im folgenden zusammengefaßt [13-38].

Jedes Staubteil, das nicht haftet, verursacht möglicherweise Verschleiß. Während sich fehlende Erkenntnisse über den Verschleißvorgang in erster Linie auf

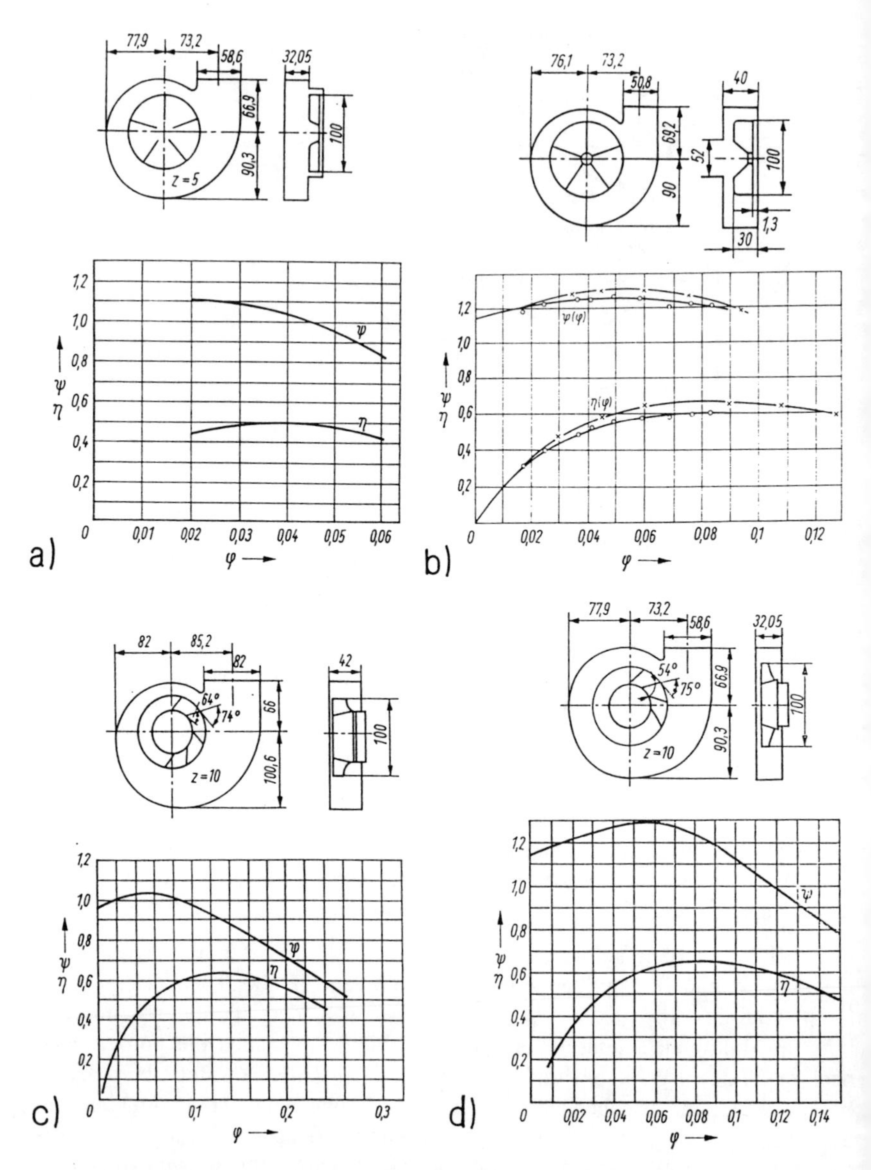

Bild 13-7. Übersicht über Transport- und Staubventilatoren, aus [13-39].
a) Freistromventilator; b) Transportventilator;
c) Staubventilator mit $r_1/D = 0{,}7$ und Selbstreinigungswinkel;
d) Staubventilator mit $r_1/D = 0{,}5$ und Selbstreinigungswinkel.

die Ersatzteilfrage ausgewählter Ventilatortypen auswirken, entscheiden Unsicherheiten zum Haftverhalten oft generell über den Einsatz der Ventilatoren. Meist konnten nur über aufwendige Erprobungen vertretbare Lösungen gefunden werden.

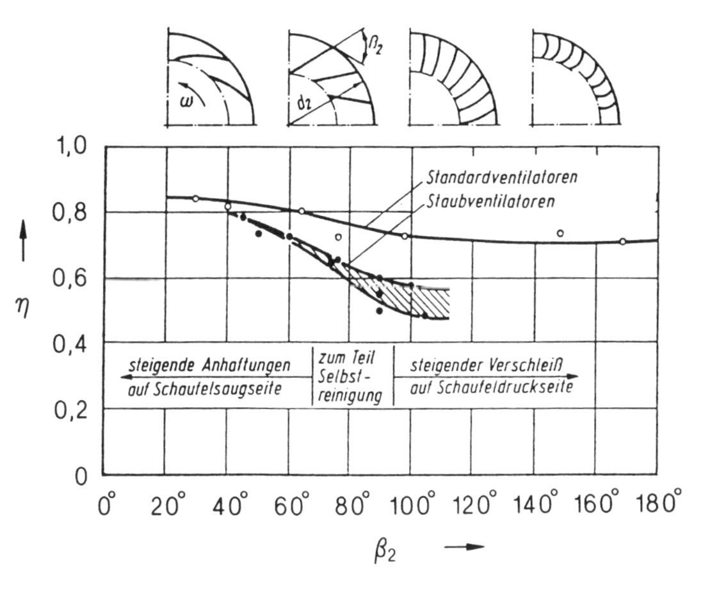

Bild 13-8. Wirkungsgrade η von Standard- und Staubventilatoren, aus [13-38].

Bild 13-7 gibt einen Überblick über bekanntgewordene Staub- bzw. Transportventilatoren. An Hand der unterschiedlichen Laufradausführungen, speziell mit dem Schaufelaustrittswinkel β_2, lassen sich sowohl die Wirkungsgradunterschiede als auch die Neigungen zur Anhaftung bzw. zum Verschleiß der einzelnen Schaufelformen zeigen (Bild 13-8). Bezüglich der Verschleißwirkung von Staub-Luft-Gemischen bei Radialventilatoren liegen umfangreiche experimentelle Untersuchungen an Modellrädern in einer Versuchsanlage mit verallgemeinerungsfähigen Ergebnissen vor [13-40]. Die Bilder 13-9 und 13-10 zeigen anschaulich die Verschleißwirkung auf der Schaufeldruckseite für verschiedene Drosselzustände an Schaufeln mit und ohne Verschleißstegen. Die Sinnfälligkeit von Auspanzerungen zwischen der Laufradtragscheibe im Schaufelbereich mit Winkel- oder Flacheisen ist an Hand dieser Ergebnisse schlüssig abzuleiten. Angemerkt sei noch die interessante Idee der Verschleißminderung gemäß Bild 13-11 aus [13-41].

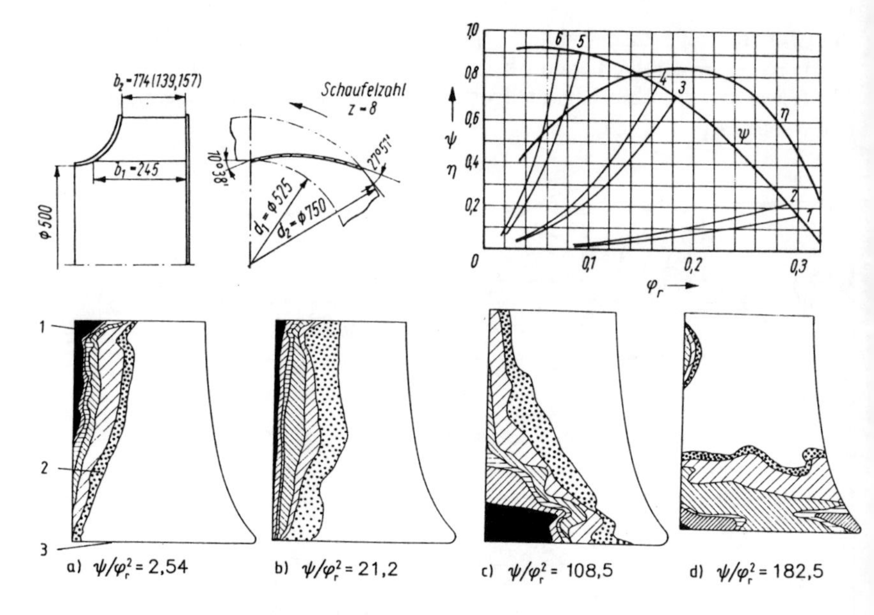

Bild 13-9. Verschleiß auf der Schaufeldruckseite eines Modell-Saugzugrades bei verschiedenen Drosselzuständen ψ/φ^2, aus [13-40].

a) kleinste Drosselung bei Rohrleitungskennlinie (RLK) 2;
b) Bereich des Bestpunktes (RLK 3) bis
c) RLK 5;
d) starke Drosselung (RLK 6).

1 Zonen starken Verschleißes abfallend bis 2 Zonen geringsten Verschleißes;
3 Eintrittskante

Zur Berechnung des Verschleißes wurden verschiedene Größen eingeführt. Die lineare Verschleißgeschwindigkeit

$$\Delta\dot{s}_W = \frac{\Delta s_W}{t} = \frac{s_W}{t_B}, \tag{13.6}$$

der dimensionslose Massenverschleiß

$$\Delta M^*_{W,S} = \frac{\Delta M_W}{M_F}, \tag{13.7}$$

der dimensionslose Volumenverschleiß

$$\Delta V^*_W = \frac{\Delta V_W}{V_F} = \frac{\Delta\dot{M} \cdot \rho_F}{t \cdot \dot{M}_F \cdot \rho_W} \tag{13.8}$$

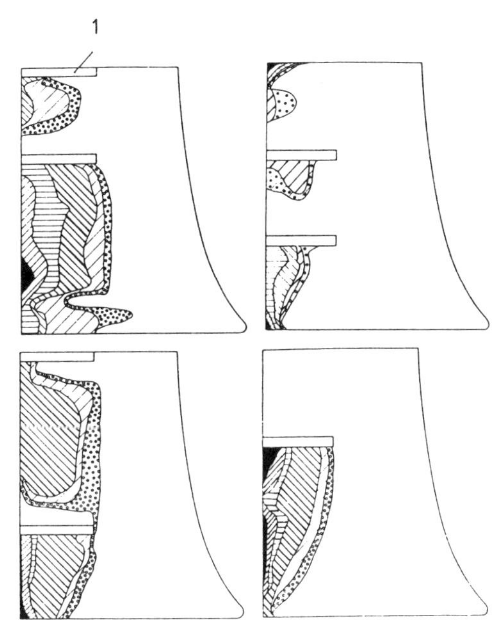

Bild 13-10. Einfluß von Stegen, die unterschiedlich auf der Schaufeldruckseite angebracht sind, auf den Verschleiß bei konstanter Drosselung, aus [13-40].

1 Verschleißstege

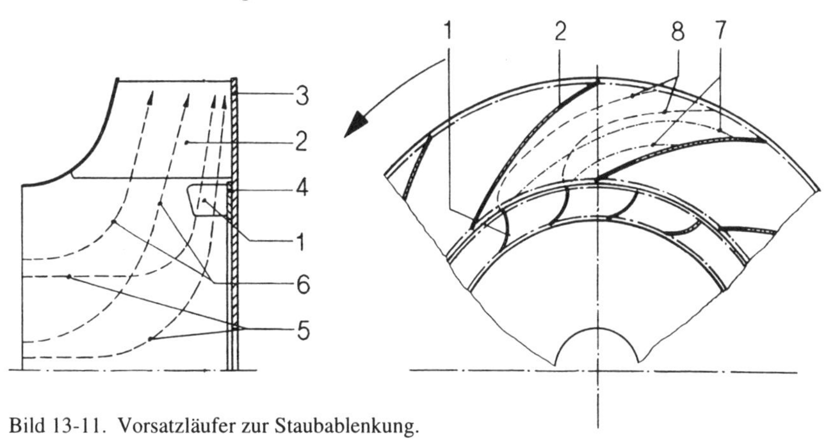

Bild 13-11. Vorsatzläufer zur Staubablenkung.

1 Vorsatzschaufel; 2 Laufschaufel; 3 Laufradbodenscheibe; 4 Ronde für Vorsatzschaufel; 5 Bahn der Staubteilchen; 6 Stromlinien des Gases; 7 Relativbahn der Staubteilchen bei Betrieb ohne Vorsatzschaufeln; 8 Relativbahn der Staubteilchen bei Betrieb mit Vorsatzschaufeln

und der dimensionslose Tiefenverschleiß

$$\Delta s_W^* = \frac{\Delta \dot{s}_W \cdot F_W}{\dot{V}_F} = \frac{\Delta s_W \cdot \rho_F}{t \cdot \dot{M}_F} \frac{d_F^2 \cdot \frac{\pi}{4}}{\sin\alpha} \tag{13.9}$$

mit der Dicke s des Wandmaterials, der Verschleißzeit t, der Zeit t_B bis zum Durchbruch des Wandmaterials, dem Massenverlust ΔM_W des Materials, der Masse M_F der insgesamt aufprallenden Staubteile, dem Volumen V_F der insgesamt aufprallenden Staubteile, der Dichte ρ_F des Staubteilchens, der Dichte ρ_W des Wandmaterials, der Strahlfläche A_W, dem Volumenstrom V_F des Staubes, dem Massenstrom M_F des Staubes und dem Auftreffwinkel α des Staubes auf die Wandoberfläche.

Empirisch können der dimensionslose Volumen- bzw. Tiefenverschleiß [Gln. (13.8) bzw. (13.9)] über die Potenzfunktionen der Staubgeschwindigkeit v_F ausgedrückt werden:

$$\Delta V_W^* = k_W \cdot v_F^{m_W} \text{ bzw. } \Delta s_W^* = k_S \cdot v_F^{m_S}. \tag{13.10}$$

Die Exponenten m und die Konstanten k sind für das Wandmaterial St 37 bestimmt [13-44]. In bezug auf dieses Grundmaterial können für weitere Werkstoffe gemäß Bild 13-12 die Einflüsse der verschiedenen Härten und Elastizitätsmodule ermittelt werden. In Verbindung mit experimentellen Ergebnissen gemäß [13-40] und den Arbeiten nach [13-42] und [13-43] zur Berechnung des Verschleißes in Radial- und Axialventilatoren ist die Problematik des Verschleißes bei Ventilatoren damit auch abschätzbar [13-44].

Der allgemeine Grundsatz, daß eine Radialventilatorschaufel, die an jedem Punkt der radialen Erstreckung eine Tangente zur Staubstrombahn ist, stets den geringsten Verschleiß - Gleitverschleiß - aufweist, kann als gesichert betrachtet werden.

Die Neigung zum Anhaften auf der Schaufelsaugseite bei Radialrädern mit rückwärts gekrümmter Beschaufelung und auf der Schaufeldruckseite bei vorwärts gekrümmtem Schaufelverlauf wurde bereits in [13-45], S. 147, angedacht. Erst mit der Bereitstellung umfangreicher chemischer und physikalischer Kenngrößen einer Vielzahl industrieller Staubarten nach [13-37] gelang es, den Vorgang des Anhaftens auf den Rutschwinkel β_R der kompletten Korngrößenverteilung des Feststoffes im Gasstrom gegenüber einer festen Unterlage (Schaufel) zurückzuführen [13-46]. Danach können der Schaufelwinkel β und der Deckscheibenwinkel (Bild 13-13) im Laufradeintrittsbereich etwas kleiner als der Rutschwinkel β_R des Staubgemisches sein, der für die wichtigsten Industriestäube im Bereich um 30° liegt.

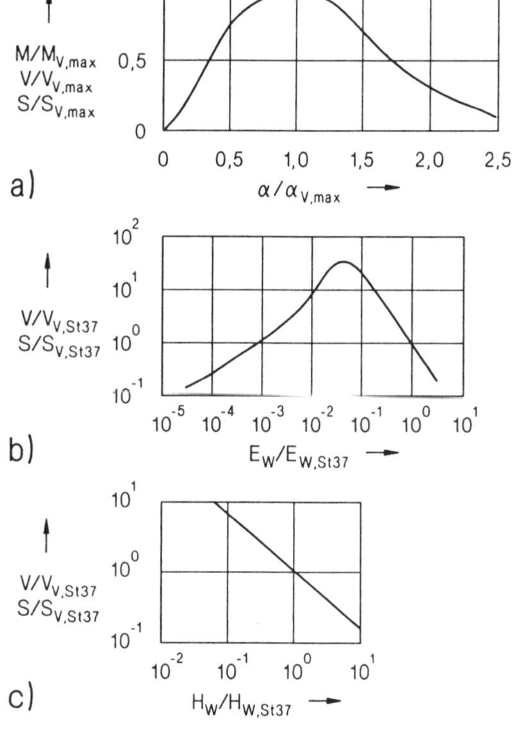

Bild 13-12. Verallgemeinerte Abhängigkeiten des Strahlverschleißes, nach [13-44].
a) Abhängigkeit vom Auftreffwinkel, Bezugspunkt Winkel mit maximalem Verschleiß;
b) Abhängigkeit vom Wandmaterial, Bezugspunkt E-Modul von Stahl St 37;
c) Abhängigkeit vom Wandmaterial, Bezugspunkt Härte von Stahl St 37.

Der Rutschwinkel β_R ist ein Mindestwinkel, bei dem die Staubteile bereits ohne Vorhandensein von Strömungskräften zum Abgleiten von der Schaufel oder der Deckscheibe gezwungen werden. Beim Durchströmen des Laufrades treten, bedingt durch den aerodynamischen Widerstand des Staubteiles, an den Staubteilchen Strömungskräfte auf, die fördernd auf das Abgleiten wirken. Dadurch ist die Verkleinerung des Schaufel- und Deckscheibenwinkels etwas unter den Rutschwinkel β_R des zu fördernden Staubes möglich. Die Folge davon ist, daß sich bei rückwärts gekrümmten Schaufeln der Druckseitenverschleiß verringern läßt und der Wirkungsgrad der Ventilatoren erhöht wird.

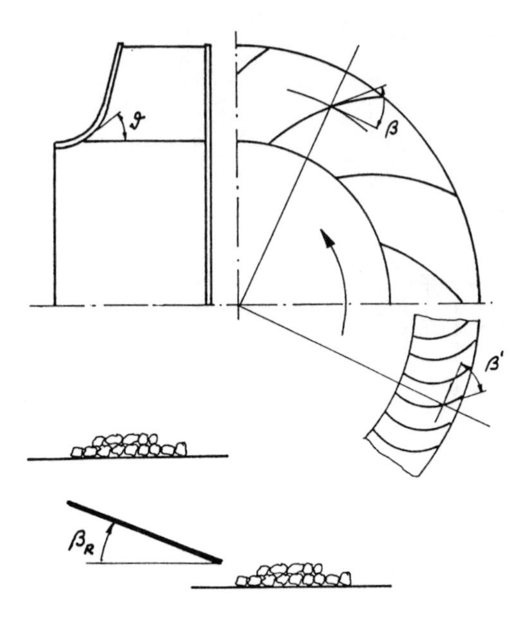

Bild 13-13. Die für die Staubströmung wichtigen Winkel am Radialrad.

β Schaufelwinkel; β_R Rutschwinkel; ϑ Deckscheibenwinkel

Bei vorwärts gekrümmten Schaufeln bestimmt der Schaufelwinkel β', bezogen auf die Ventilatorachse der Schaufelvorderseite (Druckseite, Bild 13-13), maßgebend die zu erreichende Druckziffer. Eine Erhöhung der Druckziffer wird erreicht, wenn dieser Schaufelwinkel β' in dem Bereich klein gehalten werden kann, eben etwas kleiner als der Rutschwinkel des zu fördernden Staubgemisches.

Die Überlegungen sind auf Teilchendurchmesser ≤ 1 μ nicht übertragbar. Nach [13-47] sind elektrostatische Wirkungen und anderes mehr für Anhaftungserscheinungen verantwortlich, die sich aus den bisher dargelegten Betrachtungen nicht ableiten lassen. Da infolge des geringen Masseanteiles der relativ kleinen Staubanteile keine einschneidenden Wirkungen auf die Laufradunwucht vorhanden sind, können diese Effekte meist vernachlässigt werden. Generell muß aber bei staubbeladenen Gasströmen auf die elektrostatische Aufladung Rücksicht genommen werden. Nach VDMA 24 169 Teil 2 sind alle Ventilatorteile elektrostatisch zu erden.

13.3.3 Dimensionierungshinweise für Staubventilatoren

Die Kennlinien von Ventilatoren sind auf den Ansaugzustand des reinen Gases bezogen. Für normale Umgebungsluft beträgt die Dichte ρ_l = 1,2 kg/m³ bei 20 °C und einem Atmosphärendruck von 101 300 Pa. Für den Fall der Feststoffförderung durchströmt den Ventilator anstelle reinen Gases ein Gas-Feststoff-Gemisch. Der Gemischmassestrom setzt sich aus dem Luft- und dem Feststoffmassenstrom zusammen:

$$\dot{m}_G = \dot{m}_L + \dot{m}_F. \tag{13.11}$$

Mit $\mu = \dot{m}_F / \dot{m}_L$ und $\dot{m} = \rho \cdot \dot{V}$ wird Gl. (13.11)

$$\rho_G = \rho_L \frac{\dot{V}_L}{\dot{V}_G} (1 + \mu). \tag{13.12}$$

Die Antriebsleistung P_G von Ventilatoren zur Förderung von Staub-Luft-Gemischen ist proportional zur Gemischdichte ρ_G. Sie ergibt sich bei Gemischförderung aus der Antriebsleistung der reinen Luftförderung P_L über

$$P_G = P_L \frac{\dot{V}_L}{\dot{V}_G} (1 + \mu). \tag{13.13}$$

Die Gemischförderung von Luft und Feststoffen mittels Ventilatoren ist relativ häufig mit Betriebstemperaturen verbunden, die von der Umgebungstemperatur abweichen. Bei der notwendigen Umrechnung der Gesamtdrücke der Ventilatorkennlinie auf die Betriebstemperatur ist darauf zu achten, daß nur die Luftdichte ρ_L , nicht aber die Gemischdichte ρ_G berücksichtigt wird.

Speziell bei sehr stark rückwärts gekrümmten Radialventilatorschaufeln sind häufig axiale Drallregler zwecks Anlagenanpassung eingebaut. Ihre Anwendung am Ventilator zur Staubförderung ist uneingeschränkt nicht möglich. Ab etwa 15° Mitdrall und relativen Feuchten $\varphi > 10$ % des Fördergemisches treten Anhaftungen auf der Schaufelsaugseite des Laufrades auf, die eine reguläre Betriebsweise des Ventilators beeinträchtigen.

13.4 Brandgasventilatoren, Entrauchungsventilatoren

13.4.1 Einsatzzweck und Anforderungen

Unter dem Begriff Brandgasventilator werden Entrauchungsventilatoren verstanden, die in Rauch- und Wärmeabzugsanlagen (RWA) als sogenannte Maschinelle Abzüge (MA) zum Einsatz kommen und Bestandteile des baulichen

Brandschutzes sind. Natürliche Rauchabzugsanlagen (RA), die nach dem thermischen Auftriebsprinzip arbeiten, können ebenfalls Bestandteil einer RWA sein.

Nach DIN 18 232 Teil 1 [13-48] ist das Ziel des Einsatzes von RWA im baulichen Brandschutz:

- Sicherung der Fluchtwege gegen Verqualmung,
- Schutz von Gebäudekonstruktionen und Einrichtungen,
- Ermöglichen eines schnellen und gezielten Löschangriffes durch die Feuerwehr,
- Herabsetzen der Brandfolge- oder Sekundärschäden durch Brandgase und chemische Zersetzungsprodukte.

Der Vorteil einer MA gegenüber einer RA liegt in der sofortigen Bereitstellung des erforderlichen vollen Volumenstromes zu Beginn des Brandes. Die funktionelle Sicherheit von Entrauchungsventilatoren muß gegebenenfalls über längere Zeiträume erhalten bleiben und für definierte Zeiträume Temperaturbelastungen standhalten.

Für die Beurteilung im bauaufsichtlichen Verfahren werden von den Einzelbauteilen einer mechanischen Entrauchungsanlage Eignungsnachweise gefordert. Innerhalb der Normreihe DIN EN 18 232 Baulicher Brandschutz im Industriebau, liegt dafür der Teil 6 als Anforderungskatalog im Gelbdruck vor [13-49]. Die darin enthaltene Tabelle 1 weist die Temperatur-Zeit-Belastungen für die Entrauchungsventilatoren aus (Tabelle 13-8).

Über die ebenfalls in Gang gekommene Europäische Normung ist seit Februar 1993 die entsprechende Europa-Prüfnorm vorhanden [13-50]. Bild 13-14 ver-

Tabelle 13-8. Anforderungen an Entrauchungs-Ventilatoren, Entrauchungs-Leitungen und Entrauchungs-Klappen, nach DIN 18 232 [13-49].

maschinelle Abzüge der	Dauer des Funktionserhaltes	Temperaturbeanspruchung
Kategorie 1	≥ 30 min	300 °C [1])
Kategorie 2	5 min, anschließend ≥ 30 min	ETK [2]) [3]), anschließend konstant
Kategorie 3	≥ 30 min [4])	ETK [2])

[1]) vorausgehend steiler Temperaturanstieg, maximal 5 min bis zum Erreichen der angegebenen Temperatur.

[2]) ETK: Einheits-Temperaturzeitkurve nach DIN 4102 Teil 2/09.77.

[3]) Temperaturerhöhung über Anfangstemperatur nach 5 min 558 K.

[4]) Wird die Dauer des Funktionserhaltes für ≥ 50 min nachgewiesen, so gelten die Anforderungen der Kategorien 1 und 2 als erfüllt.

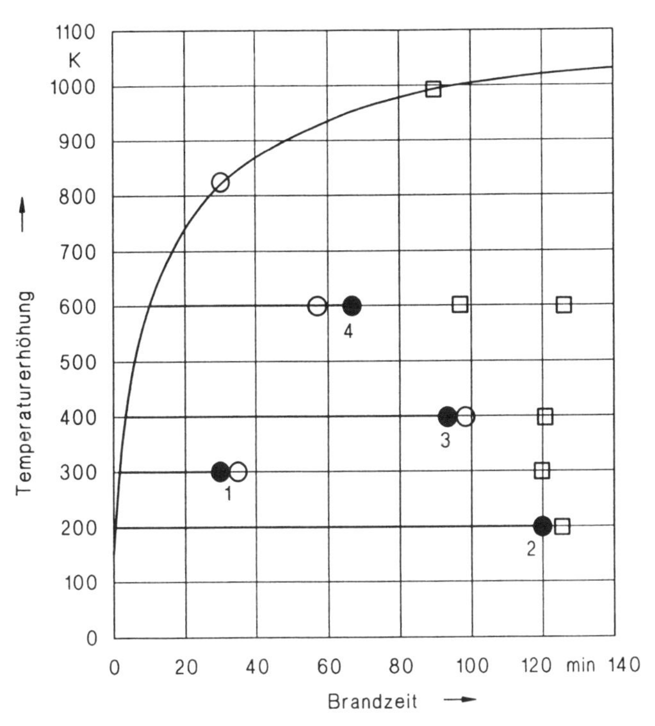

Bild 13-14. Zulässige Temperaturerhöhung bei einem Entrauchungsventilator (Einheits-Temperatur-Zeit-Kurve) nach DIN 4102 Teil 2 in Abhängigkeit von der Brandzeit.

1, 2, 3, 4 Belastungskategorien nach DIN 4102.
● CEN-Entwurf; O DIN-Entwurf; □ Hersteller in Deutschland

mittelt die Unterschiede beider Entwürfe im Vergleich zu geprüften Entrauchungs-Ventilatoren deutscher Hersteller.

13.4.2 Bauarten, Ausführungsformen

Entrauchungsventilatoren werden in axialer und radialer Bauart gefertigt. Entrauchungs-Dach- und -Wandventilatoren erweitern die Angebotspalette (Bild 13-15).

Für die Aufstellung außerhalb von Brandräumen, aber innerhalb von Räumen, zeigt Bild 13-16 einen isolierten Entrauchungs-Radialventilator, Bild 12-12 einen Axialventilator. Der Antrieb kann direkt oder mit Keilriemen erfolgen. Zur Aufstellung in Brandräumen existieren ebenfalls Ventilatorbauformen.

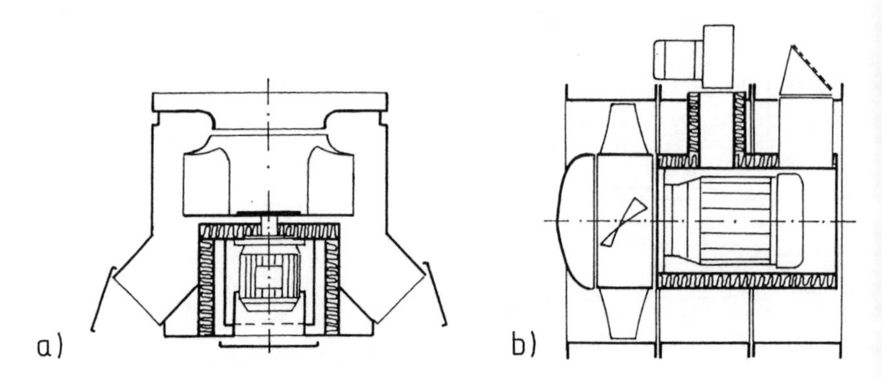

Bild 13-15. Entrauchungs-Ventilatoren.
a) Entrauchungs-Dachventilator der Fa. Gebhardt;
b) Entrauchungs-Axialventilator der Fa. Babcock-BSH.

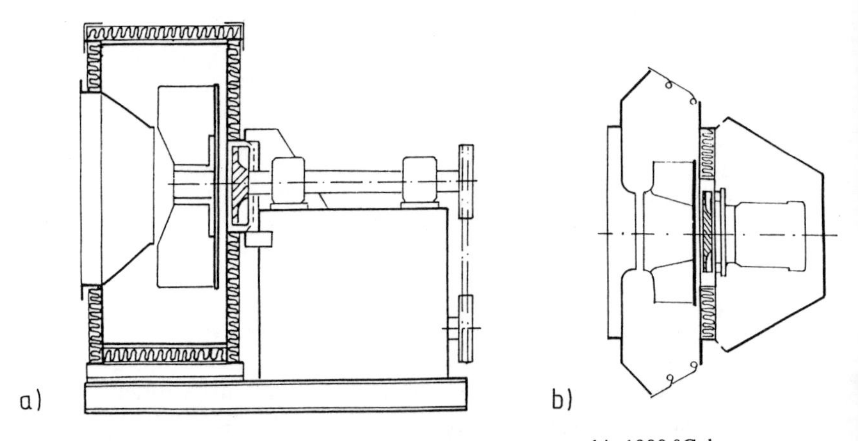

Bild 13-16. Isolierter Brandgasventilator für Fördertemperaturen bis 1000 °C der Fa. Eichelberger.
a) Radialventilator in der Anlage;
b) frei laufendes Radialrad als Dachventilator.

Konstruktiv unterscheiden sich Entrauchungsventilatoren nur unwesentlich von Standardausführungen. Bis etwa 400 °C Prüftemperatur sind Normalstähle im Gebrauch [13-51]. Oberhalb dieser Temperatur werden meist Sonderstähle für das Laufrad eingesetzt [13-52].

Aus der Sicht der Verfasser ist infolge der relativ geringen Umfangsgeschwindigkeiten (< 80 m/s) die statische Festigkeit nicht so sehr von Bedeutung. Vielmehr ist auf die Dehnung und die damit verbundene kontrollierte Verformung der Baugruppen besonderes konstruktives Augenmerk zu legen.

Die sichere Funktion der Antriebsmotoren für direktgetriebene Entrauchungsventilatoren wird entweder durch Verwendung der Isolierklassen F bis H bzw. durch zusätzliche Fremdbelüftung und manchmal durch Sondermotoren gewährleistet.

13.4.3 Bemessungs- und Aufstellhinweise

Die Bemessung der Entrauchungsventilatoren regelt sich nach der DIN EN 18 232 Teil 5 [13-53].

Bei der Aufstellung in Räumen darf der Entrauchungsventilator nicht selbst zur Brandquelle werden. Deshalb ist er gegebenfalls isoliert auszuführen. Für ausreichende Kühlung des Antriebes, z. B. durch Fremdbelüftung, ist zu sorgen.

Die austretenden Rauchgase bei freiem Ausblas bzw. bei Dachaufstellung sind nach [13-54] so zu führen, daß die Dachhaut, Fenster- und andere Versorgungsöffnungen nicht Schaden nehmen bzw. den Qualm zurückführen können. Bild 13-17 vermittelt dazu entsprechende Hinweise.

Für die fachgerechte Aufstellung der Entrauchungsventilatoren hat die sichere Energieversorgung besondere Bedeutung [13-55] [13-56]. Bild 13-18 zeigt einen Vorschlag für die Niederspannungsversorgung einer RWA und Bild 13-19 das Funktionsschema eines Brandmelde-Auslösesystems.

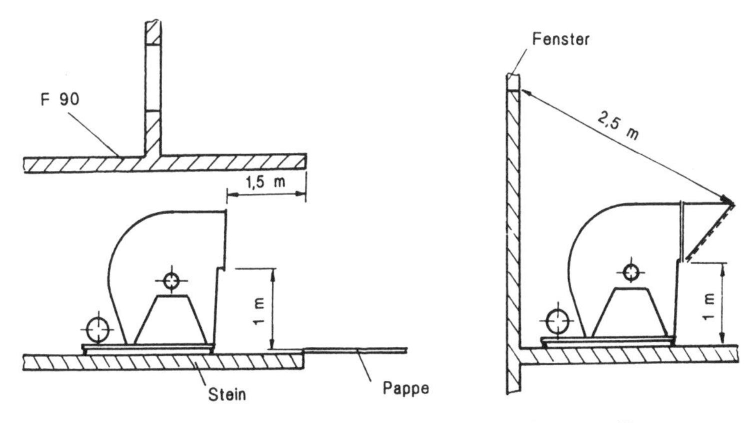

Bild 13-17. Mindestabstände von Mündungen bei Entrauchungsventilatoren.

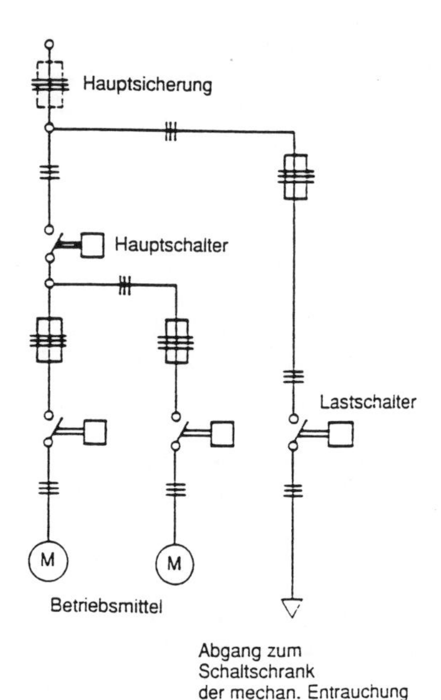

Bild 13-18. Niederspannungsversorgung einer Rauch- und Wärmeabzugsanlage.

13.5 Einfluß äußerer Kräfte auf Ventilatoren

Äußere Kräfte wirken bei Ventilatoren meist im mobilen Einsatz in Form von Stoßbelastungen und/oder Schwingungen, die bekannt sind. Sie unterscheiden sich von den zufälligen oder nicht berücksichtigten, von außen einwirkenden Störgrößen, die auch auf Ventilatoren einwirken können (z. B. durch Nebenanlagen). Tabelle 13-9 zeigt eine Auswahl von Ventilatoren für den mobilen Einsatz.

Vorausberechnungen über die Auswirkungen der von außen einwirkenden Belastungen sind theoretisch möglich, aber infolge nicht richtig erfaßbarer Randbedingungen der Schweiß- und Schraubverbindungen mit Unsicherheiten in bezug auf die Zuverlässigkeit der Ergebnisse verbunden. Dies betrifft vor allem die Bauteileigenfrequenzen und deren Dämpfungsverhalten und damit deren Schwingfreudigkeit als Antwortsignal bei Stoß- und Schwingungseinwirkungen. Mit experimentellen Methoden sind diese Systemeigenschaften sicher und problemlos zu ermitteln.

Mit Schwing-, Stoß-, Taumel- und Schlingerprüfständen sind die von außen einwirkenden Belastungen unter betriebsgleicher Aufstellung und Einspannung simulierbar. Ein echter Eignungsnachweis ist unter der Voraussetzung gegeben,

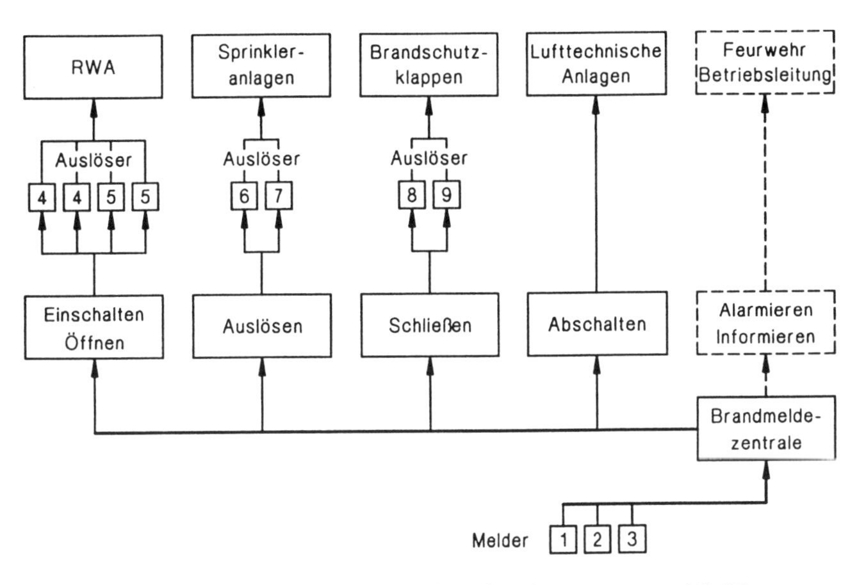

Bild 13-19. Funktionsschema eines Brandmelde- und Auslösesystems, aus [13-55].

1 Brandmelder; 2 Rauchmelder; 3 Erkennung durch Person; 4 Druckknopfschalter; 5 Schaltung über Brandmeldezentrale; 6 thermische Auslösung; 7 Auslösung über Brandmeldezentrale; 8 thermische Auslösung; 9 Schließen mittels Stellantriebes

Tabelle 13-9. Ventilatoren für mobile Einsatzbedingungen.

Mobilart	Belastungen von außen	Belastungsgröße	Ausführung
Schiffbau ohne Marine	Schwingungen,Stöße, Taumeln, Schlingern	$b_{Stoß} \leq 1{,}5$ g	Räder aus Kunststoff, Alu, Stahl
Lokomotiv-und Waggonbau	Schwingungen, Seiten-stoß, Auflaufstoß	$b_{Stoß} \leq 1{,}5$ g $b_{Auflauf} \leq 12$ g	Räder aus Kunststoff, Alu, Stahl
Kraftfahrzeuge	Schwingungen, Stöße	$b_{Schwin} \leq 28$ g	Räder aus Kunststoff, Alu
transportable Ar-beitsmaschinen, z.B. Diesel-kompressoren	Schwingungen	$b_{Schwin} \leq 6$ g	Räder aus Kunststoff und Alu
Luttenlüfter	Transportstöße	Streckenuneben-heiten	Räder aus Alu, Stahl, Kunst-stoff, Stahlgehäuse

daß das Beanspruchungsfeld bekannt ist und die Untersuchungen dementsprechend erfolgen. Gegebenenfalls werden konstruktive Schwachstellen unter den äußeren dynamischen Belastungen sichtbar. Beispielsweise haben Stoßbelastungen, die als Fahrbahn- oder Transportstöße am nicht rotierenden Rotor einwirken, andere Auswirkungen als beim rotierenden Rotor, bei dem das Kreiselmoment einer Ausbiegung des Rotors entgegenwirkt und einseitige Belastungen auf ein Wälzlager ausschließt.

Im Zuverlässigkeitslabor der ehemaligen Leitentwicklungsstelle für Ventilatoren (LEV) Meißen [13-58] können Schwingungs- und Stoßprüfungen an ruhenden und laufenden Ventilatoren bis zu Baugrößen von D = 1 m (maximal 500 kg bzw. 1000 kg) in folgenden Belastungsbereichen durchgeführt werden:

– Schwingfrequenzbereich $3 < f_{err} < 80$ Hz,
– Schwingamplituden von $0{,}05 < s < 1$ mm,
– Stoßprüfung mit $0{,}3 < b_{stoß} < 12$ g [reale (Sinus-)Stoßform].

Bei Fluidtemperaturen über 650 °C und und gleichzeitig noch hoher Belastung können die Laufräder bei der Verwendung herkömmlicher Stähle wegen der örtlichen Überschreitung der Fließgrenze nur noch zeitlich begrenzt betrieben werden. In diesem Einsatzbereich sollten sinterkeramische Werkstoffe angewendet werden.

14 Kunststoffeinsatz bei Ventilatoren

Ventilatoren zur Förderung chemisch aggressiver Gase müssen gegen die bei der jeweiligen Taupunktunterschreitung auftretenden Materialbelastung chemisch resistent sein. Neben der Anwendung von Sonderstählen (CrNi-Stähle) sind Alu-Werkstoffe, Kunststoffe (Thermoplast, Duroplast und Elastomere), keramische und Glaswerkstoffe sowie Gummi die Konstruktions-, Ausfütterungs- und Isolierwerkstoffe. Der Einsatz dieser Werkstoffe ist jeweils abhängig von der erforderlichen Resistenz (z. B. Schwefelsäure erfordert andere Maßnahmen als Kalilauge, Salzsäure oder Ameisensäure), von der mechanischen Beanspruchung, wenn auch das Laufrad resistent sein soll, und von der thermischen Belastung, bei denen vor allem Kunststoffen Grenzen bei hohen Temperaturen gesetzt sind.

Ein Ziel beim Einsatz von Kunststoff waren ursprünglich die niedrigen Kosten durch die Urformtechnik mit hohen Stückzahlen unter Ausnutzung seiner günstigen chemischen, physikalischen und technologischen Eigenschaften als idealer Leichtbauwerkstoff [14-1] bis [14-3]. Der Konstrukteur schätzt darüber hinaus die Möglichkeiten, die sich zur Integration von mehreren Funktionen in einem Bauteil anbieten. Um so erstaunlicher ist es, daß im allgemeinen Ventilatorenbau der Einsatz von Kunststoffkonstruktionen relativ selten ist. Offenbar spielen hier Unklarheiten hinsichtlich der Fertigungseinflüsse und die dadurch verursachten Anisotropien, z. B. durch unterschiedliche Molekül- und Füllstofforientierung infolge Abkühlung und Scherspannungen beim Spritzgießen, Nachdrucküberlagerungen, und Fragen des Langzeitverhaltens eine Rolle [14-2].

Von den beiden Hauptgruppen der Kunststoffe wird der Thermoplast vorwiegend bei Ventilatoren < 1200 mm und der Duroplast überwiegend bei Ventilatoren > 1200 mm Raddurchmesser eingesetzt. Im Gegensatz zu den kleinen Kühllüftern für z. B. die Belüftung von Rechnern (Bild 3-4 b) und in Kraftfahrzeugen, die Klimatechnik, den Wandring-, Fenster- und Tischlüftern sowie den Entsorgungslüftern in der Sanitärtechnik, bei denen das Gehäuse und das Laufrad aus Kunststoff hergestellt sind (z. B. Bild 3-17), werden bei den Industrieventilatoren nur das komplizierteste Bauteil, das Laufrad, und speziell bei axialen Laufrädern die Laufschaufeln aus Kunststoff (Bilder 3-6 und 12-16) gefertigt. Im Ex-Schutz wird der Kunststoff als Bandagematerial zum Schutz gegen Funkenbildung beim Anlaufen des Laufrades am Gehäuse verwendet (Abschnitt 13.1).

Besonders bei großen Stückzahlen macht sich der Einsatz von Kunststoffen bezahlt, wenn diese Bauteile aus Thermoplast in Spritzgießtechnik gefertigt werden. Durch Anwenden der Urformtechnik ergeben sich technologische Vorteile, wie Urformwuchten und präzise Genauteilfertigung. Damit kann das Bauteil in einem einzigen Arbeitsgang hergestellt werden. Es gibt weitere Vorteile beim Einsatz von Kunststoffen:

- umweltfreundlich,
- günstige Festigkeitseigenschaften,
- aerodynamisch günstig,
- vorteilhafte Fügetechnik.

Bei der Anwendung von Kunststoffen bildet der Grundstoff Öl die Grundlage für einen Rohstoff und wird nicht unwiederbringlich verbrannt. Bei Thermoplasten gibt es keine Abfälle, da Anspritz- und Ausschußteile regranulierbar und Thermoplaste grundsätzlich recycelbar sind und damit vollständig wiederverwendet werden können. Der Energieaufwand bei der Herstellung ist im Vergleich zu Metall wesentlich geringer (Tabelle 14-1). Die Oberflächenbehandlung entfällt, da die Farbgebung durch Farbpigmente dem Granulat beigegeben wird und ein Korrosionsschutz ohnehin nicht notwendig ist.

Tabelle 14-1. Primärenergieverbrauch bei der Herstellung von Metall- und Kunststoffteilen.

Hauptabmessungen der Schaufel	Alu-Schaufel	Kunststoffschaufel	
Profillänge 800 mm Profilbreite 400/300 mm	Material G-AlMgSi 7	Verbundschaufel GUP-PUR	Rotationsschaum SYS-PUR Typ 4502
Fertigmasse in kg	10,5	4,0 bis 4,8	2,0 bis 3,0
Fertigungszeit in h	0,75	5	0,25
Primärenergieaufwand in kWh	1668	45	28

GUP ist glasfaserverstärktes ungesättigtes Polyesterharz; PUR ist Polyurethan-Hartschaum;
SYS bedeutet Synthesewerk Schwarzheide

Die geringe Eigenmasse und die günstigen Festigkeitseigenschaften in bezug auf statische und dynamische Belastungen führen besonders bei axialen Laufrädern zu einem stabilen Verhalten gegenüber Schwingungsbeanspruchung.

Die Schaufel-Wand-Übergänge und die glatten Oberflächen sind aerodynamisch günstig. Zum Beispiel erreichen profilierte, stark rückwärts gekrümmte Radialräder aus Polyamid VE 30 (Bild 3-17), die von der Fa. Mietzsch frei ausblasend mit ruhendem Radialdiffusor in Dachventilatoren eingesetzt werden, ein $\eta_{fa,max} = 77\ \%$.

Mit Hilfe der Ultraschalltechnik können Kunststoff-Bauteile umweltfreundlich miteinander verbunden werden. Ein weiterer Vorteil ist die hohe chemische Resistenz gegen die Umweltbelastung (außer UV-Strahlung) und gegen viele technische Säuren und Laugen.

Die Nachteile liegen in der Temperaturbegrenzung, in der Alterung, die durch die Klimate und da besonders durch die UV-Strahlung begünstigt wird, die aber jedem organischen Werkstoff innewohnt. Duroplastwerkstoffe können nicht regranuliert werden und ihr Abbau ist derzeit noch sehr kostenaufwendig.

Es gibt eine breite Palette von Thermoplast-Werkstoffen, die im Ventilatorenbau und dabei vorwiegend für Laufschaufeln und Laufräder verwendet wird. Polyamid, Polyäthylen, Polypropylen (auch mit Kurz-Glasfaserverstärkung), Polystyrol und Polyvinylchlorid sind die gebräuchlichsten Werkstoffe. Das glasfaserverstärkte Polyamid VE 30 mit 30 % Glasfaseranteil ist festigkeitsmäßig und thermisch relativ hoch belastbar und dabei noch kostengünstig.

An mehreren Axiallaufrädern mit einem Raddurchmesser von 1 m und glasfaserverstärkten Polyamidlaufschaufeln (Bild 3-6), die mit einer Umfangsgeschwindigkeit von $u_2 = 80$ m/s liefen, wurden folgende Temperaturbelastbarkeiten experimentell ermittelt, ohne daß die Räder für einen anschließenden, normalen Betrieb Schaden genommen haben:

120 °C Dauerbelastung, 150 °C mindestens 1 h, 180 °C Schocktemperatur mit einer Einwirkdauer von ≤ 3 min.

Die anderen angeführten Thermoplastwerkstoffe sind festigkeitsmäßig und thermisch bei weitem nicht so hoch belastbar. Nach über 20jähriger Einsatzdauer von glasfaserverstärkten Polyamid-Rädern und -Schaufeln kann festgestellt werden, daß die Ausfallrate dieser Kunststoffkonstruktionen, z. B. von etwa 1 Mio. Stück frei laufender Motorkühlflügel mit 700 mm Durchmesser für Lkw, trotz der oben aufgeführten Alterungskriterien kleiner als 1/10 ‰ ist.

Radiallaufräder bis zu 640 mm Raddurchmesser sind in zwei Spritzgußteilen (Tragscheibe mit Laufschaufeln und die Raddecke extra) vorgefertigt. Mit Hilfe der Ultraschalltechnik wird die Raddecke mit Nietzapfen vernietet, die sich an den Schaufeln befinden. Eine Umfangsgeschwindigkeit von 80 m/s und eine Temperatur von 80 °C sind die in 20 Jahren ermittelten Dauerbelastungsgrenzen.

Große axiale Laufradschaufeln für Trocken- und Naßkühltürme mit 5 und 10 m Raddurchmesser sowie axiale Bergbaulüfter für den Untertagebetrieb mit 1,8 m Durchmesser wurden mit Duroplastschaufeln ausgerüstet. Die Kühlturmlüfter mit glasfaserverstärkten Polyesterharz-Laufschaufeln waren für extreme klimatische Einsatzbedingungen in Rußland geplant. Um den unklaren Einsatzbedingungen, die in Rußland vorherrschten (z. B. Eisanbackung an den Schaufelenden), und der kurzen Entwicklungsdauer (2 Jahre bei Kunststoff, u. a. Alterungsproblematik mit Sprödbruchgefahr infolge zu hoher Schwingungsbelastung) zu entgegnen, wurden die Laufschaufeln gelenkig gelagert eingespannt. Das hat eine eindeutige statische Lastverteilung zur Folge und ergibt eindeutige Randbedingungen zur Schaufeleigenfrequenz- und Schwingungsberechnung. Mit dieser Schaufellagerung werden die Eigenfrequenzen weit über die Erregerfrequenzen (n·Drehzahl, n = 1, 2, 3, ...) gehoben, und die Gefahr eines Schwingungsbruches wird vermieden.

Bei der Fertigung der Laufschaufel [14-4] werden auf einem in einer Aluminiumform vorgefertigten Polyurethanschaumkern die erforderlichen Glasfasermatten, -gewebe und -rovings im trockenen Zustand mit Heftklammern befestigt. Dieser vorgefertigte Schaumkern wird in eine weitere zweiteilige und

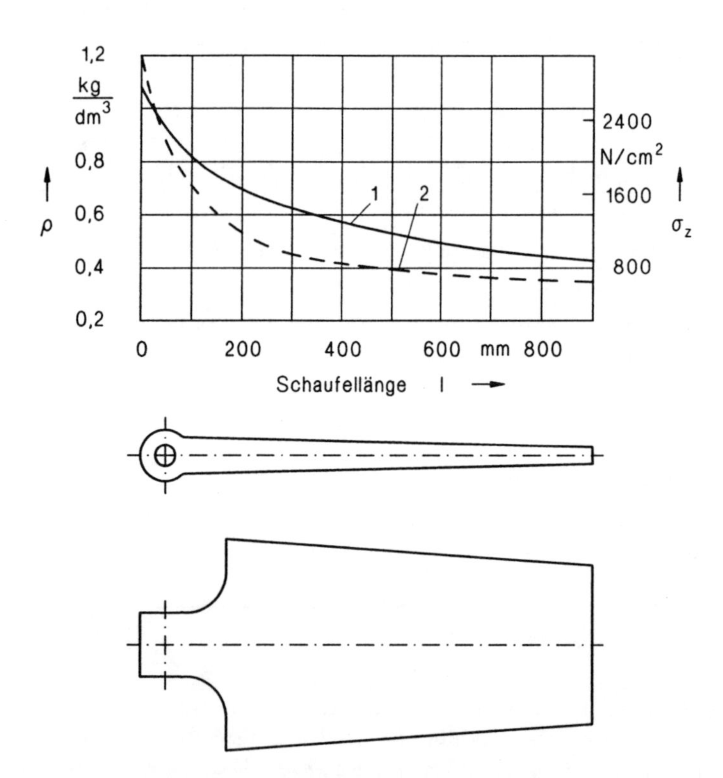

Bild 14-1. Dichteverlauf bei einer Axialschaufel aus PURS, hergestellt nach dem Rotationsschäumverfahren, aus [14-3] und [14-5].

1 Hochdruckschaum; 2 Niederdruckschaum

verschließbare Aluminiumform eingelegt, und Polyesterharz wird injiziert. Damit ist die gesamte äußere Schaufelprofilform aerodynamisch glatt und festigkeitsmäßig stabil. Die Aluminiumformen werden nach einem speziellen Verfahren im Genauguß hergestellt, so daß an ihnen nur noch kosmetische Schleifarbeiten erforderlich sind, damit eine glatte Oberfläche der äußeren Schaufelhaut entsteht. So wurden pendelnde Axialschaufeln von 1,8 m Länge mit einer Masse von 23 kg für ein Kühlturmlaufrad von 5 m Durchmesser hergestellt [14-4]. Die Zerreißkräfte des gelenkigen Schaufelfußes lagen zwischen 300 bis 350 MN, die bei 65 m/s Umfangsgeschwindigkeit einer 10fachen Bruchsicherheit entsprachen.

Ein besonders kostengünstiges Schaufelherstellungsverfahren für große axiale Ventilatoren ist das Polyurethan-Rotationsschäumverfahren [14-5]. Die Fertigungsdauer je Schaufel beträgt weniger als 15 min. Bild 14-1 zeigt den Dichteverlauf und die Kurzzeit-Festigkeitswerte über der Schaufellänge, die an Hand von aus den Schaufeln gearbeiteten Zerreißstäben gewonnen wurden. Ventilatoren mit Umfangsgeschwindigkeiten von $u_2 < 95$ m/s wurden im normalen Klimabereich [14-6] erfolgreich erprobt. Die erforderliche Schäumform für die Schaufeln ist nach dem oben beschriebenen Verfahren ebenfalls äußerst preiswert herstellbar.

Nachteilig waren und sind das sowohl bei Polyamid als auch bei PUR noch nicht völlig erforschte Dauer-Festigkeitsverhalten infolge Alterung und die Empfindlichkeit gegenüber Strahlung. Trotz bisheriger Erfahrungen bei der UV-Intensiv-Bestrahlung [14-6] und der Praxis von 20 Jahren gezieltem Kunststoffeinsatz sind noch immer höhere Unsicherheitszuschläge (je nach Technologie 4- bis 10fach) im Vergleich zu den Metallkonstruktionen erforderlich. Bei Bauteilen, deren Belastung nicht hoch ist, wie einfache PUR-Schaumformteile für Luftleitelemente, Gehäuse, Lüftereinschübe u. ä. [14-3], gelten diese hohen Zuschläge nicht.

15 Schwingungsprobleme bei großen Ventilatoren

Auf dem Gebiet der großen Ventilatoren ist sowohl bei den Herstellern als auch bei den Anwendern Fachwissen notwendig, das im Laufe der Zeit immer spezifischer wird und auf den jeweiligen Anwendungsfall zugeschnitten ist. Dieser Umstand hat, beginnend im Bergbau und später im Kraftwerksbau, die Entwicklung der Ventilatoren positiv beeinflußt [15-1] bis [15-5].

Im Bergbau dienen große Axialventilatoren der Be- und Entlüftung von Untertagegebieten, bei der Energie- und Wärmeerzeugung sind große Radial- und Axialventilatoren als Saugzüge, Radialventilatoren als Frischlüfter und Rezirkulationsventilatoren sowie Axialventilatoren als Kühlventilatoren eingesetzt. Radiale Ventilatoren sind im Zementanlagenbau als Ofen- und Mühlenabgasventilatoren und in der Hüttenindustrie vorwiegend als Saugzüge wirksam.

Aus der Vielzahl von Problemen wird im folgenden nur auf einige ausgewählte Probleme der Biegeschwingungen bei Ventilatoren eingegangen.

Große doppelflutige Radialventilatoren haben verhältnismäßig lange Antriebswellen. Hier werden „dicke" Wellen eingesetzt, die durch ihren Versperrungsgrad im Ansaugbereich zu Gunsten einer möglichst hohen Biegeeigenfrequenz den Wirkungsgrad um mehrere Prozent verringern. Um nur die erforderliche Mindestdicke, d. h. den unbedingt notwendigen Resonanzabstand, das ist der Abstand zwischen Erregerfrequenz der Drehzahl und der Biegeeigenfrequenz des Läufers, zu gewährleisten, sind sichere Berechnungsmethoden erforderlich [15-6] bis [15-8]. Typische und kritische Schwingungen werden durch radiale Rotorauslenkungen, bekannt als Biegeschwingungen, hervorgerufen. Sie machen sich u. a. wie folgt bemerkbar:

- Schwingungen an den Stehlagergehäusen,
- Lagertemperaturerhöhung,
- Fundamentschwingungen,
- erhöhte Schwingungen der angeschlossenen Gaskanäle und/oder der angrenzenden Gebäude.

Mögliche Ursachen der Rotorschwingungen sind

- Unwuchterregung statischer und dynamischer Art;
- Resonanzeffekte des Rotors infolge eines zu geringen Frequenzabstandes zwischen den Rotorbiegeeigenfrequenzen und den niederen Erregerordnungen der Erregerfrequenzen;

- gelöste oder teilweise gelockerte Befestigungsschrauben der Lagerung und des Grundrahmens;
- Resonanzeffekte der Lagerungen und des Ventilatorgehäuses;
- mangelhafte Ausrichtung der Wellen an der Kupplung;
- Verschleiß der Lager;
- Schwingungsanregung von außen auf die Maschine, z. B. Fußpunkterregung bei Einspeisung der Schwingungen über das Fundament;
- ungünstige Abstimmung der Ventilatorlagerung auf Fundament oder Schwingrahmen;
- Gassäulenschwingungsanregung, z. B. bei Saugzügen in Kraftwerken, infolge hoher Druckschwankungen im Dampferzeuger;
- aeromechanische Schwingungsanregungen infolge nicht abgestimmter Kanallängen, z. B. Helmholtz-Resonator (siehe Abschnitt 10);
- aeromechanische Schwingungsanregung durch rotierenden Strömungsabriß (rotating stall);
- aeromechanische Schwingungsanregung infolge Strömungsabriß an Vorleiteinrichtungen;
- aeromechanische Schwingungsanregung durch Nachlaufgebiete infolge des Umströmens von Bauteilen im Stromaufbereich.

Die Rotoren werden im unterkritischen Bereich betrieben, d. h., daß die niedrigste Biege- oder Torsionsfrequenz eines Rotors oberhalb der größten Betriebsfrequenz (Drehzahl) liegt. Im Ventilatorenbau wird diese Auslegungspraxis befolgt, um große Schwingungsausschläge während des Durchfahrens der Resonanzen beim An- und Abfahren zu vermeiden.

Praktisch sind Rotoren immer elastisch gelagert. Damit sind für die Eigenfrequenzen ω_{eig} eines Rotors neben seiner Steifigkeits- und der Massenverteilung (Berechnung von ω_{starr}) seine *Randbedingungen* (u. a. Einspannsteifigkeit) zur Bestimmung von ω_{el} von entscheidender Bedeutung.

Die niedrigste Eigenfrequenz des Rotors ω_{el} sollte mindestens 30 % oberhalb seiner höchsten Drehfrequenz liegen.

Die Mehrzahl der Rotoren von Ventilatoren sind horizontal gelagert und weisen, getrennt nach Horizontal- und Vertikalrichtung, unterschiedliche Lagersteifigkeiten (Bild 15-1) und damit unterschiedliches Schwingverhalten auf. Die Lagersteifigkeiten sind von der Gestalt der Bauelemente und von den Fertigungseinflüssen abhängig, die bei der Berechnung richtig modelliert sein müssen (Bilder 15-1, 15-2 und 15-3).

Experimentell kann die dynamische Lagersteifigkeit frequenzabhängig recht zuverlässig ermittelt werden. Bild 15-2 zeigt den Einfluß der Einspannung auf

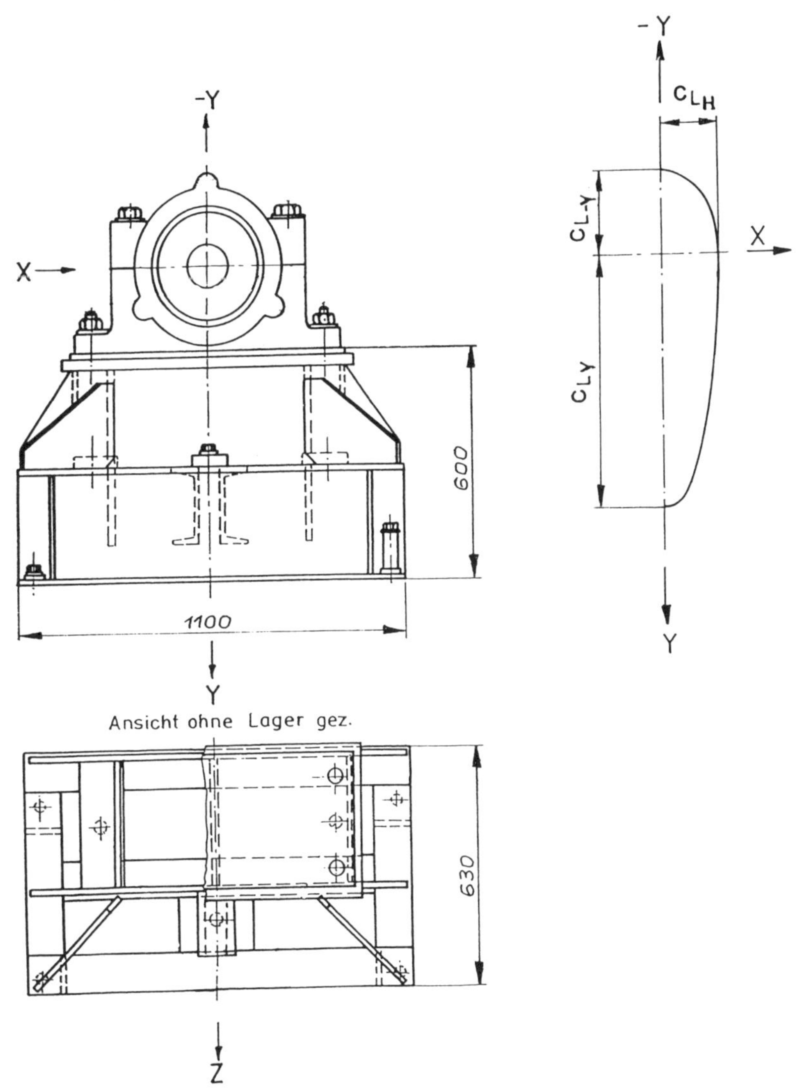

Bild 15-1. Steifigkeitsverlauf am Lagerbock, aus [15-6].

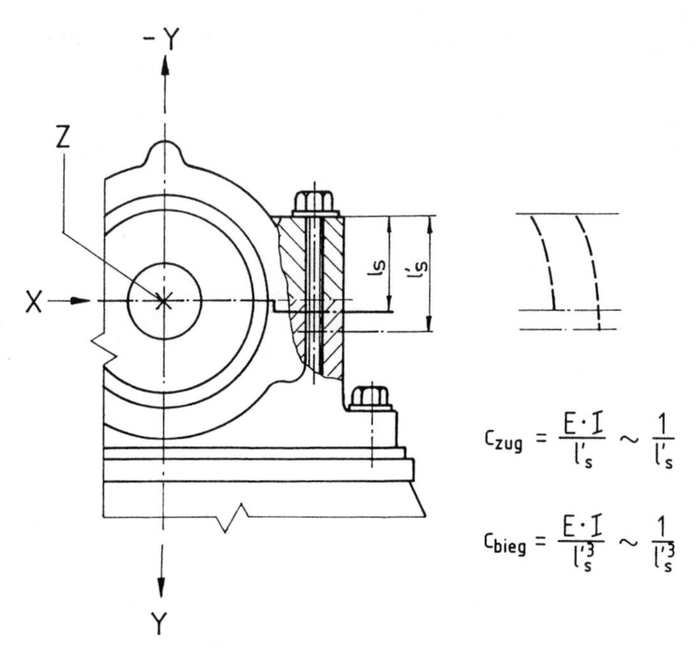

Bild 15-2. Einfluß der Einspannlänge von Lagerdeckelschrauben auf die Lagersteifigkeit, aus [15-6].

l_S Schraubenlänge bis zur Teilungsebene des Lagerdeckels; l'_S wirksame Einspannlänge der Lagerschrauben

die dynamische Steifigkeit des Lagerbockes aus Bild 15-1 in Abhängigkeit von fest angezogenen bzw. mehreren gelösten Befestigungsschrauben.

Die Rotorlagerung ist im allgemeinen aus einer Reihe von Einzelbauteilen mit statischer und dynamischer Einzelsteifigkeit zusammengesetzt. Die statische Gesamtsteifigkeit wird je nach Anordnung der einzelnen Bauelemente als Reihenschaltung von Einzelsteifigkeiten betrachtet:

$$1/c_{\mathrm{Lges}} = \Sigma(1/c_{\mathrm{L,i}}). \qquad (15.1)$$

Die Randbedingungen sind für die Rechenmodelle schwer zu bestimmen. Die Unsicherheiten sind z. B. in den Zug-Druck-Modellannahmen geringer als bei der Biegung, da die Federlängen der Lagerschrauben nur linear eingehen (Bild 15-2). Verschätzt man sich bei der realen Biegelänge um 10 %, ergibt das bereits eine Abweichung von 33 % in der Biegesteifigkeit.

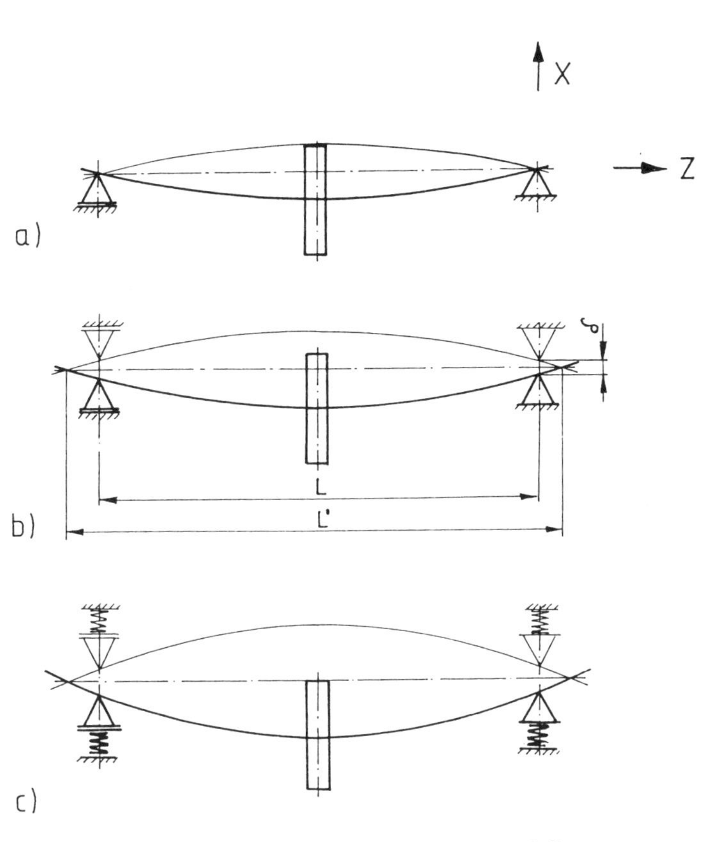

Bild 15-3. Biegeschwingungsformen von Rotoren, aus [15-6].
a) starr gelagert;
b) starr gelagert mit Lagerluft;
c) elastisch gelagert mit Lagerluft.

L Lagerabstand; L' Länge zur Berechnung der Biegegrundfrequenz

Tabelle 15-1 zeigt Steifigkeitsbetrachtungen von einem Rotor in Verbindung mit seiner Lagerung. Aus den Meßwerten der Rotorbiegeeigenfrequenz in den letzten beiden Spalten wird sichtbar, daß offensichtlich noch andere Faktoren wirken, die in den Modellannahmen nicht berücksichtigt werden. Trotz erheblicher konstruktiver Erhöhung der Lagerbocksteifigkeiten auf das 1,65fache und der Wellensteifigkeit auf das 1,5fache ist die gemessene Biegeeigenfrequenz des Rotors in der kritischen *Horizontalrichtung* (Drehfrequenz = 16,5 Hz) unwesentlich höher als vor der Versteifung (Tabelle 15-1: Zeile 4 zu Zeile 2:

Tabelle 15-1. Rechnerisch und experimentell ermittelte Rotoreigenfrequenzen als Funktion der Lagersteifigkeit.

Lagerbock-ausführung		Lagerbocksteifigkeit			Rotorsteifigkeit	Rotorbiegeeigenfrequenz Grundschwingung		
		rechnerisch ermittelte Werte			$48\,E{\cdot}I/L^3$	starr gelagert gerechnet	Meßwerte	
Nr.		$c_{L,hor}$ N/m·10^8	$c_{L,vert,y}$ N/m·10^8	$c_{L,vert,-y}$ N/m·10^8	c_{Welle} N/m·10^8	$f_{bieg,\,th}$ Hz	$f_{bieg,hori}$ Hz	$f_{bieg,\,vert}$ Hz
1	1. Ausführung	0,7	17	3,4	1,37	20,6	15	18,6
2	1. Ausführung verstärkt	0,75	21,5	3,6	1,37	20,6	17,2	18,6
3	2. Ausführung	2,2	35,4	6,4	1,37	20,6	18,1	19
4	2. Ausführung dicke Welle	22	35,4	6,4	1,87	22,55	17,6	22,35

$f_{bieg,hori}$ = 17,6 Hz zu 17,2 Hz). Erwartet wurde nach der Theorie des Einmassenschwingers eine Erhöhung der Rotorbiegeeigenfrequenz über 24 %. Es wurden aber nur etwa 2,3 % erreicht. Als Ursache wurde eine zu große Lagerluft (Auswahl der oberen Grenze für die Passung Loslager zwischen Wälzlageraußenring und Gehäuse) festgestellt [15-6].

In *Vertikalrichtung* haben verspannte Lagergehäuse den größten Einfluß. Die dadurch entstehende Ovalität zwischen Außenring und Stehlagergehäuse muß unbedingt vermieden werden. Sie ist offenbar der Grund für die schädliche Luft zwischen Gehäuse und Außenring und damit für den Abfall der Lagersteifigkeit in der Tabelle 15-1, Zeilen 1, 2 und 3, erkennbar am Abfall vom rechnerischen Wert $f_{bieg,th}$ = 20,6 Hz auf 18,6 bzw. 19 Hz.

Eingriffe des Betreibers in die Lagerung des Ventilators sollten unbedingt vermieden, lockere Schrauben jedoch festgezogen werden.

Was ist zu tun, wenn ein Ventilator unruhig läuft bzw. starken Schwingungen ausgesetzt ist? Zur Klärung der Ursache sollte geprüft werden, ob elastomechanische oder aeromechanische Anregung vorliegt. Unterscheidungsmerkmale sind:

- elastomechanische Schwingungen sind drehzahlkonform oder entsprechen ganzzahligen Mehrfachen oder Bruchteilen der Drehzahl;
- aeromechanische Schwingungen lassen sich von außen bezüglich der auftretenden Schwingfrequenzen nicht immer einordnen.

Die aeromechanische Schwingungsanregung im instabilen Arbeitsbereich ist eine Funktion des Zusammenwirkens des Ventilators mit der Anlage. Sie kann vom Betreiber selbst, allerdings nur über die Änderung der Anlagenkennlinie, abgestellt werden. Die Ursache kann beseitigt werden durch:

- Drallreglerstellung öffnen;
- Drehzahl verringern;
- Bypass öffnen;
- parallelgeschaltete Ventilatoren abschalten;
- Verringerung des Anlagenkennlinienwiderstandes, z. B. Entfernen oder Öffnen von Drosseleinrichtungen;
- Verringerung des Anstellwinkels bei verstellbaren axialen Laufschaufeln;
- Die aeromechanischen Schwingungsanregungen infolge des Abreißens der Strömung an den Leiteinrichtungen (Vorleit-, Zwischen-, Nachleiteinrichtungen) sind nur durch Verändern der Leitgitterwinkel (Vergrößern des Luftdurchsatzes = Verringern der Anstellwinkel) möglich.

Zu den elastomechanischen Schwingungen

Trotz guter Wuchtung des Läufers können Maschinen unruhig laufen. In Tabelle 11-3 und im Abschnitt 18.3 sind die möglichen Ursachen aufgeführt. Ausrichtfehler und das Verspannen der Lager (Pos. 2 und 3) können von fachmännischem Montagepersonal festgestellt und behoben werden.

Schwieriger zu finden sind die Ursachen zur Resonanznähe des Rotors bzw. zum Anregungsmechanismus für die subharmonischen Schwingungen. Diese schwingen mit den ganzzahligen Bruchteilen der Drehzahl. Dreht z. B. ein Rotor mit 16,5 Hz (entspricht 950 min^{-1}), so sind subharmonische Schwingungen mit 16,5/2 = 8,25 Hz, 16,5/3 = 5,5 Hz usw. möglich. Sie werden auf das gemeinsame Auftreten zweier wesentlicher Eigenschaften des Rotor-Lager-Systems zurückgeführt:

1. nichtlineares Verhalten von Kraft zu Auslenkung des Rotors im Lager bei Vorhandensein großer Unwuchten,
2. sehr kleines, unterschiedliches Dämpfungsverhalten des Lagers (äußere Dämpfung z. B. durch Ölfilm).

Dieses Verhalten konnte vorwiegend bei Gleitlagern beobachtet werden. Es sind Untersuchungsergebnisse bekannt [11-36], wonach diese Erscheinungen bzw. Auswirkungen, nämlich mehrere Schwingungen während einer Umdrehung des Rotors, auch bei Wälzlagerung beobachtet wurden. Resonanznähe eines Rotors in Verbindung mit sehr weichen Lagern, z. B. durch großes Lagerspiel, erzeugen subharmonische Schwingungen und den Eindruck eines schlecht gewuchteten Rotors [15-9] bis [15-11].

Die Resonanznähe ist meßtechnisch nachweisbar durch die Schwingamplitude in Verbindung mit der Phasenlage. Mit Hilfe des Einmassen-Schwingermodells sind einfache Überschlagsberechnungen zur Abschätzung der Eigenschwingungen und der Lagersteifigkeiten möglich.

Die Eigenfrequenz der Biegegrundschwingung eines starr gelagerten Rotors kann über die Wellendurchbiegung y bestimmt werden:

$$\omega_{starr,0.} = \sqrt{\frac{g}{y}} \tag{15.2}$$

bzw.

$$f_{starr,0.} = 0,4985 \sqrt{\frac{1}{y}} \text{ in s}^{-1} \tag{15.3}$$

mit der Durchbiegung bei mittig belastetem Rotor

$$y = \frac{l^3}{48\, E \cdot I}\, g \left(m_{Rad} + \frac{5}{8}\, m_{Welle} \right) \text{in m.} \tag{15.4}$$

Bei zweiseitig gelagerten Rotoren mit außermittiger Wellenbelastung ist

$$y = \frac{l^3}{E \cdot I}\, g \left[\frac{(l - l_1)^2\, (l - l_2)^2}{3 \cdot l^4}\, m_{Rad} + \frac{5}{384}\, m_{Welle} \right]. \tag{15.5}$$

m_{Rad} ist die Laufrad- und Nabenmasse, m_{Welle} die Wellenmasse, und l ist die Wellenlänge zwischen den Lagermitten, l_1 und l_2 sind die Abstände des Laufrades zu den jeweiligen Lagern, g ist die Gravitationskonstante, E der Elastizitätsmodul und $I = \pi\, (d_{Welle}^4/64)$ das Flächenträgheitsmoment. Für konische Wellen wird das Flächenträgheitsmoment $I_{kon} = I_{max}$ (0,9 bis 0,95), abhängig vom Längenanteil des maximalen Durchmessers und vom Konizitätsgrad der Welle.

Jede reale Rotorlagerung ist eine elastische Lagerung. Bei horizontal gelagerten Rotoren gibt es Unsicherheiten bei der Bestimmung der Lagersteifigkeiten in Horizontalrichtung, eine der entscheidenden Randbedingungen zum Berechnen der Eigenschwingungen der Rotorwelle. Aus der Lagerkonstruktion (Bilder 15-1 und 15-2) ist ersichtlich, daß in unterschiedlichen Belastungsrichtungen (x horizontal; y vertikal) unterschiedliche Steifigkeiten vorliegen und damit richtungsabhängig unterschiedliche Schwingungen zu erwarten sind. In [15-6] wird eine Lösung zur Bestimmung der Biegeschwingung unter Berücksichti-

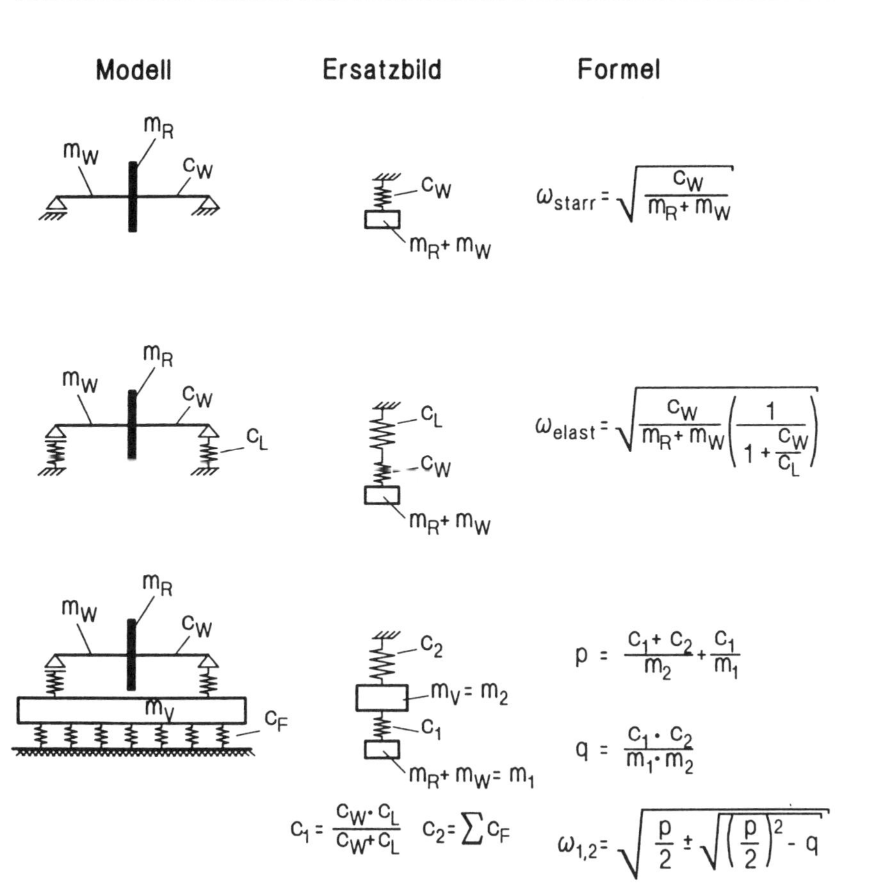

Bild 15-4. Modell und Ersatzbild für starr und elastisch gelagerte Einmassenschwinger.

gung der elastischen Lagerung vorgeschlagen. Unter Einbeziehung der Lagerluft als der weichsten Feder in horizontaler Richtung, die damit zur Dominante bei der Bestimmung der Lagersteifigkeit nach Gl. (15-1) wird, folgen für die elastisch gelagerte Welle die Frequenzen

$$\omega_{\text{el},0.} = \frac{\omega_{\text{starr},0.}}{[1+\delta/(1 \cdot dy/dz)]^2} \qquad \text{Biegegrundfrequenz,} \qquad (15.6)$$

$$\omega_{\text{el},1.} = \frac{4\,\omega_{\text{starr},0.}}{[1+\delta/(1 \cdot dy/dz)]^6} \qquad \text{1. Oberschwingungsfrequenz,} \qquad (15.7)$$

$$\omega_{el,2.} = \frac{9\,\omega_{starr,0.}}{[1 + \delta/(l \cdot dy/dz)]^{11}} \quad \text{2. Oberschwingungsfrequenz} \qquad (15.8)$$

mit dem Biegewinkel $dy/dz = l^2 \cdot g\,(m_{Rad}/16 + m_{Welle}/24) / (E \cdot I)$ der Welle im Lager bei mittiger Radlagerung. ω_{el} und ω_{starr} aus Gl. (15.2) sind die Eigenkreisfrequenzen der elastisch und starr gelagerten Rotorwelle, l die Wellenlänge zwischen den Lagern, δ das gesamte Lagerspiel zwischen Wälzkörper und Außenring und zwischen Außenring und Stehlagergehäuse.

Bei Rotation verschiebt das Kreiselmoment die Eigenschwingung zu höheren Werten.

In Vertikalrichtung ist der Abfall der Rotoreigenfrequenz im Vergleich zum „Starr-Lagermodell" erheblich geringer, als bei der horizontalen Richtung, ausgenommen bei unsachgemäßer Ausführung der Lagerbohrung, die zur Wälzlagerverspannung und zur Ovalität des Außenringes führt. Die Folge ist eine Mehrpunktlagerung mit Luftspalt zwischen Außenring und Lagergehäuse. Damit wirkt der Außenring als Federbalken (siehe Zeilen 1 bis 3 in Tabelle 15-1).

Wird der Abstand zwischen Drehfrequenz und Eigenfrequenz zu klein gewählt, kommt es zur Resonanznähe mit überhöhten Schwingungen. Wie in Tabelle 15-1, Zeile 1 gezeigt wird, ist trotz eines Abstandes von 24 % der Drehfrequenz zur starren Eigenfrequenz der Rotorwelle ein überkritischer Betrieb in *horizontaler Richtung* gegeben.

Mit dem folgenden Verfahren kann man ebenfalls Lagersteifigkeiten orten und erforderlichenfalls Änderungen berechnen. Ausgehend vom starr gelagerten Rotor

$$c_{Welle} = \omega_{starr}^2 \cdot m_{Rotor} \qquad (15.9)$$

läßt sich mit der elastischen Biegegrundschwingung des Rotors die Lagersteifigkeit mit

$$\omega_{el} = \omega_{starr} \sqrt{\frac{1}{1 + \frac{c_{Welle}}{c_{Lager}}}} \qquad (15.10)$$

wie folgt bestimmen:

$$c_L = \frac{c_{Welle}}{\frac{\omega_{starr}^2}{\omega_{el}^2} - 1}. \qquad (15.11)$$

Eine Änderung der Lagersteifigkeit von c_{L1} auf c_{L2} zieht folgende Frequenzänderung nach sich:

$$\omega_{\,\mathrm{el},2} = \omega_{\,\mathrm{starr}} \sqrt{\frac{\dfrac{c_{L2}}{c_{L1}}}{\dfrac{c_{L2}}{c_{L1}} + \dfrac{\omega^2_{\mathrm{starr}}}{\omega^2_{\mathrm{el},1}} - 1}} \;. \tag{15.12}$$

Eine weitere Beeinflussung der Biegegrundschwingung des Rotors erfolgt durch das Drehmoment M in der Form

$$\omega_{\mathrm{mod}} = \omega \sqrt{1 - \left(\frac{M \cdot l}{2 \cdot \pi \cdot E \cdot I}\right)^2}\,, \tag{15.13}$$

durch die Axialkraftbelastung F_{ax} in der Form

$$\omega_{\mathrm{mod}} = \omega \sqrt{1 - \frac{F_{ax} \cdot l^2}{\pi^2 \cdot E \cdot I}} \tag{15.14}$$

und durch gleichzeitige Axial- und Drehmomentbelastung

$$\omega_{\mathrm{mod}} = \omega \sqrt{1 - \frac{F_{ax} \cdot l^2}{20 \cdot E \cdot I} - \frac{7}{640}\left(\frac{M \cdot l}{E \cdot I}\right)^2}. \tag{15.15}$$

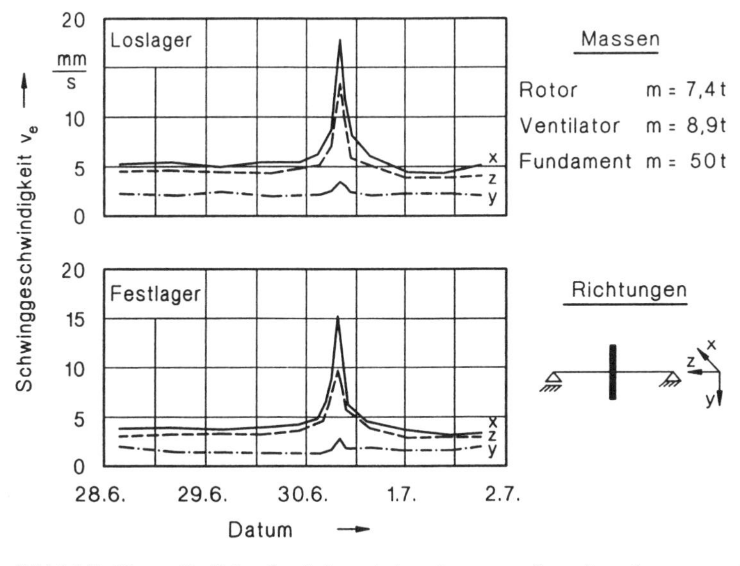

Bild 15-5. Ungewöhnliches Laufruheverhalten des starr aufgestellten Saugzuges eines Dampferzeugers, aus [15-6].

Im Bild 15-5 sind die Auswirkungen der Schwingung eines Rotors zu sehen, dessen Eigenfrequenz in unmittelbarer Nähe unterhalb der Drehfrequenz liegt. Nach längerem Betrieb mit mittleren Schwingwerten von $v_e = 4$ mm/s trat trotz Standardkessellast ein plötzliches Aufschwingen des Rotors mit $v_e = 18$ mm/s auf. Nach einer gewissen Beharrungsdauer stellten sich die Ausgangswerte wieder ein. Dieses Aufschwingen trat selten auf und konnte mit Besonderheiten bei der Kesselbefeuerung oder Kessellast nicht erklärt werden. Die Ursache lag in der zeitweisen Senkung der Rauchgastemperatur um $\Delta t = 30$ bis 40 K. Weil der Rotor als Wärmespeicher wirkt, trat eine Längenänderung der Welle mit einer Zeitverzögerung von 2 bis 3 h (!) auf. Durch das Verschieben der Welle verkleinerte sich das radiale Lagerspiel zwischen Wälzkörper und Außenring und erhöhte damit die Lagersteifigkeit, und die Eigenfrequenz des Systems Welle/Lager wurde in Resonanznähe angehoben. Nach der Veränderungsdauer positionierten sich die Lager, und der Ventilator lief anschließend wieder in seinem Ausgangszustand.

Zusammengefaßt führt also ein weiches Lager zu geringeren Lagerkräften, aber auch zu größeren Ausschlägen und umgekehrt. Das zu optimieren, ist zunächst Aufgabe des Ventilatorherstellers. Da aber, wie gezeigt wurde, solche Veränderungen auch während des Betriebes entstehen können, sollte der Anwender die Ursachen kennen, damit er bei der Betriebsüberwachung entsprechend reagieren kann.

16 Kleinventilatoren

Unter Kleinventilatoren versteht man allgemein Ventilatoren mit Durchmessern unter 200 mm, Volumenströmen unter 0,3 m^3/s und Drücken unter 3000 Pa [16-1]. Die Leistungen liegen daher unter 1 kW. In vielen Fällen beträgt die Förderleistung sogar nur wenige Watt. Die Kompressibilität ist in jedem Fall vernachlässigbar.

Die Kleinventilatoren werden fast ausnahmslos direkt angetrieben. Als typische Bauform ist hier der leitradlose Axialventilator mit dem Außenläufermotor als Antrieb weit verbreitet (Bild 3-4). Eine große Rolle unter den Kleinventilatoren spielen auch die Querstrom- und die Trommelventilatoren (Bilder 3-13 und 3-11 Rad 4). Hierzu sind ausführliche Angaben in [16-2] bis [16-4] zu finden. Diese Ventilatoren werden vor allem dort angewendet, wo rechteckige oder schlanke Austrittsquerschnitte benötigt werden.

Anwendungsgebiete von Kleinventilatoren sind die Kühlung von elektrischen und elektronischen Geräten, die Einzelbelüftung und -entlüftung im Haushaltbereich (z. B. Tisch- und Heizventilatoren) und in Fahrzeugen (z. B. Kühl- und Heizventilatoren, oft auch Gebläse genannt), Belüftung von Kleinapparaten der Medizin, Optik und anderer Zweige.

Den Besonderheiten der Kleinventilatoren wird auch im Normenwerk Rechnung getragen. So wurde ein gesonderter Normenteil für die Leistungsmessung von Kleinventilatoren geschaffen [16-1]. In den Technischen Lieferbedingungen [16-5] wird für Kleinventilatoren auf Bautoleranzen der niedrigsten Genauigkeitsklasse 3 orientiert. Hierbei gibt es keine Grenzabweichung für den Wirkungsgrad. Alle Grenzabweichungen sind unter Berücksichtigung der geringen Leistungen dieser Ventilatorenkategorie entsprechend großzügig bemessen:

$\dot{V}$ + 10 %,
Δp + 10 %,
P + 16 %,
L_{WA} + 6 dB.

Für elektrische Haushaltventilatoren existieren gesonderte Standards, z. B. [16-6] bis [16-8].

Zu Druckerhöhung, Volumenstrom, elektrischer Leistungsaufnahme und Schallabstrahlung gibt es ausführliche Angaben in den Herstellerschriften. Zum Ventilatorwirkungsgrad findet man kaum Angaben. Auf Grund der geringen Leistungsumsetzung von oft nur wenigen Watt ist diese Angabe für den Anwender nur bedingt von Interesse. Bei elektrischen Heizgeräten verliert der Ventilatorwirkungsgrad für den Anwender sowieso seine Bedeutung. Dagegen kann er für den Hersteller durchaus wichtig sein, da das Motorbauvolumen und seine verfügbare Leistung die Gestaltung des Ventilators und seine Leistungsdaten, insbesondere seine Lärmabstrahlung, mitbestimmen.

Im folgenden werden einige Untersuchungsergebnisse von Axialventilatoren beschrieben, aus denen auch typische Größenordnungen von der Druckzahl ψ_{fa} sowie vom frei ausblasenden Wirkungsgrad η_{fa} zu entnehmen sind. Die Modelluntersuchungen betreffen Kleinventilatoren mit einem Laufraddurchmesser D = 140 mm und einer Drehzahl $n = 2450\ min^{-1}$.

Von Messungen an Tragflügelprofilen ist bekannt, daß unterhalb der Reynolds-Zahl von 10^5 mit einem starken Abfall des Auftriebsbeiwertes und einem Anstieg des Widerstandsbeiwertes gerechnet werden muß [16-9].

Die untersuchten Modellräder sind in Tabelle 16-1 beschrieben.

Tabelle 16-1. Untersuchte Modellräder.

Rad-Nr.	1	2
Laufraddurchmesser in mm	140	140
Nabendurchmesser in mm	70	90
Schaufelzahl	6	6
Nabenverhältnis	0,5	0,64
Profillänge in mm	55	60
Profilname	Al 3/76	Al 2/76
Staffelungswinkel in Grad	19 bis 43	25 bis 37
Spalt zwischen Rad und Gehäuse in mm	1	1

Die Größenordnung der zu erwartenden Kennwerte $\dot{V}$, Δp_{fa} und P_L kann aus folgenden Daten berechnet werden:

$$D = 0{,}14\ m, \qquad \varphi = 0{,}2,$$
$$n = 2450\ min^{-1}, \qquad \psi_{fa} = 0{,}2,$$
$$\rho = 1{,}2\ kg/m^3, \qquad \lambda = 0{,}1.$$

Man erhält etwa $\dot{V} \approx 0{,}055\ m^3/s$, $\Delta p_{fa} \approx 38{,}7$ Pa und $P_L \approx 5{,}4$ W. Das Antriebsmoment ergibt sich dabei zu 0,021 N · m. Es wurde mit einem Pendelmotor gemäß Bild 16-1 gemessen. Der Hebelarm wurde mit 0,2 m festgelegt. Die zu messende Rückstellkraft beträgt dann etwa 0,105 N. Um eine Wägeempfindlichkeit von etwa 1 % des Meßwertes zu erhalten, muß die Waage auf 0,001 N bzw. 0,1 g ansprechen. Es wurde eine gekapselte Neigungswaage mit einer Empfindlichkeit von unter 50 mg eingesetzt.

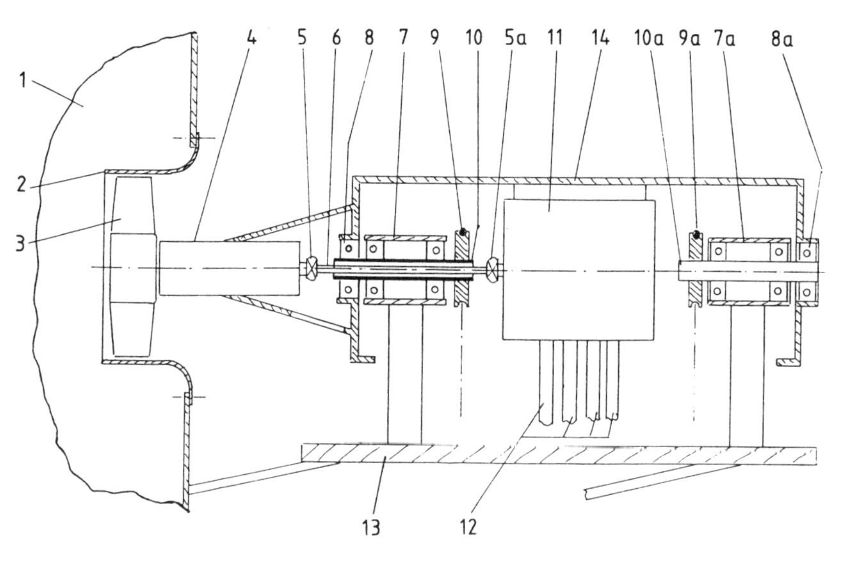

Bild 16-1. Pendelprüfstand für Kleinventilatoren.

1 Meßkammer (DIN 24 163, Teil 3); 2 Ventilatorgehäuse; 3 Laufrad; 4 Hauptlagerung; 5, 5a Gelenk für Zwischenwelle; 6 Zwischenwelle; 7, 7a Lagerkörper mit Stützfuß an Grundplatte 13; 8, 8a Lager für Gehäuse 14; 9, 9a Hilfsantrieb (Riemenscheibe, Riemen, Motor, einmal links, einmal rechts drehend); 10, 10a Tragwelle (einmal hohl); 11 Hauptmotor; 12 Stromzuführungsbänder (Alu-Folie 0,05 mm dick); 13 Grundplatte (lagefest in bezug auf Kammer 1); 14 Traggehäuse (pendelt in Lagerung 8, 8a und wird von Hebelarm auf Waage abgestützt)

Um den Einfluß der Lagerungsreibung zu unterdrücken, wurde die Laufradlagerung mit dem Antriebsmotor als Baueinheit gestaltet, die mit zwei zentrischen Wellen in Kugellagern gebettet wurde. Die beiden Wellen wurden getrennt im Rahmen gelagert und von Hilfsmotoren gegenläufig angetrieben. Bei gleicher Reibung in den beiden Wellen ergab sich damit eine reibungslose Pendelaufhängung. Die Stromzuführung zum Hauptmotor erfolgte mit S-förmig aufgehängten Bändern aus Aluminiumfolie mit einem Querschnitt von etwa 0,05 x 10 mm. Die Charakteristik der Pendeleinrichtung wurde durch Auflegen von Gewichten und Ablesung an der Waage aufgenommen und bei der Auswertung der Kennlinienmessungen berücksichtigt.

In Tabelle 16-2 sind einige Meßergebnisse dargestellt. Die Größenordnung der frei ausblasenden Wirkungsgrade der leitradlosen Axialventilatoren von 0,38 bis 0,44 entspricht der aus Statistiken gewonnenen Reynoldszahl-Abhängigkeit (bei einer Re-Zahl von 10^7 liegen diese im Bereich von 0,54 bis 0,60). Auf die

Tabelle 16-2. Meßergebnisse der Räder nach Tabelle 16-1.

Rad-Nr.	Staffelungs-winkel in Grad	φ	ψ	η
1	19	0,18	0,14	0,42
	25	0,22	0,14	0,43
	28	0,2	0,22	0,43
	31	0,2	0,22	0,44
	37	0,255	0,203	0,38
	43	0,24	0,24	0,35
2	25	0,15	0,21	0,41
	31	0,17	0,21	0,37
	37	0,17	0,22	0,34

aerodynamische Qualität wirkt sich die detaillierte konstruktive Gestaltung, wie die Ausführung der Düse, die Anbringung der Stützelemente, das Nabenverhältnis und der Spalt zwischen Laufrad und Gehäuse, ähnlich wie bei größeren Modellen aus. Der Wirkungsgradabfall des Modellrades 2 kann durch das größere Nabenverhältnis beeinflußt sein.

Bei einem Serienventilator mit einem Raddurchmesser von 140 mm gelang es z. B. nachzuweisen, daß bei Wegfall des Schutzgitters, der Anströmkappe und eines Anströmkappenhalters der Bestpunkt hinsichtlich der Druckzahl von $\psi_{fa} = 0{,}18$ auf 0,22 und der Volumenzahl von $\varphi = 0{,}165$ auf 0,18 verschoben werden kann. Dabei erhöhte sich der frei ausblasende Wirkungsgrad von $\eta_{fa,max} = 0{,}40$ auf 0,48.

17 Meßtechnik

Die genaue Berechnung der aerodynamischen, akustischen, schwingungstechnischen und Festigkeitskennwerte eines Ventilators an Hand seiner Konstruktionsdaten ist bis heute noch nicht möglich und wird auch so bald nicht möglich sein. Deshalb ist es das Ziel der Meßtechnik, den experimentellen Nachweis der nach [17-1] vereinbarten Eigenschaften eines Ventilators, insbesondere seines Auslegungspunktes bzw. seiner Kennlinien zu bringen bzw. den Betriebspunkt in der Anlage festzustellen. Dazu gehören

- Ventilatordrehzahl,
- Dichte des Fördermediums,
- Volumen- oder Massestrom,
- Totaldruckerhöhung,
- Antriebsleistung,
- Schalleistungs- bzw. Schalldruckpegel,
- Schwingschnelle,
- Festigkeit gegenüber Schwingungen und Stößen, z. B. bei mobilem Betrieb.

Die Messungen erfolgen

- auf Prüfständen
  - für die Forschung und Entwicklung (F/E),
  - als Modellmessung für Typenkennlinie (Umrechnung vomModell auf andere Baugrößen und Drehzahlen bzw. Dichte),
  - Messung des Originals oder eines Modelles der Großausführung (günstig mit vorhandenem Zubehör, z. B. Einlaufkrümmer, Diffusor am Ausblas) zum Nachweis für den Kunden,
- in der Anlage
  - als Nachweis für den Kunden und
  - zum Feststellen des Betriebspunktes, gegebenenfalls als Grundlage für eine Veränderung der Anlage.

17.1 Prüfstandsmeßtechnik

Für die aerodynamische Prüfstandsmeßtechnik gibt es ausführliche Normen [17-2] bis [17-4]. Wegen ihres umfangreichen Informationsgehaltes sollten sie zur Ausrüstung eines jeden Anwenders gehören, weshalb hier nicht darauf eingegangen wird. Sie werden ständig weiter entwickelt und international angepaßt [17-5] [17-6].

Für die Technologie des Anwenders, für den Nachweis der vertraglich vereinbarten Werte und als Eingangsgröße in die Förderleistung $P_t = \dot{V} \cdot \Delta p_t$ bzw. P_{fa} ist der Volumenstrom wichtig. Arbeitet man zur Volumenstrommessung nicht mit Einlaufmeßdüsen, sondern in der Rohrstrecke mit genormten Widerstands-Drosselgeräten (WDG) [17-7] bis [17-9], so muß vor diesen im Rohr ein ausgebildetes turbulentes Geschwindigkeitsprofil vorhanden sein. Das erfordert für die höchste Meßgenauigkeit Grenzschichtlauflängen vom freien Ansaugen bis zum WDG von etwa 30 D_{Rohr}. Durch einen Randring (Bild 17-1), der sich vor einem Wabengleichrichter befindet und mit 0,038 D in das Rohr hineinragt, wird auf kürzerem Wege ein turbulentes Rohrprofil erreicht und die Lauflänge verringert sich auf 10 D [17-10].

Die Messung der Antriebsleistung, der akustischen, der schwingungstechnischen und der Zuverlässigkeitswerte (ergänzende Literatur [17-11] bis [17-14]) wird in den entsprechenden Abschnitten beschrieben.

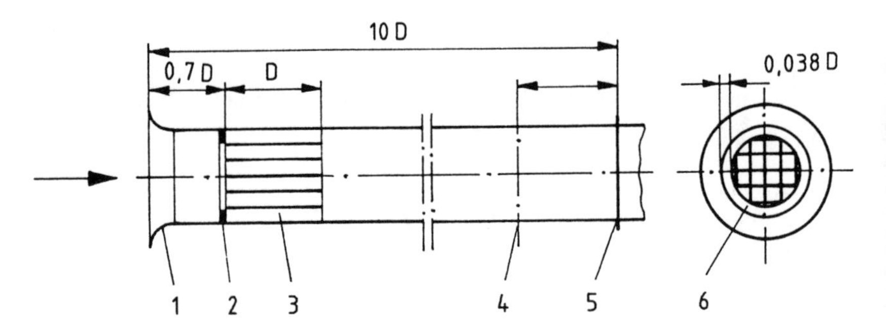

Bild 17-1. Anordnung zum Verkürzen einer Anlaufstrecke, aus [17-10].

1 Einlaufdüse; 2 Randring; 3 Wabengleichrichter; 4 Meßquerschnitt des Geschwindigkeitsprofiles; 5 Normblenden- bzw. Normdüsenkammer; 6 Erstreckung des Randringes 0,038 D nach innen

17.2 Messungen in der Anlage

Die Messung in der Anlage (in situ) [17-15] [17-16] kann meist nicht so genau wie auf dem Prüfstand ausgeführt werden. Sie hat jedoch den Vorteil, daß bei dieser Gelegenheit der Betriebspunkt ermittelt wird, der nicht immer mit dem Auslegungspunkt des Anlagenbauers übereinstimmt. Die VDI-Richtlinien für diese Messungen (VDI-Ventilatorregeln [17-15]) sind ausführlich und sollten ebenfalls zum Rüstzeug eines Ventilatorenanwenders gehören.

Die Qualität der Messung in der Anlage ist stark von den Einbaubedingungen und der Wahl der Meßquerschnitte abhängig. Erste qualitative Kontrollen der Strömung, z. B. mit einer Fadensonde oder Rauchsonde ergeben, ob es sich um eine pulsierende oder gleichmäßige handelt und wie ihr Verlauf ist. Danach müssen geeignete Meßquerschnitte festgelegt werden.

Problematisch ist wieder die Volumenstrommessung [17-15, insbesondere Abschnitt 5.4] [17-16] bis [17-25]. Hierfür müssen Querschnitte mit ausreichend gleichmäßiger und drallfreier Durchströmung, möglichst in geraden Kanälen, gesucht werden. Um gut meßbare Größen zu erhalten, sollten die Geschwindigkeiten ausreichend hoch sein, z. B. wie hinter beschleunigenden Verengungen. Bei genügend dichten Rohrleitungen muß die Geschwindigkeit nicht in der Nähe des Ventilators gemessen werden. In Ausnahmefällen kann mit thermischen Anemometern oder Flügelrad-Anemometern, die ab 0,25 m/s einsetzbar sind [17-26], über großen Flächen, z. B. hinter Wärmeübertragern oder Filtern, gemessen werden.

Zur Volumenstrommessung gut geeignet sind Formteile, die stark beschleunigen, oder die einen genügend großen Verlustbeiwert haben oder solche Formteile, bei denen der Fliehkrafteffekt einer gekrümmten Strömung wirksam wird, z. B. Krümmer (Bild 4-5). Diese können, wenn sie kalibriert sind, auch als Geber für die Betriebsüberwachung bzw. -steuerung dienen, so daß aufwendige und zusätzliche Verluste bringende Widerstands-Drosselgeräte (WDG) entfallen können. Hierfür bietet sich u. a. auch der Ansaugkasten des Ventilators an, wie dies in [17-15], Anhang, Beispiel B, beschrieben ist. Hier wird die statische Druckdifferenz zwischen Saugkrümmereintritt und Kreisringfläche am Laufradeintritt zur Bestimmung des Volumenstromes verwendet. Der zu eichende Faktor umfaßt sowohl den Beschleunigungseffekt als auch den Verlustbeiwert und wird für die Betriebsüberwachung (siehe Abschnitt 11.5) verwendet. Besonders einfach ist diese Meßmetode des Volumenstromes bei frei ansaugenden Ventilatoren, bei denen nur eine statische Druckmeßstelle am Düsenende notwendig ist (siehe auch Bilder 4-1 und 4-5).

Eine einfache Meßmethode, mit der in einem Krümmer in erster Näherung der Volumenstrom in Abhängigkeit von einer statischen Druckdifferenz und von der Krümmung $\varepsilon = R/D$ bestimmt werden kann, nutzt den Fliehkrafteffekt. Bild 17-2 zeigt die Lage der Meßstellen für den statischen Druck, mit dem sich der Volumenstrom

$$\dot{V}_R = \frac{D^2 \cdot \pi}{4} \sqrt{\frac{2\,\Delta p_{st}}{\rho \cdot k_R}} \quad \text{bzw.} \quad \dot{V}_K = a \cdot b \sqrt{\frac{2\,\Delta p_{st}}{\rho \cdot k_K}} \qquad (17.1)$$

berechnen läßt.

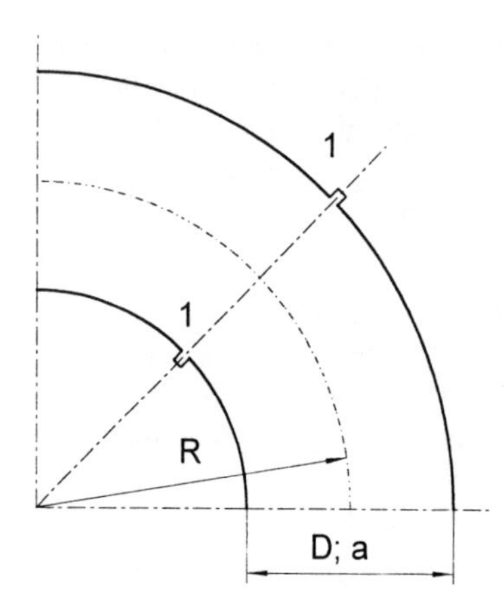

Bild 17-2. Rohrleitungskrümmer zum Messen des Volumenstromes.

1 statische Druckmeßstellen

Die Faktoren k_R und k_K können aus dem Bild 17-3 mit Index R für das Rohr bzw. K für den Kanal mit den Abmessungen $a \cdot b$ abgelesen werden. Für $\varepsilon \leq 1{,}8$ gilt annähernd:

$$k_R = \frac{1}{\left(1 - \frac{1}{2\,\varepsilon}\right)^2} - \frac{1}{\left(1 + \frac{1}{2\,\varepsilon}\right)^2}. \tag{17.2}$$

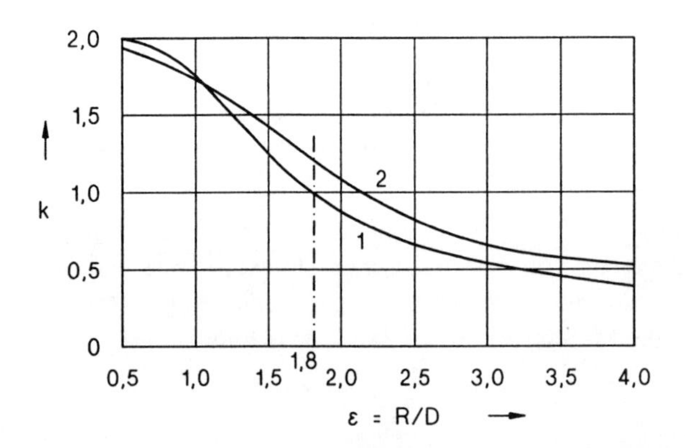

Bild 17-3. Durchflußfaktoren für Volumenstrommessungen an Rohrleitungskrümmern.

1 Durchflußfaktor k_R für Rohrquerschnitt;
2 Durchflußfaktor k_K für Kanalquerschnitt

Weitere Untersuchungsergebnisse über Durchflußmeßverfahren an gekrümmten Rohren [17-27] führten zu den folgenden empirischen Beziehungen. Für Rohrkrümmer mit kreisförmigem Querschnitt gilt für Re > $2 \cdot 10^5$ im Bereich 0,8 < D/R < 1,2

$$\dot{V} = 1,57 \left(\frac{R}{D}\right)^{0,3} D^{1,8} \sqrt{\frac{\Delta p}{9,81\,\rho}} \quad \text{in m}^3/\text{s} \tag{17.3}$$

mit R und D in m, ρ in kg/m³ und Δp in Pa. Für Rohrkrümmer mit quadratischem Querschnitt gilt im Bereich 0,7 < a/R < 1,25

$$\dot{V} = 3,024 \left(\frac{R}{a}\right)^{0,6} a^{2,1} \sqrt{\frac{\Delta p}{9,81\,\rho}} \quad \text{in m}^3/\text{s} \tag{17.4}$$

und für den rechteckigen Querschnitt

$$\dot{V} = 3,024 \left(\frac{R}{a}\right)^{0,6} a^{2,1} \frac{a}{b} \sqrt{\frac{\Delta p}{9,81\,\rho}} \quad \text{in m}^3/\text{s} \tag{17.5}$$

Über die Meßgenauigkeit sind keine Angaben gemacht. Die Krümmermessung sollte nur als grobe Orientierung verwendet werden. Eine relativ hohe Genauigkeit ist zu erwarten, wenn z. B. bei der Betriebsüberwachung diese Messungen mit einem genauer gemessenen Bezugswert kalibriert werden.

Wird in ungleichmäßigen Geschwindigkeitsverteilungen mit Zylindersonden gemessen, so verschiebt sich der Staupunkt durch die sogenannte Scherströmung (Bild 17-4). Ähnlich empfindlich sind auch die statischen Drucköffnungen 4 von Prandtl-Rohren, weniger auch deren Totaldrucköffnungen 3 (Bild 4-3). Es wird daher empfohlen, für die Messung des Totaldruckes relativ

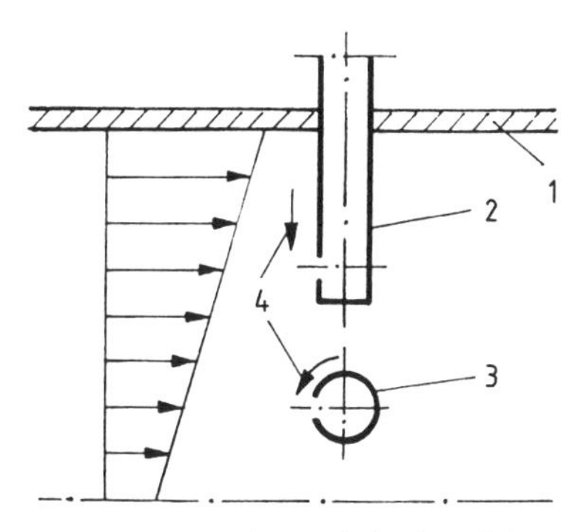

Bild 17-4. Zylindersonde in einer Scherströmung.

1 Rohrwand; 2 Zylindersonde längs zur Scherströmung;
3 Sonde quer zur Strömung; 4 mögliche Querströmung zur Meßbohrung

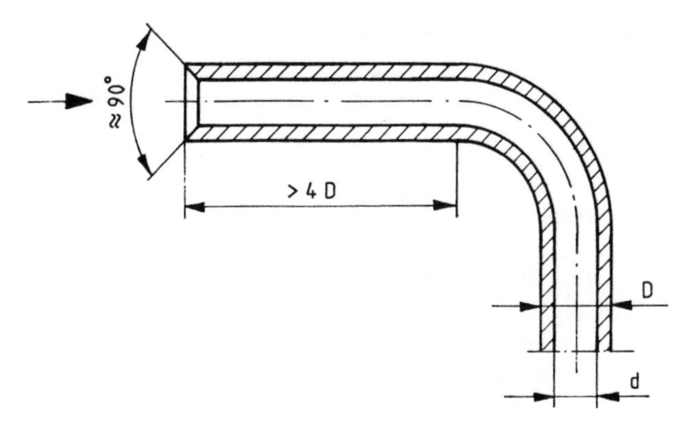

Bild 17-5. Angefastes Pitotrohr zur Messung des Totaldruckes.

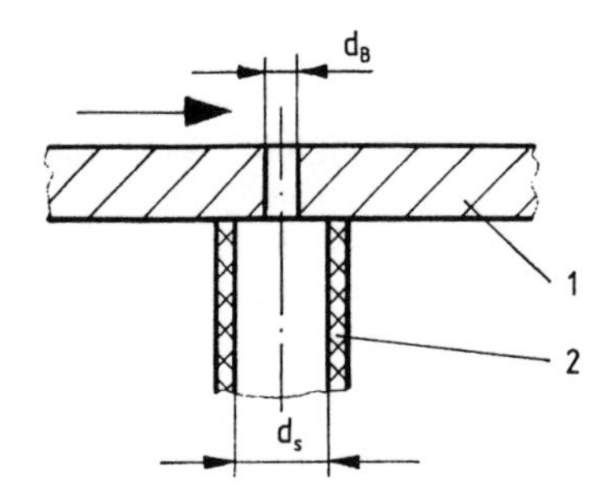

Bild 17-6. Wandanbohrung zur Messung des statischen Druckes.

1 Wand; 2 angedrückter Gummischlauch

unempfindliche Pitotrohre zu verwenden, die etwa 90° angefast sind (Bild 17-5). Die Rohr- und die angeschlossenen Schlauchquerschnitte sollten nicht zu klein sein, um bei schwankenden Werten oder gar im Pumpbereich ein einseitiges Aufladen in der Meßleitung zu vermeiden.

Soweit möglich, sollte der statische Druck über dem Meßquerschnitt konstant sein, was bei geraden Rohrabschnitten mit gleichmäßigem Geschwindigkeitsprofil der Fall ist. Um das festzustellen, genügen mindestens vier einfache statische Druckanbohrungen von 1 bis 3 mm Durchmesser, die auf dem Umfang gleichmäßig verteilt sind (Bild 17-6). Die Bohrungen müssen scharfkantig, gratfrei und senkrecht zur Rohrwand sein [17-3]. Mit dem offenen Meßschlauchende werden die Bohrungen abgetastet und das Ergebnis wird evtl. mit Sondenmessungen verglichen. Erst dann ist zu entscheiden, welche statische Druckanbohrungen, gegebenenfalls zu einer Ringleitung verbunden, verwendet werden. Um im Bereich der Bohrung Verwerfungen der Rohrwand, die den statischen Wanddruck beeinflussen können, zu vermeiden, sollten die Schlauchnippel weich angelötet bzw. eingeschraubt werden.

Zur Bestimmung der Förderleistung müssen die Produkte $\dot{V} \cdot p_t$ in den Querschnitten 1 und 2 gemessen werden. Herrschen im Meßquerschnitt keine konstanten Verhältnisse, muß über der Meßfläche A der Integralmittelwert über die Anteile $d(p_t \cdot \dot{V})$ gebildet werden:

$$\dot{V} \cdot p_{t,A} = \int_A d(p_t \cdot \dot{V}) = \int_A p_t \cdot d\dot{V} = \int_A p_t \cdot c \cdot dA. \qquad (17.6)$$

17.2.1 Einfache experimentelle Bestimmung des hydraulischen Wirkungsgrades

Eine einfache Bestimmung des hydraulischen Wirkungsgrades ist bei eingebauten Ventilatoren möglich, wenn auf der Saug- und der Druckseite der statische Druck und die mittlere Temperatur in der Strömung gemessen werden können. Vernachlässigt man den volumetrischen Wirkungsgrad, d. h. die Spaltverluste, dann ist der hydraulische gleich dem inneren bzw. Laufradwirkungsgrad. Entsprechend der Definition des Ventilatorwirkungsgrades Gl. (4.39) gilt

$$\eta_L = \frac{P_{is}}{P_{pol}} = \frac{T_{2,is} - T_1}{T_{2,pol} - T_1}.$$

Mit Gl. (4.40) für die Isentrope

$$T_{2,is} = T_1 \left(\frac{p_2}{p_1}\right)^{\frac{\kappa-1}{\kappa}}$$

wird

$$\eta_L = \frac{T_1 \left[\left(\frac{p_2}{p_1}\right)^{\frac{\kappa-1}{\kappa}} - 1\right]}{T_{2,pol} - T_1}. \qquad (17.7)$$

Hierbei ist T_1 die gemessene Temperatur in K auf der Saugseite, $T_{2,pol}$ die gemessene Temperatur in K auf der Druckseite, p_1 der gemessene absolute statische Druck in Pa auf der Saugseite bzw. p_2 auf der Druckseite und κ der Isentropen-Exponent (für Luft = 1,4).

Bei der heutigen Rechentechnik ist die Berechnung nach Gl. (17.7) völlig unproblematisch. Die Gl. (17.7) kann weiter vereinfacht werden, wenn man wie folgt den Klammerausdruck umformt, in eine Reihe umwandelt und nur das lineare Glied verwendet. Dann ergibt sich:

$$\left(\frac{p_2}{p_1}\right)^{\frac{\kappa-1}{\kappa}} = \left(\frac{p_1+\Delta p}{p_1}\right)^{\frac{\kappa-1}{\kappa}} = \left(1+\frac{\Delta p}{p_1}\right)^{\frac{\kappa-1}{\kappa}} \approx 1+\frac{\kappa-1}{\kappa}\frac{\Delta p}{p_1},$$

$$\eta_L = \frac{T_1 \cdot \frac{\kappa-1}{\kappa} \cdot \frac{p_2-p_1}{p_1}}{T_{2,pol}-T_1}. \tag{17.8}$$

Bezieht man die Messung auf Luft in der Normalatmosphäre mit $p_1 = 101\,300$ Pa, $T_1 = 273$ K mit $\kappa = 1{,}4$, so wird vereinfacht

$$\eta_L = \frac{\Delta p_{st,L}}{1299\,(T_{2,pol}-T_1)}, \tag{17.9}$$

wobei $\Delta p_{st,L}$ in Pa und T in K eingesetzt werden.

Beispiel. Meßwerte: Luft; $p_1 = 101\,350$ Pa; $p_2 = 104\,350$ Pa; $T_1 = 293$ K; $T_{2,pol} = 296$ K; $\eta_L = 3000/(1299 \cdot 3) = 0{,}77$.

Bei der Messung müssen Temperaturmeßgeräte verwendet werden, die mindestens Zehntelgrade anzeigen. Wenn die Temperaturen innerhalb und außerhalb der Rohrleitung stärker voneinander abweichen, kann durch Wandabstrahlung eine ungleichmäßige Temperaturverteilung entstehen. Dann sollte man sich um einen repräsentativen Mittelwert bemühen.

17.2.2 Beispiel der Messung einer Anlage als Grundlage für deren Erweiterung

Ein Anlagenbetreiber will die Leistung seiner Anlage (Bild 17-7) erhöhen, die Luft mit einem geringen Staubanteil absaugt. Sie soll um eine Entstaubungseinrichtung erweitert und der Volumenstrom auf 6000 m^3/h vergrößert werden. Die Anlage wird mit einem Radialventilator von 315 mm Ansaugdurchmesser betrieben, der am Ende der Anlage frei ausbläst. Der Durchmesser D des Laufrades beträgt 450 mm und der Austrittsquerschnitt aus dem Ventilator 315 mm x 225 mm. Um die Gefahr des Anbackens von Staub an den Schaufeln des Laufrades klein zu halten, haben diese einen Austrittswinkel von $\beta_2 = 55°$.

Zur Lösung der Aufgabe wurde zunächst eine Messung durchgeführt, um den Betriebspunkt BPA der vorhandenen Anlage (Tabelle 17-1, Meßpunkt 7) festzustellen. Die weiteren Meßpunkte 1 bis 11 am Ventilator wurden durch entsprechende Drosselung der Anlage bzw. durch Abkoppeln eines Teiles der Anlage erreicht. Gemessen wurde saugseitig an einer langen, runden Rohrleitung von 315 mm Durchmesser, aus räumlichen Gründen jedoch an der Stelle 0 etwa 6 m vor dem Ventilatoreintritt. Zur Druckbestimmung wurden die Höhenunterschiede $l_{st,0}$ und $l_{d,0}$ (Spalten 2 und 3) einer Flüssigkeit (Wasser, Alkohol,

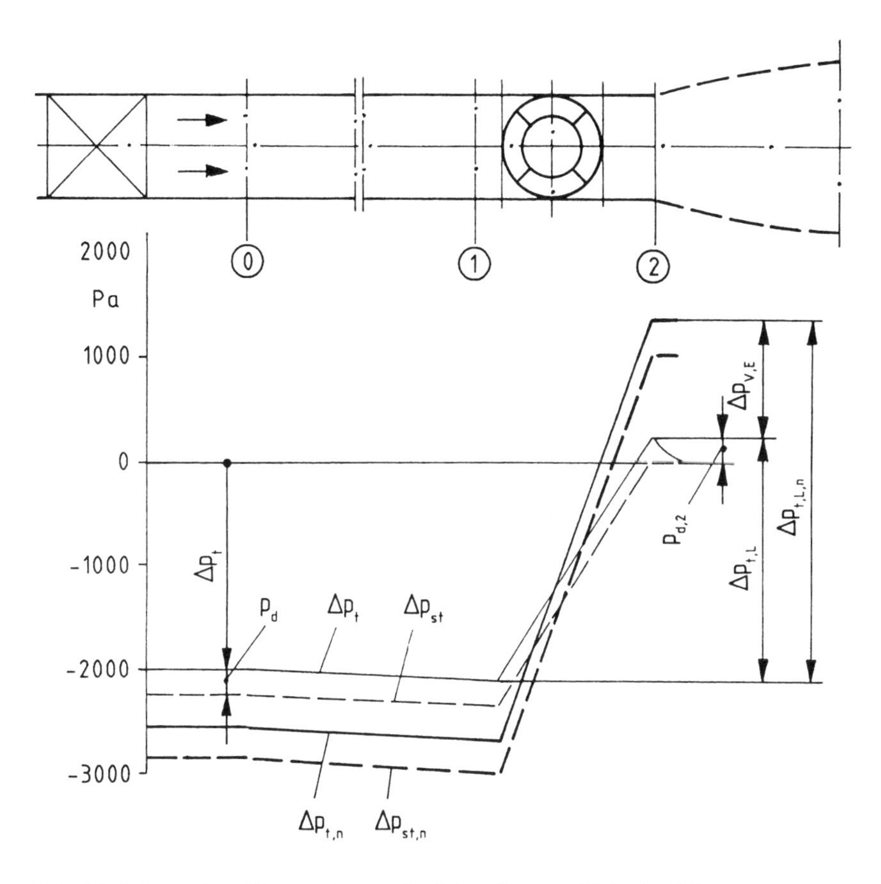

Bild 17-7. Schema einer Absauganlage mit Radialventilator am Ende der Anlage.

Petroleum), die z. B. in einem U-Rohr-, Schrägrohr- oder Präzisionsmanometer nach *Betz* verdrängt wird, abgelesen. Für die Bestimmung des dynamischen Druckes $p_{d,0} = p_{t,0} - p_{st,0}$ (Spalte 6) wurden die beiden Ausgänge des Prandtl-Rohres an den beiden Schenkeln eines U-Rohres angeschlossen, für die Berechnung des statischen Druckes $\Delta p_{st,0}$ (Spalte 5) als Differenz zum Umgebungsdruck nur an einem Schenkel. Der Druck ergibt sich dann aus dem Produkt $\Delta p = l_{F\,l} \cdot \rho_{F\,l}$ in kg/m² (kg Masse) und mit dem Axiom von *Newton* (1 N = g ·1 kg) zu $\Delta p = l_{F\,l} \cdot \rho_{F\,l} \cdot g$ in N/m² = Pa, bzw. mit Wasser als Meßflüssigkeit zu $\Delta p = l_{F\,l} \cdot \rho_{F\,l} \cdot g = l_{F\,l} \cdot 1 \cdot 9{,}81$ in Pa bzw. angenähert $\Delta p \approx 10 \cdot l_{F\,l}$ in Pa.

Tabelle 17-1. Wertetabelle zum Beispiel im Bild 17-7.

1	2	3	4	5	6	7
Meß-punkt	$l_{st,0}$ mm	$l_{d,0}$ mm	P_1 W	$\Delta p_{st,0}$ Pa	$p_{d,0}$ Pa	$c_0 = c_1$ m/s
1	-238,9	0	700	-2344	0	0
2	-245,5	0,4	1652	-2408	3,9	2,7
3	-251	1,6	2233	-2462	15,7	5,4
4	-258,4	4,9	3101	-2535	48,1	9,44
5	-253	10,1	3836	-2482	99,1	13,56
6	-242,5	14,5	4235	-2379	142,2	16,25
BPA 7	-227,9	19,8	4522	-2236	194,2	18,98
8	-211,7	25,8	4871	-2077	253,1	21,67
9	-192,8	32,7	5070	-1891	320,8	24,4
10	-172,2	40,3	5275	-1689	395,3	27,08
11	-148,8	48,8	5387	-1460	478,7	29,8

1	15	16	17	18	19	20	21
Meß-punkt	$\eta_{t,L}$	η_{fa}	$\Delta p_{v,Anl}$ Pa	φ	ψ_t	ψ_{fa}	λ
1	0	0	0	0	1,013	1,013	0,028
2	0,323	0,32	47	0,02	1,042	1,04	0,065
3	0,491	0,49	188	0,04	1,068	1,06	0,088
4	0,639	0,62	576	0,071	1,106	1,081	0,122
5	0,733	0,7	1187	0,101	1,093	1,042	0,151
6	0,771	0,72	1704	0,122	1,058	0,983	0,167
BPA 7	0,801	0,72	2327	0,142	1,006	0,905	0,178
8	0,801	0,69	3032	0,162	0,949	0,817	0,192
9	0,806	0,65	3842	0,183	0,883	0,715	0,2
10	0,789	0,59	4735	0,203	0,811	0,604	0,208
11	0,764	0,5	5734	0,223	0,728	0,478	0,212

Weiter wurden die Eingangsleistung P_1 des Motors in W (Spalte 4) bestimmt. Die Lufttemperatur betrug t = 26 °C bei einem barometrischen Druck von 96 kPa und einer Luftfeuchtigkeit $\varphi = 80\,\%$. Die Drehzahl war konstant $n = 2780\ min^{-1}$.

Tabelle 17-1. Wertetabelle zum Beispiel im Bild 17-7 (Fortsetzung).

8	9	10	11	12	13	14
V_1 m³/s	$\Delta p_{v,Rohr}$ Pa	$\Delta p_{t,1}$ Pa	$p_{d,2}$ Pa	$\Delta p_{t,L}$ Pa	$\Delta p_{fa,L}$ Pa	$P_2 = P_W$ W
0	0	-2343,6	0	2343,6	2343,6	665
0,21	1	-2405,4	5	2410,2	2405,4	1569
0,42	4,1	-2450,7	19	2469,7	2450,7	2121
0,74	12,5	-2499,3	58	2557,4	2499,3	2946
1,06	25,7	-2408,5	120	2528,3	2408,5	3644
1,27	36,8	-2273,5	172	2445,5	2273,5	4023
1,48	50,3	-2091,8	235	2326,6	2091,8	4296
1,69	65,6	-1889,2	306	2195,2	1889,2	4627
1,9	83,1	-1653,7	388	2041,5	1653,7	4817
2,11	102,4	-1396,4	478	1874,3	1396,4	5011
2,32	124	-1105	579	1683,8	1105	5118

22	23	24	25	26	27	28
$10\cdot\varphi^2/\psi$	σ	δ	$\Delta p_{v,Anl,n}$ Pa	$V_{1,n}$ m³/s	$\Delta p_{t,L,n}$ Pa	$P_{W,n}$ W
0	0	unbest.	0	0	3852	1401
0,004	0,138	7,112	61	0,27	3961	3307
0,015	0,191	5,06	245	0,54	4059	4470
0,045	0,246	3,858	750	0,94	4203	6207
0,094	0,298	3,211	1545	1,35	4155	7679
0,14	0,334	2,909	2218	1,62	4019	8477
0,2	0,375	2,658	3029	1,9	3824	9052
0,277	0,419	2,452	3947	2,16	3608	9750
0,377	0,469	2,269	5002	2,44	3355	10149
0,506	0,527	2,108	6165	2,71	3081	10559
0,683	0,599	1,956	7465	2,98	2767	10783

Zuerst werden die Ventilatorkennlinien Δp_t, η_i, $P_W = f(\dot{V}_1)$ unter der Annahme von $\eta_{Mot} = 0,95$ und die Kennlinie der vorhandenen Rohrleitung berechnet. An Hand der dimensionslosen Kennlinien ψ, η, $\lambda = f(\varphi)$ des Ventilators werden dann mit den neuen Werten der erweiterten Anlage die neue Drehzahl des

Ventilators, die neue Ventilatorkennlinie und überschlägig die Erhöhung der Schalleistung bestimmt.

Die Berechnung der Dichte des Fördermediums im Ventilatoreintritt (Stelle 1) erfolgt für die gesamte Kennlinie mit Gl. (4.6) im Betriebspunkt 7 mit dem statischen Druck an der Stelle 0 unter Vernachlässigung des Druckverlustes zwischen den Stellen 0 und 1:

$$p_{st,0} = p_b + \Delta p_{st,0} = 133 \cdot 720 - 9{,}81 \cdot 227{,}9 = 93\,524 \text{ Pa.}$$

Mit Gl. (4.5) wird der Sättigungsdampfdruck p_s

$$\lg p_s = 10{,}19 - 1731/(233{,}77 + 26) = 3{,}5264$$

bzw. $p_s = 3360$ Pa und mit Gl. (4.6) die Luftdichte

$$\rho_1 = \frac{93524}{287 \cdot 299}\left(1 - 0{,}00378 \cdot 80\,\frac{3360}{93524}\right) = 1{,}078 \text{ kg/m}^3.$$

Der dynamische Druck in Pa (Spalte 6) ergibt sich mit $l_{Wasser} \cdot \rho_{Wasser} \cdot g$ aus den Höhendifferenzen $l_{d,0}$ der Spalte 3. Daraus wird mit (Gl. 4.10) die Geschwindigkeit c_0 (Spalte 7) berechnet (alle folgenden Beispielrechnungen werden mit den Zahlenwerten des Betriebspunktes im Meßpunkt 7 durchgeführt):

$$c_0 = \sqrt{\frac{2 \cdot \Delta p_{d,0}}{\rho}} = \sqrt{\frac{2 \cdot 194{,}2}{1{,}078}} = 18{,}98 \text{ m/s (Meßpunkt 7, Spalte 7).}$$

Der Volumenstrom wird mit der Kontinuitätsgleichung (4.7)

$$\dot{V}_1 = c_0 \cdot A_0 = c_0\,\frac{d_0^2 \cdot \pi}{4} = 18{,}98\,\frac{0{,}315^2 \cdot \pi}{4} = 1{,}48 \text{ m}^3\text{/s (Spalte 8).}$$

Zur Berechnung des Reibungsverlustes des Ansaugrohres vom Querschnitt 0 bis zum Querschnitt 1 wird mit $Re = 18{,}98 \cdot 0{,}315 \cdot 10^6/15{,}7 = 0{,}4 \cdot 10^6$ die Gl. (4.22) für den Reibungsbeiwert angesetzt:

$$\lambda = 0{,}0032 + \frac{0{,}221}{(0{,}4 \cdot 10^6)^{0{,}237}} = 0{,}0136,$$

und der Verlust wird mit dem Verlustbeiwert nach Gl. (4.21)

$$\Delta p_{v,Rohr} = \zeta_{Rohr} \cdot p_d = \lambda\,\frac{l}{d}\,p_d = 0{,}0136\,\frac{6}{0{,}315}\,194{,}2 = 50{,}3 \text{ Pa}$$

im Meßpunkt 7 (Spalte 9). Die gesamte Spalte 9 wurde näherungsweise mit dem konstanten Verlustbeiwert $\zeta_{Rohr} = \lambda \cdot l / d = 0{,}0136 \cdot 6 / 0{,}315 = 0{,}259$ gerechnet. Mit $\Delta p_{st,0}$ und $p_{d,0}$ (Bild 17-7) ist nach *Bernoulli* mit Gl. (4.20) der Totaldruck an der Meßstelle 1

$$\Delta p_{t,1} = \Delta p_{t,0} - \Delta p_{v,Rohr} = \Delta p_{st,0} + p_{d,0} - p_{v,Rohr}$$
$$= -2235{,}7 + 194{,}2 - 50{,}3$$
$$= -2091{,}8 \text{ Pa (Meßpunkt 7, Spalte 10).}$$

Die Totaldruckdifferenz des Ventilators ist nach Gl. (4.8)

$$\Delta p_{t,L} = \Delta p_{t,2} - \Delta p_{t,1} = p_{d,2} - \Delta p_{t,1},$$

weil am Ventilatoraustritt die statische Druckdifferenz gegenüber der Atmosphäre gleich null ist. Mit

$$p_{d,2} = \frac{\rho}{2}\left(\frac{\dot{V}}{A_2}\right)^2 = \frac{1{,}078}{2}\left(\frac{1{,}48}{0{,}315 \cdot 0{,}225}\right)^2 = 235 \text{ Pa (Spalte 11)}$$

wird die Totaldruckdifferenz (Punkt 7 im Bild 17-8)

$$\Delta p_{t,L} = p_{d,2} - \Delta p_{t,1} = 235 - (-2091{,}8) = 2326{,}6 \text{ Pa (Spalte 12)}$$

bzw. frei ausblasend bei Verlust der dynamischen Austrittsenergie

$$\Delta p_{fa,L} = -\Delta p_{t,1} = 2091{,}8 \text{ Pa (Spalte 13).}$$

Weil das Laufrad auf dem Motorwellenstumpf sitzt, werden mit der Wellenleistung (Spalte 14) $P_W = P_2 = \eta_M \cdot P_1 = 0{,}95\, P_1$ an der Nabe des Motors und mit Gl. (4.28) die entsprechenden Wirkungsgrade

$$\eta_{t,L} = \frac{1{,}48 \cdot 2326{,}6}{4296} = 0{,}80 \quad \text{(Spalte 15) bzw.}$$

$$\eta_{fa} = \frac{1{,}48 \cdot 2091{,}8}{4296} = 0{,}72 \quad \text{(Spalte 16).}$$

η_{fa} kann auch mit

$$\eta_{fa} = \eta_{t,L}\left(1 - \frac{p_{d,2}}{\Delta p_{t,2}}\right) = 0{,}80\left(1 - \frac{235}{2326{,}6}\right) = 0{,}72$$

berechnet werden. Die Anlagen- bzw. Rohrleitungskennlinie (Kurve 1 im Bild 17-8) ist mit den Werten vom Betriebspunkt und damit des Meßpunktes 7

$$\Delta p_{V,Anl,i} = \zeta_{Anl} \cdot p_d = \frac{\Delta p_{t,L,MP7}}{p_{d,1,MP7}}\, p_{d,1,i} = \frac{2326{,}6}{194{,}2}\, p_{d,1,i} \quad \text{(Spalte 17),}$$

wobei wegen der gleichen Querschnitte $p_{d,1} = p_{d,0}$ ist.

Im Bild 17-8 sind die dimensionsbehafteten Kennlinien $\Delta p_{t,L}$, $P_W = f(\dot{V})$ des Ventilators (Kurven 3 und 5) und die vorhandene Rohrleitungskennlinie (Kurve 1) über dem Volumenstrom $\dot{V}$ aufgetragen. Bild 17-9 zeigt dessen dimensionslose Kennlinien ψ_t, ψ_{fa}, λ, η_t, $\eta_{fa} = f(\varphi)$ der Spalten 19, 20, 21, 15, 16, 18

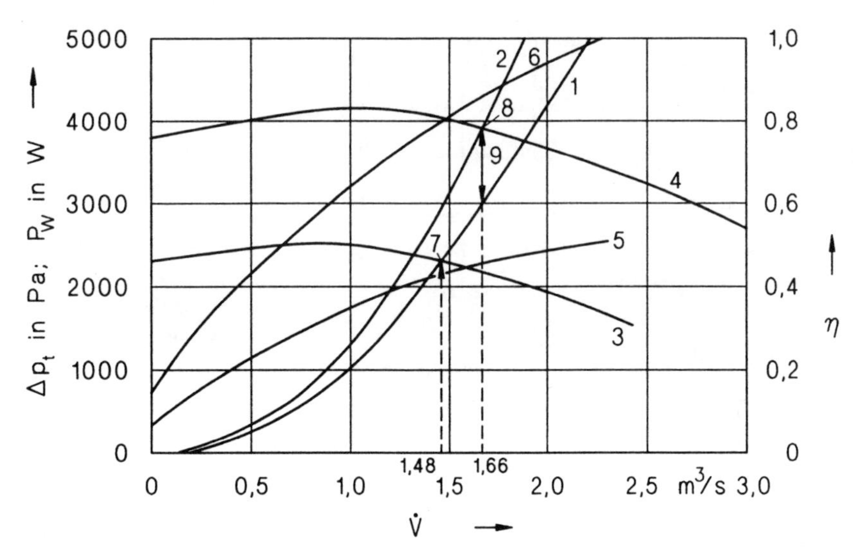

Bild 17-8. Kennlinien des Ventilators und der Anlage aus Bild 17-7.

1 vorhandene Rohrleitungskennlinie; 2 Rohrleitungskennlinie nach dem Umbau; 3 Totaldruckkennlinie des Ventilators vor der Veränderung; 4 dgl. nach der Veränderung; 5 Leistungsaufnahme-Kennlinie vor der Veränderung; 6 dgl. nach der Veränderung; 7 vorhandener Betriebpunkt; 8 Betriebspunkt nach dem Umbau; 9 Druckverlust des Filters

der Tabelle 17-1, die mit den Gln. (5.1) bis (5.7) und $u_2 = 0{,}45 \cdot \pi \cdot 2780 / 60 = 65{,}5$ m/s berechnet wurden.

Im Bild 17-10 wurde die Kurve Durchmesserkennzahl δ (Spalte 24) nach Abschnitt 5.1.7 über der Schnellaufzahl σ (Spalte 23) aufgetragen, die für die Berechnung der neuen Drehzahl nach Abschnitt 8.3 gebraucht wird. Zunächst müssen die Werte des neuen Betriebspunktes ermittelt werden. Gefordert war eine Erhöhung des Volumenstromes auf 6000 m³/h = 1,667 m³/s. Ohne Entstaubung ergäbe sich hierfür mit Gl. (5.9) (bei gleicher Rohrleitungskennlinie bzw. Drosselparabel!) eine Drehzahlerhöhung auf

$$n = n_M \cdot \dot{V}/\dot{V}_M = 2780 \cdot 1{,}667/1{,}48 = 3131 \text{ min}^{-1}.$$

Die zugehörige Totaldruckdifferenz ist nach Gl. (5.8)

$$\Delta p_{t,L} = \Delta p_{t,M} \cdot (n_n/n_M)^2 = 2326{,}6 \cdot (3131/2780)^2 = 2951{,}2 \text{ Pa}$$

und liegt auf der Kurve 1 am unteren Ende der Strecke 9 im Bild 17-8. Hinzu kommt der Druckverlust (Strecke 9 im Bild 17-8) der Entstaubung, die ein

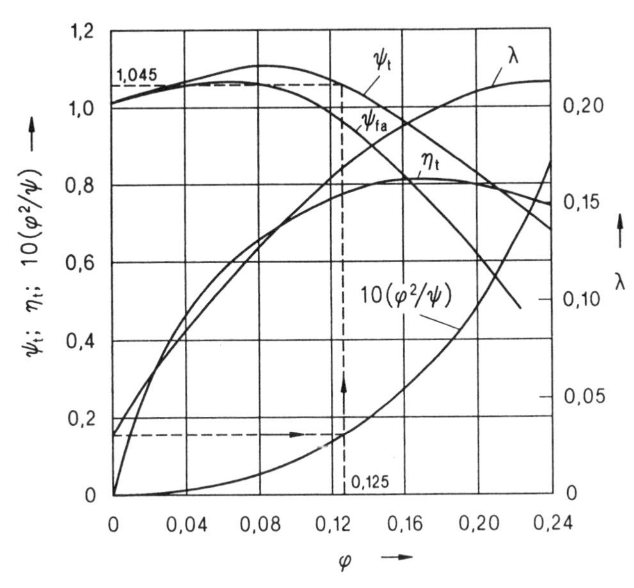

Bild 17-9. Dimensionslose Kennlinien des Ventilators aus Bild 17-7.

– – – – Auslegungswerte für neue Anlage

einfacher Filtersack am Ventilatorausblas sein soll. Der Verlustbeiwert $\zeta_{Filter} = 2{,}5$ des Filters ist auf dessen dynamischen Druck am Eintritt, also hier im Beispiel auf den am Ventilatorausblas, bezogen. Weil der Totaldruckverlust ζ_{Anl} der vorhandenen Anlage bereits den Austrittsverlust des Ventilators ($\zeta = 1$) enthält, kommt durch die Entstaubung nur noch der mit $\zeta = 1{,}5$ (!) gebildete Druckverlust hinzu (Strecke 9 im Bild 17-8):

$$\Delta p_{v,E} = 1,5 \cdot \frac{1,078}{2}\left(\frac{1,667}{0,315 \cdot 0,225}\right)^2 = 894,5 \ \text{Pa}.$$

Damit ergeben sich als neue Auslegungswerte:

$$\dot{V}_{1,B,n} = 1{,}667 \ \text{m}^3/\text{s},\ \Delta p_{t,B,n} = \Delta p_{t,L} + \Delta p_{v,E} = 2951{,}2 + 894{,}5 = 3845{,}7 \ \text{Pa},$$

und die neue Anlagenkennlinie (Kurve 2 im Bild 17-8) ist

$$\Delta p_{v,Anl,n} = \frac{3845,7}{1,667^2}\dot{V}_1^2 = 1383,9\ \dot{V}_1^2 \ \text{(Spalte 25)},$$

berechnet mit $\dot{V}_1$ aus Spalte 8.

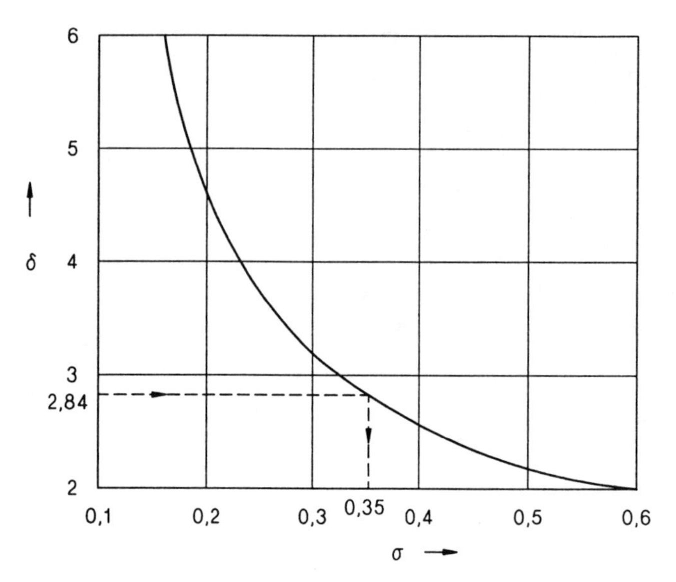

Bild 17-10. δ-σ-Diagramm des Ventilators aus Bild 17-7.

– – – – Auslegungswerte für neue Anlage

Jetzt kann die neue Drehzahl des Ventilators bestimmt werden. Mit den Gln. (8.3) und (8.4) des Abschnittes 8.3 werden die Netzkennwerte

$$d_N = 0,94885 \, \frac{1,667^{0,5}}{\left(\frac{3845,7}{1,078}\right)^{0,25}} = 0,15852 \text{ m},$$

$$n_N = 0,4744 \, \frac{\left(\frac{3845,7}{1,078}\right)^{0,75}}{1,667^{0,5}} = 169,61 \text{ s}^{-1}$$

berechnet. Da D = 0,45 m feststeht, wird

$$\delta_A = \frac{D}{d_N} = \frac{0,45}{0,15852} = 2,839 \approx 2,84,$$

und man erhält aus dem δ-σ-Diagramm (Bild 17-10) (Spalten 24 und 23) des gemessenen Ventilators σ = 0,35, der schließlich auf die neue Drehzahl $n_n = 0,35 \cdot 169,61 = 59,4 \text{ s}^{-1} = 3564 \text{ min}^{-1}$ führt. Eine Nachfrage beim Ventilatorhersteller ergab, daß die Drehzahlerhöhung hinsichtlich der Zuverlässigkeit des Ventilators unbedenklich ist.

Die neuen dimensionsbehafteten Kennlinien (Bild 17-8) kann man entweder mit den dimensionslosen Kenngrößen und der neuen Umfangsgeschwindigkeit entsprechend 59,4 s^{-1} oder wieder mit der einfachen Gl. (5.9) für den Volumenstrom $\dot{V}_{1,n}$ in Spalte 26 der Tabelle 17-1, Gl. (5.8) für die Totaldruckdifferenz $\Delta p_{t,L,n}$ in Spalte 27 und Gl. (5.10) für die Leistungsaufnahme $P_{W,n}$ in Spalte 28 berechnen.

Die Erhöhung der Schalleistung ist nach Gl. (10.5b)

$$L^* - L = 55 \lg(u^*/u) = 55 \lg(n^*/n) = 55 \lg(3564/2780) = 6 \text{ dB}.$$

Eine weitere Möglichkeit zur Lösung ist der Weg über die Zahl φ^2/ψ (aus Maßstabsgründen 10facher Wert in Spalte 22), die den Drosselzustand beschreibt :

$$\frac{\varphi^2}{\psi} = \frac{4^2\,\dot{V}^2}{D^4 \cdot \pi^2 \cdot u_2^2} \cdot \frac{\rho_1 \cdot u_2^2}{2\,\Delta p_{t;L}} = \frac{8\,\rho_1 \cdot \dot{V}^2}{\pi^2 \cdot D^4 \cdot \Delta p_{t,L}} = \frac{8 \cdot 1{,}078 \cdot 1{,}667}{\pi^2 \cdot 0{,}45^4 \cdot 3845{,}7}$$

$$= 0{,}0154.$$

Mit diesem Wert kann man im Bild 17-9 mit der $(10\,\varphi^2/\psi)$-Kurve den Wert $\varphi = 0{,}125$ ermitteln und mit Gl. (5.3) u_2 ausrechnen:

$$u_2 = \frac{\dot{V}}{\varphi\,\frac{D^2 \cdot \pi}{4}} = \frac{4 \cdot 1{,}667}{0{,}125 \cdot 0{,}45^2\,\pi} = 83{,}9 \text{ m/s}.$$

Damit ergibt sich die neue Drehzahl zu

$$n_n = \frac{60 \cdot 83{,}9}{0{,}45\,\pi} = 3561 \text{ min}^{-1}.$$

Im gleichen Diagramm kann man auch $\psi = 1{,}045$ ablesen. Mit Gl. (5.1) erhält man

$$u_2 = \sqrt{\frac{2\,\Delta p_{t,L}}{\rho_1 \cdot 1{,}045}} = \sqrt{\frac{2 \cdot 3845{,}7}{1{,}078 \cdot 1{,}045}} = 82{,}8 \text{ m/s}$$

und damit $n_n = 3514$ min^{-1}. Die Abweichungen zu den oben ermittelten 3564 bzw. 3561 min^{-1} sind Ableseungenauigkeiten.

Aus praktischen Gründen wie allgemeine Anwendbarkeit, direktes Anwenden auf das ψ-φ-Diagramm (Bild 5-42), und wegen der Übersichtlickeit wird dem Anwender grundsätzlich die Auslegung mit den Netzkennwerten n_N und d_N empfohlen.

18 Fehlersuchprogramme

18.1 Fehlersuchprogramm Aerodynamik

Störung/Fehler	mögliche Ursache	Abhilfe
Volumenstrom ist zu gering	Leckverluste im Leitungssystem oder in den Ventilatoreinrichtungen	Leckstellen abdichten
	in Räumen mit Wand- oder Fensterventilatoren fehlen Öffnungen zum Ein- oder Ausströmen der Luft	Öffnung in der Größenordnung von mindestens der Ventilatorradfläche schaffen
	Strömungswiderstand in der Anlage ist zu hoch	Widerstand verringern durch: Filterflächen größer und reinigen, Krümmerradien größer, Diffusoren verbessern, Rohrquerschnitte größer, Beseitigung von engen Querschnitten, deren Fläche kleiner als die Ventilatoransaug- oder -ausblasfläche ist
	falsche Stellung der Regeleinrichtungen	Drosselklappen- und Drallreglerstellungen am Ort überprüfen
	Drall in der Zuströmung, z. B. durch Doppelkrümmer	konstruktiv verändern, Leitbleche vorsehen
	starker Verschleiß an den Schaufeln	Abscheidung verbessern, konstruktiv ändern
	Kanäle, Ansaugkästen sind zugesetzt	besser abscheiden, reinigen, konstruktiv ändern
	Laufrad läuft in falscher Drehrichtung	Motoranschluß umklemmen, Schaufeleintrittskante muß in Drehrichtung zeigen, beim Axialrad auch die konvexe Seite prüfen, ob Spirale bzw. Leitapparat paßt

18.1 Fehlersuchprogramm Aerodynamik (Fortsetzung)

Störung/Fehler	mögliche Ursache	Abhilfe
Volumenstrom ist zu gering	Drehsinn des Laufrades stimmt nicht mit dem Drehsinn des Spiralgehäuses überein	bei zweiflutigem Laufrad dieses Laufrad drehen, evtl. Gehäuse drehen, oder Gehäuse neu
	Abstand zum Wärmeübertrager ist zu groß	bauliche Korrekturen vornehmen, z. B. Ummantelung des Zwischenraumes
	verstellbare Axialschaufeln sind verstellt	Schaufelwinkel korrigieren
	Ansaugöffnung bei frei ansaugendem Ventilator oder Ansaugöffnung vor Rohrleitung ist verbaut	Ansaug frei machen, Abstand zur Wand größer als 0,5 d, Abstände vergrößern
	parallel betriebene Ventilatoren liegen zu dicht beieinander	Trennbleche einfügen
	Laufrad läuft mit geringerer Drehzahl	Antrieb überprüfen, richtige Drehzahl einstellen
	Spalte zwischen Laufrad und Gehäuseteilen sind zu groß	Spalte auf richtige Maße einstellen
Leistungsaufnahme ist zu hoch (Ausfall der Sicherung)	beim Schließen des Drallreglers: Drallreglerschaufeln gehen in falscher Richtung zum Gegendrall	Verändern der Drehrichtung der Drallreglerschaufeln, Regelung nur im Mitdrallbereich möglich
	bei vorwärtsgekrümmten Radialschaufeln: Anlagenwiderstand ist geringer als vorausberechnet	Ursache für geringen Anlagenwiderstand klären, Filter und Schauklappe kontrollieren, Drehzahl reduzieren, drosseln
	Wirkungsgrad des Ventilators ist stark gesunken	Veränderungen, Schäden oder Verschleißstellen beseitigen

18.1 Fehlersuchprogramm Aerodynamik (Fortsetzung)

Störung/Fehler	mögliche Ursache	Abhilfe
Leistungsaufnahme ist zu hoch (Ausfall der Sicherung)	Dichte des Fördermediums ist größer als die Auslegungsdichte (z. B. beim Anfahren von Saugzügen)	Dichte kontrollieren, Anfahren mit geschlossenem Drallregler, Radialventilator gegen geschlossene Klappe fahren
	mechanische Brems- bzw. Schleifstellen (meist mit starken Geräuschen)	Bremsursachen beseitigen
statischer Druck in der Rohrleitung oder im Raum ist zu gering	Leckstellen oder Öffnungen in der Rohrleitung	Öffnungen schließen
	bei Be- und Entlüftungsanlagen: erhöhter Unterdruck im Raum durch verschmutzte Filter oder verstellte Klappen	Frischluftfilter reinigen oder Klappenstellungen korrigieren
	Dichte des Gases ist geringer als die Auslegungsdichte (Temperatur zu hoch)	mögliche Fehler im lufttechnischen Prozeß korrigieren
	bei vorwärts gekrümmten Radialrädern: Anlagenwiderstand ist zu hoch	Anlagenwiderstand verringern oder stärkeren Ventilator verwenden
	Volumenstrom ist zu gering, daher geringere Druckabfälle in Leitungssystem	Maßnahmen wie bei Störung/Fehler „Volumenstrom ist zu gering"

18.2 Fehlersuchprogramm Akustik

Störung/Fehler	mögliche Ursache	Abhilfe
ausgeprägter Ton bei $f = z \cdot n/60$	Störstelle mit Nachlauf vor Radiallaufrad, Abstand zur Zunge zu klein	Störstelle mit mehr Abstand zum Laufrad, Nachlauf der Störstelle durch bessere Aerodynamik verringern

18.2 Fehlersuchprogramm Akustik (Fortsetzung)

Störung/Fehler	mögliche Ursache	Abhilfe
ausgeprägter Ton bei $f = i \cdot z \cdot n/60$	Verhältnis Drallregler-schaufelzahl zur Laufschaufelzahl ungünstig	Drallreglerschaufelzahl ändern oder deren Winkeleinstellung unregelmäßig verteilen
	Axialventilator ohne Leitschaufeln hat Stützschaufeln für Motorhalterung in zu geringem Abstand zum Laufrad	Abstand vergrößern, statt Streben mit Kreisquerschnitt flache Streben verwenden
	Betrieb außerhalb des Bestpunktes, besonders im instabilen Bereich durch starke Drosselung	Betriebspunkt verändern (siehe Abschnitt 18.1)
	Axialventilator in Anlage, bei der die Ansaug- oder Ausblaskanallänge als Resonator wirkt	Länge des Rohrstückes verändern, Absorptionsschalldämpfer einfügen
ausgeprägter Ton bei $f \leq 100$ Hz	Ventilator an lufttechnischer Anlage mit großvolumigen Kammern, z. B. Filter, Wäscher	Ventilator mit monoton fallender Kennlinie einsetzen
starkes niederfrequentes Geräusch	Ventilator nach Umlenkung und unterschiedlichem Zuströmprofil	Lauflänge zwischen Umlenkung und Ventilator vergrößern, optimierten Hersteller-Ansaugkasten verwenden
	Axialventilator mit rotating stall (siehe Abschnitt 18.1)	Druckverluste im Leitungssystem ändern, stärkeren Ventilator einsetzen
sehr unruhiger Lauf, starke Schwingungen bei hoher Auswuchtgüte	Ventilatoren mit Hysteresebereich werden in diesem Bereich betrieben	Drosselung verringern (siehe Abschnitt 18.1), Laufrad mit monoton fallender Kennlinie einsetzen

18.3 Fehlersuchprogramm Schwingungen

Störung/Fehler	mögliche Ursache	Abhilfe
Schwingung Gesamtmaschine, besonders ganze Lagerung	Rotorunwucht in der Hauptwuchtebene	Einebenenauswuchten an – Radboden bei Radialventilator – Radnabe bei Axialventilator
Schwingungen eines Lagers oder in axialer Richtung	Unwucht in zwei Ebenen	Zweiebenenauswuchten an – Radboden und Raddecke – beiden Raddecken – zwei Ebenen Axialradnabe
Schwingung Gesamtmaschine auf Isolatoren mit großer Amplitude	Resonanz der federnden Gesamtmasse auf Schwingungsisolatoren, Resonanz des Rotorsystems, sehr große Rotorunwucht	Masseerhöhung durch Rahmenbetonfüllung, Erhöhung der Anzahl der Isolatoren, $F_{max,Federn} > m_{ges} \cdot g$, neue dämpfende Isolatoren
Bauteilresonanzen an stehenden und rotierenden Teilen	zu große aerodynamische Anregung oder zu große Rotorunwucht, lockere Verbindungen, Rißbildung, zu geringe Bauteilsteifigkeit, Änderungen im Anlagenregime, Änderungen an Maschine durch Überlastung, Ermüdung und Verschleiß,	Anregung beseitigen, Rotor auswuchten, Schrauben festziehen und sichern, ggf. Nähte nachschweißen, Rißende abbohren, Gesamtriß ausschleifen und verschweißen, Streben, Stützen, Knotenblech einschweißen, höherfestes Material verwenden
Rotorresonanz	zu großes Spiel oder Luft in Lagerung, Risse in Rotorwelle, falsche Wellenauslegung, lockere Verbindungen in Rotor und Gesamtlagerung	Lagerwechsel, Lagergehäusewechsel, Rotorwechsel, neue Wellengeometrie, Verbindungen festziehen und sichern

18.3 Fehlersuchprogramm Schwingungen (Fortsetzung)

Störung/Fehler	mögliche Ursache	Abhilfe
Rahmen-schwingung, an Rahmenecken diagonale Ver-windung	Rahmeneigenfrequenzen werden angeregt	Rahmenversteifungen einschweißen, weitere Schwingungisolatoren setzen, Vorspannung der Isolator-federn ändern
Flächen-schwingungen	Resonanz der Anregenden mit Eigenfrequenz unver-steifter Flächen (Seiten-wand, Motor-Lager-Bock, Gehäuse, Rohrteile)	Versteifungsrippen einschwei-ßen an Stellen der maximalen Schwingung
Schaufel-schwingungen an Axiallauf-rädern	Resonanz einer Schaufel-eigenfrequenz mit Vielfa-chen der Umlauffrequenz	Versteifung im Schaufelfuß, Schaufelverstimmung mit Massenerhöhung oder Masse-senkung bei d_2
Drehklang-schwingungen an Axialventila-toren und Lärm-emission des Drehklanges	Laufschaufelschwingung mit Drehklang $f_{dk} = f_n \cdot z$	Beseitigung der aerodynami-schen Störstellen vor Ansaug
Unwucht-schwingungen an Lagerstellen in axialer, senk-rechter und waagerechter Richtung; dito an Antriebsma-schine	falsche Grundauswuch-tung; Passungsfehler Wel-le, Nabe; veränderliche Unwucht durch Verschleiß, Anbackung, Wärmeverfor-mung; elektromagnetische „Unwucht"; Laufschaufeln verformt; Fremdkörperein-schlüsse in der Laufradtrommel	Auswuchten im betriebswar-men Zustand, fehlerhafte Ver-bindungen festziehen und sichern, Motor überholen, Laufrad spannungsfrei glühen, Trommelinneres säubern

18.3 Fehlersuchprogramm Schwingungen (Fortsetzung)

Störung/Fehler	mögliche Ursache	Abhilfe
Laufzeugschwingungen mit doppelter oder mehrfacher Drehzahlfrequenz	Fluchtungsfehler im Wellenstrang als Lagefehler oder Winkelfehler, Sitzfehler in Kupplung, verbogene Welle, Fundament außer Waage	Ausrichten mit Beilagen
Lagerlaufgeräusche sehr laut und hart, Ansteigen der Lagertemperatur	Lagerschäden: axiales Zwängen, Fett überdrückt, Laufbahn-Käfigschäden, Lagerverschleiß zu groß, Spiel Außenring-Gehäusesitz, Schmiermittelmangel, Innenring lose	Schmiermittel zu- oder abführen, Wälzlager, Schmiermittel wechseln, Loslagergehäuse frei machen, Lagergehäuse wechseln
hochfrequente Schwingung mit niederfrequenter Schwebung an Lagerstellen, Rohrleitungen, Ventilatorgehäuse	Pumpschwingungen, Luftsäulenschwingungen, Abrißschwingungen	kein Betreiben im unzulässigen Kennlinienbereich, Änderung der Rohrleitungskennlinie
erhöhte Keilriemenschwingungen, scheinbar schwankende Unwucht in der Rotorwelle	Betrieb in Riemenresonanz, Unwuchtschwingung mit schlupfsynchroner Schwebung bei Drehzahlverhältnis 1:1	Einstellung richtiger Riemenspannung, paralleles Ausrichten und axiale Fluchtung der Wellen, beide Wellen wuchten
Schwingung der Gleitlager bei 0,4 bis 0,5 f_n in x-(y)-Richtung	instabiler Schmierfilmzustand, Ölfilmwhirl bei schnelläufigen Maschinen	schnell durchfahren

18.3 Fehlersuchprogramm Schwingungen (Fortsetzung)

Störung/Fehler	mögliche Ursache	Abhilfe
Schwingungen bei kritischer Wellendrehzahl	Resonanz; Hysterese-Whirl (instabiler Lauf im Schmierfilm des Gleitlagers)	Rotorgeometrie ändern, Lagersteifigkeit erhöhen
Axialventilator schwingt mit Lärmemission	einzelne Laufschaufeln verstellt	Schaufeln einstellen und sichern

18.4 Fehlersuchprogramm elektrische Antriebe

Störung/Fehler	mögliche Ursache	Abhilfe
Motor läuft nicht an	keine Netzspannung	Versorgungsnetz an der Verteilung prüfen
	Wärmerelais hat angesprochen	Wärmerelais zurückstellen
	Unterspannungsauslöser hat angesprochen	Betriebsspannung prüfen
	Verriegelung ist in Betrieb	Wartungsarbeiten beenden
	Schützensteuerspannung fehlt	Steuersicherung prüfen
	Schalteinrichtung ist defekt	Schalteinrichtung erneuern
	Drosselklappe/Drallregler ist offen	Drosselklappe und Endschalter prüfen
	t_E/t_A-Zeit ist zu groß	Hochlaufbedingungen prüfen bzw. herabsetzen
Motor läuft nicht hoch	eine Phase ist ausgefallen	Motor ausschalten, Sicherung erneuern
	Ständerwicklung ist falsch geschaltet	Schaltfolge mit Durchgangsprüfer ermitteln
	Kontakte an Schaltgeräten sind defekt	Kontakte erneuern

18.4 Fehlersuchprogramm elektrische Antriebe (Fortsetzung)

Störung/Fehler	mögliche Ursache	Abhilfe
Motor läuft nicht hoch	bei Stern-Dreieck-Schaltung ist die Belastung zu groß, Motor hat im Sternbetrieb nur 1/3 des M_d	Verschaltung korrigieren, Drallregler bzw. Drosselklappe schließen
	Spannungsabfall in Zuleitung ist zu groß	Zuleitung verstärken (siehe Abschnitt 6.3)
Motor wird zu warm	Belastung ist zu hoch	Strom überprüfen, $P_{Ventilator}$ ist zu hoch (siehe Abschnitt 18.1)
	Windungsschluß	Isolationswert überprüfen (siehe Abschnitt 6.5)
	Betriebsspannung schwankt um mehr als ± 5 %	Trafo kontrollieren, EVU konsultieren
	Motorkühllüfter ist lose auf der Welle	Lüfter befestigen
	Kühlwege sind verschmutzt	Kühlwege reinigen
	Umgebungstemperatur ist zu hoch	Motor entlasten, Belüftung verbessern, $t_U < 40$ °C
	Projektierungsfehler, z. B. S1, S2	Projektüberprüfung
	Läufer schleift im Stator	Motor neu lagern
Lager wird zu warm	Lager ist überfettet bzw. hat Fettmangel	Lager entfetten bzw. nach Vorschrift fetten
	Lager ist verschmutzt, Fremdkörper	Lager reinigen
	Riemenspannung ist zu groß	Spannung herabsetzen
	Kupplung ist schlecht ausgerichtet	Kupplung neu ausrichten
	Lagerspiel ist zu klein	Spiel vergrößern, Lager auswechseln (Toleranz)
	Lager ist verspannt oder verkantet montiert	Neumontage

18.5 Fehlersuchprogramm Wälzlager

Störung/Fehler	mögliche Ursache	Abhilfe
Pittingbildung auf Bauteillaufbahnen	Materialüberlastung, -ermüdung; Hertzsche Pressung der Bauteile ist zu groß	Lagerwechsel mittelfristig, Lagerneuauslegung
Außenringschälung 1. unten, 2. seitlich und einseitig	fortgeschrittener Lagerschaden bei 1. horizontaler, fliegender Welle am Festlager oder bei Zwischenlagerung, 2. bei senkrechter Welle am Drucklager	kurzfristig Außenring drehen, Weiterlauf bis zum Planstillstand möglich
am Innen-, Außenring mehrere einzelne Laufbahnschäden gleichmäßig verteilt	Innen-, Außenring unrund verspannt im Passungssitz	Lagerwechsel sofort am Innenring, kurzfristig am Außenring, Passungssitz herstellen
Käfigverschleiß	Lebensdauer ist überschritten, Schmierungsprobleme, Gleichlauffehler doppelreihiger Lager, Passungsfehler,Verschmutzung,	Lagerwechsel, Schiebesitz Loslager gewährleisten
Anlauffarben, auch auf Laufflächen	Folgeschaden von Lagerheißlauf, Schmiermangel, Lagerspiel zu klein nach Temperatureinwirkung auf Lager von außen oder innen	kurzfristiger Lagerwechsel, sofort Ursache beseitigen
Walzenausbrüche	Überlastung einzelner Walzen durch Laufbahnschäden oder Durchmesserabweichung einzelner Walzen oder Materialfehler	kurzfristig Lagerwechsel

18. 5 Fehlersuchprogramm Wälzlager (Fortsetzung)

Störung/Fehler	mögliche Ursache	Abhilfe
Lagergesamt-verschleiß	Lebensdauer überschritten oder Schmierungsfehler oder Lagerverschmutzung	Lagerwechsel, Schmiermittelwechsel
umlaufende Rillen oder Eindrückungen auf den Laufbahnen	Lager- und Schmiermittel-verschmutzung	sofort Reinigung, mittelfristiger Lagerwechsel
Innen-, Außenring linienförmige Schäden an Walzenauflagelinie mit Walzenabstand	Rotor länger festgebremst, u. U. bei zusätzlicher Schwingungseinwirkung von außen; Wälzlager bei Erschütterungen transportiert(!) oder gelagert	Lagerwechsel; Rotor nicht festbremsen, bei Außerbetriebnahme im Naturzug laufen lassen
punktweise Laufbahnzerstörung aller Bauteile	elektrostatische Entladungen oder falsches Schweißen am Laufrad	Rotor mit Schleifkontakten; Schweißmasse stets am Rotor
Innenringriß als Daueranriß oder Gewaltbruch	Innenring ist mit Kegel- oder Spannhülse zu stark gespannt und/oder Passungsfehler auf der Welle	exakte Lagermontage und Passungssitze
Außenring Gewaltbruch	starkes radiales Lagerzwängen als Folge des Lagerheißlaufes	Schiebesitz und Schmierung gewährleisten
Anlaufkanten-verschleiß an Walzen, Außen- und Innenringen	axiales Lagerzwängen, Loslager schiebt sich nicht, Fehler vom Gehäusesitz zum Außenring des Loslagers	Gehäusesitz ausschleifen, kurzfristiger Lagerwechsel
Reibrost an Außenflächen der Lagerringe	Passungsfehler Lagergehäuse zum Außenring und Wellensitz zum Innenring, unrunde Verspannung	Lagersitz aufarbeiten

18.6 Fehlersuchprogramm Maschinenbau

Störung/Fehler	mögliche Ursache	Abhilfe
Falschluftaustritt aus Gehäuse und Rohren	Dichtung fehlerhaft, Formabweichung an Teilfugen, Lagefehler der Rohrleitung	Abdichtung Teilungsfugen mit Dichtband-, -masse, -schnur, Gehäuse, Rohr ausrichten
Radialventilator erreicht nicht Betriebsdaten	Radialspalt am Einlauf radial und axial nicht richtig eingestellt	Einlaufteil bzw. Rohr und Gehäuse ausrichten
Axiallüfter erreicht nicht Betriebsdaten	Schaufel-Gehäuse-Spalt zu groß, Laufschaufelwinkel falsch eingestellt	Rohrgehäuse richten (Beilage), Laufradtausch ($> d_2$), Schaufelwinkel einstellen
Anschleifen des Laufrades	Gehäuseverformung, Lageverschiebung	Ausrichten
Anschleifen der Dichtscheibe, Schleifgeräusch, Einlaufrillen, Heißlaufen	Lageverschiebungen	Ausrichten

18.7 Fehlersuchprogramm Steuerung und Überwachung

Störung/Fehler	mögliche Ursache	Abhilfe
Meßfehler Δp, $\dot{V}$	falsche Meßebene gewählt, Strömungsprofil in Meßebene zu ungleichmäßig, Meß- und Anzeigegerät ungeeignet, Loch, Knick, Verstopfung in Meßleitung bzw. -schlauch	geeignete Meßebene auswählen, Anbringen von mehreren Wanddruckanbohrungen für statischen Druck, Meßgerät auswählen nach Meßbereich > Maximalmeßwert
Stellantrieb stellt ständig kurzfristig hin und her	Zeitglied Steuerung zu kurz, untere Steuerwertgrenze zu klein gewählt	Zeitglied verlängern, unteren Steuerwert hoch setzen

18.7 Fehlersuchprogramm Steuerung und Überwachung (Fortsetzung)

Störung/Fehler	mögliche Ursache	Abhilfe
Maschinen-schwingung wird fehlerhaft angezeigt	falsche Anbringungsrichtung des Schwingungsaufnehmers, fehlerhafte Signalkette, falsche Kalibrierung, zwei Punkte und Linearität	horizontal = Vorzugsrichtung für waagerechte Welle, zwei Aufnehmer um 90° für senkrechte Welle
Anzeigeübersteuerung oder Grenzwertüberschreitung im unkritischen Zustand	falscher Meßbereichsendwert, falsche Abschaltkriterien	Meßbereichsendwert und Abschaltkriterien verändern
Temperaturanzeige hinkt dem Istwert langsam nach	Luft zwischen Fühler und Metalloberfläche	Anpressen der Temperaturgeberspitze gewährleisten
Maschinenausfall oder Abschalten ohne Vorwarnung	Fehler in der Auswahl der Überwachungsgröße	Meßkette mit Fehlerüberwachung
keine Signalanzeige	Signalstrecke unterbrochen	Kontaktbruchüberwachung
Wertangabe ohne Meßgröße	Kalibrierfehler, Nullpunktdrift	neu kalibrieren, nullpunktstabile Geber einsetzen

19 Schlußbetrachtung

Zur Zeit kann man die Tendenz beobachten, daß zugunsten knapper Investitionsmittel bei den festen Kosten gespart wird, ohne die Kostenschere zwischen diesen und den variablen Kosten zu beachten. Das kann für den Betreiber in der Zukunft verhängnisvoll werden. Schon jetzt signalisieren die Politiker - unseres Erachtens mit Recht - eine starke Erhöhung der Preise für die Energie, die sich in nächster Zeit in steigenden Betriebskosten niederschlagen werden. Nachrüstungen aber werden teuer, weil meist das vorher eingesparte Bauvolumen nicht vorhanden ist.

Der wertvolle Rohstoff Öl sollte besser zu hochwertigen, gut recycelbaren Werkstoffen wie Polyamid verarbeitet werden. Diese eignen sich im Ventilatorenbau gut zum Verringern der Lärmabstrahlung und der Schwingungen und kommen den zunehmenden Forderungen des Umweltschutzes entgegen.

Betriebskosten, besonders für den Verbrauch von Energie, können nur mit einer Optimierung der Anlage und deren Zusammenspiel mit einem passenden Ventilator eingespart werden. Die Energieeinsparungen beginnen bei der Anlage. Kleine Abmessungen wegen des Platzbedarfes und der Anschaffungskosten und aus Zeitgründen unterlassene Abstimmungen mit den Bauplanern hinsichtlich einer günstigen Anlagenausführung ziehen hohe Druckverluste nach sich. Dann kann auch ein Ventilator mit einem Spitzenwirkungsgrad die hohen Betriebskosten nicht mehr verringern.

Unsicherheiten, die trotz der heutigen Möglichkeiten zur Berechnung einer Anlagenkennlinie vorhanden sind, versucht man nicht selten durch zu hohe Sicherheitszuschläge zu kompensieren. Dadurch kann der Ventilator außerhalb seines optimalen Betriebsbereiches geraten. Um den Ventilator nachträglich noch anpassen zu können, lagen früher der Anlagen- und Ventilatorbau in der Hand eines Unternehmens. Der Kostendruck hat dazu geführt, daß sich Firmen auf die Herstellung von Ventilatoren spezialisiert haben und auf dem Markt bei Ausschreibungen im Wettbewerb stehen. Dabei lassen nicht selten die fachlichen Beziehungen zwischen Hersteller und Besteller in der Anfangsphase zu wünschen übrig, sieht man von spezialisierten großen Leistungseinheiten für den Berg-, Kraftwerks- und Tunnelbau und den größeren Stückzahlen für den Fahrzeugbau ab.

Nach Meinung der Verfasser ergeben sich daraus folgende Forderungen an die Hersteller, aber auch an die Forschung und Lehre:

- hohe Sach- und Fachkenntnis bei den Ingenieuren der Vertriebseinrichtungen;

- geeignete Betriebsorganisationen, die eine nachträgliche Anpassung des Ventilators kurzfristig möglich machen;
- geeignete technische Lösungen, um eine nachträgliche Anpassung kurzfristig zu ermöglichen, z. B. bei den Radialventilatoren Laufradvariationen hinsichtlich Durchmesser, Laufradbreite und Beschaufelungen; Axialventilatoren mit verstellbaren, evtl. auswechselbaren Schaufeln;
- gemeinsame Forschungs- und Entwicklungsarbeiten der Anlagen- und Ventilatorenexperten zur Anlagenoptimierung unter besonderer Berücksichtigung der Anpassung des Ventilators (Austrittsenergie, akustische Einfügung und Schalldämpfung, Anpassung Rohrventilator/Rohrleitung), z. B. bei größeren, verzweigten Anlagen das Multi-fan-Prinzip vorzugsweise mit Axialventilatoren;
- Entwicklung passenden und geeigneten Zubehörs entsprechend der vorhergehenden Forderung, z. B. Umlenkungen radial - axial,
- Untersuchungen zur Einsparung und besseren Nutzung von Primärenergie zur Herstellung des Werkstoffes und dessen Verarbeitung (z. B. Kunststoff statt Ölverbrennung, Recycling);
- ein dichtes Feld der Kennlinien;
- Erarbeitung von Empfehlungen für grundsätzliche Einbaubedingungen Anlage - Ventilator - Anlage bzw. für den Ventilator im Gerät, z. B. Anpassung an die Rohrgeschwindigkeit mit Schalldämpfern, Weiterführung der begonnenen Arbeiten zur Entwicklung von rotierenden Multidiffusoren bei breiten Radialrädern bzw. Stabilisatoren bei Axial- und Radialventilatoren;
- Berücksichtigung der zunehmenden Forderungen des Umweltschutzes;
- betriebswirtschaftliche Untersuchungen der Schere zwischen Betriebskosten und Anschaffungskosten (z. B. hinsichtlich der Geschwindigkeiten in der Rohrleitung) und im Hinblick auf die Energiepreisentwicklung.

Die Forschung und Lehre sind gefordert, ein fachgebietsübergreifendes Zusammenspiel von Ventilatorenherstellern, Anlagenprojektanten und Wirtschaftlern zu schaffen. Nur so wird in der Zukunft ein wirtschaftlicher und ökologischer Einsatz von Ventilatoren im Geräte- und Anlagenbau möglich sein.

Literatur

[1-1] *Schönemann, F.*: Vom Schöpfrad zur Kreiselpumpe. Hrsg. Thyssen Maschinenbau, Ruhrpumpen Witten-Annen. Düsseldorf: VDI-Verlag 1987, S. 43/44.

[1-2] *Matschoss, C.*: Geschichte der Dampfmaschine. Berlin 1901. Nachdruck 3. Aufl., S. 358. Hildesheim: Gerstenberg Verlag 1983.

[1-3] *Kluge, F.*: Kreiselgebläse und Kreiselverdichter radialer Bauart. Berlin, Göttingen, Heidelberg: Springer-Verlag 1953, insb. S. 2.

[1-4] *Sümmerer, Ch.*: Ökonomische Untersuchungen zum Energieverbrauch von DDR-Ventilatoren anhand der Bilanzierungsunterlagen des Leitbetriebes VEB Turbowerke Meißen. Abschlußarbeit vom 29.11.75 an der Fachschule für Ökonomie in Plauen/Vogtland.

[1-5] *Albring, W.*: Angewandte Strömungslehre. 6. Aufl. Berlin: Akademie Verlag 1991.

[1-6] *Bohl, W.*: Technische Strömungslehre. 6. Aufl. Würzburg: Vogel Buchverlag 1984.

[1-7] *Bohl, W.*: Ventilatoren. Würzburg: Vogel Buchverlag 1983.

[1-8] *Bohl, W.*: Strömungsmaschinen 1 (Aufbau und Wirkungsweise). 2. Aufl. Würzburg: Vogel Buchverlag 1982.

[1-9] *Bommes, L.; Fricke, J.; Klaes, K.*: Ventilatoren. Essen: Vulkan-Verlag 1994.

[1-10] *Bommes, L.; Kramer, C.* u. a.: Ventilatoren. Kontakt & Studium, Band 292. Ehningen bei Böblingen: expert-Verlag 1990.

[1-11] *Eck, B.*: Ventilatoren. 5. Aufl. Berlin, Heidelberg, New York: Springer-Verlag 1972. Reprint 1992.

[1-12] *Eckert, B.*: Axialkompressoren und Radialkompressoren. Berlin, Göttingen, Heidelberg: Springer-Verlag 1953.

[1-13] *Lexis, J.*: Ventilatoren in der Praxis. 2. Aufl. Stuttgart: Alfons W. Gentner Verlag 1990.

[1-14] *Lindner, E.*: Strömungsmechanische Grundlagen der Turbomaschinen. Lehrbriefe der TU Dresden für das Fern- und Abendstudium. 2. Aufl. 1988.

[1-15] *Lindner, E.*: Turboverdichter. Studienliteratur Maschinenbau. Hamburg, Dresden: Verlag VMS Modernes Studieren 1993.

[1-16] *Pfleiderer, C.; Petermann, H.*: Strömungsmaschinen. 6. Aufl. Berlin, Heidelberg, New York: Springer-Verlag 1991.

[1-17] *Traupel, W.*: Thermische Turbomaschinen. Berlin, Heidelberg, New York: Springer-Verlag 1987.

[1-18] *Pohlenz, W.*: Pumpen für Gase. 2. Aufl. Berlin: Verlag Technik 1977.

[1-19] VDI-Berichte 594: Ventilatoren im industriellen Einsatz; Tagung Düsseldorf am 11. und 12. März 1986. Düsseldorf: VDI-Verlag 1986.

[1-20] VDI-Berichte 872: Ventilatoren im industriellen Einsatz. Tagung Düsseldorf am 14. und 15. Februar 1991. Düsseldorf: VDI-Verlag 1991.

[1-21] *Albring, W.*: Turboverdichter radialer und diagonaler Bauart. In: Taschenbuch Maschinenbau, Bd. 5, Abschnitt 2.4.1, S. 400-411. Berlin: Verlag Technik 1989.

[1-22] *Recknagel/Sprenger/Hönmann*: Taschenbuch für Heizung und Klimatechnik einschließlich Brauchwassererwärmung und Kältetechnik. Hrsg. *Schramek*. 66. Aufl. München, Wien: R. Oldenbourg Verlag 1992.

[1-23] *Rakoczy, T.*: Ventilatoren. In [1-22], S. 974-990 und 1117-1122.

[1-24] Dubbel, Taschenbuch für den Maschinenbau. Hrsg. *Beitz* und *Küttner*. 17. Aufl. Abschnitt Ventilatoren. Berlin, Heidelberg, New York: Springer-Verlag 1990.

[1-25] *Mode, F.*: Ventilatoranlagen. 4. Aufl. Berlin: Verlag Walter de Gruyter 1972.

[2-1] EUROVENT 1/1: Terminologie der Ventilatoren. Ausg. Juli 1972. Frankfurt/Main: Maschinenbauverlag 1972.

[2-2] DIN 24 163, Teil 1: Ventilatoren, Leistungsmessung. Normkennlinien. Ausg. Januar 1985.

[2-3] VDI 2044: Abnahme- und Leistungsversuche an Ventilatoren (VDI-Ventilatorregeln). Ausg. August 1993.

[2-4] VDI 2045: Abnahme- und Leistungsversuche an Verdichtern (VDI-Verdichterregeln). Bl. 1: Versuchsdurchführung und Garantievergleich. Entwurf April 1990. Bl. 2: Grundlagen und Beispiele. Ausg. August 1993.

[3-1] EUROVENT 1/1: Terminologie der Ventilatoren. Ausg. Juli 1972. Frankfurt/Main: Maschinenbauverlag 1972.

[3-2] *Carolus, Th.; Scheidel, W.*: Bemerkungen zum Einsatz schnelläufiger Axiallüfter in Motorkühlsystemen von Kraftfahrzeugen. Mitteilungen des Instituts für Strömungslehre und Strömungsmaschinen der Universität Karlsruhe (TH) 1988, Nr. 39, S. 19-26.

[3-3] *Döge, K.*: Breitstromlüfter. Maschinenbautechnik 25 (1976) Nr. 11, S. 494-496.

[3-4] *Liebau, G.*: Untersuchungen an Axiallüftern mit Nachleitrad zur Aufstellung einer Baureihe. EKM-Mitteilungen aus dem Energiemaschinenbau 1962, Nr. 1, S. 22-27.

[3-5] DIN 24 163 Teil 1: Ventilatoren, Leistungsmessung. Normkennlinien. Ausg. Januar 1985.

[3-6] *Döge, K.*: Verbesserung des Teillastverhaltens von Axialventilatoren mit Hilfe von Stabilisierungseinrichtungen. 34 Maschinenbautechnik (1985) Nr. 5, S. 212-217.

[3-7] *Liebau, G.*: Einige Entwicklungsergebnisse an Axialventilatoren für die Lufttechnik. Luft- und Kältetechnik 23 (1987) Nr. 2, S. 89-91.

[3-8] *Lindner, E.*: Das Pumpen von Turboverdichtern. Abschnitt 6.3 im 2. Lehrbrief „Turboverdichter" der Studienliteratur für Maschinenbau. Hamburg, Dresden: Verlag VMS Modernes Studieren 1993.

[3-9] *Lindner, E.*: Instabile Betriebszustände. Abschnitt 5.4. im 2. Lehrbrief: Übungsunterlagen der Lehrbriefe „Strömungsmechanische Grundlagen der Turbomaschinen" für das Fern- und Abendstudium der TU Dresden. 2. Aufl. 1988.

[3-10] *Klingenberg, G.; Liebau, G.*: Axialventilatoren für Klimablöcke in Anlagen der Reinraumtechnik. Luft- und Kältetechnik 26 (1990) Nr. 1, S. 10-14.

[3-11] *Rakoczy, T.*: Berechnung von gegenläufigen Axialgebläsen. HLH 20 (1969) Nr. 3, S. 104-109.

[3-12] *Uhlmann, S.; Heyde, J.*: Untersuchungen zur Luftbefeuchtung im Axiallüfter. Luft- und Kältetechnik 10 (1974) Nr. 1, S. 36-39.

[3-13] *Uhlmann, S.; Heyde, J.*: Die Polytrope Befeuchtung im Axialventilator mit Sprüheinrichtung. Luft- und Kältetechnik 14 (1978) Nr. 2, S. 80-85.

[3-14] *Hönmann, W.*: Bewertungskriterien für Ventilatoren in Klimazentralen. Lufttechnische Information 11/12 von LTG Lufttechnische GmbH Stuttgart, Oktober 1974.

[3-15] *Henke, K.; Schlender, F.; Schuster, C.*: Rotierende Radialdiffusoren an breiten Laufrädern - eine Möglichkeit des Energierückgewinns und zur Lärmminderung. KI Klima - Kälte - Heizung 18 (1990) Nr. 9, S. 386-389.

[3-16] *Schlender, F.; Harms, W.*: Die Entwicklung standardisierter Baureihen von Ventilatoren. Mitteilungsblatt 2/1970 Rationalisierung Standardisierung Fachbereich Kohle 1970, S. 4-10.

[3-17] *Strehle, E.*: Auslegungsrechnungen zur Kombination Zentrifugal-Zentripetalrad. Großer Beleg B 589 am Institut für angewandte Strömungslehre der TU Dresden 1965.

[3-18] *Großer, A.*: Strömungsversuche an einem zentripetal durchströmten Radiallüfter. Großer Beleg B 644 am Institut für angewandte Strömungslehre der TU Dresden 1966.

[3-19] *Großer, A.*: Entwurf eines Zentripetallüfters. Diplomarbeit D 662 am Institut für angewandte Strömungslehre der TU Dresden 1967.

[3-20] *Engelhardt, W.*: Experimentelle Untersuchungen an Querstromventilatoren bei veränderlichen Reynolds-Zahlen. Diss. Universität Karlsruhe (TH) 1967.

[3-21] *Doneit, W.*: Entwicklung von Ventilatoren beliebiger Bauart mit einem integrierten, computergestützten Programmsystem. Diss. Universität Karlsruhe (TH) 1981.

[3-22] *Doneit, W.*: Computergestützte Entwicklung von Ventilatoren. Mitteilungen des Instituts für Strömungslehre und Strömungsmaschinen der Universität Karlsruhe (TH), 1988, Nr. 39, S. 37-41.

[3-23] *Schilling, R.*: Stand der Strömungsrechnung zur Weiterentwicklung von hydraulischen Maschinen und Ventilatoren. Mitteilungen des Instituts für Strömungslehre und Strömungsmaschinen der Universität Karlsruhe (TH) 1988, Nr. 39, S. 121-124.

[3-24] *Lindner, E.*: Untersuchungsergebnisse zur Radialströmung. Wiss. Zeitschrift der TU Dresden 33 (1984) Nr. 4, S. 295-302.

[3-25] *Lindner, E.*: Projekt eines rechnergestützten Entwurfsverfahrens für diagonale Turboverdichterlaufräder. Wiss. Zeitschrift der Hochschule für Verkehrswesen „Friedrich List" Dresden. Sonderheft 51: Rechnergestützte Auslegung von Turbomaschinen. April 1989, S. 5-16.

[3-26] *Lindner, E.*: Ein Entwurfsverfahren für diagonale Turboverdichterlaufräder. VDI-Berichte Nr. 947, S. 53-62. Düsseldorf: VDI-Verlag 1992.

[3-27] *Schnepf, B.; Felsch, K.-O.; Caglar, S.*: Einbausituation halbaxial. HLH 43 (1992) Nr. 4, S. 185-189.

[3-28] *Schlender, F.*: Diagonalrad schließt Lücke. HLH 40 (1989) Nr. 8, S. 426-428.

[3-29] *Schlender, F.*: Ein diagonales Ventilatorrad großer Breite mit vorwiegend radialer Durchströmung. Wiss. Zeitschrift der Hochschule für Verkehrswesen „Friedrich List" Dresden. Sonderheft 51: Rechnergestützte Auslegung von Turbomaschinen. April 1989, S. 41-48.

[3-30] *Stanitz, J. D.; Prian, V. D.*: A Rapid Approximate Method for Determining Velocity Distribution on Impeller Blades of Centrifugal Compressors. NACA TN 2421, July 1951.

[3-31] *Schlender, F.*: Ein einfaches Näherungsverfahren zur Auslegung von Radialgittern. Report R-11/79 zur 2. Tagung Strömungsmechanik September 1979 in Magdeburg. Berlin: Akademie der Wissenschaften der DDR, ZIMM, 1979.

[3-32] *Schlender, F.*: Untersuchungen zur Steigerung der Druckzahlen von Radiallüftern. Mitteilungen aus dem Energiemaschinenbau 1962, Nr. 1, S. 27-31.

[3-33] *Betz, A.*: Näherungsformeln für die Zirkulationsverteilung um eng stehende Schaufeln von Strömungsgittern. Zeitschrift für Flugwissenschaften 4 (1956) Nr. 5/6, S. 166-169.

[3-34] *Grabow, G.*: Peripheral-Seitenkanal-Gebläse zur Förderung von Luft und technischen Gasen. Maschinenbautechnik 19 (1970) Nr. 3, S. 153-155.

[3-35] *Krömer, K.*: Seitenkanalverdichter, eine Sonderform des Ventilators. VDI-Berichte Nr. 594, S. 147-158. Düsseldorf: VDI-Verlag 1986.

[3-36] *Schlender, F.; Schramm, D.*: Plastkonstruktionen bei Ventilatoren. Luft- und Kältetechnik 18 (1982) Nr. 2, S. 82-85.

[4-1] DIN 24 166: Ventilatoren. Technische Lieferbedingungen. Ausg. Januar 1989.

[4-2] DIN 24 163: Ventilatoren. Leistungsmessung. Normkennlinien. Ausg. Januar 1985.

[4-3] VDI 2044: Abnahme- und Leistungsversuche an Ventilatoren (VDI-Ventilatorregeln). Ausg. August 1993.

[4-4] *Militzer, K.-E.*: Eine empirische Beziehung für die Sättigung feuchter Luft im Temperaturbereich von 15...99 °C (mit Druckkorrektur). Luft- und Kältetechnik 21 (1985) Nr. 3, S. 162/163.

[4-5] *Recknagel/Sprenger/Hönmann*: Taschenbuch für Heizung und Klimatechnik einschließlich Brauchwassererwärmung und Kältetechnik. Hrsg. *Schramek.* 66. Aufl. München, Wien: R. Oldenbourg Verlag 1992.

[4-6] *Albring, W.*: Angewandte Strömungslehre. 6. Aufl. Berlin: Akademie Verlag 1991.

[4-7] *Hönmann, W.*: Bewertungskriterien für Ventilatoren in Klimazentralen. Lufttechnische Information 11/12 vom Oktober 1974 von LTG Lufttechnische GmbH Stuttgart.

[4-8] *Hönmann, W.*: Gerätekennlinien - Möglichkeiten und Grenzen. Ki Klima - Kälte - Heizung 18 (1990) Nr. 6, S. 262-266.

[4-9] ISO 5221: Air distribution and air diffusion - Rules to methods of measuring air flow rate in an air handling duct. Ausg. Januar 1984.

[4-10] *Krüger, H.*: Berechnung strömungstechnischer Kennwerte von Durchströmteilen für Flüssigkeiten und Gase. Dresden: Institut für Leichtbau und ökonomische Verwendung von Werkstoffen 1970.

[4-11] *Rippl, E.*: Experimentelle Untersuchungen über Wirkungsgrade und Abreißverhalten von schlanken Kegeldiffusoren. Maschinenbautechnik 5 (1956) Nr. 5 , S. 241-246 und Nr. 12, S. 670.

[4-12] *Liepe, F.*: Wirkungsgrade von schlanken Kegeldiffusoren bei drallbehafteter Strömung. Maschinenbautechnik 9 (1960) Nr. 8, S. 405-412 und 424.

[4-13] DIN 45 635 Teil 38: Geräuschmessungen an Maschinen; Luftschallemission, Hüllflächen-, Hallraum- und Kanalverfahren; Ventilatoren. Ausg. April 1986.

[4-14] DIN 45 635 Teil 1: Geräuschmessungen an Maschinen; Luftschallemission, Hüllflächen-Verfahren; Rahmenverfahren für 3 Genauigkeitsklassen. Ausg. April 1984.

[4-15] DIN 45 635 Teil 2: Geräuschmessungen an Maschinen; Luftschallmessung, Hallraum-Verfahren; Rahmen-Meßverfahren. Ausg. Oktober 1987.

[4-16] DIN 45 635 Teil 9: Geräuschmessungen an Maschinen; Luftschallemission, Kanalverfahren; Rahmen-Verfahren für Genauigkeitsklasse 2. Ausg. Dezember 1989.

[4-17] DIN 45 641: Mittelung von Schallpegeln. Ausg. Juni 1990.

[4-18] Verordnung zum GSG vom 18. Januar 1991 (3. GSGV). BGBl. I, 1991, S. 146.

[4-19] Gerätesicherheitsgesetz (GSG), Gesetz über technische Arbeitsmittel vom 24. Juni 1986. BGBl. I, 1986, S. 717. Neufassung des GSG vom 23. Oktober 1992, Bundesarbeitsblatt 12, 1992, S. 35.

[4-20] *Hassal, J. R.; Zaveri, C.*: Acoustic Noise Measurements. 4. Aufl. Copenhagen: Eigenverlag der Fa. Brüel & Kjaer 1993.

[4-21] *Fischer, U.; Stephan, W.*: Mechanische Schwingungen. 2. Aufl. Leipzig, Köln: Fachbuchverlag 1993.

[4-22] *Holzweißig, F.; Dresig, H.*: Lehrbuch der Maschinendynamik. 2. Aufl. Leipzig, Köln: Fachbuchverlag 1992.

[4-23] *Holzweißig, F.; Dresig, H.; Fischer, U; Stephan, W.*: Arbeitsbuch Maschinendynamik. Schwingungslehre. Leipzig: Fachbuchverlag 1983.

[4-24] *Den Hartog, J.; Mesmer, G.*: Mechanische Schwingungen. 2. Aufl. Berlin, Göttingen, Heidelberg: Springer-Verlag 1952.

[4-25] *Cremer, L.; Heckel, M.*: Körperschall. Berlin, Heidelberg, New York: Springer-Verlag 1967.

[4-26] TGL 21 191: Schiffsventilatoren. Ausg. 1969.

[4-27] VDI 2060: Beurteilungsmaßstäbe für den Auswuchtzustand rotierender starrer Körper. Ausg. Oktober 1966. Ersetzt durch
DIN ISO 1940 Teil 1: Mechanische Schwingungen, Anforderungen an die Auswuchtgüte starrer Rotoren, Bestimmung der zulässigen Restunwucht. Ausg. Dezember 1993.

[4-28] VDI 2056: Beurteilungsmaßstäbe für mechanische Schwingungen von Maschinen. Ausg. Oktober 1964, ersetzt durch
DIN ISO 1940 Teil 1: Mechanische Schwingungen, Anforderungen an die Unwuchtgüte starrer Rotoren, Bestimmung der zulässigen Restunwucht. Ausg. Dezember 1993.

[4-29] ISO 2372: Mechanical Vibrations of Machines for Specifying Evaluation Standards. Ausg. 1974.

[4-30] VDI 2057: Einwirkung mechanischer Schwingungen auf den Menschen. Ausg. Mai 1987.

[4-31] TGL 22 312: Beurteilung der Schwingungseinwirkung auf den Menschen am Arbeitsplatz. Ausg. 1982.

[4-32] TGL 24 818, Blatt 6: Ventilatoren. Prüfung der Laufruhe. Ausg. November 1985.

[5-1] DIN 24 163, Teil 1: Ventilatoren, Leistungsmessung. Normkennlinien. Ausg. Januar 1985.

[5-2] *Albring, W.*: Abschnitt 2.1.4 „Kennzahlen der Turbomaschinen" im Taschenbuch Maschinenbau, Band 5. Berlin: Verlag Technik 1989.

[5-3] *Bohl, W.*: Ventilatoren. Würzburg: Vogel Buchverlag 1983.

[5-4] *Bommes, L.; Fricke, J.; Klaes, K.*: Ventilatoren. Essen: Vulkan-Verlag 1994.

[5-5] *Lindner, E.*: Strömungsmechanische Grundlagen der Turbomaschinen. 2. Lehrbrief: Übungsunterlagen. Lehrbriefe der TU Dresden für das Fern- und Abendstudium. 2. Aufl. 1988.

[5-6] *Mulsow, R.*: Auswahl der Ventilatortype. HLH 10 (1959) Nr. 10, S. 273-276.

[5-7] *Liebau, G.*: Beitrag zum Parallelbetrieb von Axialventilatoren zur Erweiterung ihres Einsatzbereichs im Druck-Förderstrom-Kennfeld. Luft- und Kältetechnik 11 (1975) Nr. 6, S. 300-305.

[5-8] *Schelhorn, W.*: Axialventilatoren von Woods. Mit dem richtigen Dreh: hoher Druck, weniger kW. CCI 26 (1992) Nr. 9, S. 36 u. 45.

[5-9] *Grundmann, R.*: Abschnitt 2. Ähnlichkeitsgesetze. In: Bommes, L.; Kramer, C., u. a.: Ventilatoren. Kontakt & Studium, Band 292, S. 34-88. Ehningen bei Böblingen: expert-Verlag 1990.

[5-10] *Felsch, K. O.*: Die Voraussage des Betriebsverhaltens von Strömungsmaschinen aufgrund von Modellversuchen. Maschinenmarkt 69 (1963) Nr. 75, S. 19-30.

[5-11] *Rütschi, K.*: Problematik bisheriger Formeln zur Wirkungsgradaufwertung bei Strömungsmaschinen. Konstruktion 34 (1982) Nr. 7, S. 279-285.

[5-12] *Rotzoll, R.*: Untersuchungen an einer langsamläufigen Kreiselpumpe bei verschiedenen Reynolds-Zahlen. Konstruktion 10 (1958) Nr. 4, S. 121-130.

[5-13] VDI 2044: Abnahme- und Leistungsversuche an Ventilatoren (VDI-Ventilatorregeln). Ausg. August 1993.

[5-14] DIN 24 166: Ventilatoren. Technische Lieferbedingungen. Ausg. Januar 1989.

[5-15] DIN 24 163, Teil 2: Ventilatoren. Leistungsmessung Normprüfstände. Ausg. Januar 1985.

[6-1] *Böhm, W.*: Elektrische Antriebe. 3. Aufl. Würzburg: Vogel Buchverlag 1989.

[6-2] *Grünberg, H.*: Elektrische Antriebe, Service-Fibel. Würzburg: Vogel Buchverlag 1972.

[6-3] DIN VDE 0530 Teil 7 IEC 34-7: Umlaufende elektrische Maschinen. Kurzzeichen für Bauformen und Aufstellung. Ausg. November 1991.

[6-4] DIN VDE 0530 Teil 1 IEC 34-1 (1983): Umlaufende elektrische Maschinen. Bemessungsdaten und Betriebsweise. Ausg. Juli 1991.

[6-5] *Garbrecht, F.W.; Schäfer, J.*: Das 1x1 der Antriebsauslegung. Berlin, Offenbach: vde-Verlag 1994.

[6-6] *Schönfeld, R.*, u. a.: Die Technik der elektrischen Antriebe. VEM-Handbuch. 8. Aufl. Berlin: Verlag Technik 1986.

[6-7] *Ayx, R.*: Projektierungshilfe für den Elektroinstallateur. 3. Aufl. Heidelberg: Dr. Alfred Hüthig Verlag 1991.

[6-8] Schalten, Schützen, Verteilen in Niederspannungsnetzen. 3. Aufl. Erlangen: Eigenverlag Siemens AG 1992.

[6-9] *Budig, K.*: Drehzahlvariable Drehstromantriebe mit Asynchronmotoren. Berlin: Verlag Technik 1988.

[6-10] *Böhm,W.*: Elektrische Steuerungen. 5. Aufl. Würzburg: Vogel Buchverlag 1988.

[6-11] *Grätz, R.*: Elektrotechnische Einrichtungen für Motorabgänge. Berlin: Eigenverlag Elektroprojekt und Anlagenbau 1987.

[6-12] Automatisierungs- und Elektroenergie-Anlagen. VEM-Taschenbuch. 4. Aufl. Berlin: Verlag Technik 1987.

[6-13] *Zeisberg, K.*: Leistungselektronik - Rationalisierung des Lüfterbetriebes durch Drehzahlstellung. Leipzig: Informationsschrift der Zentralstelle für Rationelle Energieanwendung 1988.

[6-14] DIN IEC 38: IEC-Normspannungen. Ausg. Mai 1987.
Beiblatt 1: Ergänzungen. Ausg. Dezember 1992.

[6-15] DIN VDE 0530 Teil 14: Mechanische Schwingungen von umlaufenden elektrischen Maschinen. Ausg. Februar 1993.

[6-16] DIN VDE 0530 Teil 5 EN 60 034 Teil 5 IEC 34-5: Schutzarten. Einteilung der Schutzarten durch Gehäuse für umlaufende elektrische Maschinen. Ausg. April 1988; Entwurf Mai 1992.

[6-17] DIN VDE 0530 Teil 6 IEC 34-6: Kühlmethoden für umlaufende elektrische Maschinen. Ausg. Mai 1990; Entwurf März 1993.

[6-18] DIN VDE 0660 Teil 302 und 303 IEC 34-11-2: Eingebauter thermischer Wicklungsschutz. Ausg. Februar 1987.

[6-19] DIN VDE 0530 Teil 9 IEC 34-9 (1972): Geräuschgrenzwerte für umlaufende elektrische Maschinen. Ausg. Dezember 1984; Entwurf September 1991.

[6-20] *Kiefer, G.*: VDE 0100 und die Praxis. 5. Aufl. Berlin, Offenbach: vde-Verlag 1992.

[6-21] DIN VDE 0530 Teil 7 IEC 34-7: Bauformen umlaufender elektrischer Maschinen. Kurzzeichen für Bauformen. Entwurf November 1991.

[6-22] DIN EN 50 014 VDE 0170/0171 Teil 3 bis Teil 5: Elektrische Betriebsmittel für explosionsgefährdete Bereiche. Ausg. Februar 1991; Entwürfe: Teil 3 Februar 1992; Teil 4 Mai 1992; Teil 5 Oktober 1991.

[6-23] DIN VDE 0165: Errichten elektrischer Anlagen in explosionsgefährdeten Bereichen. Ausg. Februar 1991.

[6-24] DIN EN 50 014 VDE 0170/0171 Teil 10: Zündschutzarten elektrischer Betriebsmittel. Ausg. April 1982.

[6-25] DIN EN 50 014 VDE 0170/0171 Teil 1 IEC 79-0: Elektrische Betriebsmittel für explosionsgefährdete Bereiche; allgemeine Bestimmungen. Ausg. Mai 1988; Entwurf August 1992.

[6-26] DIN EN 50 014 VDE 0170/0171 Teil 5 IEC 97-1: Druckfeste Kapselung "d". Ausg. Januar 1987; Entwurf Oktober 1991.

[6-27] DIN EN 50 014 VDE 0170/0171 Teil 6 IEC 79-7: Erhöhte Sicherheit "e". Ausg. Mai 1992.

[6-28] VDEW: Technische Anschlußbedingungen für den Anschluß an das Niederspannungsnetz. Frankfurt/Main: VDEW-Verlag 1991.

[6-29] DIN 57 105 VDE 0105 Teil 1: Betrieb von Starkstromanlagen. Allgemeine Festlegungen. Ausg. Juli 1983.

[6-30] VBG 4: Unfallverhütungsvorschrift für elektrische Anlagen und Betriebsmittel. Ausg. April 1986.

[6-31] Arbeitsgemeinschaft Metall und Berufsgenossenschaften: Sicherheitslehrbrief für Elektrofachkräfte. Köln: Carl Heymann Verlag 1989.

[6-32] DIN VDE 298 Teil 4: Strombelastbarkeit von Leitungen. Ausg. Februar 1988; Entwurf Januar 1991.

[6-33] DIN VDE 0100 Teil 532: Errichten von Starkstromanlagen mit Nennspannungen bis 1000 V; Auswahl und Errichtung elektrischer Betriebsmittel; Schaltgeräte und Steuergeräte; Abschalt- und Meldeeinrichtungen zum Brandschutz. Ausg. Juni 1990.

[6-34] DIN VDE 0100 Teil 430: Schutz von Leitungen und Kabel bei Überstrom. Ausg. November 1991.

[6-35] DIN VDE 0636 Teil 1 IEC 269 -1 (1986): Niederspannungssicherungen. Allgemeine Festlegungen. Ausg. Juli 1992.

[6-36] DIN VDE 0414 Teil 1 und Teil 2 IEC 185 (1987): Bestimmungen für Meßwandler/Stromwandler. Ausg. Dezember 1970; Entwurf Dezember 1991.

[6-37] DIN VDE 0660 Teil 100 IEC 947-1 (1988): Niederspannungsschaltgeräte. Allgemeine Festlegungen. Ausg. Juli 1992.

[6-38] DIN IEC 16 Teil 292: Kennzeichnung von Leitern durch Farben und Nummern. Ausg. Juli 1986.

[6-39] Datenblatt INT 90 Auslösegerät. Firmenschrift der Fa. Kriwan Industrieelektronik GmbH 74670 Forchtenberg.

[6-40] DIN 44 081: Temperaturabhängige Widerstände; Kaltleiter; thermischer Maschinenschutz. Ausg. Juni 1980.
DIN 44 082: Temperaturabhängige Widerstände; Drillingskaltleiter; thermischer Maschinenschutz. Ausg. Juni 1985.

[6-41] *Ermolin, N. P.; Zerichin, I. P.*: Zuverlässigkeit elektrischer Maschinen. Berlin: Verlag Technik 1981, S. 84-101.

[6-42] *Bohl, W.*: Ventilatoren. Würzburg: Vogel Buchverlag 1983, S. 127.

[6-43] *Lexis, J.*: Ventilatoren in der Praxis. 2. Aufl. Stuttgart: Alfons W. Gentner Verlag 1990, S. 159-163.

[6-44] Katalogunterlagen für Radialventilatoren der Fa. Fläkt, Schweden.

[6-45] DIN VDE 0660 Teil 102 IEC 947- 4-1: Niederspannungsschaltgeräte; elektromechanische Schütze und Motorstarter (Sicherungslose Motorabzweige). Ausg. Juli 1992.

[6-46] *Agis, H.*: Stand und Technik der regelbaren Drehstromantriebe bei ELIN. Voith Forschung und Konstruktion Nr. 33, 1989, Aufsatz 16, Sonderdruck G 1235.

[6-47] ZETAVENT. Systembeschreibung. Technische Daten. Firmenschrift der Fa. Ziehl-Abegg. Künzelsau: März 1991.

[6-48] *Schlafhorst, W.*: Intelligente Frequenzumrichter in der Gebäudetechnik. Firmenschrift der Schlafhorst AG Mönchengladbach vom Mai 1990.

[6-49] *Köberlein, B.; Papst, W.*: Kosteneinsparung durch Drehzahlregelung von Kreiselpumpen. KEM Nr. 2, Mai 1984, S. 485-492.

[6-50] COMBIVERT Frequenzumrichter. Firmenschrift der Karl E. Brinkmann GmbH. Barntrup: Dezember 1991.

[6-51] *Budig, P. K.*: Drehzahlvariable Drehstromantriebe mit Asynchronmaschinen. Berlin: Verlag Technik 1988.

[6-52] IEC 555-3 AMD 1-1990 DIN EN 60 555 T 3 A1: Disturbances caused by equipment connected to public low-voltage supply systems. Ausg. Januar 1993.

[6-53] *Möltgen, G.*: Spannungsoberschwingungen in Drehstromnetzen infolge Stromrichterlast. Siemens Forsch.- und Entwicklungsbericht, Bd. 3. Nürnberg: Januar 1974, S. 36-42.

[6-54] DIN 57 160 DIN VDE 0160: VDE-Bestimmung für die Ausrüstung von Starkstromanlagen mit elektronischen Betriebsmitteln. Einrichtung und Betriebsmittel der Leistungselektronik. Ausg. November 1981.

[6-55] *Simon, K.-P.*: Ein Frequenzumrichterstandard setzt sich durch. Der Konstrukteur. Sonderausgabe Antreiben, Steuern, Bewegen. 23 (1992) Nr. 4, S. 14-17.

[6-56] IEC 34-17: Umlaufende elektrische Maschinen, Teil 17: Leitfaden für den Einsatz von umrichtergespeisten Induktionsmotoren mit Käfigläufer. Ausg. November 1992.

[6-57] ZETAVENT. Firmenschrift der Fa. Ziehl-Abegg über regelbare Antriebe. Künzelsau: Sonderdruck April 1988.

[6-58] *Häusermann, G.*: Energiesparpotentiale bei Ventilatoren. Essen: Symposium RLT-Geräte, September 1993.

[6-59] TGL 10 826 Blatt 2: Anzugsmomente für Schrauben von elektrischen Verbindungen. Ausg. August 1980.

[6-60] DIN VDE 0134: Anleitung zur ersten Hilfe bei Unfällen. Ausg. November 1989.

[6-61] DIN VDE 0132: Brandbekämpfung im Bereich elektrischer Anlagen. Ausg. November 1989.

[6-62] *Lämmerhirdt, E. H.*: Elektrische Maschinen und Antriebe. München, Wien: Carl Hanser-Verlag 1989.

[6-63] *Schrüfer, E.*: Elektrische Meßtechnik. 2. Auflage. München, Wien: Carl Hanser-Verlag 1984.

[6-64] *Voigt, M.*: Elektro-Meßpraxis. München: Verlag Richard Pflaum 1994.

[6-65] *Henze, Fr.*: Mehrfarbige Meßschaltungen der Starkstromtechnik. Leipzig: Fachbuchverlag 1956.

[6-66] *Trumpold, H.; Woschni, E.-G.*, u. a.: Meßgenauigkeit. 2. Aufl. Berlin: Verlag Technik 1989.

[6-67] *Böttle, P.; Boy, G.; Grothusmann, G.*: Elektrische Meß- und Regelungstechnik. 8. Aufl. Würzburg: Vogel Buchverlag 1993.

[6-68] DIN 24 163, Teil 2: Ventilatoren. Leistungsmessung. Normprüfstände, S. 20. Ausg. Januar 1985.

[6-69] *Häussermann, G.*: Messungen am Elektronik-Motor bzw. Frequenzumrichter. Technische Information TIL 92-23 der Fa. Ziehl-Abegg, Künzelsau 1992.

[6-70] DIN VDE 0410/IEC 414 (1973): VDE-Bestimmung für elektrische Meßgeräte. Sicherheitsbestimmungen für anzeigende und schreibende Meßgeräte und Zubehör. Ausg. Oktober 1976.

[6-71] DIN VDE 0411 Teil 1/IEC 348 (1978): Sicherheitsbestimmungen für elektronische Meßgeräte. Ausg. Oktober 1973; Entwurf März 1981.

[7-1] *Eck, B.*: Ventilatoren. 5. Aufl. Berlin, Heidelberg, New York: Springer-Verlag 1972. Reprint 1992.

[7-2] *Banzhaf, H.-U.; Fechner, G.; Loos, C. D.*: Regelung von Volumenstrom und Druckerhöhung an Ventilatoren. VDI-Berichte Nr. 594, S. 41-122. Düsseldorf: VDI-Verlag 1986.

[7-3] *Bohl, W.*: Ventilatoren. Würzburg: Vogel Buchverlag 1983.

[7-4] *Schiller, F.*: Abschnitt 3.5.3. Regelung von Axialventilatoren. In *Bommes L.*, u. a.: Ventilatoren. Ehningen bei Böblingen: expert-Verlag 1990, S. 149-158.

[7-5] *Lexis, F.*: Regelmöglichkeiten von Ventilatoren. Die Kälte- und Klimatechnik 40 (1987) Nr. 3, S. 102-120.

[7-6] *Godichon, A.:* Drehzahlregelbare Antriebe für große Radialventilatoren. VDI-Berichte Nr. 872, S. 457-467. Düsseldorf: VDI-Verlag 1991.

[7-7] *Bommes, L.; Fricke, J.; Klaes, K.*: Ventilatoren. Essen: Vulkan-Verlag 1994.

[7-8] *Wintersohl, K.; Dietrich, K.*: Kriterien für den Einsatz von Axial- und Radialventilatoren und deren Regelung. VDI-Berichte Nr. 872, S. 479-504. Düsseldorf: VDI-Verlag 1991.

[7-9] *Klee, D.; Bard, H.*: Moderne Axialventilatoren für VLV-Systeme. VDI-Berichte Nr. 594, S. 199-207. Düsseldorf: VDI-Verlag 1991.

[7-10] *Wieland, H.*: Vergleich verschiedener Systeme zum Verändern der Förderleistung bei Radialventilatoren. VDI-Berichte Nr. 594, S. 267-281. Düsseldorf: VDI-Verlag 1991.

[9-1] *Banzhaf, H.-U.*: Stabile und instabile Betriebszustände bei Axialventilatoren. VDI-Berichte Nr. 594, S. 211-246. Düsseldorf: VDI-Verlag 1991.

[9-2] *Banzhaf, H.-U.*: Die anwendungsgerechte Auswahl von Industrieventilatoren aus der Sicht des Herstellers. Sonderdruck aus VDI-Berichte Nr. 872 , S. 19-102. Düsseldorf: VDI-Verlag 1991.

[9-3] *Liebau, G.*: Beitrag zum Parallelbetrieb von Axialventilatoren zur Erweiterung ihres Einsatzbereichs im Druck-Förderstrom-Kennfeld. Luft- und Kältetechnik 11 (1975) Nr. 6, S. 300-305.

[9-4] *Eck, B.*: Ventilatoren. 5. Aufl. Berlin, Heidelberg, New York: Springer-Verlag 1972. Reprint 1992.

[9-5] *Murai, H.; Narasaka, T.*: Working Mechanism of Suction Ring. Transactions of the ASME, Journal of Fluid Engineering (1973) Nr. 12, S. 508-512.

[9-6] *Liebau, G.*: Einige Entwicklungsergebnisse an Axialventilatoren für die Lufttechnik. Luft- und Kältetechnik 23 (1987) Nr. 2, S. 89-91.

[9-7] *Iwanow, S. K.*, u. a.: Vorrichtung für einen Axialventilator zur Erweiterung des stabilen Arbeitsbereiches. UdSSR-Urheberschein Nr. 141247, Bulletin Nr. 18, 1961 (in russ. Sprache), vgl. auch BRD-Patentschrift P 1428077 (1963).

[9-8] *Iwanow, S. K.*: Untersuchung und Entwicklung von Ventilatoren für örtliche Bewetterung mit Meridianbeschleunigung der Strömung. Diss. Nowotscherkask 1970 (in russ. Sprache).

[9-9] *Döge, K.*: Verbesserung des Teillastverhaltens von Axialventilatoren mit Hilfe von Stabilisierungseinrichtungen. Maschinenbautechnik 34 (1985) Nr. 5, S. 212-217.

[9-10] *Flugrat, L.; Kaden, R.; Klingenberg, G.*: Axialventilator mit Einströmdüse und Stabilisierungseinrichtung. DDR-Patentschrift Nr. 235 095 (1986).

[9-11] *Swieczkowski, K.; Bothe, H.; Flugrat, L.*: Ventilatoren für die Heubelüftungsanlagen der DDR. Feldwirtschaft 28 (1987) Nr. 2, S. 73-75.

[9-12] *Klingenberg, G.; Liebau, G.*: Axialventilatoren für Klimablöcke in Anlagen der Reinraumtechnik. Luft- und Kältetechnik 26 (1990) Nr. 1, S. 10-14.

[10-1] *Lighthill, M. J.*: On sound generated aerodynamically. I. General theory. Proc. Roy. Soc. A, 1952, Vol. 211, p. 564-587; II. Turbulence as an source of sound. Proc. Roy. Soc. A, 1954, Vol. 222, p. 1-32.

[10-2] *Költzsch, P.*: Strömungsmechanisch erzeugter Lärm. Diss. B, Technische Universität Dresden, 1974.

[10-3] *Wright, S. E.*: The acoustic spectrum of axial flow machines. J. Sound Vib. 45 (1976) Nr. 2, S. 165-223.

[10-4] *Schmidt, L.*: Der Einfluß eines 90°-Rohrkrümmers auf die Schallemission eines Axialventilators. Luft- und Kältetechnik 12 (1976) Nr. 6, S. 287-290.

[10-5] *Nêmec, J.*: The blading of fans in its influence on noise. Paper L52; Proc. 4. ICA-Congress, Copenhagen, August 1962.

[10-6] *Sharland, I. J.*: Recent work at Southampton University on sources noise in axial flow fans. Paper F33, Proc. 5. ICA-Congress, Liege, September 1965.

[10-7] *Haustein, B. G.*: Untersuchung des Einflusses der Druckschwankungen auf den Schalleistungspegel eines Radialventilatorgehäuses. Dresden: Bericht Nr. 10/80 des Zentralinstitutes für Arbeitsschutz 1980.

[10-8] *Madison, R. D.; Graham, J. B.*: Fan Noise Variation with Changing Fan Operation. Heating, Piping & Air Conditioning, January 1958, S. 207-214.

[10-9] *Hardy, H. C.*: Generalized Theory for computing noise from turbulence in aerodynamic systems. ASHRAE Journal, January 1963, S. 95-100.

[10-10] *Grünewald, W.*: Vorschlag für eine einheitliche Geräuschmessung an Ventilatoren. HLH 10 (1959) Nr. 6, S. 167-172.

[10-11] *Bommes, L.*: Beurteilung von Ventilatorgeräuschen vereinfacht. HLH 42 (1991) Nr. 5, S. 319-325.

[10-12] ISO/TC 43/SC 1: Sound measurement procedures for air moving devices connected to either a discharge duct or an inlet duct. Working group 3, Entwurf 1971-72.

[10-13] *Cremer, L.*: The second annual fairley lecture: The treatment of fans as black box. J. Sound Vib. 16 (1971) Nr. 1, S. 1-15.

[10-14] *Schmidt, H.*: Schalltechnisches Taschenbuch. 4. Aufl. Düsseldorf: VDI-Verlag 1989.

[10-15] *Piltz, E.*: Energiebedarf und Schallerzeugung bei verschiedenen Methoden der Volumenvariation in Ventilatoranlagen. HLH 25 (1974) Nr. 7, S. 207-214.

[10-16] *Leidel, W.*: Einfluß von Zungenabstand und Zungenradius auf Kennlinie und Geräusch eines Radialventilators. DLR FB 69-16 (1969).

[10-17] *Babak, G. A.; Bogatov, I. W.*: Untersuchung von Zentrifugalventilatoren mit schräger Spiralgehäusezunge. Gornij Journal 1974, Nr. 4, S. 135-137.

[10-18] *Neise, W.*: Geräuschminderung bei Radialventilatoren. Teil 1: HLH 27 (1976) Nr. 7, S. 246-255; Teil 2: HLH 27 (1976) Nr. 8, S. 287-293.

[10-19] *Stütz, W.*: Experimentelle Untersuchungen zum Radialspalteinfluß auf das aerodynamische und akustische Verhalten eines Axialventilators. Mitteilungen des Instituts für Strömungslehre und Strömungsmaschinen der Universität Karlsruhe (TH) 1988, Nr. 39, S. 153-160.

[10-20] *Schmidt, L.*: Einfluß des Radialspaltes beim Ventilator LANVR 315-0/63-2 auf die akustischen und aerodynamischen Daten. Unveröff. Bericht TE-AB 353 der Leitentwicklungsstelle für Ventilatoren (LEV) Meißen 1975.

[10-21] *Schmidt, L.*: Einfluß der Anzahl der Leitschaufeln auf den Schalleistungspegel L_{POS} des Ventilators LANVR 315-0/63-2. Unveröff. Bericht TE-AH 516 der Leitentwicklungsstelle für Ventilatoren (LEV) Meißen 1975.

[10-22] *Carolus, Th.*: Theoretische und experimentelle Untersuchungen des Pumpens von lufttechnischen Anlagen mit Radialventilatoren. Diss. Universität Karlsruhe (TH) 1984.

[10-23] *Schmidt, L.*: Resonatorkulissenschalldämpfer für heiße und staubhaltige Gase. Proc. of 6. Seminar on noise control in Pecs (Ungarn) 1989, S. 476-479.

[10-24] *Biehn, K.; Gruhl, S.*: Lärmminderung bei axialen Strömungsmaschinen durch breitbandige Schallabsorption in Gitternähe. Möglichkeiten und Grenzen. Maschinenbautechnik 34 (1985) Nr. 11, S. 502-506.

[10-25] *Költzsch, P.; Walden, F.*: Lärmminderung bei Radialventilatoren. HLH 38 (1987) Nr. 7, S. 353-358.

[10-26] *Schmidt, L.*: Akustische Messungen am LANN 630/63-4 mit Kurzdiffusor. Unveröff. Bericht TE-AB 443 der Leitentwicklungsstelle für Ventilatoren (LEV) Meißen 1980.

[10-27] Geräuschverhalten von Ventilatoren, Erläuterungen und Hinweise. Druckschrift der Turbowerke Meißen, 1975.

[10-28] *Költzsch, P.*, u. a.: Erprobung neuer Lärmschutzprinzipien an Ventilatoren in Form von integrierten Schallabsorptionselementen zur Arbeitslärmminderung. Abschlußbericht vom Juli 1993 der TU Bergakademie Freiberg zum Projekt Nr. F 1131 der Bundesanstalt für Arbeitsschutz Dortmund (BAU).

[10-29] VDI 2081: Geräuscherzeugung und Lärmminderung in Raumlufttechnischen Anlagen. Ausg. März 1983.

[10-30] Fuchs, H .V.; Ackermann, U.: Energiekosten der Schalldämpfer in lufttechnischen Anlagen. Zeitschrift für Lärmbekämpfung 39 (1992) Nr. 1, S. 10-19.

[11-1] DIN ISO 9000/EN 29 000 (1987): Qualitätsmanagement- und Qualitätssicherungsnormen. Leitfaden zur Auswahl und Anwendung. Ausg. Mai 1990.

[11-2] DIN ISO 9001/EN 29 001 (1987): Qualitätssicherungssysteme. Modell zur Darlegung der Qualitätssicherung in Design/Entwicklung, Produktion, Montage und Kundendienst. Ausg. Mai 1990.

[11-3] DIN ISO 9002/EN 29 002 (1987): Qualitätssicherungssysteme. Modell zur Darlegung der Qualitätssicherung bei der Endprüfung. Ausg. Mai 1990.

[11-4] DIN ISO 9003/EN 29 003 (1987): Qualitätsmanagement und Elemente eines Qualitätssicherungssystems. Leitfaden. Ausg. Mai 1990.

[11-5] *Dienst, H.*: Betrachtungen über Spannung und Verwerfungen beim Schweißen. Blech 16 (1969) Nr. 1, S. 3-5.

[11-6] *Schramm, D.*: Theoretische und experimentelle Untersuchungen über den Einfluß der Radialgitterabweichungen auf die Lüfteraeromechanik. Unveröff. Bericht TE-AB 88 der Leitentwicklungsstelle für Ventilatoren (LEV) Meißen 1966.

[11-7] *Schramm, D.*: Experimentelle Untersuchungen über den Einfluß der Form des Ansaugspaltes auf die Aeromechanik an Radiallüftern. Unveröff. Bericht TE-AB 89 der Leitentwicklungsstelle für Ventilatoren (LEV) Meißen 1966.

[11-8] *Schramm, D.*: Einfluß der Veränderung des Schaufelsehnenwinkels unter Beibehaltung der Schaufelform auf die Aeromechanik des Lüfters am Beispiel des LRMN 2, 3-Gitters. Unveröff. Bericht TE-AB 98 der Leitentwicklungsstelle für Ventilatoren (LEV) Meißen 1966.

[11-9] *Schramm, D.*: Untersuchung des Einflusses bei Änderung der Wölbung an Schaufelgittern bei Mitteldrucklüftern. Unveröff. Bericht TE-AB 187 der Leitentwicklungsstelle für Ventilatoren (LEV) Meißen 1969.

[11-10] *Sieber, K.*: Einfluß von Fertigungsabweichungen und Größeneinfluß auf die aeromechanischen Kenndaten bei Radiallüftern der Einheitsbaureihe EBR. Unveröff. Bericht TE-AB 129 der Leitentwicklungsstelle für Ventilatoren (LEV) Meißen 1968.

[11-11] *Hoffmeister, M.*: Ein Beitrag zur Berechnung der inkompressiblen Strömung durch ein unendlich dünnes Schaufelgitter in einem Rotationshohlraum. Diss. TH Dresden 1961.

[11-12] TGL 180-1419: Schleuderprüfungen. Ausg. Juli 1969.

[11-13] Schramm, D.: Laufräder für hohe Umfangsgeschwindigkeiten. Unveröff. Bericht TE-AH 863 der Leitentwicklungsstelle für Ventilatoren (LEV) Meißen 1985.

[11-14] *Schramm, D.*: Ultraleichtbau im Axialventilatorenbau. VDI-Berichte Nr. 872, S. 171-177. Düsseldorf: VDI-Verlag 1991.

[11-15] *Schlender, F.; Schramm, D.*: Plastkonstruktionen bei Ventilatoren. Luft- und Kältetechnik 18 (1982) Nr. 2, S. 82-85.

[11-16] *Harms, W.; Kauder, H.*: Leichte Plastflügel mit hoher Zuverlässigkeit. Luft- und Kältetechnik 8 (1972) Nr. 2, S. 114-145.

[11-17] TGL 21 191: Schiffsventilatoren. Ausg. September 1967.

[11-18] TGL 24 818/01: Ventilatoren. Technische Lieferbedingungen. Ausg. September 1981.

[11-19] TGL 19 340: Dauerfestigkeit der Maschinenbauteile. Ausg. März 1983.

[11-20] TGL 19 350: Betriebsfestigkeit der Maschinenbauteile. Ausg. Februar 1986.

[11-21] TGL 19 326: Statik und Festigkeit. Ausg. November 1980.

[11-22] TGL 43 272: Ausrüstungen und Rohrleitungen für Kernkraftwerke. Versuchs- und Forschungsreaktoren in Kerntechnischen Anlagen. Ausg. Dezember 1984.

[11-23] Germanischer Lloyd Hamburg Bd. III, Kap. 7 b, Abschn. 4, S. 4/1-4/7. Ausg. 1989.

[11-24] Deutsche Schiffsrevision und -klassifikation (DSRK) Zeuthen/Berlin Teil XVII, S. 1-7. Ausg. 1989.

[11-25] VDI 2056: Beurteilungsmaßstäbe für mechanische Schwingungen von Maschinen. Ausg. Oktober 1964.

[11-26] ISO 2372: Mechanicals Vibration of Machines for Specifying. Evaluations Standards. Ausg. 1974.

[11-27] VDI 2060: Beurteilungsmaßstäbe für den Auswuchtzustand rotierender starrer Körper. Ausg. Oktober 1966. Ersetzt durch
DIN ISO 1940 Teil 1: Mechanische Schwingungen, Anforderungen an die Auswuchtgüte starrer Rotoren, Bestimmung der zulässigen Restunwucht. Entwurf Mai 1991.

[11-28] *Gnilke, W.*: Lebensdauerberechnung der Maschinenelemente. Berlin: Verlag Technik 1980.

[11-29] *Neumann, A.*: Probleme der Dauerfestigkeit von Schweißverbindungen. Berlin: Verlag Technik 1960.

[11-30] TGL 19 330: Versuchsdurchführung. Dauerfestigkeits- und Betriebsfestigkeitsermittlung. Ausg. August 1978.

[11-31] *Reiche, H.*: Hohe Verfügbarkeit elektrischer Antriebe durch Einsatz von Schutzelektronik. Symposium Elektromaschinenbau April 1982, Band 4. Dresden: Eigenverlag Kombinat Elektromaschinenbau 1982.

[11-32] Katalog FAG Standardprogramm 41 510. Schweinfurt: FAG Kugelfischer Georg Schäfer 1983.

[11-33] *Traupel, W.*: Thermische Turbomaschinen. Berlin, Heidelberg, New York: Springer-Verlag 1987.

[11-34] DIN ISO 281: Wälzlager. Dynamische Tragzahlen und nominelle Lebensdauer. Ausg. Januar 1993.

[11-35] *Jaschinski, F.*: Wälzlagerberechnung von doppelflutigen Radialventilatoren. Unveröff. Bericht TE-AB 542 der Leitentwicklungsstelle für Ventilatoren (LEV) Meißen 1984.

[11-36] *Schramm, D.*: Untersuchungen zum Schwingungsverhalten der Saugzüge LRMDSVE 1400/1 im HKW Jena-Süd. Unveröffentl. Berichte TE-AB 475/1 bis 475/5 der Leitentwicklungsstelle für Ventilatoren (LEV) Meißen 1983 bis 1986.

[11-37] *Jaschinski, F.*: Diagnose von Rotor-Lager-Systemen. Wiss. Zeitschrift der Hochschule für Verkehrswesen „Friedrich List" Dresden 29 (1979) Nr. 26, S. 961-967.

[11-38] *Jaschinski, F.; Steglich, W.*: Diagnoseverfahren zum Nachweisen von Wälzlagerschäden. Tagungsmaterial der 14. Verkehrswissenschaftlichen Tage Dresden 1984.

[11-39] *Adler, D.; Jaschinski, F.*: Rechnergestützte Verfahren der Signalauswertung im Spektralbereich für die technische Diagnose. Wiss. Zeitschrift der Hochschule für Verkehrswesen „Friedrich List" Dresden 35 (1985) Nr. 1, S. 3-6.

[11-40] *Zwiener, M.; Stetter, H.*: Laufschaufelschwingungen an Axialventilatoren bei stabilen und instabilen Betriebszuständen. VDI-Berichte Nr. 872, S. 103-123. Düsseldorf: VDI-Verlag 1991.

[11-41] *Staiger, M.; Zwiener, K.-P.; Stetter, H.*: Beanspruchung der Laufschaufeln von Axialventilatoren bei gestörten Zuströmverhältnissen. VDI-Berichte Nr. 872, S. 125-147. Düsseldorf: VDI-Verlag 1991.

[11-42] *Herbst, R.; Trowe, F.; Lipp, K.*: Schwingfeste Dimensionierung von Laufschaufeln für Axialventilatoren. VDI-Berichte Nr. 872, S. 147-169. Düsseldorf: VDI-Verlag 1991.

[11-43] *Hirsch, G.*: Richtungsweisende Schlußfolgerungen aus der Aufklärung schwingungsbedingter Schadensfälle an Axialventilatoren. VDI-Berichte Nr. 872. S. 179-192. Düsseldorf: VDI-Verlag 1991.

[11-44] *Rusanova, E. I.; Korovkin, E. V.*: Issledowanie vibracionych .... (Untersuchungen der Schwingungsspannungen in den Schaufeln der Axialverdichter). Moskva: Energomaschinostrojenie 1958, Nr. 4, S. 228-235.

[11-45] Zustandsüberwachung birgt Wachstumspotential. Maschinenmarkt 96 (1990) Nr. 6, S. 10.

[11-46] Vibrospect FFT. Bedienungsanleitung der Fa. Prüftechnik AG, Ismaning. November 1992.

[11-47] Bei Lichte besehen. Laserschnelleaufnehmersatz 3544. Firmenschrift Nr. BG 0576-11 der Fa. Brüel & Kjaer Naerum, Danmark 1990.

[11-48] Mobility Measurements. Firmenschrift Nr. Ba 7167-12 der Fa. Brüel & Kjaer. Naerum, Danmark 1988.

[11-49] *Schramm, D.*: Zuordnung der Schaufelbiegeeigengrundfrequenz zu den Erregerordnungen bei der EBA. Unveröff. Bericht TE-AH 439 der Leitentwicklungsstelle für Ventilatoren (LEV) Meißen 1973.

[11-50] ANSI/API 673: Special-Purpose Centrifugal Fans for General Refinery Service (Abnahmevorschriften des American Petroleum Institute). Ausg. 1992.

[11-51] VDI 2059: Wellenschwingungen an Turbosätzen. Grundlagen zur Messung und Beurteilung. Ausg. 1979.

[11-52] *Geibel, W.; Hoffmann, P.*: Abnahme - was tun? Darmstadt: Firmenschrift Schwingungspraxis 3 der Fa. C. Schenck AG 1990.

[11-53] *Angelo, M. R.*: Zustandsabhängige Maschineninstandhaltung. Firmenschrift der Fa. Brüel & Kjaer. Naerum Danmark 1988.

[11-54] 6. Symposium Elektromaschinenbau vom April 1982. Bd. 4. Dresden: Eigenverlag des Kombinates Elektromaschinenbau 1984, S. 226-227.

[11-55] ISO 2631: Grenzkurven der Schwingbeschleunigung. Ausg. 1978.

[11-56] *Sturm, A.*, u. a.: Wälzlagerdiagnostik für Maschinen und Anlagen. Berlin: Verlag Technik 1985.

[11-57] *Palmgren, A.*: Grundlagen der Wälzlagertechnik. Stuttgart: Frank'sche Verlagsbuchhandlung 1964.

[11-58] *Jaschinski, F.*: Schaltungsanordnung zur Analyse von Impulsfolgen. Patentschrift DDR 209690 vom September 1982.

[11-59] *Courrech, J.; Gaudet, G.*: Hüllkurvenanalyse zur Diagnose von Schäden an Wälzlagern. Firmenschrift No. BO 0271-11 der Fa. Brüel & Kjaer. Naerum, Danmark 1985.

[11-60] *Jaschinski, F.*: Stand der vibroakustischen Diagnose. Wiss. Zeitschrift der Hochschule für Verkehrswesen „Friedrich List" Dresden 38 (1988) Nr. 1, S. 109-117.

[11-61] SPM Operating conditions of ball and roller bearings - evualation examples. SPM-Firmenschrift Ljungföretagen, Örebro 1979.

[11-62] *Bommes, L.; Fricke, J.; Klaes, K.*: Ventilatoren. Essen: Vulkan-Verlag 1994.

[11-63] *Baade, P. K.*: Measurement Technique for Preventing Fan Vibration Failures. Proc. of Vibration Institute Seminar: Machinary Vibration Monitoring und Analysis. New Orleans April 1979, S. 27-36.

[12-1] *Keller, G.*: Alt gegen neu - ein Ventilatortausch spart Energie, Geld und CO_2. CCI 27 (1993) Nr. 10, S. 1 und 34-39.

[12-2] *Sümmerer, Ch.*: Ökonomische Untersuchungen zum Energieverbrauch von DDR-Ventilatoren anhand der Bilanzierungsunterlagen des Leitbetriebes VEB Turbowerke Meißen. Abschlußarbeit vom 29.11.1975 an der Fachschule für Ökonomie Plauen/Vogtland.

[12-3] *Steimle, F.*: Umweltfreundliche Technologien für Ostdeutschland. Vortrag auf der Dresdener Fachtagung Kälte-Wärme-Umwelt. CCI 26 (1992) Nr. 8, S. 4.

[12-4] *Schüler, R.*: Klimageräte getestet und optimiert. Jahresbericht 1991 des RWTÜV Essen , S. 29-39.

[12-5] *Hönmann, W.*: Gerätekennlinien - Möglichkeiten und Grenzen. Ki Klima-Kälte-Heizung 18 (1990) Nr. 6, S. 262-266.

[12-6] *Stahl, M.*: Das „Ländle": Ein Vorbild für energiesparende TGA. CCI 27 (1993) Nr. 10, S. 40/41.

[12-7] Wirtschaftlichkeit energiesparender Baumaßnahmen unter Berücksichtigung des Umweltschutzes: Maßnahmenkatalog. Stuttgart: Zentralstelle für Bedarfsmessung und Wirtschaftliches Bauen Stuttgart 1993.

[12-8] DIN 24 163 Teil 1: Ventilatoren. Technische Lieferbedingungen. Ausg. Januar 1985.

[12-9] *Albring, W.*: Angewandte Strömungslehre. 6. Aufl. Berlin: Akademie Verlag 1991.

[12-10] *Rippl, E.*: Experimentelle Untersuchungen über Wirkungsgrade und Abreißverhalten von schlanken Kegeldiffusoren. Maschinenbautechnik 5 (1956) Nr. 5, S. 241-246 und Nr. 12, S. 670.

[12-11] *Liepe, F.*: Wirkungsgrade von schlanken Kegeldiffusoren bei drallbehafteter Strömung. Maschinenbautechnik 9 (1960) Nr. 8, S. 405-412 und 424.

[12-12] *Schlender, F.; Schramm, D.*: Plastkonstruktionen bei Ventilatoren. Luft- und Kältetechnik 18 (1982) Nr. 2, S. 82-85.

[12-13] *Baron, P.*: La lutte contre le bruit dans les installations électromécaniques. Mém. Soc. Ing. Civ. France, Paris 111 (1959) Nr. 6, S. 250-272.

[12-14] *Schlender, F.; Klingenberg, G.*: Ventilatorbaureihen zur Förderung von Gas-Staub-Gemischen. Luft- und Kältetechnik 18 (1982) Nr. 1, S. 34-37, insbesondere Bild 6.

[12-15] *Henke, K.; Schlender, F.; Schuster, C.*: Rotierende Radialdiffusoren an breiten Laufrädern - eine Möglichkeit des Energierückgewinns und zur Lärmminderung. Ki Klima-Kälte-Heizung 18 (1990) Nr. 9, S. 386-389.

[12-16] *Hönmann, W.*: Bewertungskriterien für Ventilatoren in Klimazentralen. Lufttechnische Information 11/12 von LTG Lufttechnische GmbH Stuttgart. Oktober 1974.

[12-17] *Sunder-Plassmann, Ch.*: Ventilatoren und Klimageräte. CCI 25 (1991) Nr. 13, Titelseite und S. 38 ff.

[12-18] *Gerk, W.*: Reinraum-Konzeptionen in dezentraler Modulbauweise. HLH 42 (1991) Nr. 11, S. 633-635.

[12-19] *Cory, W. T. W.; Schelhorn, W.*: Im Lauf verstellbare Axialventilatoren zur Klimatisierung von Reinräumen. Reinraumtechnik 4 (1990) Nr. 1, S. 43-45; Nr. 2, S. 25-29; Nr. 3, S. 30-32.

[12-20] *Klingenberg G.; Liebau G.*: Axialventilatoren für Klimablöcke in Anlagen der Reinraumtechnik. Luft- und Kältetechnik 26 (1990) Nr. 1, S. 10-14.

[12-21] *Horstmann, C.; Ericson, B.*: Einsatz von Axialventilatoren in der Raumtechnik (gemeint ist Reinraumtechnik). VDI-Berichte Nr. 594, S. 193-198. Düsseldorf: VDI-Verlag 1986.

[12-22] *Hagenbruch, D.*: Ventilatoren für Reinraumanlagen. TAB/Technik am Bau 18 (1987) Nr. 6, S. 485-488.

[12-23] *Hess, W. F.*, u. a.: Handbuch „Technik für Reine Räume". Essen: Vulkan-Verlag 1993.

[12-24] British Standard BS 848: Fans for General Purposes. Part 10 (Draft): Methods of Testing the Performance of Jet Tunnel Fans. (Entwurf vom April 1991 für ISO-Standardisierung).

[13-1] *Schampel, K.*: Explosionsschutz an Ventilatoren. Die Berufsgenossenschaft, 1975, Nr. 3, S. 375.

[13-2] VDMA 24 169 Teil 1: Bauliche Explosionsschutzmaßnahmen an Ventilatoren. Richtlinie zur Förderung von brennbaren Gasen. Ausg. Dezember 1983.

[13-3] VDMA 24 169 Teil 2: Bauliche Explosionsschutzmaßnahmen an Ventilatoren. Richtlinien zur Förderung von brennbaren Stäuben. Ausg. Juni 1990.

[13-4] DIN VDE 0165 Abschnitt 6.1 bis 6.4: Errichten elektrischer Anlagen in explosionsgefährdeten Bereichen. Ausg. Februar 1991.

[13-5] DIN EN 50 014 VDE 0170/0171 Teil 1 IEC 79-0: Elektrische Betriebsmittel für explosionsgefährdete Bereiche; allgemeine Bestimmungen. Ausg. Mai 1988; Entwurf August 1992.

[13-6] DIN VDE 0165 Teil 13 Abschnitt 7.1: Errichten elektrischer Anlagen in explosionsgefährdeten Bereichen. Ausg. Februar 1991.

[13-7] DIN EN 50 019 DIN VDE 0170/171 Teil 6 IEC 79-7: Elektrische Betriebsmittel für explosionsgefährdete Bereiche; erhöhte Sicherheit „e". Ausg. Mai 1992.

[13-8] *Schlender, F; Engmann, D.*: Ein Vorschlag zur Klassifizierung der Explosionsschutzarten bei Ventilatoren. Luft- und Kältetechnik 17 (1981) Nr. 3, S. 141-143.

[13-9] *Bommes, L.; Fricke, J.; Klaes, K.*: Ventilatoren. Essen: Vulkan-Verlag 1994.

[13-10] *Lexis, J.*: Explosionsschutz bei Ventilatoren. Abschnitt 15 in „Ventilatoren in der Praxis". 2. Aufl. Stuttgart: Alfons W. Gentner Verlag 1990, S. 191-196.

[13-11] *Witt, H.*: Explosionsschutz bei Ventilatoren. Interne Ausarbeitung vom 21.10.1993 für die EG-Normung.

[13-12] *Linström, H.*: Ex-Schutzgutachten für VAN-Ventilatoren der Turbowerke Meißen. Unveröff. Bericht des Institutes für Bergbausicherheit Freiberg 1990.

[13-13] Explosionsgeschützte Ventilatoren. Firmenschrift der Fa. Rosenberg, Künzelsau. Ausg. 1988.

[13-14] Explosionsschutz bei Hochleistungs-Radialventilatoren. Firmenschrift der Fa. Meißner und Wurst, Stuttgart. Ausg. 1980.

[13-15] Technische Erläuterungen zum Explosionsschutz. Firmenschrift M 10 der Fa. Siemens, Nürnberg 1991.

[13-16] Neufassung des Gesetzes zum Schutz vor schädlichen Umwelteinwirkungen durch Luftverunreinigungen, Geräusche, Erschütterungen und ähnliche Vorgänge. (Bundes-Immissionsschutzgesetz). BGBl. I, S. 888, vom 14. Mai 1990.

[13-17] Verordnung über brennbare Flüssigkeiten (VbF). BGBl. I, S. 229, vom 27. Februar 1980.

[13-18] Verordnung über elektrische Anlagen in explosionsgefährdeten Räumen (Elex-Verordnung mit DB's). Ausg. Februar 1980.

[13-19] Richtlinien für die Vermeidung der Gefahren durch explosible Atmosphäre (Explosionsschutz-Richtlinien Ex-RL). Heidelberg: Verlag Winter 1993.

[13-20] Unfallverhütungsvorschrift VBG 4 der Berufsgenossenschaften für elektrische Anlagen und Betriebsmittel. St. Augustin, Ausg. April 1986.

[13-21] VDI 3673 Blatt 1: Druckentlastung von Staubexplosionen. Entwurf November 1992.

[13-22] VDI 2263: Staubbrände und Staubexplosionen. Gefahren - Beurteilung - Schutzmaßnahmen. Ausg. Mai 1992.

[13-23] VDI 2263 Blatt 1: Staubbrände und Staubexplosionen. Untersuchungsmethoden zur Ermittlung sicherheitstechnischer Kenngrößen. Ausg. Mai 1990.

[13-24] VDI 2263 Blatt 3: Staubbrände und Staubexplosionen. Explosionsdruckfeste Behälter. Ausg. Mai 1990.

[13-25] AD-Merkblätter, Richtlinien für Werkstoffe, Berechnung, Herstellung und Ausrüstung von Druckbehältern. Köln: Carl Heymann Verlag 1990.

[13-26] *Wolf, H.*: Ablauf und Auswirkung von Kohlenstaubexplosionen in einem Ventilator LRH 630. Unveröff. Bericht des Institutes für Bergbausicherheit Freiberg 1987.

[13-27] *Franke, D.*: Untersuchungen zur Druckstoßfestigkeit am Modellventilator. Unveröff. Bericht TE-AB 518 der Leitentwicklungsstelle für Ventilatoren (LEV) Meißen 1987.

[13-28] *Franke, D. u.a.*: BRD-Patentschrift DE 41 42 895 C2: Druckstoßfester Radialventilator vom 23.12.1991.

[13-29] *Bartknecht, W.*: Staubexplosionen. Ablauf und Schutzmaßnahmen. Berlin, Heidelberg, New York: Springer-Verlag 1987.

[13-30] *Heinrich, H.*: Kohlenstaubexplosionen. Unveröff. 2. Teilbericht Nr. 34/7-1313 des Institutes für Bergbausicherheit Freiberg 1985.

[13-31] Radialventilator mit und ohne Ansaugtasche. BRD-Gebrauchsmuster GM 85 18 749.

[13-32] TGL 30 634/01 bis /06: GAB Kohle- und Koksanlagen. Fachbereichstandard Juli 1985.

[13-33] Verordnung über Druckbehälter, Druckgasbehälter und Füllanlagen vom 27.2.1980.

[13-34] *Albring, W.*: Angewandte Strömungslehre. 6. Aufl. Berlin: Akademie Verlag 1991.

[13-35] *Hackeschmidt, M.*: Grundlagen der Strömungstechnik. Bd. 1. Leipzig: Deutscher Verlag für Grundstoffindustrie 1969.

[13-36] *Mode, F.*: Ventilatoranlagen. 4. Auflage. Berlin: Verlag Walter de Gruyter 1971.

[13-37] *Quitter, V.*: Staubkartei. Bd. I und II. Magdeburg, Leipzig: Eigenverlag VEB Entstaubungstechnik „E. André" 1973.

[13-38] *Rahn, B.*: Die Notwendigkeit der Systematisierung von Staubluftgemischen zur treffsicheren Auswahl von Ventilatoren. Luft- und Kältetechnik 18 (1982) Nr. 2, S. 98-101.

[13-39] *Schlender, F.; Klingenberg, G.*: Ventilatorbaureihen zur Förderung von Gas-Staub-Gemischen. Luft- und Kältetechnik 18 (1982) Heft 1, S. 34-37.

[13-40] *Klingenberg, G.*: Qualitative Darstellung des mechanischen Verschleißes von Radialventilatorschaufeln durch Staub. Luft- und Kältetechnik 12 (1976) Nr. 5, S. 260-264.

[13-41] *Klingenberg, G.*: Laufrad für Radialventilator. Patent DD 50 258 vom 26.3.1965. Ventilatorlaufrad zur Förderung staubhaltiger Gase. OS 1503 650 vom 23.12.1965.

[13-42] *Vollheim, R.*: Nachrechnung des Verschleißes durch Staubbeimischungen in radialen Laufrädern. Diplomarbeit D 302/1 TU Dresden vom 13.2.1963.

[13-43] *Ries, I. S.*: Über die Berechnung des mechanischen Verschleißes infolge Staub in Radialrädern im Projektierungsstadium. Energomaschinostrojenie 1978, Nr. 8, S. 19-21 (russ.).

[13-44] *Glatzel, W. D.; Brauer, H.*: Prallverschleiß. Chem.-Ing.-Technik 50 (1978) Nr. 7, S. 487-497.

[13-45] *Eck, B.*: Ventilatoren. 5. Aufl. Berlin, Heidelberg, New York: Springer-Verlag 1972. Reprint 1992, S. 147.

[13-46] *Großer, A.; Rahn, B.*: Radialventilator zur Förderung staubhaltiger Gase. DDR-Wirtschaftspatent DD 235 094 vom 7.3.85.

[13-47] *Rumpf, H.*: Über das Ansetzen von Teilchen an festen Wandungen. VDI-Berichte Nr. 6. Düsseldorf: VDI-Verlag 1955.

[13-48] DIN 18 232 Teil 1: Baulicher Brandschutz im Industriebau. Rauch- und Wärmeabzugsanlagen (RWA). Begriffe und Anwendung. Ausg. September 1981.

[13-49] DIN EN 18 232 Teil 6: Baulicher Brandschutz im Industriebau; Rauch- und Wärmeabzugsanlagen; Maschinelle Abzüge (MA); Anforderungen an die Einzelbauteile und Eignungsnachweis. Entwurf September 1992.

[13-50] CEN/TC 191/WG 8: Smoke and heat control systems and components. TG 2: Powered smoke and heat exhaust ventilation systems. Ausg. August 1993.

[13-51] *Wieland, H.*: Entrauchungsventilatoren. TGA-Magazin, Brandschutzausgabe 1992, S. 44-47.

[13-52] *Quenzel, K. H.*: Rauch- und Wärme-Absauganlagen. Berlin: Brain-Verlagsgesellschaft 1985.

[13-53] DIN 18 232 Teil 2: Baulicher Brandschutz im Industriebau, Bemessung. Ausg. November 1989. Entwurf September 1992.

[13-54] *Kursawe, G.*: Mechanische Entrauchungsanlagen. Haustechnische Rundschau 28 (1983) Nr. 12, S. 630-634.

[13-55] *Quenzel, K. H.*: Rauch-Abzugsventilatoren. TAB/Technik am Bau 18 (1987) Nr. 11, S. 878-890.

[13-56] *Quenzel, K. H.*: Rauch-Abzugsventilatoren. TAB/Technik am Bau 21 (1990) Nr. 12, S. 953-956.

[13-57] *Krüger, W.*, u. a.: Untersuchung der Wärmeabgabe von Entrauchungsventilatoren. Fortschrittsberichte des VDI Reihe 6 Nr. 133, S. 30/31. Düsseldorf: VDI-Verlag 1983.

[13-58] *Schlender, F.; Lehmann, R.*: Ein Zuverlässigkeitslabor für Ventilatoren. Luft- und Kältetechnik 12 (1976) Nr. 5, S. 233-235.

[14-1] *Weber, A.*: Möglichkeiten und Grenzen der Kunststoffe. VDI-Z. 121 (1979) Nr. 19, S. 168-175.

[14-2] *Erhard, G.*: Berechnungen von Bauteilen aus thermoplastischen Polymerwerkstoffen. VDI-Z. 121 (1979) Nr. 19, S. 179-190.

[14-3] *Schlender, F.; Schramm, D.*: Plastkonstruktionen bei Ventilatoren. Luft- und Kältetechnik 18 (1982) Nr. 2, S. 82-85.

[14-4] *Harms, W.; Kauder, H.*: Leichte Plastflügel mit hoher Zuverlässigkeit für große Axialventilatoren. Luft- und Kältetechnik 8 (1972) Nr. 2, S. 141-145.

[14-5] *Schramm, D.*: Festigkeitsuntersuchungen an 500 rotationsgeschäumten Polyurethan-Schaumschaufeln. Unveröff. Bericht TE-AB 489 der Leitentwicklungsstelle für Ventilatoren (LEV) Meißen vom Juli 1985.

[14-6] *Schlender, F.; Lehmann, R.*: Ein Zuverlässigkeitslabor für Ventilatoren. Luft- und Kältetechnik 12 (1976) Nr. 5, S. 233-235.

[15-1] *Eck, B.*: Ventilatoren. Berlin, Heidelberg, New York: Springer-Verlag 1972. Reprint 1992.

[15-2] *Banzhaf, H.-U.*: Die anwendungsgerechte Auswahl von Industrieventilatoren aus der Sicht des Herstellers. VDI-Berichte Nr. 872, S. 19-100. Düsseldorf: VDI-Verlag 1991.

[15-3] *Ufer, H.*: Ventilatoren und ihr Einsatz in der Industrie. VDI-Berichte Nr. 594, S. 1-20. Düsseldorf: VDI-Verlag 1986.

[15-4] *Bommes, L.; Kramer, C.*, u. a.: Ventilatoren. Kontakt & Studium, Band 292. Ehningen bei Böblingen: expert-Verlag 1990.

[15-5] *Schröder, Chr.*: Anforderungen an Industrieventilatoren aus der Sicht der Betreiber. VDI-Berichte Nr. 872, S. 1-18. Düsseldorf: VDI-Verlag 1991.

[15-6] *Schramm, D.*: Biegeschwingungen an Antriebswellen von Radialventilatoren. VDI-Berichte Nr. 872, S. 193-202. Düsseldorf: VDI-Verlag 1991.

[15-7] *Gasch, R; Pfützner, H.* : Rotordynamik. Berlin, Heidelberg, New York: Springer-Verlag 1975.

[15-8] *Holzweißig, F.; Dresig, H.*: Lehrbuch der Maschinendynamik. 2. Aufl. Leipzig: Fachbuchverlag 1982.

[15-9] *Kellenberger, W.; Wohlrab, R.*: Subharmonische Biegeschwingungen im Wellenstrang großer Turbogruppen. Brown-Boveri-Mitteilung 12/1981.

[15-10] *Muszynska, A.*: On rotor dynamics (survey)-(Nonlinear Vibration Problems). Zagadnienia drgan nieliniowych 1972, S. 35-138 (poln.).

[15-11] *Gunter, E. J.*: Survey of the literature on rotor-bearing stability. ASME-Paper of Flexible Rotor-Bearing Dynamics Sub-Comitee Report, Machine Design Division New York 1974.

[16-1] DIN 24 163 Teil 3: Ventilatoren; Leistungsmessung an Kleinventilatoren, Normprüfstände. Ausg. Januar 1985.

[16-2] *Eck, B.*: Ventilatoren. 5. Aufl. Berlin, Heidelberg, New York: Springer-Verlag 1972. Reprint 1992.

[16-3] *Engelhardt, W.*: Experimentelle Untersuchungen an Querstromventilatoren bei veränderlichen Reynolds-Zahlen. Diss. Universität Karlsruhe (TH) 1967.

[16-4] *Harmsen, S.*: Abschnitt 11. Kleinventilatoren, S. 372-388. In: *Bommes, L.*, u. a.: Ventilatoren. Ehnlingen bei Böblingen: expert-Verlag 1990.

[16-5] DIN 24 166: Ventilatoren. Technische Lieferbedingungen. Ausg. Januar 1989.

[16-6] DIN 44 974 Teil 1: Elektrische Haushalt-Ventilatoren; Gebrauchseigenschaften, Begriffe. Ausg. Dezember 1978.

[16-7] DIN 44 974 Teil 2: Elektrische Haushalt-Ventilatoren; Gebrauchseigenschaften, Prüfungen. Ausg. Dezember 1978.

[16-8] DIN 44 974 Teil 3: Elektrische Haushalt-Ventilatoren; Gebrauchseigenschaften, Anforderungen. Ausg. Dezember 1978.

[16-9] *Riegels, F. W.*: Aerodynamische Profile. München: R. Oldenbourg Verlag 1958, S. 42, Bild 3.13.

[17-1] DIN 24 166: Ventilatoren. Technische Lieferbedingungen. Ausg. Januar 1989.

[17-2] DIN 24 163 Teil 1: Ventilatoren. Leistungsmessung. Normkennlinien. Ausg. Januar 1985.

[17-3] DIN 24 163 Teil 2: Ventilatoren. Leistungsmessung. Normprüfstände. Ausg. Januar 1985.

[17-4] DIN 24 163, Teil 3: Ventilatoren. Leistungsmessung an Kleinventilatoren. Normprüfstände. Ausg. Januar 1985.

[17-5] *Bohl, W.; Lorenz, W.*: Nationale und internationale Ventilatoren-Normung, insbesondere auf dem Gebiet der Leistungsmessung. VDI-Berichte Nr. 872, S. 631-645. Düsseldorf: VDI-Verlag 1991.

[17-6] *Bommes, L.; Fricke, J.; Klaes, K.:* Ventilatoren. Essen: Vulkan-Verlag 1994.

[17-7] DIN 1952: Durchflußmessung in Rohrleitungen mit Blenden, Düsen und Venturirohren in voll durchströmten Rohren mit Kreisquerschnitt (VDI-Durchflußmeßregeln). Ausg. Juli 1982.

[17-8] DIN 19 205 Teil 1: Durchflußmeßtechnik; Meßstrecken Nennweite 10 bis 200 und Fassungsringe Nennweite 50 bis 2000. Ausg. August 1988.

[17-9] VDI VDE 2040: Berechnungsgrundlagen für die Durchflußmessung mit Blenden, Düsen und Venturirohren. Ausg. Januar 1991.

[17-10] *Schlender, F.; Holzhäuser, M.; Müller, R.-P.*: Ein Vorschlag für eine kurze Volumenstrom-Meßstrecke bei Rohreinlaufströmung. Luft- und Kältetechnik 27 (1991) Nr. 2, S. 75-76.

[17-11] *Baade, P. K.*: Measurement Techniques for Preventing Fan Vibration Failures. Proceedings of Vibration Institute Seminar: Machinery Vibration Monitoring and Analysis, S. 27-36, Madison, April 1979.

[17-12] ANSI/ASHRAE 87.1: Fan Vibration - Blade Vibrations and Critical speeds, Method of Testing. Ausg. 1992.

[17-13] ANSI/UL 705: Power Ventilators (Safety). Ausg. 1984.

[17-14] ANSI/AMCA 210: Laboratory Methods of Testing Fans for Rating. Ausg. 1985.

[17-15] VDI 2044: Abnahme- und Leistungsversuche an Ventilatoren (VDI-Ventilatorregeln). Ausg. August 1992.

[17-16] ISO 5802: Testing of Fans in Situ. In Bearbeitung.

[17-17] *Richter, W.*: Log-Linear-Regel – ein einfaches Verfahren zur Volumenstrommessung in Rohrleitungen. HLH 20 (1969) Nr. 11, S. 407-409.

[17-18] *Richter, W.*: Volumenstrommessung in Leitungen mit Kreis- oder Kreisringquerschnitt. BWK 22 (1970) Nr. 11, S. 523-525.

[17-19] *Richter, W.*: Log-Tschebyschew-Regel für die Volumenstrommessung in Rohrleitungen. HLH 22 (1971) Nr. 12, S. 390-392.

[17-20] *Kizaoui, J.*: Ermittlung der Ventilator- und Anlagenkennlinie von Lüftungs- und Klimasystemen. HLH 25 (1974) Nr. 11, S. 371-379.

[17-21] *Lajos, T.; Preszler, L.*: Über Fehler bei der Netzmessung des Volumenstroms. Chem.-Ing.-Tech. 49 (1977) Nr. 1, S. 63.

[17-22] *Renner, K; Graumann, K.; Keilhofer, J.*: Netzmessung in Strömungsquerschnitten. BWK 38 (1986) Nr.1/2 , S. 26-30.

[17-23] *Wieland, H.*: Zur Problematik von Druck-/Volumenstrom-Messungen an Raumlufttechnischen Anlagen. HLK (1986) Nr. 3, S. 194-200 und Nr. 4, S. 327.

[17-24] VDI 2640, Blatt 3: Netzmessungen in Strömungsquerschnitten; Bestimmung des Gasstromes in Leitungen mit Kreis-, Kreisring-, oder Rechteckquerschnitt. Ausg. November 1983.

[17-25] ISO 3966: Measurements of fluid flow in close conduits; Velocity area method using Pitot static tubes. Ausg. 1977.

[17-26] Elektronische Flügelrad-Anemometer. Firmenschrift der Fa. Airflow Lufttechnik GmbH Rheinbach 1993.

[17-27] *Sentek, J.; Odziewa, B.*: Durchflußmeßverfahren an gekrümmten Rohren. Maschinenbautechnik 27 (1978) Nr. 6, S. 277-279.

Vorschriften, Normen, Empfehlungen

Normen des deutschen Normenausschusses

DIN-Taschenbuch 254: Ventilatoren. Normen. Technische Regeln. Ausg. September 1992.

DIN EN 292-1: Sicherheit von Maschinen; Grundbegriffe, allgemeine Gestaltungsleitsätze. Teil 1: Grundsätzliche Terminologie, Methodik. Ausg. 1991.

DIN EN 292-2: Sicherheit von Maschinen; Grundbegriffe, allgemeine Gestaltungsleitsätze. Teil 2: Technische Grundsätze und Spezifikationen. Ausg. 1991.

DIN EN 294: Sicherheit von Maschinen; Sicherheitsabstände gegen das Erreichen von Gefahrstellen mit den oberen Gliedmaßen. Ausg. 1992.

DIN ENV 328: Wärmeaustauscher; Prüfverfahren zur Bestimmung der Leistungskriterien von Ventilatorluftkühlern. Ausg. September 1992.

DIN IEC 43(C)50: Gebrauchseigenschaften und Aufbau elektrisch angetriebener, rotierender Ventilatoren und Steller. Ausg. März 1985.

DIN EN 1127-1: Maschinensicherheit; Brände und Explosionen; Teil 1: Explosionsschutz. Entwurf 1993.

DIN 1343: Referenzzustand, Normzustand, Normvolumen. Ausg. Januar 1990.

DIN 1345: Thermodynamik. Grundbegriffe. Ausg. Dezember 1993.

DIN ISO 1940 Teil 1: Mechanische Schwingungen; Anforderungen an die Auswuchtgüte starrer Rotoren; Bestimmung der zulässigen Restunwucht. Ausg. Dezember 1993.

DIN 1952: Durchflußmessung mit Blenden, Düsen und Venturirohren in voll durchströmten Rohren mit Kreisquerschnitt (VDI-Durchflußmeßregeln). Ausg. Juli 1982.

DIN 8955: Ventilator-Luftkühler; Begriffe, Prüfung, Normleistung. Ausg. April 1976.

DIN 8970:Ventilatorbelüftete Verflüssiger und Trockenkühltürme; Begriffe, Prüfung, Norm-Wärmeleistung. Ausg. März 1981.

DIN 18 017: Lüftung von Bädern und Toilettenräumen ohne Außenfenster mit Ventilatoren. Ausg. August 1990.

DIN 18 232 Teil 1: Baulicher Brandschutz im Industriebau; Rauch- und Wärmeabzugsanlagen (RWA); Begriffe und Anwendung. Ausg. September 1981.

DIN 18 232 Teil 2: Baulicher Brandschutz im Industriebau; Rauch- und Wärmeabzugsanlagen; Rauchabzüge; Bemessung, Anforderungen und Einbau. Entwurf. Ausg. September 1992.

DIN 18 232 Teil 6: Baulicher Brandschutz im Industriebau; Rauch- und Wärmeabzugsanlagen. Maschinelle Abzüge (MA); Anforderungen an die Einzelbauteile und Eignungsnachweise. Entwurf September 1992.

DIN 21 625: Sonderbewetterung im Bergbau; Elektroventilatoren. Ausg. Februar 1990.

DIN 21 626: Sonderbewetterung im Steinkohlenbergbau; Kombiventilatoren. Ausg. September 1986.

DIN 24 163 Teil 1: Ventilatoren; Leistungsmessung, Normkennlinien. Ausg. Januar 1985.

DIN 24 163 Teil 2: Ventilatoren; Leistungsmessung, Normprüfstände. Ausg. Januar 1985.

DIN 24 163 Teil 3: Ventilatoren; Leistungsmessung an Kleinventilatoren, Normprüfstände. Ausg. Januar 1985.

DIN 24 166: Ventilatoren; Technische Lieferbedingungen. Ausg. Januar 1989.

DIN 24 167, Teil 1: Ventilatoren; Berührungsschutz gegenüber Ventilatorlaufrädern; Sicherheitstechnische Anforderungen. Ausg. September 1982 (ersatzlos zurückgezogen).

DIN 24 167 Teil 2: Ventilatoren; Berührungsschutz gegenüber Ventilatorlaufrädern; Mechanische Festigkeit der Berührungsschutzeinrichtungen; Anforderungen, Prüfung. Ausg. September 1985 (ersatzlos zurückgezogen).

DIN 24 901 Teil 4: Graphische Symbole für technische Zeichnungen für den Maschinenbau; Kompressoren, Ventilatoren; Darstellung in Fließbildern. Ausg. Juli 1983.

DIN 42 565: Transformatoren; Ventilatoren für Radiatoren; Maße, Anforderungen, Prüfungen. Entw. August 1993.

DIN 44 974 Teil 1: Elektrische Haushalt-Ventilatoren; Gebrauchseigenschaften, Begriffe. Ausg. Dezember 1978.

DIN 44 974 Teil 2: Elektrische Haushalt-Ventilatoren; Gebrauchseigenschaften, Prüfungen. Ausg. Dezember 1978.

DIN 44 974 Teil 3: Elektrische Haushalt-Ventilatoren; Gebrauchseigenschaften, Anforderungen. Ausg. Dezember 1978.

DIN 45 635 Teil 1: Geräuschmessung an Maschinen; Luftschallemission, Hüllflächenverfahren; Rahmenverfahren für 3 Genauigkeitsklassen. Ausg. April 1984.

DIN 45 635 Teil 2: Geräuschmessung an Maschinen; Luftschallmessung, Hallraumverfahren; Rahmen-Meßverfahren. Ausg. Oktober 1987.

DIN 45 635 Teil 9: Geräuschmessung an Maschinen; Luftschallemission, Kanal-Verfahren; Rahmen-Verfahren für Genauigkeitsklasse 2. Ausg. Dezember 1989.

DIN 45 635 Teil 38: Geräuschmessung an Maschinen; Luftschallemission, Hüllflächen-, Hallraum- und Kanalverfahren; Ventilatoren. Ausg. April 1986.

DIN 45 635 Teil 56: Geräuschmessung an Maschinen; Luftschallemission, Hüllflächen- und Kanalverfahren; Warmlufterzeuger, Luftheizer, Ventilatorteile von Luftbehandlungsgeräten. Ausg. Oktober 1986.

DIN 68 905: Kücheneinrichtungen; Lüftungsgeräte, Begriffe. Ausg. Februar 1977.

DIN IEC 43 (CO) 50: Gebrauchseigenschaften und Aufbau elektrisch angetriebener, rotierender Ventilatoren und Steller. Entwurf März 1985.

DIN IEC 61 (Sec) 745 VDE 0700 Teil 234: Sicherheit elektrischer Geräte für den Hausgebrauch und ähnliche Zwecke; Teil 2: Besondere Anforderungen für Ventilatoren. Entwurf September 1993.

DIN VDE 0700 Teil 220: Sicherheit elektrischer Geräte für den Hausgebrauch und ähnliche Zwecke; Ventilatoren und zugehörige Steuereinheiten zur Verwendung auf Schiffen. Ausg. November 1992.

DIN VDE 0700 Teil 234: Sicherheit elektrischer Geräte für den Hausgebrauch und ähnliche Zwecke; Besondere Anforderungen für elektrische Ventilatoren und zugehörige Steuereinheiten. Ausg. Juni 1992.

Richtlinien des Vereins Deutscher Ingenieure (VDI) und des Vereins Deutscher Elektrotechniker (VDE)

VDI VDE 2040: Berechnungsgrundlagen für die Durchflußmessung mit Blenden, Düsen und Venturirohren. Blatt 1: Abweichungen und Ergänzungen zu DIN 1952. Ausg. Januar 1991.

VDI VDE 2040: Berechnungsgrundlagen für die Durchflußmessung mit Blenden, Düsen und Venturirohren. Blatt 2: Gleichungen und Gebrauchsformeln. Ausg. April 1987.

VDI VDE 2040: Berechnungsgrundlagen für die Durchflußmessung mit Blenden, Düsen und Venturirohren. Blatt 3: Berechnungsbeispiele. Ausg. Mai 1990.

VDI VDE 2040: Berechnungsgrundlagen für die Durchflußmessung mit Drosselgeräten. Blatt 4: Stoffwerte. Ausg. Januar 1970.

VDI VDE 2040: Berechnungsgrundlagen für die Durchflußmessung mit Blenden, Düsen und Venturirohren. Blatt 5: Meßunsicherheiten. Ausg. März 1989.

VDI VDE 2041: Durchflußmessung mit Drosselgeräten; Blenden und Düsen für besondere Anwendungen. Ausg. April 1991.

VDI 2044: Abnahme- und Leistungsversuche an Ventilatoren (VDI-Ventilatorregeln). Ausg. August 1993.

VDI 2045: Abnahme- und Leistungsversuche an Verdichtern (VDI-Verdichterregeln). Blatt 1: Versuchsdurchführung und Garantievergleich. Ausg. August 1993.

VDI 2045: Abnahme- und Leistungsversuche an Verdichtern (VDI-Verdichterregeln). Blatt 2: Grundlagen und Beispiele. Ausg. August 1993.

VDI 2048: Meßungenauigkeiten bei Abnahmeversuchen; Grundlagen. Ausg. Juni 1978.

VDI 2056: Beurteilungsmaßstäbe für mechanische Schwingungen von Maschinen. Ausg. Oktober 1964.

VDI 2060: Beurteilungsmaßstäbe für den Auswuchtzustand rotierender starrer Körper. Ausg. Oktober 1966.

VDI VDE 2062: Schwingungsisolierung. Ausg. Januar 1976.

VDI 2713: Lärmminderung bei Wärmekraftanlagen. Ausg. Juli 1974.

VDI 2081: Geräuscherzeugung und Lärmminderung in Raumlufttechnischen Anlagen. Ausg. März 1983.

VDI 2083: Reinraumtauglichkeit von Anlagenkomponenten. Blatt 8: Hinweise zur Entwicklung, Konstruktion und Fertigung von Betriebsmitteln für den Reinraumeinsatz. In Vorbereitung.

VDI VDE 2640: Netzmessungen in Strömungsquerschnitten. Blatt 1: Allgemeine Richtlinien und mathematische Grundlagen. Ausg. Juni 1993.

VDI VDE 2640: Netzmessungen in Strömungsquerschnitten. Blatt 3: Bestimmung des Gasstromes in Leitungen mit Kreis-, Kreisring- oder Rechteckquerschnitt. Ausg. November 1983.

VDI VDE 3511: Technische Temperaturmessungen. Blatt 1: Grundlagen und Übersicht über besondere Temperaturmeßverfahren. Ausg. Dezember 1993.

VDI VDE 3511: Technische Temperaturmessungen. Blatt 2: Berührungsthermometer. Ausg. Dezember 1993.

VDI VDE 3511: Technische Temperaturmessungen. Blatt 3: Meßverfahren und Meßwertverarbeitung für elektrische Berührungsthermometer. Ausg. November 1994.

VDI VDE 3511: Technische Temperaturmessungen. Blatt 4. Strahlungsthermometer. Ausg. Januar 1995.

VDI VDE 3511: Technische Temperaturmessungen. Blatt 5: Einbau von Thermometern. Ausg. November 1994.

VDI VDE 3512: Meßanordnungen. Blatt 1: Durchflußmessung mit Drosselgeräten. Ausg. November 1970.

VDI 3673: Druckentlastung von Staubexplosionen. Ausg. November 1992.

VDI 3731. Blatt 2: Emissionskennwerte technischer Schallquellen; Ventilatoren. Ausg. November 1990.

Einheitsblätter des Vereins Deutscher Maschinen- und Anlagenbauer (VDMA)

VDMA 4001 Teil 1004: CAD-Normteildatei: Vorgaben für Geometrie und Merkmale; Zeichnungszeichen, Flüssigkeitspumpen, Kompressoren, Ventilatoren, Vakuumpumpen. Ausg. Oktober 1988.

VDMA 24 169 Teil 1: Lufttechnische Anlagen; Bauliche Explosionsschutzmaßnahmen an Ventilatoren; Richtlinien für Ventilatoren zur Förderung von brennbare Gase, Dämpfe oder Nebel enthaltender Atmosphäre. Ausg. Dezember 1983.

VDMA 24 169 Teil 2: Lufttechnische Anlagen; Bauliche Explosionsschutzmaßnahmen an Ventilatoren; Richtlinien für Ventilatoren zur Förderung von brennbare Stäube enthaltender Atmosphäre. Ausg. Juni 1990.

VDMA 24 179 Teil 2: Absauganlagen für Holzstaub und -späne; Anforderungen für Ausführung und Betrieb. Ausg. Oktober 1988.

VDMA 24 901 Teil 4: Graphische Symbole für technische Zeichnungen; Kompressoren, Ventilatoren; Darstellung in Fließbildern. Ausg. Oktober 1988.

Sonstige Normen und Vorschriften

AEL Merkblatt 14: Stallüftung mit Ventilatoren; Planungs- und Bedienungshinweise. Ausg. Dezember 1993.

FGSV 339 RABT: Richtlinien für die Ausstattung und den Betrieb von Straßen- tunneln. Ausg. Dezember 1985.

GUV 19.2: Sicherheitsregeln für das Absaugen und Abscheiden von Holzstaub und -spänen. Ausg. Januar 1991.

KTBL 0193: Stallklima; Stallüfter; Typentabelle. Ausg. Dezember 1982.

KTBL 1079: Stallklima; Ventilatoren-Bauarten. Ausg. November 1988.

KTBL 1080: Stallklima; Ventilatoren; Typentabelle. Ausg. März 1989.

LüftAnlRLErl HE: Richtlinien über brandschutztechnische Anforderungen an lüftungstechnische Anlagen in Gebäuden. Ausg. Juni 1986.

StLB LB 74: Raumlufttechnische Anlagen; Zentralgeräte und deren Bauelemente. Ausg. September 1981.

StLB LB 76: Raumlufttechnische Anlagen; Einzelgeräte. Ausg. November 1990.

VGB 7: Ventilatoren. Ausg. Dezember 1951.

VGB R 102 H: VGB-Richtlinie für die Planung, Bestellung und Abnahme von Ventilatoren für Dampferzeuger/Reaktoren. Ausg. April 1974.

VG 85 627: Lüfter und Lüfteraggregate; Technische Spezifikation (Schiffbau). Ausg. Januar 1990.

ZH 1/139: Sicherheitsregeln für das Absaugen und Abscheiden von Holzstaub und -spänen. Hrsg. Hauptverband der gewerblichen Berufsgenossenschaften, Zentralstelle für Unfallverhütung und Arbeitsmedizin. Ausg. April 1990.

ZH 1/396: Ventilatoren; Unfallverhütung. Ausg. Oktober 1988.

Einige EG-Richtlinien und internationale Normen und für Ventilatoren

EUROVENT 1/1: Terminologie der Ventilatoren (Englisch, Französisch, Deutsch, Italienisch). Ausg. Juli 1992.

94/9/EWG: EG-Maschinenrichtlinie zur Angleichung der Rechtsvorschriften der Mitgliedsstaaten für Geräte und Schutzsysteme zur bestimmungsgemäßen Verwendung in explosionsgefährdeten Bereichen. Gerätesicherungsgesetz. Ausg. März 1994.

ISO 1940: Mechanical vibration; Balance quality requirements of rigid rotors; Part 1: Determination of permissible residual unbalance. Ausg. September 1986.

ISO 2372: Mechanical vibration of machines with operating speeds from 10 to 200 rev/s; basis for specifying evaluation standards. Ausg. Juli 1983.

ISO 5136: Akustik; Ermittlung der von Ventilatoren in Kanäle abgestrahlten Schalleistung; Kanalverfahren. Ausg. Dezember 1990. Korrektur 1 Sept. 1993.

ISO 5221: Air distribution and air diffusion - Rules to methods of measuring air flow rate in an air handling duct. Ausg. Januar 1984.

ISO 5801: Industrial Fans; Performance Testing Using Standardized Airways. Entwurf Mai 1993.

ISO 5802: Site Testing of Fans. In Vorbereitung.

ISO 6580: General Purpose Industrial Fans - Circular Flanges - Dimensions. Ausg. September 1981.

ISO 8171: Industrieventilatoren; Bestimmung der Ventilatorgröße. Entwurf März 1988.

ISO 9097: Kleine Wasserfahrgeräte; Elektrische Ventilatoren. Ausg. September 1991.

ISO 13 349: Industrieventilatoren; Klassifikation und Terminologie. Entwurf November 1993.

ANSI/AMCA 210: Laboratory Methods of Testing Fans for Rating. Ausg. 1985.

ANSI/AMCA 330: Laboratory Methods of Testing In-Duct Sound Power Measurement Procedure for Fans. Ausg. 1986.

ANSI/API 670: Vibration, Axial Position and Bearing-Temperature Monitoring Systems. Ausg. 1993.

ANSI/API 673: Special-Purpose Centrifugal Fans for General Refinery Service (Abnahmevorschriften des American Petroleum Institute). Ausg. 1992.

ANSI/ASHRAE 87.1: Fan Vibration - Blade Vibrations and Critical speeds, Method of Testing. Ausg. 1992.

ANSI/ASME PTC 11: Fans (includes revision service). Ausg. 1984 (reaffirmed 1990).

ANSI/UL 705: Power Ventilators (Safety). Ausg. 1984.

BS 848 Part 10: Fans for General Purposes; Methods of Testing the Performance of Jet Tunnel Fans (Draft). Ausg. Juli 1987.

BS 3456 Part 102: Sicherheit von Elektrogeräten für den Haushalt und ähnliche Zwecke; Besondere Anforderungen; Elektroventilatoren und Steller. Ausg. Februar 1988.

BS 7346 Part 2: Rauch- und Wärmeabzugssysteme; Einzelteile; Rauch- und Wärmeabluftventilatoren. Ausg. Juli 1990.

HD 280: Sicherheitsanforderungen für Ventilatoren und zugehörige Steuereinheiten. Ausg. Dezember 1990.

NF E51-100: Industrieventilatoren; Einfluß der Kompressibilität des Fördermediums. Ausg. Dezember 1983.

NF E51-190: Ventilatoren; Verhütung und Schutz gegen mechanische Gefährdungen. Ausg. November 1988.

NF X10-201: Industrieventilatoren; Empfehlungen für die Bestimmung in situ des Durchflusses und der Leistungsaufnahme von Industrieventilatoren in deren Verbraucherkreisen. Ausg. Oktober 1985.

NF X10-202: Regeln für Leistungsmessungen an Gehäuseventilatoren auf saugseitigen Prüfständen. Ausg. Juli 1993.

OENORM M 7645: Lüftungstechnische Anlagen; Lärmminderung. Ausg. Mai 1987.

SEV-ASE 3323: Strahlventilatoren und zugehörige Regler. Ausg. Dezember 1977.

Anlage

Technischer Fragebogen für Ventilatoren in Anlehnung an DIN 24 166

Datum:

An	Von
Herstellername	....
Adresse	....
	....
	....
Tel.:	....
Fax:	Tel.: ....
Telex:	Fax.: ....
	Telex: ....
Anfrage-Nr.	Bestell-Nr.: ....
Anfrage-Eingangsdatum:	Name des Bearbeiters: ....

Objekt: ....

1. Anzahl der Ventilatoren: ....

2. Bevorzugte Ventilatorart: radial ☐ axial ☐ beliebig ☐

3. Typenangabe, wenn Bezug auf Katalog: ....

4. Betriebsangaben:

			Nennpunkt	weitere Betriebspunkte 1	2
4.1. Volumenstrom am Eintritt	$\dot{V}_1$	$[m^3/s]$			
4.2. Druckerhöhung Δp_t ☐ oder Δp_{fa} ☐ bezogen auf Eintritts- und Austrittsfläche		[Pa]			
4.3. Dichte d. Fördermediums am Eintritt	ρ_1	$[kg/m^3]$			
4.4. Temperatur d. Fördermediums am Eintritt	t_1	$[^{\circ}C]$			

5. Art des Fördermediums: Luft ☐ Rauchgas ☐ .... ☐

6. Feststoff-Konzentration (wenn über 5 mg/m^3) k g/m^3 Gas ....

7. Art der Feststoffe Staub ☐ Späne ☐ Fasern ☐ Schnitzel ☐ .... ☐
schleißend ☐ klebend ☐

8. Einbau   frei ansaugend ☐   frei ausblasend ☐   beidseitiger Kanalanschluß ☐
frei ansaugend u. frei ausblasend ☐

9. Bei Radialventilatoren Gehäusestellung nach Eurovent 1/1 (VDMA 24165 zum Vergleich):
(vom Antrieb aus betrachtet)

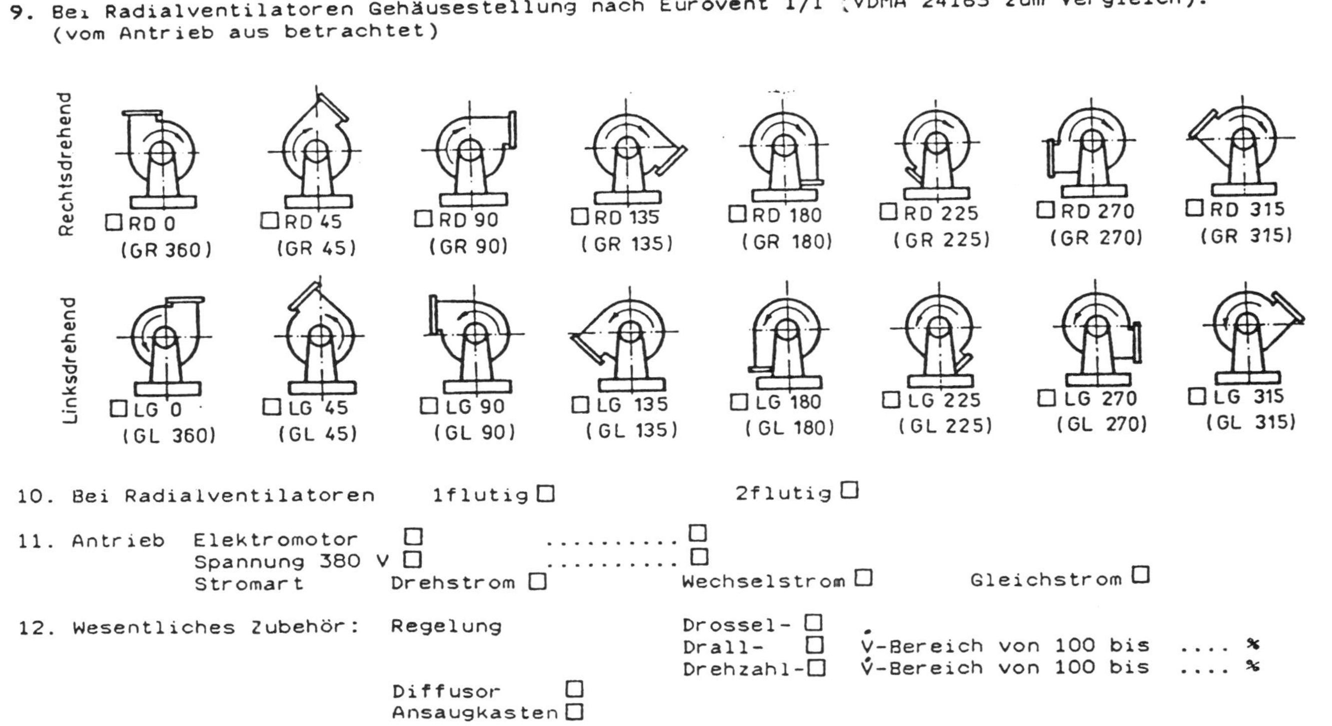

10. Bei Radialventilatoren   1flutig ☐   2flutig ☐

11. Antrieb   Elektromotor ☐   .... ☐
Spannung 380 V ☐   .... ☐
Stromart   Drehstrom ☐   Wechselstrom ☐   Gleichstrom ☐

12. Wesentliches Zubehör: Regelung   Drossel- ☐
Drall- ☐ $\dot{V}$-Bereich von 100 bis .... %
Drehzahl- ☐ $\dot{V}$-Bereich von 100 bis .... %

Diffusor ☐
Ansaugkasten ☐

☐   Zutreffendes ankreuzen
...... Wert eintragen

Zusätzliche Bestellangaben, falls erforderlich

13.	Anstelle von 4.1. und 4.3.			
13.1.	Volumenstrom im Normzustand (bezogen auf 0°C und 1,013 bar)	$\dot{V}_n$	Nm^3/s	....
13.2.	Normdichte (bezogen auf 0°C und 1,013 bar)	ρ_n	kg/m^3	....
13.3.	Statischer Druck am Ventilatoreintritt	p_{st1}	Pa	....
13.4.	Aufstellungshöhe	über	NN m	....
14.	Anstelle von 4.2.			
14.1.	Statischer Druck am Ventilatoreintritt	p_{st1}	Pa	....
	bezogen auf Querschnittsfläche	A_1	m^2	....
14.2.	Statischer Druck am Ventilatoraustritt	p_{st2}	Pa	....
	bezogen auf Querschnittsfläche	A_2	m^2	....
15.	Zulässiger Schalldruckpegel	L_A	dB(A)	....
	an welcher Stelle			....
16.	Zulässige Schwinggeschwindigkeit (VDI 2056)	v_{eff}	mm/s	....
17.	Maximale Umgebungstemperatur	ta_{max}	°C	....

18. Fördermedium
chemische Zusammensetzung ....
Taupunkt-Temperatur .... °C
Art des Feststoffes bzw. Staubes ....
Zustand des Gas-Feststoffgemisches:

feucht ☐ trocken ☐ anbackend ☐ hygroskopisch ☐ geruchsbelästigend ☐

aggressiv ☐ explosiv ☐ giftig ☐ radioaktiv ☐

19. Einbaulage Welle waagerecht ☐ Welle senkrecht ☐

20. Lagerung der Welle Laufrad fliegend ☐ beiderseitige Lagerung ☐

Lagerart Wälzlager ☐ Gleitlager ☐

Schmierung Fett ☐ Ölsumpf ☐ Öldruckumlauf ☐

Rücklaufsperre ☐

Wellenabdichtung ☐

21. Geforderter Oberflächenschutz ....

Anstrichsystem: .... Farbton: .... Schichtdicke: ....

22. Besondere Werkstoffe, wenn übliche Baustähle nicht möglich
....

23. Verwendungszweck für
Art der Anlage, Maschine oder des Gerätes. ....

24. Spezielle konstruktive Anforderungen

druckfest ☐ gasdicht ☐ Gehäuse geteilt ☐ Verschleißschutz ☐ Einstiegsöffnungen ☐

25. Spezielle Anforderungen an den Antrieb

25.1. Antrieb direkt ☐ Kupplung ☐ Keilriemen ☐

25.2. Drehzahl-Orientierung n_{max} = ... U/min

25.3. Frequenz .... Hz

25.4. Schutzgrad ....

25.5. Bauform ....

25.6. Motor ist vom Ventilatorhersteller zu liefern ☐ wird beigestellt ☐

25.7. Schalthäufigkeit ....

25.8. Aussetzender Betrieb

25.9. Isolierstoffklasse ....

25.10. Sonstiges

26. Transport und Verpackung

26.1. Transport LKW ☐ Bahn ☐ Schiff ☐

26.2. Verpackung unverpackt ☐ Palette ☐ Verschlag ☐ Container ☐ seemäßig ☐

26.3. Selbstabholung ☐

26.4. Sonstiges

27. Dokumentation

27.1. Fundamentpläne ....fach

27.2. Zeichnungen ....fach

27.3. Kennlinien ....fach

27.4. Betriebsanleitungen ....fach

27.5. Materialzeugnisse ....fach

27.6. Schweißnahtprüfzeugnisse ....fach

27.7. Wuchtprotokoll ....fach

27.8. Abnahmeprotokoll ....fach

27.9. Schweißernachweis ....fach

27.10. Sonstiges ....

28. Zubehör

28.1.	Grundrahmen ohne Schwingungsisolatoren ☐	geschlossenes System ☐		offenes System ☐
28.2.	Grundrahmen mit Schwingungsisolatoren ☐	geschlossenes System ☐		offenes System ☐
28.3.	Kompensatoren	druckseitig ☐	saugseitig ☐	
28.4.	Gegenflansche	druckseitig ☐	saugseitig ☐	
28.5.	Kontrollöffnung ☐			
28.6.	Reinigungsöffnung ☐			
28.7.	Kondensatablaufstutzen ☐			
28.8.	Ansaugdüse ☐			
28.9.	Ansaug-Schutzgitter ☐			
28.10.	Schwingungsüberwachung ☐			
28.11.	Lagertemperaturüberwachung ☐			
28.12.	Drehzahlüberwachung ☐			
28.13.	Ansaugkasten (Skizze) ☐			
28.14.	Drallregler ☐			
28.15.	Jalousie ☐	Stellantrieb ☐	Handverstellung ☐	
28.16.	Diffusor ☐			
28.17.	Drehzahlregeleinrichtung ☐			
28.18.	Schallschutz	Schalldämpfer ☐ Gehäuseisolierung ☐ Schallschutzkabine ☐		
28.19.	Wärmeisolation ☐			

28.20. Stabilisierungseinrichtung ☐

28.21. Stützfüße ☐

28.22. Bedienbühnen ☐

28.23. Bremse ☐

28.24. Sonstiges ....

29. Abnahmeprüfung

29.1. Leistungsmessung ☐ Prüfstand ☐ vor Ort ☐

29.2. Schwingungsmessung ☐ Prüfstand ☐ vor Ort ☐

Sachwörterverzeichnis

Fettgedruckte Ziffern bezeichnen die Seite, auf der das betreffende Wort hauptsächlich abgehandelt ist.

W

Z